机电电气

高等职业教育“十三五”规划教材

工厂供电技术（第2版）

主　编　王邦林　付艮秀
副主编　王志军　蔚志坚
　　　　陈忠润　任丽梅
主　审　苟大斌

北京师范大学出版集团
BEIJING NORMAL UNIVERSITY PUBLISHING GROUP
北京师范大学出版社

图书在版编目(CIP)数据

工厂供电技术 / 王邦林，付艮秀主编. —2版. —北京：北京师范大学出版社，2018.6
(高等职业教育"十三五"规划教材. 机电电气专业系列)
ISBN 978-7-303-22813-3

Ⅰ. ①工… Ⅱ. ①王… ②付… Ⅲ. ①工厂—供电—高等职业教育—教材 Ⅳ. ①TM727.3

中国版本图书馆CIP数据核字(2017)第216221号

营销中心电话 010-62978190 62979006
北师大出版社科技与经管分社 www.jswsbook.com
电子信箱 jswsbook@163.com

出版发行：北京师范大学出版社 www.bnup.com
北京市海淀区新街口外大街19号
邮政编码：100875
印　　刷：天津中印联印务有限公司
经　　销：全国新华书店
开　　本：787 mm×1092 mm 1/16
印　　张：17.5
字　　数：382千字
版　　次：2018年6月第2版
印　　次：2018年6月第1次印刷
定　　价：42.00元

策划编辑：周光明 苑文环　　责任编辑：苑文环
美术编辑：刘 超　　装帧设计：刘 超
责任校对：赵非非 李云霞　　责任印制：赵非非

内容简介

本书重点介绍了工厂供配电系统的基本知识、基本理论以及设计计算方法和运行维护等方面的知识。全书共分11章，主要内容包括：工厂供电的基本知识、工厂供电系统电力负荷的计算、工厂功率因数的确定及提高、工厂供电一次系统、短路电流及其计算、工厂供电系统一次设备及选择、工厂供电系统的保护装置、工厂供电二次系统、防雷与接地、工厂电气照明、电气安全与运行维护。每章前面有本章要点，后面附有本章小结、复习思考题与习题。

本书适用于高职高专电气工程类专业教材，也可供高等工科院校以及职工大学、函授电气工程类专业师生学习，还可供工矿企业从事工厂供配电系统设计、运行和管理的工程技术人员以及参加注册电气工程师供、配电专业的考试人员参考。

前言

在巩固和提高国家级和省级示范性高职院校建设的基础上，为迎接新一轮国家级和省级优质高职院校建设，根据北京师范大学出版社的文件要求和教学要求特编写了本书。它可以作为高职高专电气工程类专业教材，也可供高等工科院校以及职工大学、函授电气工程类专业师生学习，还可供工矿企业从事工厂供配电系统设计、运行和管理的工程技术人员以及参加注册电气工程师供配电专业的考试人员参考。

本书重点介绍了工厂供配电系统的基本知识、基本理论以及设计计算方法和运行维护方面的知识等。在介绍中注重结合我国现行的供、配电设计与运行规程，通过本课程的理论学习，可以使学生应用课本知识进行系统设计，逐步培养学生分析和解决实际工程问题的能力，培养学生查阅资料、合理选择和分析数据的能力，提高运算、制图的基本能力，并且得到电气设计工程师的初步训练。

全书共分11章，主要内容包括：工厂供电的基本知识、工厂供电系统电力负荷的计算、工厂功率因数的确定及提高、工厂供电一次系统、短路电流及其计算、工厂供电系统一次设备及选择、工厂供电系统的保护装置、工厂供电二次系统、防雷与接地、工厂电气照明、电气安全与运行维护。每章前面有本章要点，后面附有本章小结、复习思考题与习题。

本书由王邦林和付艮秀担任主编；由王志军、蔚志坚、陈忠润和任丽梅担任副主编。王志军编写第1、2章，陈忠润编写第3章，任丽梅编写第4章，蔚志坚编写第5、6章，王邦林编写第7、8章，付艮秀编写第9～11章，王邦林负责全书的整理和修改。由芍大斌担任主审，在审阅过程中提出了许多宝贵意见。此外，项家绍为本书提供了文后配图，本书还得到了不少院校和老师们的大力支持和帮助，在此表示诚挚的谢意。

由于编者水平有限，加之编写时间仓促，书中难免有不妥之处，恳请使用本书的广大师生和读者批评指正，编者不胜感激。

编者

2018年1月

目录

第 1 章　工厂供电的基本知识

>>> 本章要点

本章主要概述工厂供电的一些基本知识。首先简要说明电力系统的意义、组成、特点和要求，然后重点论述关系到供电系统全局的两个基本问题，即电力系统的电压和电力系统的中性点运行方式，以及各种典型的工厂供电系统和供电质量的主要指标，最后概述工厂供电设计的一般知识。

1.1　电力系统概述

1.1.1　概述

工厂供电，就是指工厂所需电能的供应和分配，也称供、配电技术。

众所周知，电能是现代工业生产的主要能源和动力。电能既易于由其他形式的能量转换而来，又易于转换为其他形式的能量以供使用；电能的输送和分配既简单经济，又便于控制、调节和测量，有利于实现生产过程自动化。因此，电能在现代化生产及整个国民经济生活中的应用极为广泛。工业企业及人们生活所需要的电能，绝大多数是由公共电力系统供给的，不仅如此，电能也是工厂产品成本的一部分，如在机械类工厂中，电费开支占产品成本的 6%左右。所以在介绍供、配电系统之前，对电力系统予以介绍。

1.1.2　电力系统

电力系统由各种电压的电力线路将发电厂、变电所、配电所和电能用户组成一个发电、输电、变电、配电和用电的整体。电能的生产、输送、分配和使用的全过程，实际上是同时进行的，即发电厂任何时刻生产的电能等于该时刻所有用电设备使用和电力设备消耗的电能之和。

电力网(电网)是由电力系统中各级电压的电力线路及其联系的变、配电所的总称。但习惯上，电网和系统也指某一电压等级的整个电力线路，如 10kV 电网或 10kV 系统。电压在 110kV 及以上的供电范围较大的电网，通常称为区域电网。110kV 以下的供电范围较小的电网，通常称为地方电网。

动力系统是由电力系统加上发电厂的动力部分及其热能系统和热能用户的总称。所谓动力部分包括水力发电厂的水库、水轮机，热力发电厂的锅炉、汽轮机、热力网和用电设备以及核电站的反应堆、蒸发器等，所以说电力系统是动力系统的一部分。

现在各国建立的电力系统越来越大，甚至建立跨国的电力系统。建立大型电力系统，可以更经济地利用动力资源，减少电能损耗，降低发电成本，保证供电质量，满足用户对电源频率和电压等质量的要求，大大提高供电的可靠性，有利于整个国民经济的发展。

电力系统的作用是由各个组成环节分别完成电能的生产、变换、输送、分配和使用等任务。下面对这几个环节的基本概念进行说明。

1. 发电厂

发电厂是将自然界蕴藏的各种一次能源转换为电能的工厂。发电厂有多种类型，按其所利用能源的不同，分为火力发电厂，水力发电厂，核能发电厂以及风能、地热、太阳能、潮汐发电厂等类型。目前，在我国接入电力系统的发电厂主要有火力发电厂、水力发电厂，以及核能发电厂。

(1)火力发电厂

火力发电厂，简称火电厂或火电站。它利用燃料的化学能来生产电能，按其燃料的不同，又分为燃油式、燃煤式、燃气式以及废热式等火力发电厂。其主要设备有锅炉、汽轮机、发电机等。我国的火电厂以燃煤为主。为了提高燃料的效率，现代火电厂都将煤块粉碎成煤粉燃烧，煤粉在锅炉的炉膛内充分燃烧，将锅炉的水烧成高温高压的蒸汽，推动汽轮机转动，从而使与之连轴的发电机旋转发电。其能量转换过程是：燃料的化学能→热能→机械能→电能。现代火电厂一般都考虑“三废”的综合利用，不仅要发电，而且还要供热。这类发电厂又称为热电厂或热电站。火电厂的效率一般为0.20～0.40。

(2)水力发电厂

水力发电厂，简称水电厂或水电站。按集中落差的方式分为堤坝式(坝后式)、引水式和混合式。无论哪种形式都是利用水流的位能来生产电能。水电站主要由水库、水轮机和发电机组成。水库中的水具有一定的位能后，经引水管道送入水轮机推动水轮机旋转，水轮机与发电机连轴，带动发电机转子一起转动发电。其能量转换过程是：水流位能→机械能→电能。水电站的效率一般为 0.80～0.86。

(3)核能发电厂

核能发电厂通常称为核电站。它主要是利用原子核的裂变能来生产电能，其生产过程与火电厂基本相同，只是以核反应堆(俗称原子锅炉)代替了燃料锅炉，以少量的核燃料代替了大量的煤燃料。其能量转换过程是：核裂变能→热能→机械能→电能。图 1-1 给出了核能发电厂的生产过程示意图。其中图 1-1(a)为沸水堆型反应堆。在这种反应堆内，水被直接变成蒸汽，其系统构成较为简单，但有可能使汽轮机等设备受到放射性污染，以致使这些设备的运行、维护和检修复杂化。为了避免这个缺点，可采用图 1-1(b)所示的压水堆型反应堆。这种类型的反应堆增设了一个蒸汽发生器，从反应堆里引出的高温水在蒸汽发生器内将热量传给另一个独立回路的水，使之加热成高温蒸汽以推动汽轮发电机组旋转。由于在蒸汽发生器内两个回路的水是安全隔离的，所以就不会造成对汽轮机等设备的放射性污染。

核能发电厂的主要优点如下。

①节省燃料。例如，一座装机容量为 500MW 的火力发电厂每年至少要烧掉 150 万吨煤，而同容量的核能发电厂每年只消耗 600kg 的铀燃料。

②燃烧时不需要空气助燃。因此，核能发电厂可以建设在地下、山洞里、水下或空气稀薄的高原地区。

目前，世界上有很多国家都很重视核能发电厂的建设，我国已建成浙江秦山核电

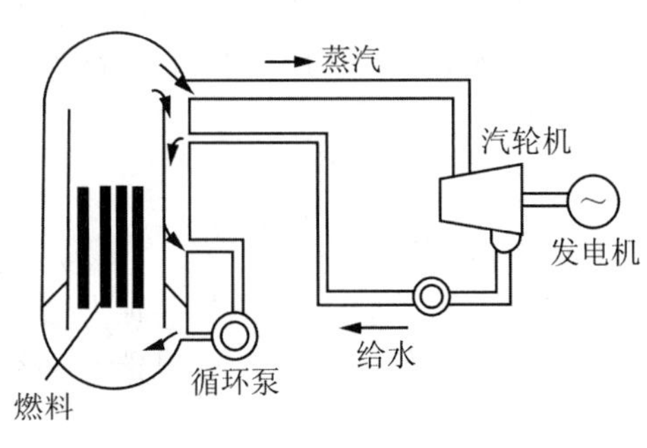

(a) 沸水堆型反应堆

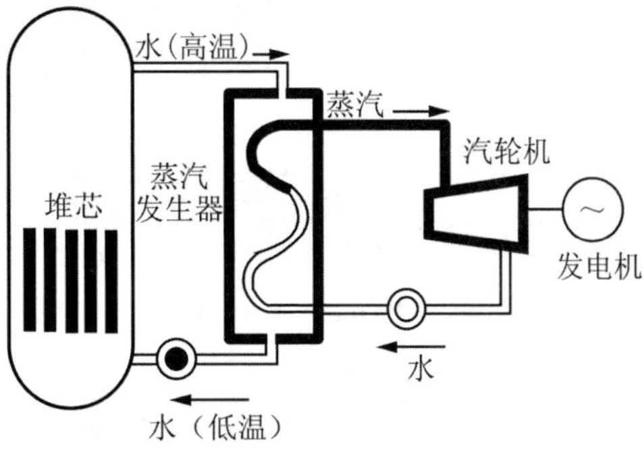

(b) 压水堆型反应堆

图 1-1　核能发电厂的生产过程示意图

站和广东大亚湾核电站，其他核电站如连云港田湾核电站、深圳岭东核电站、阳江核电站等也正在建设或规划中。

(4)风力发电、地热发电、太阳能发电

风力发电是利用风力的动能来生产电能的，它应建在有丰富风力资源的地方。地热发电是利用地球内部蕴藏的大量地热能来生产电能的，它应建在有足够地热资源的地方。太阳能发电是利用太阳光能或太阳热能来生产电能的，它应建在常年日照时间长的地方。

2. 变、配电所

变电所的任务是接收电能、变换电压和分配电能。

变电所可分为升压变电所和降压变电所两大类：升压变电所一般建在发电厂，主要任务是将低电压变换为高电压，以便于长距离输送和保证电能质量；降压变电所一般建在靠近负荷中心的地点，主要任务是将高电压变换到一个合理的电压等级。降压变电所根据其在电力系统中的地位和作用不同，又分为枢纽变电站、地区变电所和工业企业变电所等。

配电所的任务是接收电能和分配电能，但不改变电压。

3. 电力线路

电力线路的作用是输送电能，把发电厂、变配电所和电能用户连接起来。水力发电厂一般建在水力资源丰富的地方，火力发电厂一般也多建在燃料产地，即所谓的“坑口电站”，因此，发电厂一般距离电能用户均较远，所以需要多种不同电压等级的电力线路，将发电厂生产的电能源源不断地输送到各级电能用户。

通常，电压为 220kV 以上的电力线路称为输电线路。电压为 220kV、110kV 及以下的电力线路，称为高、中、低压配电线路。

4. 电能用户

电能用户又称为电力负荷。在电力系统中，一切使用电能的用电设备均称为电能用户。用电设备按电流不同，可分为直流设备与交流设备，而大多数设备为交流设备；按电压高低可分为高压设备和低压设备，1000V 以下属于低压设备，高于 1000V 属于高压设备；按频率高低可分为低频(50Hz 以下)、工频(50Hz)和高频(50Hz 以上)设备，绝大多数设备采用工频；按工作制不同又可分为连续运行、短时运行和断续运行设备三类；按用途不同，又可分为动力设备、电热设备、照明设备、试验设备、工艺设备等。用电设备分别将电能转换为机械能、热能和光能等不同形式用于生产、生活所需要的能量。

1.1.3 电力系统运行的特点

与其他工业生产相比，电力系统的运行具有以下明显的特点。

1)同时性：电能不能大量储存。电能的生产、输送、分配以及转换为其他形态能量的过程，几乎是同时进行的。即在电力系统中，发电厂任何时刻生产的电能，必须等于同一时刻用电设备所使用的电能与电力设备所消耗的电能之和。

2)快速性：电力系统的暂态过程非常短促。发电机、变压器、电力线路和电动机等设备的投入和切除都是在一瞬间完成的。电能从某一地点输送到另一地点所需的时间，仅千分之几秒甚至百万分之几秒。电力系统由一种运行状态到另一种运行状态的过渡过程也是非常短促的。

3)统一性：电力系统要求有统一的质量标准、统一的调度管理、统一的生产和销售。在一个供电区域内只能独家管理和经营。

4)先行性：电力工业是国民经济发展的基础。电力系统的装机容量和发电量的增长速度应大于工业总产值及国民经济总产值的增长速度。

1.1.4 电力系统的要求

为了切实保证工业生产和国民经济的需要，做好安全用电、节约用电、计划用电(又称“三电”)，电力系统必须达到以下基本要求。

1)安全：安全是电力生产的首要任务，在电力运行中不应发生人身事故和设备事故。

2)可靠：应满足电力用户对电力可靠性的要求，即连续供电的要求。

3)优质：应满足电力用户对电压质量、频率质量和波形质量等多方面的要求。

4)经济：降低生产每一度电所消耗的能源及输送、分配电能时的损耗；力求电力系统运行经济，使负荷在各发电厂之间合理分配；设计、安装和运行中，要尽可能降低投资，降低运行费用和减少有色金属的消耗量。

此外，在供电工作中，应合理地处理局部和全局、当前和长远等关系，既要照顾局部和当前的利益，又要有全局观念，能顾全大局，适当发展。

1.2 电力系统额定电压的确定

1.2.1 额定电压的国家标准

由于三相视在功率 S 和线电压 U、线电流 I 之间具有一定的关系，所以在输送功率时，输送电压越高，电流越小，从而可减少线路上的电能和电压损耗，同时又可以减小导线截面，节约有色金属。而对于某一截面的线路，输电电压越高时，其输送功率越大，输送距离越远，但是电压越高，绝缘材料所需的投资也会相应增加，因而对应一定输送功率和输送距离，均有相应技术经济上的合理输电电压。同时，还需考虑设备制造的标准化、系列化等因素，因此电力系统额定电压的等级也不宜过多。

按照国家标准 GB/T 156—2007《标准电压》规定，我国三相交流电网和发电机的额定电压如表 1-1 所示。表中的变压器一、二次绕组额定电压，是依据我国生产的电力变压器标准产品规格确定的。

表 1-1　我国交流电力网和电力设备的额定电压

分类	电网和用电设备额定电压/kV	发电机额定电压/kV	电力变压器额定电压/kV	
			一次绕组	二次绕组
低压	0.38	0.40	—	0.40
	0.66	0.69	—	0.69
高压	3	3.15	3(3.15)	3.15(3)
	6	6.3	6(6.3)	6.3(6)
	10	10.5	10(10.5)	10.5(10)
	35	—	35(38.5)	38.5(35)
	110	—	110(121)	121(110)
	220	—	220(242)	242(220)
	500	—	500(550)	550(500)

1.2.2　电网额定电压的确定

1. 电网(线路)的额定电压

电网的额定电压等级是国家根据国民经济发展的需要和电力工业的水平，经全面的技术经济分析后确定的。它是确定各类电力设备额定电压的基本依据。

2. 用电设备的额定电压

由于线路运行要产生电压降，所以线路上各点的电压都略有不同，如图 1-2 所示。对于成批量生产的用电设备，其额定电压不可能根据使用处线路的实际电压来制造，因而只能按照线路首端与末端的平均电压即电网的额定电压来制造。因而用电设备的额定电压规定与同级电网的额定电压相同。

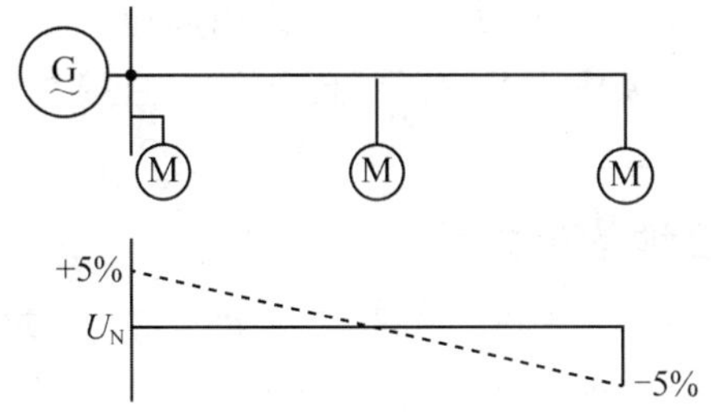

图 1-2　用电设备和发电机的额定电压

3. 发电机的额定电压

由于电力线路一般允许有 5%的正负电压偏差，即整个线路允许有 10%的电压损耗值，因此为了维持线路的平均电压额定值，线路首端电压应比线路额定电压高 5%，而发电机是接在线路的首端，所以发电机的额定电压规定高于同级电网额定电压的 5%。

4. 电力变压器的额定电压

(1)电力变压器一次绕组的额定电压的两种情况

1)当变压器直接与发电机相连时，如图 1-3 中的变压器 T1，其一次绕组额定电压应与发电机额定电压相同，即高于同级电网额定电压 5%。

2)当变压器不与发电机相连而是连接在线路中时，如图 1-3 中的变压器 T2，则可以看作线路的用电设备，因此其一次绕组额定电压应与电网额定电压相同。

(2)电力变压器二次绕组的额定电压的两种情况

1)变压器二次侧供电线路较长时(如高压电网)，如图 1-3 中的变压器 T1，一方面要考虑补偿变压器二次绕组本身 5%的阻抗电压降，另一方面还要考虑变压器满载时输出的二次电压要满足首端应高于线路额定电压的 5%，以补偿线路上的电压损耗。所以，变压器二次绕组的额定电压要比线路额定电压高 10%。

2)如果变压器二次侧线路不长(如低压电网，或直接供电给高低压电气设备)时，如图 1-3 中的变压器 T2，其二次绕组额定电压只需高于二次侧电网额定电压 5%，即仅考虑补偿变压器内部 5%的阻抗电压降。

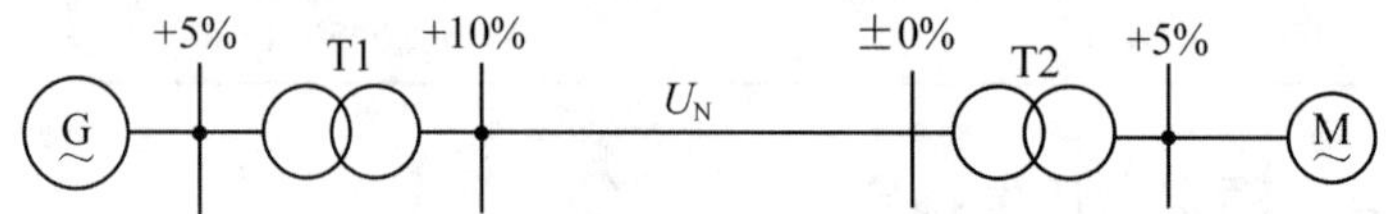

图 1-3 电力变压器的额定电压

1.3 电力系统中性点的运行方式

1.3.1 概述

电力系统的中性点是指星形联结的变压器或发电机的中性点，其运行方式主要有：不接地、经阻抗接地和直接接地三种。前两种系统又称为“小电流接地的电力系统”，后一种系统又称为“大电流接地的电力系统”。我国高压、超高压电力系统目前所采用的中性点运行方式主要有不接地、经消弧线圈接地和直接接地。低压系统通常采用中性点直接接地的运行方式。

1.3.2 中性点不接地的电力系统

在我国电力行业标准 DL/T 620—1997《交流电气装置的过电压保护和绝缘配合》中规定，3～10kV 不直接连接发电机的系统和 35kV、66kV 系统，当单相接地故障电容电流不超过下列数值时，应采用不接地方式。

1)3～10kV 钢筋混凝土或金属杆塔的架空线路构成的系统和所有 35kV、66kV 系统，当单相接地故障电容电流不超过 10A 时，应采用不接地方式。

2)3～10kV 非钢筋混凝土或非金属杆塔的架空线路构成的系统，电压为：①3kV 和 6kV，当单相接地故障电容电流不超过 30A 时；②10kV，当单相接地故障电容电流不超过 20A 时，应采用不接地方式。

3)3～10kV 电缆线路构成的系统，当单相接地故障电容电流不超过 30A 时，应采用不接地方式。

图 1-4 所示为中性点不接地的电力系统在正常运行时的电路图和相量图。

由于任意两个导体间隔以绝缘介质，就形成电容，因此三相交流电力系统中的相与相之间及相与地之间都存在着一定的电容。为了讨论问题简化起见，假设图 1-4(a)所示的三相系统的电源电压及线路参数都是对称的，而且把相与地之间的分布电容都用集中电容 C 来表示，相间电容对所讨论的问题无影响而予以略去。系统正常运行时，三个相的相电压 $\dot{U}_A$、$\dot{U}_B$、$\dot{U}_C$是对称的，三个相的对地电容电流 $\dot{I}_{CO}$也是平衡的。因此三个相的电容电流的相量和为零，没有电流在地中流动。每相对地的电压就等于其相电压。

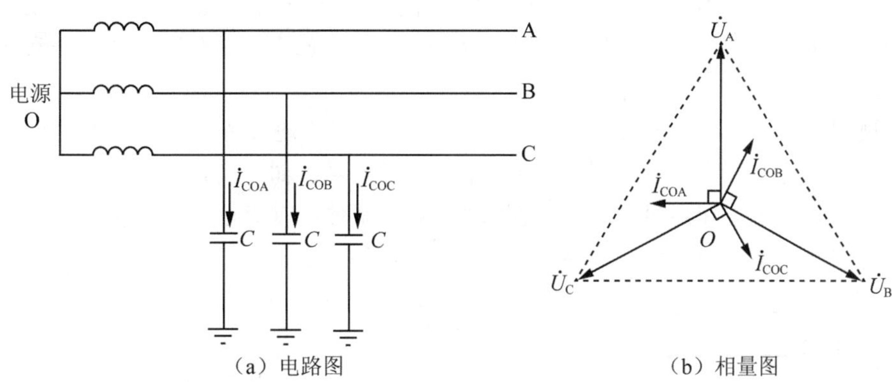

图 1-4 中性点不接地电力系统的正常工作状态

系统发生单相接地故障时. 例如 C 相接地，如图 1-5(a)所示。这时 C 相对地电压为零，而 A 相对地电压 $\dot{U}'_A=\dot{U}_A+(-\dot{U}_C)=\dot{U}_{AC}$，B 相对地电压 $\dot{U}'_B=\dot{U}_B+(-\dot{U}_C)=\dot{U}_{BC}$，如图 1-5(b)的相量图所示。由此可见，C 相接地时. 非故障的 A、B 两相对地电压都由原来的相电压升高到线电压，即升高为原来电压的$\sqrt{3}$倍。

C 相接地时，系统的接地电流(电容电流)$\dot{I}_C$ 应为 A、B 两相对地电容电流之和，由于一般习惯将从电源到负荷的方向取为各相电流的正方向，因此

$$\dot{I}_C=-(\dot{I}_{CA}+\dot{I}_{CB}) \tag{1-1}$$

由图 1-5(b)的相量图可知，$\dot{I}_C$ 在相位上正好超前 $\dot{U}_C$90°。由于 $I_C=\sqrt{3}I_{CA}$，其中 $I_{CA}=U'_A/X_C=\sqrt{3}U_A/X_C=\sqrt{3}I_{CO}$，因此有

$$I_C=3I_{CO} \tag{1-2}$$

即单相接地的电容电流为正常运行时每相对地电容电流的 3 倍。

由于线路对地的电容 C 不好确定，因此 I_{CO}和 I_C也不好根据 C 来精确计算。一般采用经验公式来计算电源中性点不接地系统的单相接地电容电流，即

$$I_C=U_N(l_{oh}+35l_{cab})/350 \tag{1-3}$$

式中 I_C——系统的单相接地电容电流(A)；

U_N——系统的额定电压(kV)；

L_{oh}——同一电压 U_N 的具有电的联系的架空线路总长度(km);

l_{cab}——同一电压 U_N 的具有电的联系的电缆线路总长度(km)。

由于中性点不接地电力系统发生单相接地时的接地电流较小，所以这种系统又称为小电流接地系统。

通过分析可知，当中性点不接地的电力系统中发生单相接地时，三相用电设备的正常工作并未受到影响，因为线路的线电压无论相位和量值均未发生变化，这从图 1-5(b)的相量图可以看出，所以三相用电设备仍然照常运行。但是这种系统不允许在单相接地的情况下长期运行，其原因是：①若另外一相又发生接地故障时，则形成两相接地短路，从而产生很大的短路电流，可能损坏线路和用电设备；②单相接地电容电流可能在接地点引起电弧，形成间歇性弧光接地过电压，将威胁系统的安全运行。因此在中性点不接地的系统中，应该增设专门的单相接地保护或绝缘监察装置，在发生单相接地时，给予报警信号，以提醒值班人员注意，及时处理。当危及人身安全和设备安全时，单相接地保护则应动作于跳闸。

按规程规定：中性点不接地的电力系统发生单相接地故障时，允许暂时继续运行 2h。维修人员应争取在 2h 内查出接地故障，予以修复；如有备用线路，就应将负荷转移到备用线路上去。在经过 2h 后接地故障尚未消除时，应切除此故障线路。

这种中性点不接地系统，高压多用于 3～10kV 系统。

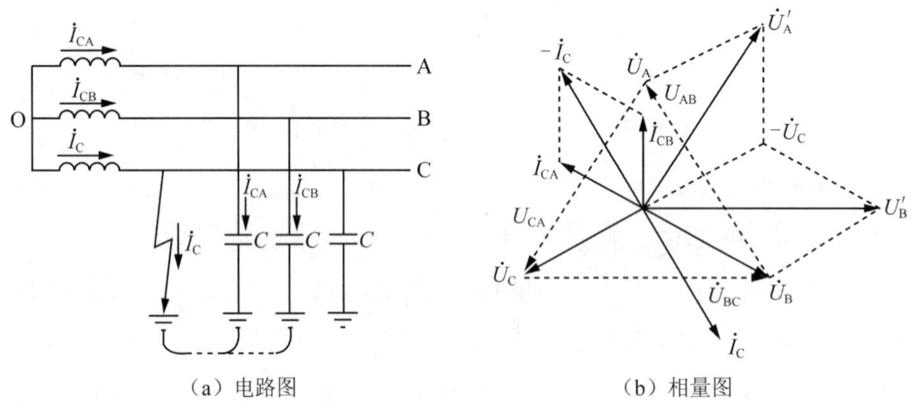

(a) 电路图　　(b) 相量图

图 1-5　中性点不接地系统的单相接地

1.3.3　中性点经消弧线圈接地的电力系统

在上述中性点不接地的三相系统中，当发生单相接地故障时，虽然可以继续供电，但在单相接地故障电流超过规定值时，可能会在接地点引起断续电弧，由于电路中存在电容和电感，电弧的熄灭和重燃，将会产生危险的间歇性弧光接地过电压(最高可达 2.5～3.0 倍相电压)，导致电力设备绝缘损坏。为了防止这种现象的出现，当单相接地故障电流超过规定值时，应当采用中性点经消弧线圈接地的运行方式。图 1-6 所示为电源中性点经消弧线圈接地的电力系统单相接地时的电路图和相量图。

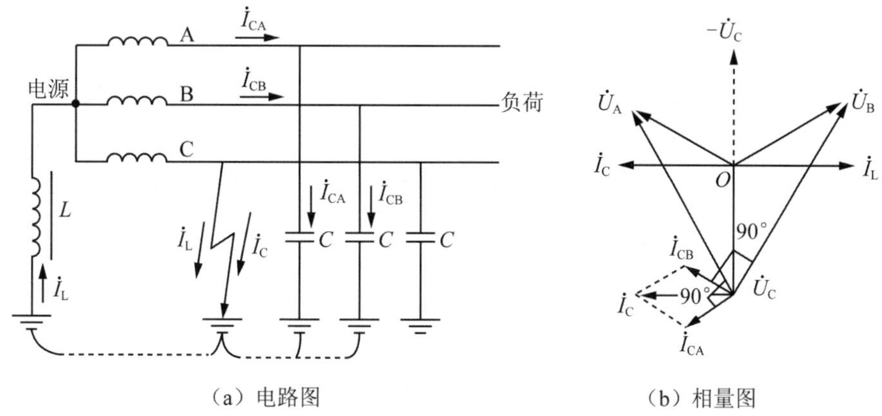

图 1-6　中性中经消弧线圈接地

目前电力系统装设的消弧线圈的类型如下。

1. 人工调谐消弧线圈

这类传统式的消弧线圈是一个具有铁心的可调电感线圈，装设在变压器或发电机中性点，如图 1-6 所示。当发生单相接地故障时，可形成一个与接地电容电流大小接近或相等而方向相反的电感电流，这个滞后电压 90°的电感电流与超前电压 90°的电容电流相互补偿，最后使流经接地处的电流变得很小或者等于零，从而消除了接地处的电弧以及由它产生的危害，消弧线圈由此而得名。

2. 自动消弧线圈

这类消弧线圈是一种可自动调谐、自动检出与消除单相永久性接地故障的消弧线圈。它与前者相比具有显著的优越性：①避免人工调谐的诸多麻烦；②不会使电网的全部或部分在调谐过程中失去补偿；③调谐精度高，可使接地电弧瞬间熄灭，以限制弧光接地过电压的危害。

在中性点经消弧线圈接地的三相系统中，与中性点不接地的系统一样，允许在发生单相接地故障时暂时继续运行 2h。在此期间内，应积极查找故障，切除故障。在暂时无法切除故障时，应设法将负荷转移到备用线路上去。

这种经消弧线圈接地的中性点运行方式主要用于 35～66kV 的电力系统。

1.3.4　中性点直接接地的三相系统

中性点直接接地的三相系统也称为大电流接地系统。如图 1-7 所示，这种系统发生单相接地时，通过接地点的短路电流很大，会烧坏电气设备。因此发生单相接地故障后，电网不能再继续运行，此时继电保护应瞬时动作，使断路器跳闸，及时切除故障。

电网采用中性点直接接地运行方式的主要优点是单相接地时中性点电位接近于零，非故障相的对地电压接近于相电压，因此该系统中的电气设备绝缘可以只按相电压考虑，这对于 110kV 及以上的超高压系统是很有经济技术价值的。目前我国 110kV 及以上的电网基本上都采用中性点直接接地的运行方式。

我国 220/380V 低压配电系统也广泛采用中性点直接接地的运行方式，而且引出有中性线(代号 N)、保护线(代号 PE)或保护中性线(代号 PEN)。中性线的功能，一是用

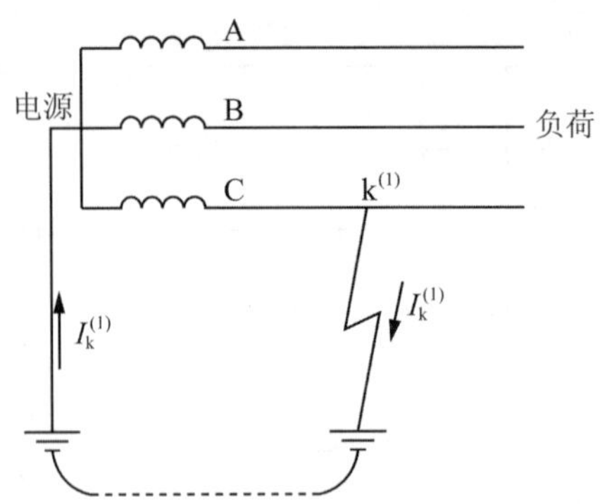

图 1-7 中性点直接接地的电力系统

来接额定电压为相电压的单相用电设备；二是用来传导三相系统中的不平衡电流和单相电流；三是减少负荷中性点的电位偏移。保护线的功能是为了保障人身安全，防止发生人身触电事故。保护中性线兼有中性线和保护线的功能。这种保护中性线在我国统称为“零线”，俗称“地线”。具体内容参看9.3工厂供电系统接地的基本知识。

1.4 工厂供电系统及供电质量的主要指标

1.4.1 工厂供电系统概述

1. 具有总降压变电所的企业供配电系统

为了使图形简单清晰，供配电系统的系统图、平面布线图以及后面将大量涉及的主接线图，一般都只用一根线来表示三相线路，即绘成单线图的形式。应当指出，所给出的系统图中没有绘出各种开关电器(除母线和低压联络线上装设的开关外)。电气系统图是用电气图形符号或带注释的框图表示电气系统的基本组成、相互关系及其主要特征的一种简图；而电路图则是用电气图形符号按工作顺序，详细表示电路、设备或成套装置的基本组成和连接关系而不考虑其实际位置的一种简图。绘制各种电气图，应遵循国家标准(GB4728)《电气图用图形符号》和GB6988《电气制图》等的有关规定。要注意所有电气元件均按照无电压、无外力作用的正常状态绘出。

通常供电容量在10000kV·A及以上的大型企业，以及某些电源进线电压为35kV及以上的中型企业，一般经过两次降压，也就是电源进入企业以后，先经总降压变电所，其中装设有较大容量的电力变压器，将35kV及以上的电源电压降为6～10kV的配电电压，然后通过高压配电线路将电能送到各个车间变电所，也有的经高压配电所送到某些车间变电所，最后降到一般低压用电设备所需的电压。系统如图1-8所示。

由图可见，有两条35～220kV的电源进线，经总降压变电所，降为6～10kV电压。6～10kV车间变电所分别接在两段母线上。所谓“母线”，就是用来汇集和分配电能的导线，又称“汇流排”。这两段母线间装有一个分段隔离开关(如果带负荷操作，要装设断路器)。正常运行时，分段隔离开关通常是闭合的。当其中一台变压器发生故障或检修时，可利用分段隔离开关对重要负荷供电。

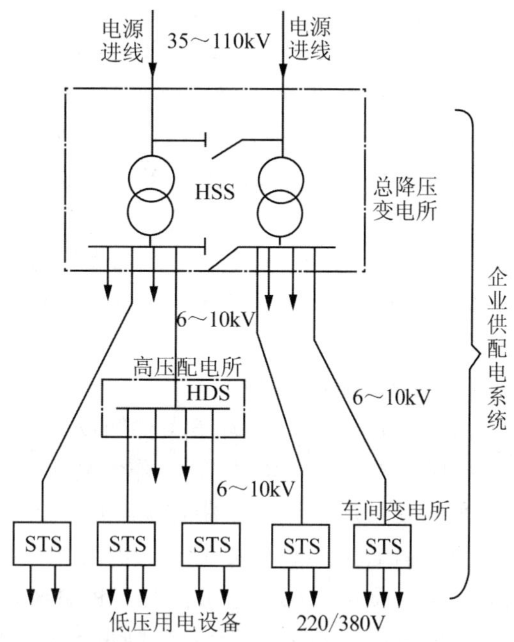

图 1-8 具有总降压变电所的企业供配电系统图

2. 具有高压配电所的企业供配电系统

通常供电容量在 1000～10000kV・A 中型企业的电源进线电压可采用 6～10kV，电能先经过高压配电所集中，再由高压配电线路将电能分送给各车间变电所。车间变电所内装设有电力变压器，将 6～10kV 的高压降为一般用电设备所需的电压(如 220/380V)，然后由低压配电线路将电能分配给各用电设备使用，而某些高压用电设备，则由高压配电所直接配电。图 1-9 是一个比较典型的中型企业供配电系统的系统图。

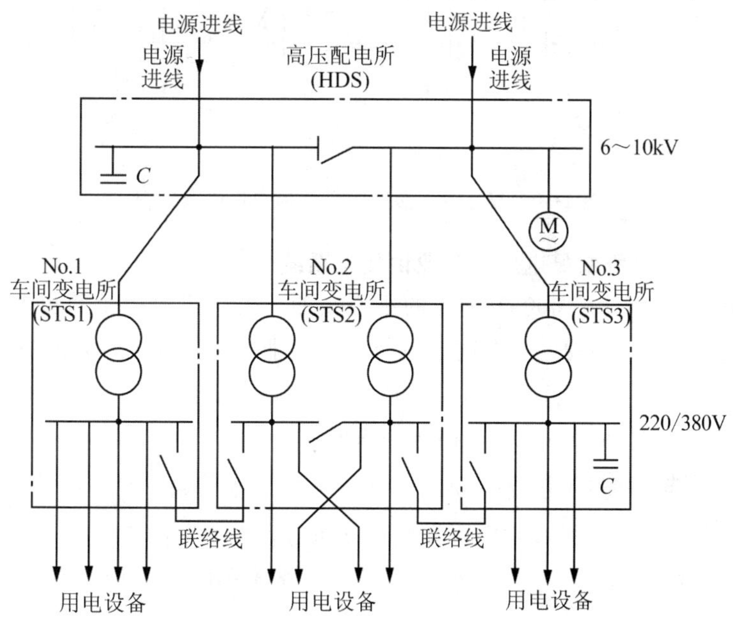

图 1-9 具有高压配电所的企业供配电系统图

从图 1-9 可以看出，这个企业的高压配电所有两条 6～10kV 的电源进线，分别接在高压配电所的两段母线上。在这两段母线上共引出 4 条高压配电线路，供电给 3 个车间变电所，其中 No. 1 车间变电所和 No. 3 车间变电所只装有一台电力变压器。而 No. 2 车间变电所装有两台电力变压器，并分别由两段母线供电，其低压侧采用单母分段线路，对重要的用电设备由两段母线交叉供电。车间变电所的低压侧，设有低压联络线相互连接，以提高供电系统运行的可靠性和灵活性。此外，该配电所有一条高压线，直接供电给一组高压电动机；另有一条高压线，直接与一组并联电容器相连。No. 3 车间变电所低压母线上也连接有并联电容器。这些并联电容器都是用来补偿无功功率，提高功率因数用的。

3. 高压深入负荷中心的企业供配电系统

如果当地公共电网电源为 35kV，而厂区环境条件和设备条件又允许采用 35kV 架空线路和较经济的电气设备时，则可考虑采用 35kV 作为高压配电电压，将 35kV 线路直接引入靠近负荷中心的车间变电所，经变压器直接降压，成为低压用电设备所需的电压。如图 1-10 所示。这种高压深入负荷中心的直配供电方式，其优点是：①可以省去一级中间变压，从而简化了供配电系统；②可节约有色金属；③可降低电能损耗和电压损耗，提高供电质量。但是，厂区的环境条件要满足 35kV 架空线路深入负荷中心的“安全走廊”要求，以确保供电安全，否则不宜采用。

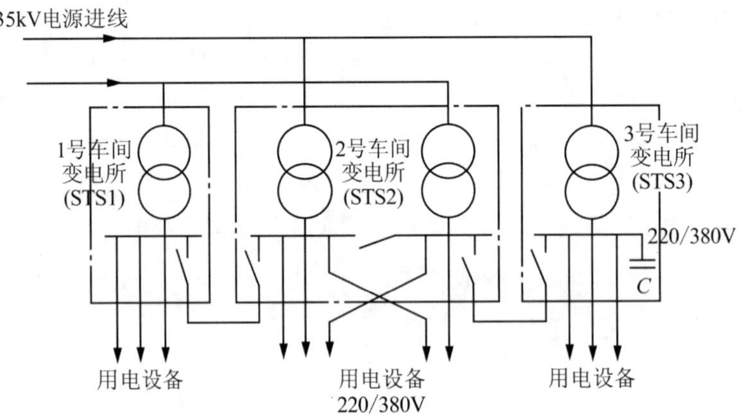

图 1-10　高压深入负荷中心的用户供电系统图

4. 具有一个变电所或配电所的企业供配电系统

通常供电容量不超过 1000kV・A 的小型企业，一般只设一个简单的降压变电所。其容量只相当于图 1-9 中的一个车间变电所。若企业所需容量在 160kV・A 及以下时，可直接由当地的公共低压电网以 220/380V 供电，因此企业只需设一个低压配电所(通称“配电房”)，通过低压配电房直接向车间供电。

1.4.2　供电质量的主要指标

供电质量包括电能质量和供电可靠性两方面内容。

电能质量是指电压、频率和波形的质量。电能质量的主要指标有：电压偏差、电压波动和闪变、频率偏差、高次谐波(电压波形畸变)及三相电压不平衡度等多个方面。

1. 电压及波形

交流电的电压质量包括电压的数值与波形两个方面。电压质量对各类用电设备的工作性能、使用寿命、安全及经济运行都有直接的影响。

(1)电压偏差

电压偏差又称电压偏移，是指用电设备端电压 U 与用电设备额定电压 U_N 之差对额定电压 U_N 的百分数，即

$$\Delta U=\frac{U-U_N}{U_N}\times 100\% \tag{1-4}$$

加在用电设备上的电压在数值上偏移额定值后，对于感应电动机有很大的影响。感应电动机的最大转矩与端电压的平方成正比，当电压降低时，电动机转矩显著减小，以致转差增大，从而使定子、转子电流都显著增大，引起温度升高，绝缘老化加速，甚至烧毁电动机。另外，由于转矩减小，转速下降，导致生产效益降低，产量减少，产品质量下降。反之，当电压过高，励磁电流与铁损都大大增加，引起电动机过热，效率降低。电压偏移对白炽灯的影响显著，白炽灯的端电压降低10%，发光效率下降30%以上，灯光明显变暗；端电压升高10%时，发光效率将提高1/3，但使用寿命将只有原来的1/3。电压偏差对荧光灯等气体放电灯的影响不像对白炽灯那么明显，但也有一定的影响。当其端电压偏低时，灯管不易起燃。如果多次反复起燃，则灯管寿命将大受影响。

电压偏移是由于供电系统改变运行方式或电力负荷缓慢变化等因素引起的，其变化相对缓慢。我国规定，正常情况下，用电设备端子处电压偏移的允许值如下：

电动机——±5%。

照明灯——在一般工作场所为±5%；在视觉要求较高的场所+5%，−2.5%；对于远离变电所的小面积一般工作场所，难以满足上述要求时，可为+5%、−10%；应急照明、道路照明和警卫照明等为+5%、−10%。

其他用电设备——无特殊规定时为±5%。

(2)波形畸变

近年来，随着硅整流、晶闸管变流设备、微机网络和各种非线性负荷的大量使用，致使大量谐波电流注入电网，造成电压正弦波波形畸变，使电能质量大大降低，给供电设备及用电设备带来严重危害。不仅使损耗增加，还使某些用电设备不能正常运行，甚至可能引起系统谐振，从而在线路上产生过电压，击穿线路设备绝缘。还可能造成系统的继电保护和自动装置发生误动作，对附近的通信设备和线路产生干扰等。

(3)电压波动

电压波动主要是由于系统中的冲击负荷所引起的。电压波动会引起照明灯光闪烁，使人的视觉容易疲劳和不适，从而降低工作效率；电视机画面亮度发生变化，垂直和水平幅度摇动；影响电动机正常启动，甚至无法启动；导致电动机转速不均匀；危及设备的安全运行，同时影响产品质量，如降低精加工机床制品的光洁度，严重时产生废品等；使电子仪器设备(如示波器、X光机)、计算机、自动控制设备的工作不正常；使硅整流器的出力波动，导致换流失败；影响对电压波动较敏感的工艺或试验结果，如实验结果出差错等。

(4)三相电压不平衡度

三相电压不平衡度偏高，说明电压的负序分量偏大。电压负序分量的存在，将对电力设备的运行产生不良影响。例如，电压负序分量可使感应电动机出现一个反向转矩，削弱电动机的输出转矩，降低电动机的效率。同时使电动机绕组电流增大，温升增高，加速绝缘老化，缩短使用寿命。三相电压不平衡，还会影响多相整流设备触发脉冲的对称性，出现更多的高次谐波，进一步影响电能质量等。

2. 频率

我国采用的工业频率(简称工频)为 50Hz。当电网低于额定频率运行时，所有电力用户的电动机转速都将相应降低，因而工厂的产量和质量都将不同程度受到影响。频率的变化还将影响到电子计算机、自动控制装置等设备的准确性。电网频率的变化对供配电系统运行的稳定性影响很大，因而对频率的要求比对电压的要求更加严格。在电力系统正常状况下，供电频率的允许偏差为：电网装机容量在 300 万千瓦及以上的，供电频率偏差允许值为±0.2Hz；电网装机容量在 300 万千瓦以下的，偏差值可以放宽到±0.5Hz。在电力系统非正常状况下，供电频率偏差允许值不应超过±1.0Hz。

频率的调整主要依靠电力系统，对于工厂供电系统来说，提高电能质量主要是电压质量和供电可靠性的问题。

3. 供电的可靠性

供电的可靠性是衡量电能质量的一个重要指标，有的把它列在质量指标的首位。供电可靠性可用供电企业对用户全年实际供电小时数与全年总小时数(8760h)的百分比来衡量。例如，全年时间为 8760h，用户全年平均停电时间为 87.6h，即停电时间占全年的 1%，则供电可靠性为 99%。也可用全年的停电次数及停电持续时间来衡量。电力工业部 1996 年发布施行的《供电营业规则》规定：供电企业应不断改善供电可靠性，减少设备检修和电力系统事故对用户的停电次数及每次停电持续时间。供用电设备计划检修应做到统一安排。供电设备计划检修时，对 35kV 及以上电压供电的用户的停电次数，每年不应超过 1 次；对 10kV 供电的用户，每年不应超过 3 次。

1.4.3 提高电能质量的措施

1. 电压偏差的调整

为了减少电压偏差，保证用电设备在最佳状态下运行，供、配电系统必须采用相应的电压调整措施，通常有下列几种。

①正确选择无载调压型变压器的电压分接头或采用有载调压变压器。

②合理地减少系统的阻抗，从而降低电压损耗，缩小电压偏差的范围。

③尽量使系统的三相负荷均衡，以减少负荷端中性点电位偏移而导致的电压不稳。

④适当调整系统的运行方式。

⑤合理进行无功功率补偿，提高功率因数，降低电压损耗，减少电压偏移范围。

2. 减小电压波动的措施

1)采用专用线或专用变压器供电。对负荷变动剧烈的大型电力设备用变压器单独供电，这是最简便有效的办法。

2)降低配电线路阻抗。当引起电压波动的冲击性负荷与其他负荷共用配电线路时，应设法降低配电线路的阻抗，如适当增大导线截面，或将架空线路改为电缆线路，从而减小负荷变动时引起的电压波动。

3)增大供电电网容量。对大功率电弧炉的炉用变压器，宜由短路容量较大的电网供电，一般选用更高电压等级的电网供电。

4)采用静止型无功补偿装置。对大型冲击性负荷，如采取上述措施仍达不到要求时，可装设能“吸收”冲击无功功率的静止型无功补偿装置。该装置是一种能吸收随机变化的冲击无功功率和动态谐波电流的无功补偿装置，其类型有多种。其中，可控硅控制空芯电抗型(TCR型)具有反映时间快、无级补偿、运行可靠、分相调节、平衡有功、适用范围广、价格低廉等优点，实际应用广泛，在控制电弧炉负荷产生的闪烁时，几乎都采用这种型式。

3. 降低不平衡度的措施

由于造成三相电压不平衡的主要原因是单相负荷在三相系统中的容量分配和接入位置不合理、不均衡。因此在供配电系统的设计和运行中，应采取如下措施。

(1)均衡负荷

对单相负荷应将其均衡地分配在三相系统中，同时要考虑用电设备的功率因数不同，尽量使有功功率和无功功率在三相系统中均衡分配。在低压供配电系统中，各相之间的容量之差不宜超过15%。

(2)正确接入照明负荷

由地区公共低压供、配电系统供电的220V照明负荷小于或等于30A时，可采用220V单相供电；大于30A时，宜以220/380V供电。

1.5 工厂供电设计的基本知识

1.5.1 概述

现代化工厂的设计是一门综合性技术，包括工艺设计、土建设计、给排水设计、暖通设计、动力及自动化设计、厂区运输及环保设计以及全厂供、配电系统设计等多项任务。工厂供电设计是重要的设计内容之一。应与多种专业设计密切配合，协同进行。工厂供电设计的质量直接影响到工厂的生产及其发展。有必要了解和掌握工厂供电设计的有关知识，以便适应设计工作的需要。这里简单介绍工厂供电设计的一般设计原则、设计内容及设计程序与要求。

1.5.2 一般设计原则

原则上要求在满足国家标准《供配电系统设计规范》《10kV及以下变电所设计规范》《低压配电设计规范》等规定的前提下，力争做到技术先进、安全可靠、统筹兼顾、经济合理，以近期为主，适当考虑扩建的可能性。

1.5.3 工厂供电设计的程序与要求

新建工厂的供电设计一般分为扩大初步设计和施工设计两个阶段。对于用电量大的大型工厂，在建厂可行性研究报告阶段，可增加工厂供电方案意见书。对于用电量较小的工厂，也可将两阶段设计合并为一个阶段进行。

1. 扩大初步设计阶段

(1)设计目的

根据本厂生产特点和供电电源情况，通过技术经济论证，确定工厂供、配电最优方案，提出全厂供电设备清单，并编制投资概算，报上级审批。

(2)主要设计内容

①按照工艺、公用设计所提供的资料，计算各车间及全厂的计算负荷和年用电量。

②根据车间环境和计算负荷的大小，选择车间变电所的位置及变压器容量和台数。

③根据工厂负荷对供电的要求和电力系统情况，与电业部门协商确定供电电源、供电电压及供电方式。

④选择总降压变电所(或总配电所)的位置、主变压器的容量与台数、电气主接线和厂区高压配电方案。

⑤计算短路电流，选择主要电气设备和载流导体截面。

⑥选择主要设备(变压器、线路、高压电动机等)的继电保护装置及供电系统自动化装置，并进行整定计算。

⑦确定提高功率因数的补偿措施。

⑧提出变电所和工厂建筑物的防雷措施，并进行接地装置设计计算。

⑨提出变电所二次接线及全厂照明系统原则性方案。

⑩最后列出所选设备、材料清单，并编制概预算。

(3)设计成果

扩大初步设计资料应包括设计说明书、概预算和必要的附图等。

2. 施工设计阶段

(1)设计目的

施工设计是在扩大初步设计经有关单位批准后进行的。它在扩大初步设计的基础上，完成各单项安装施工图及设备、材料明细表，并编制工程预算书和施工说明书。施工设计是电气设备安装土建施工时所必需的技术资料。

(2)设计内容

①校正扩大初步设计的基础资料和设计计算数据。

②绘制各项施工详图，包括各项工程的平、剖面图，各种设备的安装图，各种非标准件的安装图等。

③绘制工程所需设备、材料明细表。

④编制设备订货清单(包括技术参数、规格和数量)和材料清单。

⑤编制工程预算书。

3. 设计成果

设计成果应包括施工详图、说明书和预算书。

由于施工设计是即将付诸安装施工的最后决定性设计，因此设计时更有必要深入现场调查研究、核实资料、精心设计，以确保工厂供电工程的质量。

>>> 本章小结

电力系统是由发电厂、电力网和电能用户组成的一个发电、输电、变电、配电和用电的整体。工厂供电是指电力用户所需电能的供应和分配问题。对供电的基本要求是：安全、可靠、优质、经济。供配电系统由总降压变电所(或高压配电所)、高压配电线路、车间变电所、低压配电线路及用电设备组成。变电所的任务是接受电能、变换电压和分配电能；配电所的任务是接受电能和分配电能。额定电压是指用电设备处于最佳运行状态的工作电压。一般用电设备的工作电压允许在额定电压的±5%范围内变动。我国规定了电力系统各环节(发电机、变压器、电力线路、用电设备)的额定电压。电力系统的中性点通常采用不接地、经消弧线圈接地、直接接地三种运行方式。前两种发生单相接地时，三相线电压不变，但会使非接地相对地电压升高$\sqrt{3}$倍，因此，规定单相接地故障运行时间不得超过2h。中性点直接接地系统发生单相接地时，则构成单相对地短路，引起保护装置跳闸，切断接地故障。大中型工厂和电力用户，一般采用35～110kV电源进线，采用总降压变电所进行二次变压的供电系统。一般中型工厂和电力用户，多采用6～10kV电源进线，经高压配电所将电能分配给各车间变电所进行一次变压的供电系统。在条件允许时，也可采用35kV电源进线直接引入负荷中心，进行一次变压的供电系统。某些无高压用电设备且总用电量较小的小型工厂和电力用户，可直接采用380/220V低压供电。供电质量的主要指标是电压、频率和可靠性，其中包括电压偏差、电压波动和闪变、频率偏差、高次谐波(电压波形畸变)及三相电压不平衡度等多个方面。工厂供电设计的基本知识，其主要内容包括：设计目的，设计主要内容和设计成果三大类。

>>> 复习思考题

1.1 什么是电力系统？什么是电力网？什么是配电网？

1.2 简述火电厂、水电厂及核电厂的工作过程，并分析其异同。

1.3 什么是工厂供、配电系统？对工厂供、配电系统的要求是什么？

1.4 工厂供、配电系统的供电电压有几种？选择的依据是什么？

1.5 什么是额定电压？说明电力系统的标准电压。

1.6 为什么规定发电机额定电压要高于同级线路额定电压5%？

1.7 电力变压器的额定一次电压，为什么规定有的要高于相应线路额定电压的5%，有的又等于相应线路的额定电压？

1.8 电力变压器的额定二次电压，为什么规定有的要高于相应线路额定电压的10%，有的又高于相应线路额定电压的5%？

1.9 我国电力系统中性点接地方式有几种？中性点不接地的电力系统在发生一相弧光接地时，有什么危险？中性点经消弧线圈接地后，如何能消除单相接地故障点的电弧？

1.10 低压配电系统中的中性线(N线)、保护线(PE线)和保护中性线(PEN线)各有哪些功能？

1.11 试分析中性点不接地的电力系统发生单相接地故障时，为什么允许继续运行2h？

1.12 衡量电能质量的指标是什么？

1.13 什么是电压波动？它与电压偏差有何区别？

1.14 衡量电压质量的指标有哪些？分别说明其规定的允许值。

1.15 电压偏差对用电设备的影响是什么？如何减小电压偏差？

1.16 配电变压器的调压方式有几种？通常采用哪种调压方式？

1.17 电力用户供电系统中常用的额定电压等级有哪些？最常用的高压和低压有哪些？

1.18 工厂供电的设计主要有哪些内容？其顺序是如何排列的？

>>> 习题

1.1 试确定图1-11所示供电系统中线路WL1和电力变压器T1、T2和T3的额定电压。

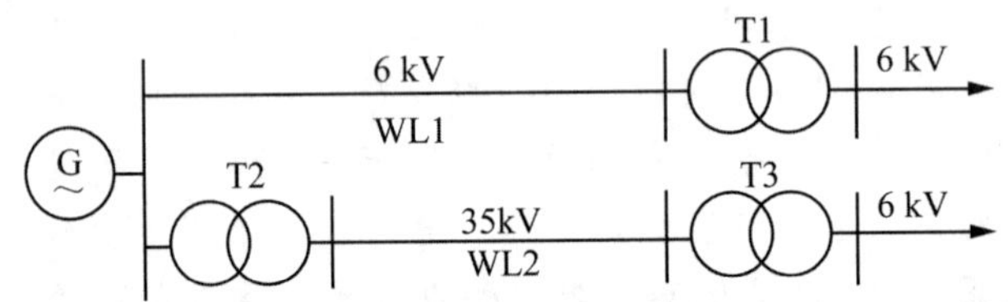

图1-11 习题1.1图

1.2 一白炽灯的额定电压为220V，某一时刻其端电压为240V，问：电压偏差(百分值)为多少？是否超过允许值？如超过有何后果？

第 2 章　工厂供电系统电力负荷的计算

>>> 本章要点

本章介绍电力负荷的分级、类别及负荷曲线的有关概念，然后重点讲述用电设备计算负荷的计算，全厂计算负荷及年耗电量的计算，最后讲述尖峰电流的计算。本章内容是工厂供电系统分析和设计计算的基础。

2.1　电力负荷的有关知识

2.1.1　电力负荷的分级及对供电电源的要求

电力负荷也称电力负载，是指电力系统中耗用电能的用电设备(将电能转变成机械能、热能、光能及化学能的设备)或用电单位。有时也把用电设备或用电单位所耗用的电功率或电流大小称为电力负荷。

1. 电力负荷的分级

电力负荷根据其对供电可靠性的要求及中断供电在政治、经济上所造成损失或影响的程度分为以下三级。

(1)一级负荷

符合下列情况之一时，应为一级负荷：①中断供电将造成人身伤亡；②中断供电在政治、经济上造成重大损失，例如，重大设备损坏、大量产品报废、用重要原料生产的产品大量报废、重点企业的连续生产过程被打乱，需要长时间才能恢复等；③中断供电将影响有重大政治、经济意义的用电单位的正常工作，例如，重要交通枢纽无法工作、重要通信枢纽瘫痪、经常用于国际活动的场所秩序混乱等用电单位中的重要电力负荷。

在一级负荷中，当中断供电将发生中毒、爆炸和火灾等情况的负荷，以及特别重要场所的不允许中断供电的负荷，应视为特别重要的负荷。

(2)二级负荷

符合下列情况之一时，应为二级负荷：①中断供电将在政治、经济上造成较大损失，例如，主要设备损坏、连续生产过程被打乱、需较长时间才能恢复、重点企业大量减产等；②中断供电将影响重要用电单位的正常工作，例如，交通枢纽、通信枢纽等用电单位中的重要电力负荷，以及中断供电将造成大量人员集中的公共场所秩序混乱等。

(3)三级负荷

不属于一级和二级负荷的都视为三级负荷。

2. 各级电力负荷对供电电源的要求

(1)一级负荷

①由两个独立的电源供电。一级负荷应由两个电源供电，电源不应同时受到损坏。

②两个电源与应急电源供电。对于一级负荷中特别重要的负荷，除由两个电源供电外，还应增设应急电源，并严禁将其他负荷接入应急供电系统。

应急电源是与电网在电气上独立的各种电源。可以使用的应急电源有以下几种。

①独立于正常电源的发电机组。适用于允许中断供电时间为 15s 以上的供电。

②供电网络中独立于正常电源的专用馈电线路。适用于备用电源自投装置的动作时间能满足允许中断供电时间的情况。

③蓄电池、干电池。当允许中断供电时间为毫秒级的供电，可选用蓄电池静止型不间断供电装置，蓄电池机械储能电机型不间断供电装置或柴油机不间断供电装置等。

(2)二级负荷

二级负荷要求采用独立的两回路供电，供电变压器一般也应有两台，才能保证其供电可靠性。当负荷较小或地区供电条件困难时，允许由一回路 6kV 及以上的专用架空线供电。这主要考虑架空线路发生故障时，较之电缆线路发生故障时易于发现且易于检查和修复。当采用电缆线路时，必须采用两根电缆并列供电，其每根电缆应能承受全部的二级负荷，且互为热备用，即同时处于运行状态。

(3)三级负荷

三级负荷供电可靠性要求较低，对供电电源无特殊要求。

2.1.2 电力负荷的类别

工厂的用电设备种类繁多，用途各异，按其工作制可分为以下三类。

1. 连续运行工作制

这类工作制的设备在恒定负荷下运行，且运行时间长到足以使之达到热平衡状态，如通风机、水泵、空气压缩机、电机发电机组、电炉和照明灯等。机床电动机的负荷，一般变动较大，但其主电动机一般也是连续运行的。

2. 短时工作制

这类工作制的设备在恒定负荷下运行的时间短于达到热平衡所需的时间，而停歇时间长到足以使设备温度冷却到周围介质的温度，如机床上的某些辅助电动机，例如进给电动机、控制阀门的电动机等。

3. 断续周期工作制

这类工作制的设备周期性的时而工作、时而停歇，如此反复运行，而工作周期一般不超过 10min，无论工作或停歇，均不足以使设备达到热平衡，如电焊机和吊车电动机等。

断续周期工作制的设备，可用“负荷持续率(又称暂载率)”表征其工作特性。即在一个工作周期里的工作时间与整个周期时间的百分比值用 ε 表示，计算公式如下：

$$\varepsilon=\frac{t}{T}\times 100\%=\frac{t}{t+t_0}\times 100\% \tag{2-1}$$

式中 T——工作周期；

t——工作周期内的工作时间；

t_0——工作周期内的停歇时间。

断续周期工作制设备的额定容量(铭牌功率)P_N，是对应于某一标准负荷持续率 ε_N 的。如实际运行的负荷持续率 $\varepsilon\neq\varepsilon_N$，则实际容量 P_e 应按同一周期内等效发热的条件进行换算。由于电流 I 通过电阻为 R 的设备在 t 时间内产生的热量为 I^2Rt，因此在设备产生相同热量的条件下，$I\propto 1/\sqrt{t}$。而在同一电压下，设备容量 $P\propto I$；由式(2-1)可知，同一周期 T 的负荷持续率 $\varepsilon\propto t$。因此 $P\propto 1/\sqrt{\varepsilon}$，即设备容量与负荷持续率的二次方根值成反比。由此可知，如设备在 ε_N 下的容量为 P_N，则换算到 ε 下的设备容量 P_e 为

$$P_e=P_N\sqrt{\frac{\varepsilon_N}{\varepsilon}} \qquad (2-2)$$

2.1.3 用电设备的设备容量及其确定

用电设备的额定容量 P_N，又称铭牌功率或标称功率，是指在规定的工作条件下(如额定频率、额定电压、规定环境温度等)运行时设备的功率，如发电机、电动机的额定功率 P_N(kW)、变压器的额定容量 S_N(kV·A)值。

不同的用电设备按工作制分类后，确定各种用电设备的设备容量 P_e 的方法如下。

1. 一般连续工作制和短时工作制的用电设备组

设备容量就是所有设备的铭牌额定容量之和。其中电炉变压器和照明设备的设备容量如下。

(1)电炉变压器

电炉变压器的设备容量是指在额定功率因数下的额定功率(kW)，即

$$P_N=S_N\times\cos\varphi \qquad (2-3)$$

式中 S_N——电炉变压器的额定视在功率(kV·A)；

$\cos\varphi$——电炉变压器的额定功率因数。

(2)照明设备

①白炽灯、碘钨灯等设备容量就等于灯泡上标注的额定功率。

②荧光灯还要考虑镇流器中的功率损耗(约为灯管功率的 20%)，其设备容量应为灯管额定功率的 1.2 倍。

③高压水银荧光灯、金属卤化物灯要考虑镇流器中的功率损耗(约为灯泡功率的 10%)，其设备容量应为灯泡额定功率的 1.1 倍。

2. 断续周期工作制的用电设备组

该工作制下的设备额定功率 P_N 是对应某一标准负荷持续率 ε_N 的，即同一设备在不同的 ε_N 值时有不同的 P_N 值。例如，电焊变压器的负荷持续率有 50%、60%、75% 和 100%，吊车电动机的负荷持续率则有 15%、25%、40%、60%。计算它们的设备容量就是将所有设备在不同负荷持续率下的铭牌额定容量换算到一个统一的负荷持续率下的功率之和。换算的公式如式(2-2)所示。

(1)电焊机组

要求统一换算到 $\varepsilon=100\%$，由式(2-2)可得换算后的设备容量为

$$P_e=P_N\sqrt{\frac{\varepsilon_N}{\varepsilon_{100}}}=S_N\cos\varphi\sqrt{\frac{\varepsilon_N}{\varepsilon_{100}}}$$

即

$$P_e=P_N\sqrt{\varepsilon_N}=S_N\cos\varphi\sqrt{\varepsilon_N} \qquad (2-4)$$

式中 P_N、S_N——电焊机的铭牌容量(前者为有功功率，后者为视在功率)。

(2)吊车电动机组

要求统一换算到 $\varepsilon=25\%$，由式(2-2)可得换算后的设备容量为

$$P_e=P_N\sqrt{\frac{\varepsilon_N}{\varepsilon_{25}}}=2P_N\sqrt{\varepsilon_N} \tag{2-5}$$

2.1.4 负荷曲线

负荷曲线是表征电力负荷随时间变动情况的一种图形。它绘在直角坐标上，纵坐标表示负荷(有功功率或无功功率)值，横坐标表示对应的时间(一般以小时为单位)。

负荷曲线按负荷对象分，有工厂的、车间的或某类设备的负荷曲线。按负荷的功率性质分，有有功和无功负荷曲线。按所表示的负荷变动的时间分，有年的、月的、日的或工作班的负荷曲线。

如图 2-1 所示，某一班制工厂的日有功负荷曲线，其中图 2-1(a)是依点连成的负荷曲线，图 2-1(b)是绘成梯形的负荷曲线。为便于计算，负荷曲线一般绘成梯形，即假定在每个时间间隔中，负荷是保持其平均值不变的。时间间隔越小，越能反映出负荷变化的实际情况。一般横坐标表示的时间以半小时分格，以便确定“半小时最大负荷”。

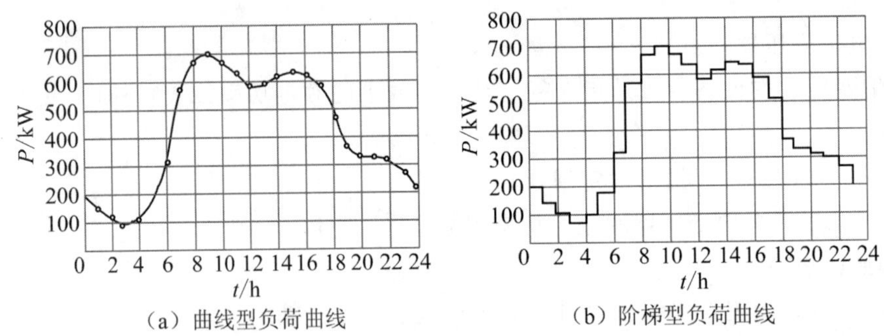

图 2-1 日有功负荷曲线

年负荷曲线，通常绘成负荷持续时间曲线，按负荷大小依次排列，如图 2-2(c)所示。全年按 8760h 计。根据如图 2-2(a)所示一年中具有代表性的夏日负荷曲线和如图 2-2(b)所示冬日负荷曲线来绘制。夏日和冬日在全年所占的天数，应视当地的地理位置和气温情况而定。例如在我国北方，可近似地认为夏日 165 天，冬日 200 天；而在我国南方，则可近似地认为夏日 200 天，冬日 165 天。假如绘制南方某厂的年负荷曲线如图 2-2(c)所示，图中 P_1 在年负荷曲线上所占的时间 $T_1=200(t_1+t_1')$，P_2 在年负荷曲线上所占的时间 $T_2=200t_2+165t_2'$，……，以此类推。

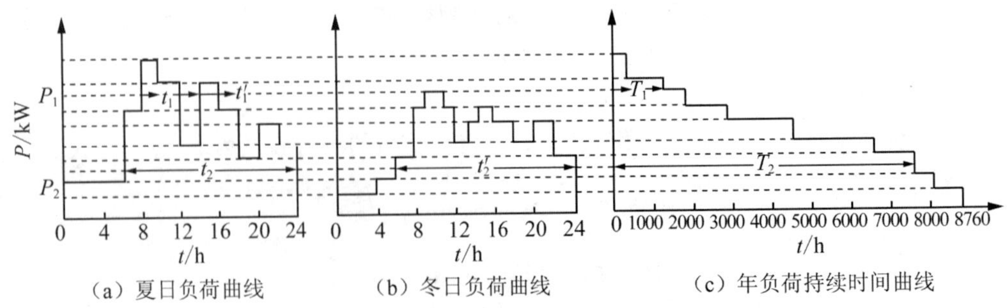

图 2-2 年负荷持续时间曲线的绘制

另一种形式的年负荷曲线，是按全年每日的最大负荷(通常取每日最大负荷的半小时平均值)绘制的，称为年每日最大负荷曲线，如图 2-3 所示。横坐标依次以全年十二个月份的日期来分格。这种年最大负荷曲线，可用来确定拥有多台电力变压器的工厂变电所在一年的不同时期宜于投入几台运行，即所谓经济运行方式，以降低电能损耗，提高供电系统的经济效益。

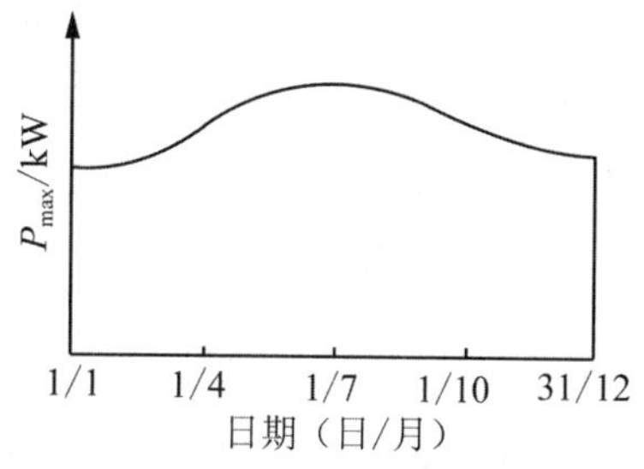

图 2-3　年每日最大负荷曲线

分析负荷曲线可以了解负荷变化的规律，从而合理地、有计划地安排车间，班组或大容量设备的用电时间，以降低负荷高峰，填补负荷低谷，这种“削峰填谷”可使负荷曲线变得比较平坦，提高了企业的供电能力，也有利于企业降损节能。同时也可从中获得一些对设计和运行有用的资料。因此看懂负荷曲线对于从事工厂供电设计和运行的人员来说，是很有必要的。

2.1.5　有关负荷曲线和负荷计算的物理量

1. 年最大负荷和年最大负荷利用小时数

(1)年最大负荷

最大负荷 P_{max}，就是全年中负荷最大的工作班内(这一最大负荷在全年至少要出现过 2～3 次)所消耗电能的最大半小时的平均功率，因此年最大负荷也称为半小时最大负荷 P_{30}。

(2)最大负荷利用小时

年最大负荷利用小时又称为年最大负荷使用时间 T_{max}，它是一个假想时间，在此时间内，电力负荷按年最大负荷 P_{max}(或 P_{30})持续运行所消耗的电能，恰好等于该电力负荷全年实际消耗的电能。

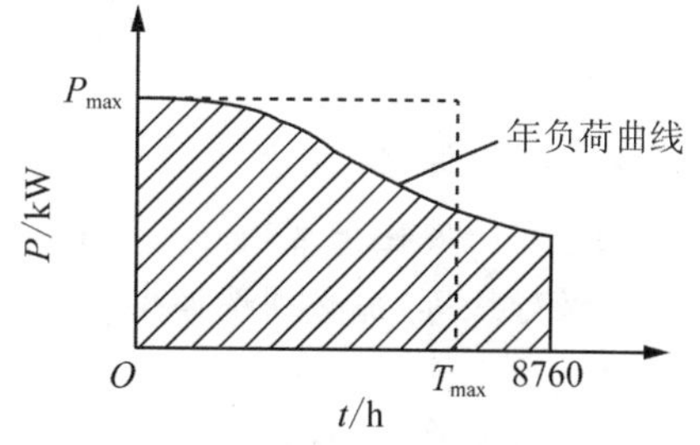

图 2-4　年最大负荷和年最大负荷利用小时

如图 2-4 所示，用以说明年最大负荷利用小时。P_{max}延伸到 T_{max}的横线与两坐标轴所包围的矩形面积，恰好等于年负荷曲线与两坐标轴所包围的面积，即全年消耗的电能 W_a。因此年最大负荷利用小时为

$$T_{max}=W_a/P_{max} \tag{2-6}$$

年最大负荷利用小时是反映电力负荷是否平稳的一个重要参数，该数据越大，则负荷越趋平稳。它与工厂的生产制有明显的关系。如一班制工厂，T_{max}≈1800～3000h；两班制工厂，T_{max}≈3500～4800h；三班制工厂，T_{max}≈5000～7000h。

2. 平均负荷和负荷系数

(1)平均负荷

平均负荷 P_{av}，就是电力负荷在一定时间内平均消耗的功率，也就是电力负荷在时间 t 内消耗的电能 W_t 除以时间 t 的值，即

$$P_{av}=W_t/t \tag{2-7}$$

如图 2-5 所示，用以说明年平均负荷。年平均负荷 P_{av}的横线与两坐标轴所围成的矩形面积，恰好等于年负荷曲线与两坐标轴所包围的面积，即全年实际消耗的电能 W_a。因此，年平均负荷为

$$P_{av}=W_a/8760 \tag{2-8}$$

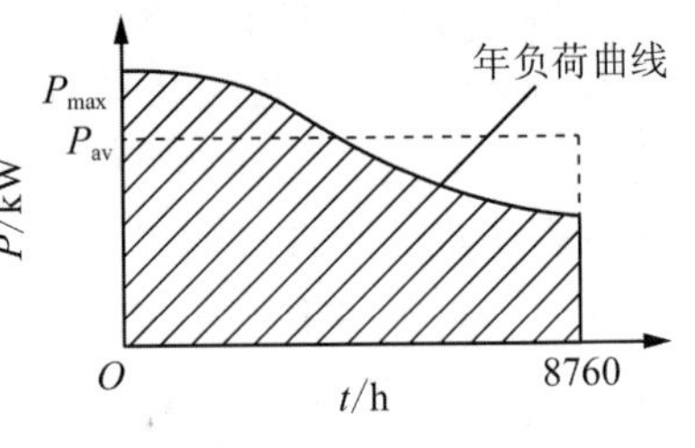

图 2-5　年平均负荷

(2)负荷系数

负荷系数是用电负荷的平均负荷 P_{av}与其最大负荷 P_{max}的比值，即

$$\beta=P_{av}/P_{max} \tag{2-9}$$

负荷系数又称负荷率或负荷曲线填充系数，它表示负荷曲线不平坦的程度，即表征负荷起伏变动的程度。从充分发挥供电设备的能力、提高供电效率来说，希望此系数越高越趋近于 1 越好。从发挥整个电力系统的效能来说，应尽量使工厂的不平坦负荷曲线“削峰填谷”，提高负荷系数。

对用电设备来说，就是设备的输出功率 P 与设备额定容量 P_N的比值，即

$$\beta=K_L=P/P_N \tag{2-10}$$

它表示该设备或设备组的容量是否被充分利用。负荷系数用 β 或 K_L 表示。负荷系数有时用 α 表示有功负荷系数，用 β 表示无功负荷系数。一般工厂的 $\alpha=0.7\sim0.75$，$\beta=0.76\sim0.82$。

2.2　电力负荷的计算方法

2.2.1　概述

供电系统要在正常条件下可靠地运行，则其中各个元件(包括电力变压器、开关控制设备及导线等)都必须选择得当，除应满足工作电压和频率的要求外，最重要的就是要满足负荷电流的要求。因此必须对供电系统中各个环节的电力负荷进行统计计算。

计算负荷是指导体在长时间通电状态下其发热温度不会超过允许值时的最大负荷值。根据计算负荷选择的电气设备和导线，如按计算负荷连续运行，其发热温度永远保持在正常值以内。

由于导体通过电流达到稳定温升的时间大约为$(3\sim4)\tau$，τ 为发热时间常数。截面在 $35mm^2$ 以下的导体，其 τ 约为 10min，因此载流导体大约经过 30min 后可达到稳定温升值。由此可见，计算负荷实际上与从负荷曲线上查得的半小时最大负荷 P_{30}(即年最大负荷 P_{max})是基本相当的。所以计算负荷可认为就是半小时最大负荷。一般用半小时最大负荷 P_{30}来表示有功计算负荷，而无功计算负荷、视在计算负荷和计算电流则分别用 Q_{30}、S_{30}、I_{30}来表示。

计算负荷是供电系统设计计算的依据。计算负荷的大小，直接影响到系统中相关电器和导线的合理选择。如计算负荷确定过大，将使电器和导线选得过大，造成投资加大、资源过剩和有色金属的浪费。如计算负荷确定过小，又将使选择的电器和导线处于过负荷下运行，增加能量损耗，产生过热，导致绝缘过早老化甚至烧毁。由此可

见，正确确定计算负荷意义重大。但是由于负荷情况的不稳定性，在确定负荷计算时也只能力求接近实际。

确定三相用电设备组计算负荷常用的方法最主要的有需要系数法和二项式法。用电设备数量较多，各台设备容量差别不大，一般用于干线、变配电所的负荷计算时宜用需要系数法；设备台数较少而容量差别悬殊的分支干线和配电屏(箱)的负荷计算时，宜采用二项式法。确定单相用电设备组计算负荷应先将单相设备容量换算为等效三相设备容量，再进行负荷计算。下面具体介绍负荷计算的方法。

2.2.2 按需要系数法确定计算负荷

1. 一组三相用电设备计算负荷的确定

用电设备组的计算负荷，是指用电设备组从供电系统中取用的半小时最大负荷 P_{30}。用电设备组的设备容量 P_e，是指除备用设备之外所有用电设备组的额定容量 P_N 之和，即 $P_e = \sum P_N$ 。而设备的额定容量，是设备在额定条件下的最大输出功率(出力)。它与输入容量之比为平均效率 η_e；用电设备组的设备实际上不一定都同时运行，故引入一个同时系数 K_Σ；运行的设备也不太可能都满负荷运行，故引入一个负荷系数 K_L；同时设备、线路本身也有功率损耗，故引入一个线路的平均效率 η_{wL}。因此用电设备组的有功计算负荷应为

$$P_{30} = \frac{K_\Sigma K_L}{\eta_e \eta_{wL}} P_e \tag{2-11}$$

设式(2-11)中的 $K_\Sigma K_L/(\eta_e \eta_{WL}) = K_d$ ，这里的 K_d 称为需要系数。需要系数 K_d 不仅与用电设备组的工作性质、设备台数、设备效率和线路损耗等因素有关，而且与操作人员的技能和生产组织等多种因素有关，因此 K_d 的选择确定应尽可能地通过实测分析，使之尽量接近实际。

由此可得按需要系数法确定三相用电设备组有功计算负荷的基本公式为

$$P_{30} = K_d P_e \tag{2-12}$$

在求出有功计算负荷 P_{30}后，可按下列各式分别求出其余的计算负荷。

无功计算负荷为
$$Q_{30} = P_{30} \tan \varphi \tag{2-13}$$

视在计算负荷为
$$S_{30} = \frac{P_{30}}{\cos \varphi} \tag{2-14}$$

计算电流为
$$I_{30} = S_{30}/(\sqrt{3}U_N) \tag{2-15}$$

负荷计算中常用的单位有：有功功率为千瓦(kW)，无功功率为千乏(kvar)，视在功率为千伏安(kV·A)，电流为安(A)，电压为千伏(kV)。

附表1列出了各种用电设备组的需要系数值，供大家参考。在此进行以下两点说明。

1)附表1所列需要系数值是按车间范围内设备台数较多的情况来确定的，所以需要系数值一般都比较低。因此需要系数法较适用于确定车间的计算负荷。如果采用需要系数法来计算支线或分支干线上用电设备组的计算负荷，则附表1中需要系数值宜适当取大。只有1～2台设备时，可认为 $K_d=1$，即 $P_{30}=P_e$。但对于电动机，由于它本身损耗较大，因此当只有一台电动机时，$P_{30}=P_N/\eta$，式中 P_N为电动机的额定容量，

η 为电动机的效率。在 K_d 适当取大的同时，$\cos\varphi$ 也应适当取大。

2)需要系数值与用电设备的类别和工作状态有极大的关系，因此在计算时首先要正确判明，否则将造成错误。例如，机修车间的金属切削机床电动机，应属于小批生产的冷加工机床电动机，因为金属切削就是冷加工，而机修不可能是大批生产。又如压塑机、拉丝机和锻锤等，应属于热加工机床。再如起重机、行车或电葫芦，应属于吊车类。

例 2-1 已知机修车间的金属切削机床组，拥有电压为 380V 的三相电动机 7.5kW 3 台；4kW 8 台；3kW 17 台；1.5kW 10 台。试求其计算负荷。

解：该机床组电动机的总容量为

$$P_e=7.5\text{kW}\times3+4\text{kW}\times8+3\text{kW}\times17+1.5\text{kW}\times10=120.5\text{kW}$$

查附表 1 中“小批生产的金属冷加工机床电动机”项，得 $K_d=0.16\sim0.2$(取 0.2)，$\cos\varphi=0.5$，$\tan\varphi=1.73$。因此根据公式可求得

有功计算负荷：　$P_{30}=0.2\times120.5\text{kW}=24.1\text{kW}$

无功计算负荷：　$Q_{30}=24.1\text{kW}\times1.73=41.7\text{kvar}$

视在计算负荷：　$S_{30}=24.1\text{kW}/0.5=48.2\text{kV}\cdot\text{A}$

计算电流：　$I_{30}=48.2\text{kV}\cdot\text{A}/(\sqrt{3}\times0.38\text{kV})=73.2\text{A}$

2. 多组三相用电设备组计算负荷的确定

确定拥有多组用电设备组的干线上或车间变电所低压母线上的计算负荷时，应考虑各组用电设备的最大负荷不同时出现的因素。因此在确定多组用电设备的计算负荷时，应结合具体情况对其有功负荷和无功负荷分别计入一个同时系数(又称综合系数) $K_{\Sigma p}$ 和 $K_{\Sigma q}$ 。

对于车间干线取　$K_{\Sigma p}=0.85\sim0.95$　$K_{\Sigma q}=0.90\sim0.97$

对于低压母线

(1)由用电设备组计算负荷直接相加来计算时取

$$K_{\Sigma p}=0.80\sim0.90\quad K_{\Sigma q}=0.85\sim0.95$$

(2)由车间干线计算负荷直接相加来计算时取

$$K_{\Sigma p}=0.90\sim0.95\quad K_{\Sigma q}=0.93\sim0.97$$

总的有功计算负荷为

$$P_{30}=K_{\Sigma p}\sum P_{30,i} \tag{2-16}$$

总的无功计算负荷为

$$Q_{30}=K_{\Sigma q}\sum Q_{30,i} \tag{2-17}$$

式中　$\sum P_{30,i}$、$\sum Q_{30,i}$ ——各组设备的有功和无功计算负荷之和。

总的视在计算负荷为

$$S_{30}=\sqrt{P_{30}^2+Q_{30}^2} \tag{2-18}$$

总的计算电流为

$$I_{30}=S_{30}/\sqrt{3}U_N \tag{2-19}$$

特别注意：

1)在求总的视在计算负荷和计算电流时，由于各组设备(或各条干线设备)的功率

因数不一定相同，所以总的视在计算负荷和计算电流一般都不能用各组设备(或各条干线设备)的视在计算负荷和计算电流相加来求得，而应用式(2-18)和式(2-19)求出。

2)在计算多组用电设备总的计算负荷时，为了简化和统一，各组的设备台数不论多少，各组的计算负荷均按附表1所列的计算系数来计算，而不必考虑设备台数少而适当增大 K_d 和 $\cos\varphi$ 值的问题。

例2-2 某机修车间380V线路上，接有金属切削机床电动机20台共50kW(其中较大容量电动机有7.5kW 1台，4kW 3台，2.2kW 7台)；通风机2台共3kW；电阻炉1台2kW。试确定此线路上的计算负荷。

解：先求各组的计算负荷

(1)金属切削机床组。查附表1，取 $K_d=0.2$，$\cos\varphi=0.5$，$\tan\varphi=1.73$，则

$$P_{30(1)}=0.2\times 50\text{kW}=10\text{kW}$$

$$Q_{30(1)}=10\text{kW}\times 1.73=17.3\text{kvar}$$

(2)通风机组。查附表1，取 $K_d=0.8$，$\cos\varphi=0.8$，$\tan\varphi=0.75$，则

$$P_{30(2)}=0.8\times 3\text{kW}=2.4\text{kW}$$

$$Q_{30(1)}=2.4\text{kW}\times 0.75=1.8\text{kvar}$$

(3)电阻炉。查附表1，取 $K_d=0.7$，$\cos\varphi=1$，$\tan\varphi=0$，则

$$P_{30(3)}=0.7\times 2\text{kW}=1.4\text{kW}$$

$$Q_{30(3)}=0$$

因此总计算负荷为($K_{\Sigma p}=0.95, K_{\Sigma q}=0.97$)

$$P_{30}=0.95\times(10+2.4+1.4)\text{kW}=13.1\text{kW}$$

$$Q_{30}=0.97\times(17.3+1.8+0)\text{kvar}=18.5\text{kvar}$$

$$S_{30}=\sqrt{13.1^2+18.5^2}\text{kV}\cdot\text{A}=22.7\text{kV}\cdot\text{A}$$

$$I_{30}=22.7\text{kV}\cdot\text{A}/(\sqrt{3}\times 0.38\text{kV})=34.5\text{A}$$

2.2.3 按二项式法确定计算负荷

1. 基本公式

二项式法的基本公式是

$$P_{30}=bP_e+cP_x \tag{2-20}$$

式中 bP_e——用电设备组的平均功率，其中 P_e 是该用电设备组的总容量，计算方法如前需要系数法中所述；

cP_x——表示用电设备组中 x 台容量最大的设备投入运行时增加的附加负荷，其中 P_x 是 x 台最大容量的设备总容量；

b、c——二项式系数，b、c、x 值可查附表1。

其余的计算负荷 Q_{30}、S_{30} 和 I_{30} 的计算与前述需要系数法的计算相同。

必须注意：按二项式法确定计算负荷时，如果设备台数 n 少于附表1中规定的最大容量设备台数 x 的2倍(即 $n<2x$)时，其最大容量设备台数 x 建议取为 $n/2$，且按“四舍五入”修约规则取整数。如某机床电动机组只有5台时，则其 $x=5/2\approx 3$。

如果用电设备组只有1～2台设备时，就可以认为 $P_{30}=P_e$。对于单台电动机，则 $P_{30}=P_N/\eta$，式中 P_N 为电动机额定容量，η 为其额定效率。在设备台数较少时，$\cos\varphi$

也应适当取大。

由于二项式法不仅考虑了用电设备组最大负荷时的平均功率，而且考虑了少数容量最大的设备投入运行时对总计算负荷的额外影响，所以二项式法比较适用于确定设备台数较少而容量差别较大的低压干线和分支线的计算负荷。

例 2-3 试用二项式法确定例 2-1 所示机床组的计算负荷。

解： 由附表 1 查得 $b=0.14$，$c=0.4$，$x=5$，$\cos\varphi=0.5$，$\tan\varphi=1.73$。而设备总容量为

$$P_e=120.5\text{kW}(\text{见例 2-1 计算})$$

x 台最大容量的设备容量为

$$P_x=P_5=7.5\text{kW}\times3+4\text{kW}\times2=30.5\text{kW}$$

按式(2-20)可求得其有功计算负荷为

$$P_{30}=0.14\times120.5\text{kW}+0.4\times30.5\text{kW}=29.1\text{kW}$$

按式(2-13)可求得其无功计算负荷为

$$Q_{30}=29.1\text{kW}\times1.73=50.3\text{kvar}$$

按式(2-14)可求得其视在计算负荷为

$$S_{30}=29.1\text{kW}/0.5=58.2\text{kV}\cdot\text{A}$$

按式(2-15)可求得其计算电流为

$$I_{30}=58.2\text{kV}\cdot\text{A}/(\sqrt{3}\times0.38\text{kV})=88.4\text{A}$$

比较例 2-1 和例 2-3 的计算结果可以看出，按二项式法计算的结果比按需要系数法计算的结果稍大，特别是在设备台数较少的情况下。供电设计的经验说明，选择低压分支干线或支线时，按需要系数法计算的结果往往偏小，以采用二项式计算为宜。

2. 多组三相用电设备组计算负荷的确定

采用二项式法确定多组用电设备总的计算负荷时，也应考虑各组用电设备的最大负荷不同时出现的因素。在此不是计入一个同时系数，而是在各组用电设备中取其中一组最大的附加负荷 cP_x，再加上各组的平均负荷 bP_e，由此求得其总的有功、无功计算负荷，即

$$P_{30}=\sum(bP_e)_i+(cP_x)_{max} \tag{2-21}$$

$$Q_{30}=\sum(bP_e\tan\varphi)_i+(cP_x)_{max}\tan\varphi_{max} \tag{2-22}$$

式中 $\tan\varphi_{max}$——最大附加负荷 $(cP_x)_{max}$ 的设备组的平均功率因数角的正切值。

总的视在计算负荷 S_{30} 和总的计算电流 I_{30}，仍按式(2-18)和式(2-19)计算。

同样，在计算多组用电设备总的计算负荷时，为了简化和统一，各组的设备台数不论多少，各组的计算负荷均按附表 1 所列的计算系数 b、c、x 和 $\cos\varphi$ 来计算。

例 2-4 试用二项式法确定例 2-2 中机修车间 380V 线路的计算负荷。

解： 先求出各组的 bP_e 和 cP_x。

(1)金属切削机床组。查附表 1，取 $b=0.14$，$c=0.4$，$x=5$，$\cos\varphi=0.5$，$\tan\varphi=1.73$，则

$$bP_{e(1)}=0.14\times50\text{kW}=7\text{kW}$$

$$cP_{x(1)}=0.4\times(7.5\text{kW}\times1+4\text{kW}\times3+2.2\text{kW}\times1)=8.68\text{kW}$$

(2)通风机组。查附表 1，取 $b=0.65$，$c=0.25$，$\cos\varphi=0.8$，$\tan\varphi=0.75$，则

$$bP_{e(2)}=0.65\times3\text{kW}=1.95\text{kW}$$

$$cP_{x(2)}=0.25\times3\text{kW}=0.75\text{kW}$$

(3)电阻炉。查附表 1，取 $b=0.7$，$c=0$，$\cos\varphi=1$，$\tan\varphi=0$，则

$$bP_{e(3)}=0.7\times2\text{kW}=1.4\text{kW}$$

$$cP_{x(3)}=0$$

以上各组设备中，附加负荷以 $cP_{x(1)}$ 为最大。因此总计算负荷为

$$P_{30}=(7+1.95+1.4)\text{kW}+8.68\text{kW}=19\text{kW}$$

$$Q_{30}=(7\times1.73+1.95\times0.75+0)\text{kvar}+8.68\times1.73\text{kvar}=28.6\text{kvar}$$

$$S_{30}=\sqrt{19^2+28.6^2}\text{kV}\cdot\text{A}=34.3\text{kV}\cdot\text{A}$$

$$I_{30}=34.3\text{kV}\cdot\text{A}/(\sqrt{3}\times0.38\text{kV})=52.1\text{A}$$

2.2.4 单相用电设备组的负荷计算

在工厂里，除了三相设备外，还有诸如电焊机、电炉、电灯等各种单相设备。单相设备接在三相线路中，应尽可能地使三相负荷平衡。如果三相线路中单相设备的总容量不超过三相设备总容量的 15%，则不论单相设备如何分配，单相设备可与三相设备综合按三相负荷平衡计算。如果单相设备的总容量超过三相设备总容量的 15%时，则应先将单相设备容量换算为等效三相设备容量，再进行负荷计算。

在进行负荷计算时，不论单相设备接于相电压还是接于线电压，只要三相负荷不平衡，就应以最大负荷相有功负荷的 3 倍作为等效三相有功负荷，以满足安全运行的要求。

1. 单相设备接在相电压时等效三相负荷的计算

等效三相设备容量 P_e 应按最大负荷相所接的单相设备容量 $P_{e\cdot m\varphi}$ 的 3 倍计算，即

$$P_e=3P_{e\cdot m\varphi} \tag{2-23}$$

等效三相计算负荷则按前述需要系数法计算。

2. 单相设备接在线电压时等效三相的负荷计算

(1)接在同一线电压时

由于容量为 $P_{e\cdot\varphi}$ 的单相设备接在线电压上产生的电流 $I=P_{e\cdot\varphi}/(U\cos\varphi)$，这一电流应与其等效三相设备容量 P_e 产生的电流 $I'=P_e/(\sqrt{3}U\cos\varphi)$ 相等，因此其等效三相设备容量为

$$P_e=\sqrt{3}P_{e\cdot\varphi} \tag{2-24}$$

(2)接在不同的线电压时

假设：接在不同线电压的单相负荷(计算负荷)有 P_1、P_2、P_3，且 $P_1>P_2>P_3$，则其等效三相设备容量为

$$P_e=\sqrt{3}P_1+(3-\sqrt{3})P_2 \tag{2-25}$$

$$Q_e=\sqrt{3}P_1\tan\varphi_1+(3-\sqrt{3})P_2\tan\varphi_2 \tag{2-26}$$

等效三相计算负荷同样按需要系数法计算。

(3)单相设备分别接在线电压和相电压时的负荷计算

首先应将接在线电压的单相设备容量换算为接在相电压的设备容量，然后分相计算各相的设备容量和计算负荷。而总的等效三相有功计算负荷为其最大有功负荷相的有功计算负荷 $P_{30 \cdot m\varphi}$ 的3倍，即

$$P_{30} = 3P_{30 \cdot m\varphi} \tag{2-27}$$

总的等效三相无功计算负荷为最大有功负荷相的无功计算负荷 $Q_{30 \cdot m\varphi}$ 的3倍，即

$$Q_{30} = 3Q_{30 \cdot m\varphi} \tag{2-28}$$

关于将接在线电压的单相设备容量换算为接在相电压的设备容量的问题，可按下列换算公式进行换算(推导从略)。

A相

$$P_{A} = p_{AB-A}P_{AB} + p_{CA-A}P_{CA} \tag{2-29}$$

$$Q_{A} = q_{AB-A}P_{AB} + q_{CA-A}P_{CA} \tag{2-30}$$

B相

$$P_{B} = p_{BC-B}P_{BC} + p_{AB-B}P_{AB} \tag{2-31}$$

$$Q_{B} = q_{BC-B}P_{BC} + q_{AB-B}P_{AB} \tag{2-32}$$

C相

$$P_{C} = p_{CA-C}P_{CA} + p_{BC-C}P_{BC} \tag{2-33}$$

$$Q_{C} = q_{CA-C}P_{CA} + q_{BC-C}P_{BC} \tag{2-34}$$

式中 P_{AB}、P_{BC}、P_{CA}——接在AB、BC、CA相的有功设备容量；

P_{A}、P_{B}、P_{C}——换算为A、B、C相的有功设备容量；

Q_{A}、Q_{B}、Q_{C}——换算为A、B、C相的无功设备容量；

p_{AB-A}、q_{AB-A}…——接在AB、……等相间的设备容量换算为A、……等相设备容量的有功和无功换算系数，如表2-1所示。

表2-1 相间负荷换算为相负荷的功率换算系数

功率换算系数	负荷功率因数								
	0.35	0.40	0.50	0.60	0.65	0.70	0.80	0.90	1.00
p_{AB-A}，p_{BC-B}，p_{CA-C}	1.27	1.17	1.00	0.89	0.84	0.80	0.72	0.64	0.50
p_{AB-B}，p_{BC-C}，p_{CA-A}	−0.27	−0.17	0.00	0.11	0.16	0.20	0.28	0.36	0.50
q_{AB-A}，q_{BC-B}，q_{CA-C}	1.05	0.86	0.58	0.38	0.30	0.22	0.09	−0.05	−0.29
q_{AB-B}，q_{BC-C}，q_{CA-A}	1.63	1.44	1.16	0.96	0.88	0.80	0.67	0.53	0.29

例2-5 如图2-6所示220/380V三相四线制线路上，有220V单相电热干燥箱4台，其中2台10kW接在A相，1台30kW接在B相，1台20kW接在C相。此外，有380V单相对焊机4台，其中2台14kW($\varepsilon=100\%$)接在AB相，1台20kW($\varepsilon=100\%$)接在BC相，1台30kW($\varepsilon=60\%$)接在CA相。试求：此线路的计算负荷。

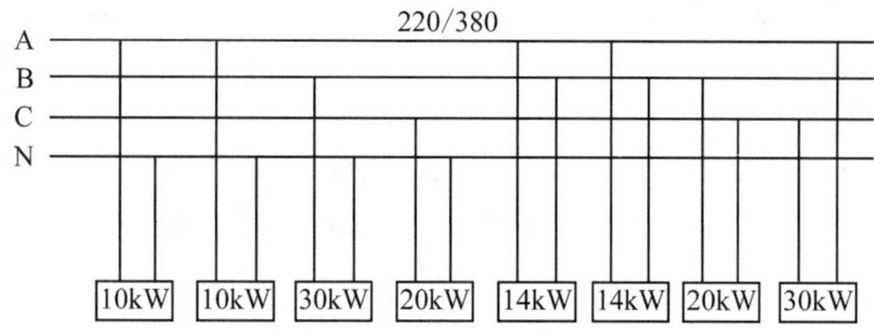

图 2-6　例 2-5 的电路图

解：(1)电热干燥箱的各相计算负荷。查附表 1 得 $K_d=0.7$，$\cos\varphi=1$，$\tan\varphi=0$，因此只计算 A、B、C 三相有功计算负荷

$$P_{30 \cdot A(1)}=K_d P_{e \cdot A}=0.7\times 2\times 10\text{kW}=14\text{kW}$$

$$P_{30 \cdot B(1)}=K_d P_{e \cdot B}=0.7\times 1\times 30\text{kW}=21\text{kW}$$

$$P_{30 \cdot C(1)}=K_d P_{e \cdot C}=0.7\times 1\times 20\text{kW}=14\text{kW}$$

(2)对焊机的各相计算负荷。先将接在 CA 相的 30kW($\varepsilon=60\%$)换算至 $\varepsilon=100\%$的容量，即

$$P_{CA}=\sqrt{0.6}\times 30\text{kW}=23\text{kW}$$

查附表 1 得 $K_d=0.35$，$\cos\varphi=0.7$，$\tan\varphi=1.02$，再由表 2-1 查得 $\cos\varphi=0.7$ 时的功率换算系数 $p_{AB-A}=p_{BC-B}=p_{CA-C}=0.8$，$p_{AB-B}=p_{BC-C}=p_{CA-A}=0.2$，$q_{AB-A}=q_{BC-B}=q_{CA-C}=0.22$，$q_{AB-B}=q_{BC-C}=q_{CA-A}=0.8$。因此各相的有功和无功设备容量为

A 相　$P_A=0.8\times 2\times 14\text{kW}+0.2\times 23\text{kW}=27\text{kW}$

$Q_A=0.22\times 2\times 14\text{kvar}+0.8\times 23\text{kvar}=24.6\text{kvar}$

B 相　$P_B=0.8\times 20\text{kW}+0.2\times 2\times 14\text{kW}=21.6\text{kW}$

$Q_B=0.22\times 20\text{kvar}+0.8\times 2\times 14\text{kvar}=26.8\text{kvar}$

C 相　$P_C=0.8\times 23\text{kW}+0.2\times 20\text{kW}=22.4\text{kW}$

$Q_B=0.22\times 23\text{kvar}+0.8\times 20\text{kvar}=21.1\text{kvar}$

A、B、C 相的有功和无功计算负荷为

$$P_{30 \cdot A(2)}=0.35\times 27\text{kW}=9.45\text{kW}$$

$$Q_{30 \cdot A(2)}=0.35\times 24.6\text{kvar}=8.61\text{kvar}$$

$$P_{30 \cdot B(2)}=0.35\times 21.6\text{kW}=7.56\text{kW}$$

$$Q_{30 \cdot B(2)}=0.35\times 26.8\text{kvar}=9.38\text{kvar}$$

$$P_{30 \cdot C(2)}=0.35\times 22.4\text{kW}=7.84\text{kW}$$

$$Q_{30 \cdot C(2)}=0.35\times 21.1\text{kvar}=7.39\text{kvar}$$

(3)各相总的有功和无功计算负荷，即

$$P_{30 \cdot A}=P_{30 \cdot A(1)}+P_{30 \cdot A(2)}=14\text{kW}+9.45\text{kW}=23.5\text{kW}$$

$$Q_{30 \cdot A}=Q_{30 \cdot A(1)}+Q_{30 \cdot A(2)}=0+8.61\text{kvar}=8.61\text{kvar}$$

$$P_{30 \cdot B}=P_{30 \cdot B(1)}+P_{30 \cdot B(2)}=21\text{kW}+7.56\text{kW}=28.6\text{kW}$$

$$Q_{30 \cdot B}=Q_{30 \cdot B(1)}+Q_{30 \cdot B(2)}=0+9.38\text{kvar}=9.38\text{kvar}$$

$$P_{30 \cdot C}=P_{30 \cdot C(1)}+P_{30 \cdot C(2)}=14\text{kW}+7.84\text{kW}=21.8\text{kW}$$

$$Q_{30 \cdot C}=Q_{30 \cdot C(1)}+Q_{30 \cdot C(2)}=0+7.39\text{kvar}=7.39\text{kvar}$$

(4)总的等效三相计算负荷。因 B 相的有功计算负荷最大，故取 B 相计算等效三相计算负荷，由此可得

$$P_{30}=3P_{30 \cdot B}=3\times 28.6\text{kW}=85.8\text{kW}$$

$$Q_{30}=3Q_{30 \cdot B}=3\times 9.38\text{kvar}=28.1\text{kvar}$$

$$S_{30}=\sqrt{85.8^2+28.1^2}\text{kV}\cdot\text{A}=90.3\text{kV}\cdot\text{A}$$

$$I_{30}=\frac{90.3\text{kV}\cdot\text{A}}{\sqrt{3}\times 0.38\text{kV}}=137\text{A}$$

2.3 工厂供电系统功率损耗和电能损耗的计算

2.3.1 工厂供电系统的功率损耗

在确定各用电设备组的计算负荷后，如果确定车间或工厂的计算负荷，就需要逐级计入有关线路和变压器的功率损耗，如图 2-7 所示。例如，要确定车间变电所低压配电线 WL2 首端的计算负荷 $P_{30 \cdot 4}$，就应将其末端计算负荷 $P_{30 \cdot 5}$ 加上该线路损耗 ΔP_{WL2}。如果确定高压配电线 WL1 首端的计算负荷 $P_{30 \cdot 2}$，就应将车间变电所低压侧计算负荷 $P_{30 \cdot 3}$ 加上变压器 T 的损耗 ΔP_T，再加上高压配电线 WL1 的功率损耗 ΔP_{WL1}。同理，无功计算负荷则应加上变压器和线路的无功损耗。下面讲述线路和变压器功率损耗的计算。

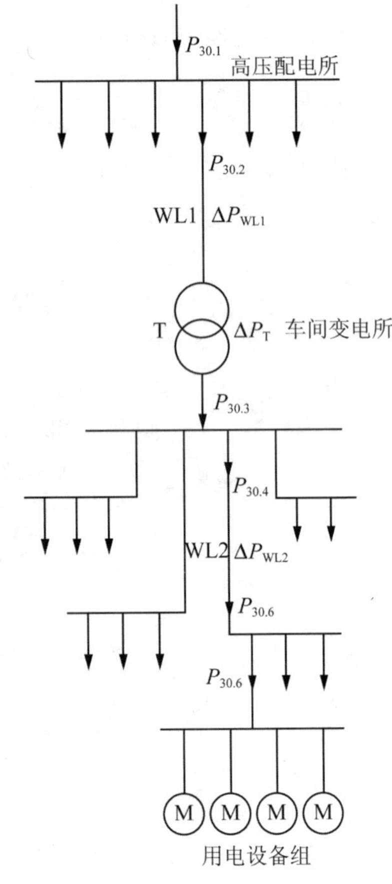

图 2-7 工厂供电系统中各部分的计算负荷和功率损耗(见示出有功部分)

1. 线路功率损耗的计算

由于电力线路存在电阻和电抗，所以线路上会产生有功功率损耗和无功功率损耗，其计算公式分别如下。

有功功率损耗

$$\Delta P_{WL}=3I_{30}^2 R_{WL} \tag{2-35}$$

无功功率损耗

$$\Delta Q_{WL}=3I_{30}^2 X_{WL} \tag{2-36}$$

式中 I_{30}——线路的计算电流；

R_{WL}——线路每相的电阻值，$R_{WL}=R_0 l$，R_0 为线路单位长度的电阻值，l 为线路长度；

X_{WL}——线路每相的电抗值，$X_{WL}=X_0 l$，X_0 为线路单位长度的电抗值。

R_0、X_0 可查有关手册或产品样本。附表 2 列出了 LJ 型铝绞线的主要技术数据，

可查得其各种截面下的 R_0 值和 X_0 值。但是查 X_0，不仅要根据导线截面，而且还要根据导线之间的几何均距。所谓线间几何均距，是指三相线路各相导线之间距离的几何平均值。如图 2-8 所示 A、B、C 三相线路，线间几何均距为

$$a_{av}=\sqrt[3]{a_1a_2a_3} \tag{2-37}$$

如导线为等边三角形排列，则 $a_{av}=a$；如导线为水平等距排列，则 $a_{av}=\sqrt[3]{2}a=1.26a$。

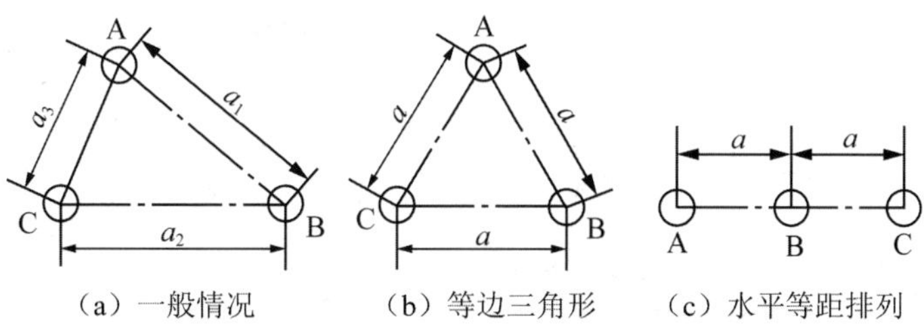

（a）一般情况　（b）等边三角形　（c）水平等距排列

图 2-8　三相线路的线间几何均距

2. 变压器功率损耗的计算

变压器的功率损耗也包括有功功率损耗和无功功率损耗两大部分。

(1)变压器的有功功率损耗

变压器的有功功率损耗由以下两部分组成。

1)铁心中的有功功率损耗，即铁损 ΔP_{Fe}。铁损在变压器一次绕组的外施电压和频率不变的条件下，是固定不变的，与负荷无关。铁损可由变压器空载实验测定。变压器的空载损耗 ΔP_0 可认为是铁损，因为变压器的空载电流 I_0 很小，在一次绕组中产生的有功损耗可略去不计。

2)有负荷时一、二次绕组中的有功功率损耗，即铜损 ΔP_{Cu}。铜损与负荷电流(或功率)的二次方成正比。铜损可由变压器短路实验测定。变压器的短路损耗 ΔP_K 可认为是铜损，因为变压器短路时一次侧短路电压 U_K 很小，在铁心中产生的有功功率损耗可略去不计。

因此，变压器的有功功率损耗为

$$\Delta P_T=\Delta P_{Fe}+\Delta P_{Cu}\left(\frac{S_{30}}{S_N}\right)^2\approx\Delta P_0+\Delta P_K\left(\frac{S_{30}}{S_N}\right)^2 \tag{2-38}$$

或

$$\Delta P_T\approx\Delta P_0+\Delta P_K\beta^2 \tag{2-39}$$

式中　S_N——变压器的额定容量；

S_{30}——变压器的计算负荷；

β——变压器的负荷率，$\beta=S_{30}/S_N$。

(2)变压器的无功功率损耗

变压器的无功功率损耗由以下两部分组成。

1)用来产生主磁通，即产生励磁电流的一部分无功功率，用 ΔQ_0 表示。它只与绕组电压有关，与负荷无关。它与励磁电流(或近似地与空载电流)成正比，即

$$\Delta Q_0\approx\frac{I_0\%}{100}S_N \tag{2-40}$$

式中　$I_0\%$——变压器空载电流占额定电流的百分值。

2)消耗在变压器一、二次绕组电抗上的无功功率。额定负荷下的这部分无功损耗用 ΔQ_N 表示。由于变压器绕组的电抗远大于电阻，因此 ΔQ_N 近似地与短路电压(即阻抗电压)成正比，即

$$\Delta Q_N \approx \frac{U_K\%}{100}S_N \tag{2-41}$$

式中 $U_K\%$——变压器短路电压占额定电压的百分值。

这部分无功损耗与负荷电流(或功率)的二次方成正比。

因此，变压器的无功功率损耗为

$$\Delta Q_T = \Delta Q_0 + \Delta Q_N \left(\frac{S_{30}}{S_N}\right)^2 \approx S_N\left[\frac{I_0\%}{100} + \frac{U_K\%}{100}\left(\frac{S_{30}}{S_n}\right)^2\right] \tag{2-42}$$

或

$$\Delta Q_T \approx S_N\left(\frac{I_0\%}{100} + \frac{U_K\%}{100}\beta^2\right) \tag{2-43}$$

式(2-38)～式(2-43)中的 ΔP_0、ΔP_K、$I_0\%$和 $U_K\%$(或 $U_Z\%$)等均可从有关手册或产品样本中查得。附表3列出了SL7型低损耗配电变压器的主要技术数据，供参考。

在负荷计算中，SL_7、S_7、S_9等系列低损耗电力变压器的功率损耗可按下列简化公式近似计算：

有功损耗 $$\Delta P_T \approx 0.015S_{30} \tag{2-44}$$

无功损耗 $$\Delta Q_T \approx 0.06S_{30} \tag{2-45}$$

2.3.2 工厂供电系统的电能损耗

工厂供电系统中的线路和变压器由于常年运行，其电能损耗相当可观，直接关系到供电系统的经济效益问题。作为供电人员，应设法降低供电系统的电能损耗。

1. 线路的电能损耗

线路上全年的电能损耗 ΔW_a 可按下式计算

$$\Delta W_a = 3I_{30}^2 R_{WL}\tau \tag{2-46}$$

式中 I_{30}——通过线路的计算电流；

R_{WL}——线路每相的电阻值；

τ——年最大负荷损耗小时。

年最大负荷损耗小时 τ 是一个假想时间。在此时间内，系统元件(含线路)持续通过计算电流，即最大负荷电流 I_{30}所产生的电能损耗，恰好等于实际负荷电流全年在元件(含线路)上产生的电能损耗。它与年最大负荷利用小时 T_{max}有一定关系。

由式(2-3)和式(2-5)可得下列关系：

$$W_a = P_{max}T_{max} = P_{av}\times 8760$$

在 $\cos\varphi=1.0$，且线路电压不变时，$P_{max}=P_{30}\propto I_{30}$，$P_{av}\propto I_{av}$，因此 $I_{30}T_{max}=I_{av}\times 8760$，故

$$I_{av} = I_{30}T_{max}/8760$$

因此全年电能损耗为

$$\Delta W_a = 3I_{av}^2 R\times 8760 = 3I_{30}^2 RT_{max}^2/8760 \tag{2-47}$$

由式(2-46)和式(2-47)可得，在 $\cos\varphi=1$ 时，τ 与 T_{max}的关系如下式所示：

$$\tau = T_{max}^2/8760 \tag{2-48}$$

不同 $\cos\varphi$ 下的 $\tau - T_{max}$ 关系曲线，如图 2-9 所示。已知 T_{max} 和 $\cos\varphi$ 时即可查出 τ。

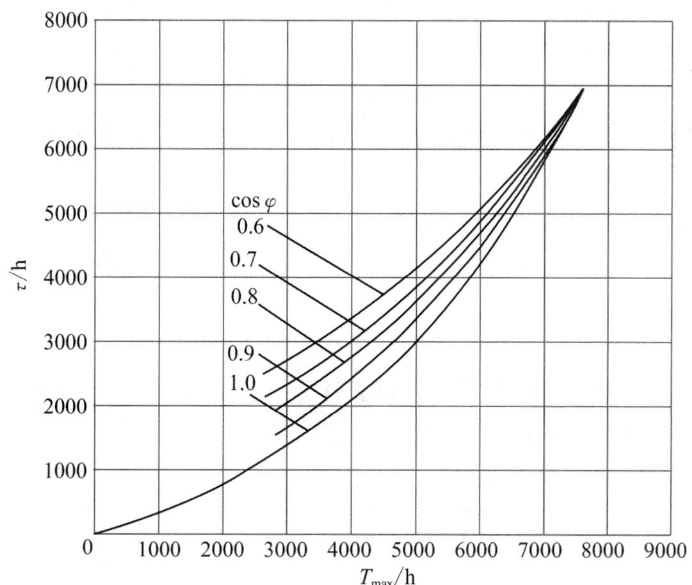

图 2-9　$\tau—T_{max}$ 关系曲线

2. 变压器的电能损耗

变压器的电能损耗包括以下两部分。

(1)变压器铁损 ΔP_{Fe} 引起的电能损耗

只要外施电压和频率不变，它就是固定不变的，近似于空载损耗 ΔP_0，因此其全年电能损耗为

$$\Delta W_{a(1)} = \Delta P_{Fe} \times 8760 \approx \Delta P_0 \times 8760 \tag{2-49}$$

(2)变压器铜损 ΔP_{Cu} 引起的电能损耗

它与负荷电流(或功率)的二次方成正比，即与变压器负荷率 β 的平方成正比，它近似于短路损耗 ΔP_k，因此其全年电能损耗为

$$\Delta W_{a(2)} = \Delta P_{Cu}\beta^2\tau \approx \Delta P_k\beta\tau \tag{2-50}$$

由此可得变压器全年的电能损耗为

$$\Delta W_a = \Delta W_{a(1)} + \Delta W_{a(2)} \approx \Delta P_0 \times 8760 + \Delta P_k\beta^2\tau \tag{2-51}$$

式中　τ——变压器的年最大负荷损耗小时，可查图 2-9 的曲线。

2.4　全厂计算负荷及年电能消耗量的计算

2.4.1　全厂计算负荷的确定

工厂计算负荷是选择工厂电源进线和一、二次设备(包括导线、电缆)的基本依据，也是计算工厂功率因数和工厂供电容量的基本依据。确定工厂计算负荷的方法很多，可按具体情况具体选用。

1. 按逐级计算法确定工厂计算负荷

如图 2-7 所示，工厂计算负荷以有功计算负荷为例，$P_{30.1}$ 应该是高压母线上所有

高压配电线计算负荷之和，再乘上一个同时系数。高压配电线的计算负荷 $P_{30.2}$，应该是该线所供车间变电所低压侧的计算负荷 $P_{30.3}$ 加上变压器的功率损耗 ΔP_T 和高压配电线的功率损耗 ΔP_{WL1}……如此逐级计算。但对一般工厂供电系统来说，由于线路一般不很长，因此在确定计算负荷时往往忽略线路的功率损耗。

工厂及变电所低压侧总的计算负荷 P_{30}、Q_{30}、S_{30} 和 I_{30} 的计算公式分别如式(2-16)～式(2-19)所示，其中 $K_{\Sigma p}=0.80\sim0.95$，$K_{\Sigma q}=0.85\sim0.97$。

2. 按需要系数法确定工厂计算负荷

将全厂用电设备的总容量 P_e(不含备用设备容量)乘上一个需要系数 K_d，即得到全厂的有功计算负荷，即

$$P_{30}=K_d P_e \tag{2-52}$$

全厂的无功计算负荷、视在计算负荷和计算电流按式(2-12)～式(2-15)计算。

附表4列出了部分工厂的需要系数值，供参考。

3. 按年产量估算工厂计算负荷

将工厂年产量 A 乘上单位产品耗电量 a，就得到工厂全年的需电量

$$W_a=Aa \tag{2-53}$$

各类工厂的单位产品耗电量 a 可由有关设计单位根据实测统计资料确定，亦可查有关设计手册。

在求出年需电量 W_a 后，除以工厂的年最大负荷利用小时 T_{max}，就可求出工厂的有功计算负荷

$$P_{30}=W_a/T_{max} \tag{2-54}$$

其他计算负荷的计算 Q_{30}、S_{30}、I_{30} 的计算，与上述需要系数法相同。

2.4.2 工厂年电能消耗量的计算

工厂年电能消耗量(简称“年耗电量”)可用企业的年产量和单位产品耗电量进行估算，如式(2-54)所示。

工厂年耗电量的较精确的计算，可用工厂的有功计算负荷 P_{30} 和无功计算负荷 Q_{30} 按下列公式计算：

年有功电能耗电量 $$W_{p.a}=\alpha P_{30}T_a \tag{2-55}$$

年无功电能耗电量 $$W_{q.a}=\beta Q_{30}T_a \tag{2-56}$$

式中 α——年平均有功负荷系数，一般取0.7～0.75；

β——年平均无功负荷系数，一般取0.76～0.82；

T_a——年实际工作小时数，一班制可取2300h，两班制可取4600h，三班制可取6900h。

2.5 尖峰电流的计算

2.5.1 概述

尖峰电流是指持续时间1～2s的短时最大负荷电流，主要是由电动机、电弧炉或电焊变压器起动时所产生的。尖峰电流是计算电压波动、电压损耗，选择熔断器、低

压断路器，整定继电保护装置及检验电动机自起动条件等的重要依据。

2.5.2 单台用电设备尖峰电流的计算

单台用电设备的尖峰电流就是其起动电流，因此尖峰电流为

$$I_{pk}=I_{st}=K_{st}I_N \tag{2-57}$$

式中 I_N——用电设备的额定电流(A)；

I_{st}——用电设备的起动电流(A)；

K_{st}——用电设备的起动电流倍数；笼型电动机为 5～7，绕线电动机为 2～3，直流电动机为 1.5～2，单台电弧炉为 3，电焊变压器为 3 或稍大。

2.5.3 多台用电设备尖峰电流的计算

接有多台电动机的配电线路，只考虑一台电动机起动时的尖峰电流为

$$I_{pk}=K_\Sigma\sum_{i=1}^{n-1}I_{Ni}+I_{st.max} \tag{2-58}$$

$$I_{pk}=I_{30}+(I_{st}-I_N)_{max} \tag{2-59}$$

式中 $I_{st.max}$——用电设备中起动电流与额定电流之差为最大的那台设备的起动电流(A)；

$(I_{st}-I_N)_{max}$——起动电流与额定电流之差的最大值(A)；

$\sum_{i=1}^{n-1}I_{Ni}$——起动电流与额定电流之差为最大的那台设备以外的 $n-1$ 台设备的额定电流之和(A)；

K_Σ——上述 $n-1$ 台设备的同时系数，按台数多少选取，一般为 0.7～1；

I_{30}——全部设备投入运行时线路的计算电流(A)。

当有两台及以上设备可能同时起动时，尖峰电流应根据实际情况分析确定。

例 2-6 有一 380V 三相线路，供电给表 2-2 所示 4 台电动机，试计算该线路的尖峰电流。

表 2-2 例 2-6 的负荷资料

参数	电动机			
	M1	M2	M3	M4
额定电流 I_N/A	5.8	5	35.8	27.6
起动电流 I_{st}/A	40.6	35	197	193.2

解：由表 2-2 可知，电动机 M4 的 $I_{st}-I_N=193.2A-27.6A=165.6A$ 为最大。取 $K_\Sigma=0.9$，因此该线路的尖峰电流为

$$I_{PK}=0.9\times(5.8+5+35.8)A+193.2A=235A$$

>>> 本章小结

电力负荷有两个含义：一是指电力系统中耗用电能的用电设备或用电单位；二是指用电设备或用电单位所耗用的电功率或电流大小。电力负荷根据其对供电可靠性的要求及中断供电在政治、经济上所造成损失或影响的程度分为一、二、三级，各级电

力负荷对供电电源的要求各不相同。电力负荷按其工作制分为连续工作制、短时工作制和断续周期工作制。负荷持续率表征断续周期工作制的工作特性。负荷曲线是表征电力负荷随时间变动情况的一种图形。与负荷曲线有关的物理量有年最大负荷、年最大负荷利用小时、计算负荷、平均负荷和负荷系数等。确定计算负荷的方法主要有需要系数法、二项式法等。需要系数法适用于多组三相用电设备的计算负荷；二项式法适于确定设备台数较少而容量差别悬殊的分支干线的计算负荷。对于单相负荷，先将单相设备容量换算为等效三相设备容量，再进行负荷计算。在进行全厂负荷计算时要考虑工厂供、配电线路和变压器引起功率和电能的损耗。尖峰电流是指单台或多台用电设备起动时出现的短时最大负荷电流。计算尖峰电流的目的是选择熔断器和低压断路器，整定继电保护装置、计算电压波动及检验电动机自起动条件等。

>>> 复习思考题

2.1　电力负荷的含义是什么？按重要程度分哪几级？各级负荷对供电电源有何要求？

2.2　工厂用电设备按工作制分哪几类？各有什么工作特点？

2.3　什么叫用电设备的额定容量？什么叫负荷持续率？它表征哪类设备的工作特性？它与设备容量有何换算关系？

2.4　什么叫年最大负荷和年最大负荷利用小时？什么叫平均负荷和负荷曲线填充系数？

2.5　什么叫计算负荷？为什么计算负荷通常采用半小时最大负荷？正确确定计算负荷有何意义？

2.6　确定用电设备组计算负荷的需要系数法和二项式法各有什么特点？各适用于哪些场合？

2.7　在确定多组用电设备总的视在计算负荷和计算电流时，可否将各组的视在计算负荷和计算电流分别直接相加？为什么？应如何正确计算？

2.8　在接有单相用电设备的三相线路中，什么情况下可将单相设备与三相设备综合按三相负荷的计算方法确定计算负荷？而在什么情况下应进行单相负荷计算？

2.9　线路的电阻和电抗如何计算？什么叫线间几何均距？如何计算？

2.10　电力变压器的有功和无功功率损耗各如何计算？按简化公式如何计算？

2.11　电力变压器的有功和无功电能损耗(全年)如何计算？什么叫年最大负荷损耗小时？

2.12　什么是尖峰电流？如何计算？其作用是什么？

>>> 习　题

2.1　有一大批生产机械的加工车间，拥有金属切削机床电动机容量共800kW，通风机容量共56kW，线路电压为380V。试分别确定各组和车间的计算负荷 P_{30}、Q_{30}、S_{30}、I_{30}。

2.2　有一机修车间，拥有冷加工机床52台，共200kW；行车1台，共5.1kW($\varepsilon=15\%$)；通风机4台，共5kW；点焊机3台，共10.5kW($\varepsilon=65\%$)。车间采用220/380V

三相四线制供电。试确定该车间的计算负荷 P_{30}、Q_{30}、S_{30} 和 I_{30}。

2.3 某 220/380V 的 TN-C 线路，供电给大批生产的冷加工机床电动机，总容量共 105kW，其中大容量电动机有 7.5kW 2 台，5.5kW 1 台，4kW 5 台。试分别用需要系数法和二项式法计算该线路的计算负荷 P_{30}、Q_{30}、S_{30} 和 I_{30}。

2.4 有 9 台 220V 单相电阻炉，其中 4 台 1kW，3 台 1.5kW，2 台 2kW。试合理分配电阻炉于 220/380V 的 TN-C 线路上，并计算其计算负荷 P_{30}、Q_{30}、S_{30} 和 I_{30}。

2.5 某 220/380V 的 TN-C 线路上，接入的用电设备如表 2-3 所列。试计算该线路的计算负荷 P_{30}、Q_{30}、S_{30} 和 I_{30}。

表 2-3 习题 2.5 的负荷资料

设备名称	380V 单头手动弧焊机			220V 电热箱		
接入相序	AB	BC	CA	A	B	C
设备台数	1	1	2	2	1	1
单台设备容量	21kV·A（ε=65%）	17kV·A（ε=100%）	10.3kV·A（ε=50%）	3kW	6kW	4.5kW

2.6 有一条长 2km 的 10kV 高压线路，供电给两台并列运行的电力变压器。高压线路采用 LJ—70 铝绞线，等距水平架设，线距 1m。两台变压器均为 S9—800/10 型，Dyn11 联结，总的计算负荷为 900kW，$\cos\varphi=0.86$，$T_{max}=4500$h。试分别计算此高压线路和电力变压器的功率损耗和年电能损耗。

2.7 某工厂为一班制生产，共有用电设备 5840kW。试估算该厂的计算负荷 P_{30}、Q_{30}、S_{30} 和年有功电能消耗量 W_a。

2.8 某架空线路为 8.2km，输电电压为 35kV，导线型号为 LJ—95，供电给某用户，年耗电量 $W_a=14980\times10^3$kW·h，线路上的最大负荷电流 $I_{max}=128$A，$\cos\varphi=0.85$，试求该线路上的功率损耗及年电能损耗。

2.9 某车间有一条 380V 线路供电给表 2-4 所示的 5 台电动机。试计算其尖峰电流（建议 $K_{\Sigma}=0.9$）。

表 2-4 习题 2.8 的负荷资料

电动机参数	M1	M2	M3	M4
额定电流 I_N/A	35	14	56	20
起动电流 I_{st}/A	148	85	160	135

第 3 章　工厂功率因数的确定及提高

>>> 本章要点

本章根据工厂生产的实际情况，简要介绍了工厂功率因数的确定以及提高功率因数的方法，接着介绍了提高自然功率因数的一般方法，重点介绍了功率因数人工补偿的方法、措施和维护等。

3.1　工厂功率因数的确定

3.1.1　功率因数的基本概念

1. 无功功率与功率因数

电力系统中的用电设备绝大多数都是根据电磁感应原理工作的。变压器和电动机通过电磁感应原理工作，其绕组有电感存在，需要线路供给大量的无功功率；而线路本身存在一定的电抗，也会需要无功功率；气体放电镇流器是电感性负载，也需要供给无功功率。电力一部分用于做功，将电能转换为机械能，成为有功功率；另一部分用来建立交变磁场，将电能转换为磁能，再由磁能转换为电能，这样反复交换的功率，称为无功功率。这两种功率构成视在功率。有功功率 P、无功功率 Q 和视在功率 S 之间存在下述关系：

$$S=\sqrt{P^2+Q^2}$$

即

$$\frac{P}{S}=\cos\varphi \tag{3-1}$$

$\cos\varphi$ 称为功率因数。功率因数的大小与用户负荷性质有关。当有功功率一定时，用户所需感性无功功率越大，其功率因数越小。图 3-1 所示为感性负荷的功率三角形。

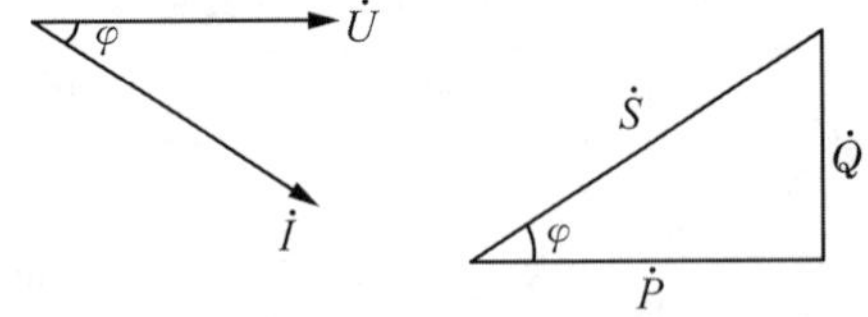

图 3-1　感性负荷的功率三角形

2. 功率因数对供电系统的影响

在工厂中，当有功功率需要量保持恒定，无功功率需要量增大将对供电系统产生影响。

1)增加供电系统的设备容量和投资、变压器的容量得不到充分利用。由图 3-1 可知，在 P 为常数时，当用户所需 Q 越大，S 也越大。为满足用户用电需要，供电系统的电气设备、变压器的容量、线路导线截面面积越大，因而增加供电系统的设备投资。

当 S 为常数时，随着 Q 的增大，P 就越小，变压器容量的利用率就越小。

2)增大线路与设备的电能损耗，年运行费用将增加。在传输一定的有功功率情况下，无功功率增大，总电流增加，因而使线路与设备的电能损耗增加，直接影响工厂的经济效益。

3)线路和变压器的电压损耗增大，使调压困难。线路电压损耗与通过电流有关，同样的线路如果功率因数降低，则电流增加，将使电压损耗增大，影响供电质量。

4)增加电费开支，不仅因为工业用无功功率要缴电费，线路电能损耗增大，也增加了电费，而且因功率因数达不到电业部门要求的，将另行提高计费标准。

通常，线路的电抗 X 比电阻 R 大 2～4 倍，变压器的电抗 X 为电阻 R 的 5～10 倍，所以无功功率的增大，必然使电网电压损耗增加，供电电压质量下降。

无功功率对动力系统及工厂内部的供电系统都有不良影响。电业部门和工厂都有降低无功功率的要求。无功功率的减少就相应地提高了功率因数，功率因数是工厂电气设备使用状况和利用程度具有代表性的重要标志。

目前，我国已经制定按功率因数调整电费的办法。功率因数的高低是供电部门征收电费的重要指标。当功率因数大于标准值时给予奖励，小于标准值时则给予处罚，甚至当功率因数很低时，将停止供电。

3.1.2 工厂常用功率因数的计算方法

1. 瞬时功率因数

工厂的功率因数是随设备类型、负荷情况、电压高低而变化的，其瞬时值可由功率因数表直接读取，或者根据电流表、电压表和有功功率表在同一瞬间的读数，按下式计算求得：

$$\cos\varphi=P/\sqrt{3}UI \tag{3-2}$$

式中 P——有功功率表读数(kW)；

U——电压表读数(kV)；

I——电流表读数(A)。

瞬时功率因数用来观察工厂无功功率的变化规律，判断无功功率的需要量是否稳定，分析影响功率因数变化的各项因素，以便采取相应的补偿措施，并为以后进行同类设计提供参考依据。

2. 平均功率因数

平均功率因数是指某一规定时间内功率因数的平均值。它实际是加权平均值，可按下式计算求得：

$$\cos\varphi=\frac{W_{\mathrm{P}}}{\sqrt{W_{\mathrm{P}}^2+W_{\mathrm{Q}}^2}}=\frac{1}{\sqrt{1+\left(\frac{W_{\mathrm{Q}}}{W_{\mathrm{P}}}\right)^2}} \tag{3-3}$$

式中 W_{P}——规定时间内有功电度表的累积数(kW·h)；

W_{Q}——规定时间内无功电度表的累积数(kvar·h)。

如果规定时间为一个月，用式(3-3)计算的功率因数为月平均功率因数。月平均功率因数是电业部门调整收费标准的依据。平均功率因数不能描述功率因数随时间变化的特性。比如两个平均功率因数相同的工厂，其无功功率需要量的变化差别可能很大。

3. 自然功率因数

自然功率因数是指用电设备在没有安装人工补偿装置(移相电容器、调相机等)时的功率因数。自然功率因数有瞬时值和平均值两种。

4. 总的功率因数

设置人工补偿后的功率因数成为总的功率因数。同样它也分为瞬时值和平均值。

5. 最大功率因数

最大负荷时的功率因数是指在年最大负荷(即计算负荷)时的功率因数，按下式计算。

$$\cos\varphi = P_{30}/S_{30} \tag{3-4}$$

我国电力工业部于 1996 年制定的《供电营业规则》规定：无功功率应就地平衡，用户在当地供电企业规定的电网高峰负荷时的功率因数应达到下列规定：100kV·A 及以上高压供电的用户功率因数为 0.90 以上；其他电力用户和大、中型电力排灌站、趸购转售电企业，功率因数为 0.85 以上；农业用电，功率因数为 0.80 以上。并规定，凡功率因数未达到上述规定的，应增设无功补偿装置。

这里所指的功率因数，即为最大负荷时的功率因数。

3.1.3 功率因数的人工补偿

工厂中由于有大量的感应电动机、电焊机、电弧炉及气体放电灯等感性负荷，从而使功率因数大大降低。如在充分发挥设备潜力、改善设备运行性能、提高其自然功率因数的情况下，尚达不到规定的工厂功率因数要求时，则需考虑人工补偿。通常采用并联电力电容器的方法，来达到这一目的。

如图 3-2 所示，功率因数提高与无功功率和视在功率变化的关系。假设功率因数由 $\cos\varphi$ 提高到 $\cos\varphi'$，这时在有功功率 P_{30} 不变的条件下，无功功率将由 Q_{30} 减小到 Q'_{30}，视在功率将由 S_{30} 减小到 S'_{30}。相应地负荷电流 I_{30} 也得以减小，这将使系统的电能损耗和电压损耗相应降低，既节约了电能，又提高了电压质量，而且可选较小容量的供电设备和导线电缆，因此提高功率因数对电力系统大有好处。

图 3-2　功率因数与无功功率、视在功率关系

由图 3-2 可知，要使功率因数由 $\cos\varphi$ 提高到 $\cos\varphi'$，必须装设的无功补偿装置，容量为

$$Q_C = Q_{30} - Q'_{30} = P_{30}(\tan\varphi - \tan\varphi') \tag{3-5}$$

或

$$Q_C = \Delta q_C P_{30} \tag{3-6}$$

式中　$\Delta q_C = \tan\varphi - \tan\varphi'$——无功补偿率，或比补偿容量。

表示要使 1kW 的有功功率由 $\cos\varphi$ 提高到 $\cos\varphi'$ 所需要的无功补偿容量 kvar 值。

附表 5 列出了并联电容器的无功补偿率，可利用补偿前后的功率因数直接查出。

在确定了总的补偿容量后，即可根据所选并联电容器的单个容量 q 来确定电容器的个数，即

$$n = \frac{Q_C}{q} \tag{3-7}$$

附表 6 列出了常用的 BW 系列并联电容器的主要技术数据。

由上式计算所得的电容器个数 n，对于单相电容器(电容器型号后面标“1”者)来说，应取 3 的倍数，以便三相均衡分配。

例 3-1 某一降压变电所，装设一台主变压器。已知变电所低压测有功计算负荷为 650kW，无功计算负荷为 800kvar。为使工厂(变电所高压测)的功率因数不低于 0.9，如在低压侧装设并联电容器进行补偿时，需装设多少补偿容量？并问补偿前后工厂变电所所选主变压器的容量有何变化？

解：(1)补偿前变压器的容量和功率因数。变电所低压侧的视在计算负荷为

$$S_{30(2)}=\sqrt{650^2+800^2}\text{kV}\cdot\text{A}=1031\text{kV}\cdot\text{A}$$

主变压器容量选择条件为 $S_{N.T}\geqslant S_{30(2)}$，因此未进行无功补偿时，主变压器容量选 1250kV · A

这时变电所低压侧的功率因数为

$$\cos\varphi_{(2)}=650/1031=0.63$$

(2)无功补偿容量。按规定，变电所高压侧的 $\cos\varphi\geqslant 0.90$。考虑到变压器的无功功率损耗 ΔQ_T 远大于有功功率损耗 ΔP_T，一般 $\Delta Q_T=(4\sim5)\Delta P_T$，因此在变压器低压侧补偿时，低压侧补偿后的功率因数应略高于 0.90，这里取 $\cos\varphi'=0.92$。

要使低压侧功率因数由 0.63 提高到 0.92，在低压侧需装设的并联电容器容量为

$$Q_C=650\times(\tan\arccos 0.63-\tan\arccos 0.92)\text{kvar}=525\text{kvar}$$

取

$$Q_C=530\text{kvar}$$

(3)补偿后的变压器容量和功率因数。变电所低压侧的视在计算负荷为

$$S'_{30(2)}=\sqrt{650^2+(800-530)^2}\text{kV}\cdot\text{A}=704\text{kV}\cdot\text{A}$$

因此无功补偿后主变压器容量可选为 800kV · A。

变压器功率损耗为

$$\Delta P_T\approx 0.015S'_{30(2)}=0.015\times704\text{kV}\cdot\text{A}=10.6\text{kW}$$

$$\Delta Q_T\approx 0.06S'_{30(2)}=0.06\times704\text{kV}\cdot\text{A}=42.2\text{kvar}$$

变电所高压侧的计算负荷为

$$P'_{30(1)}=650\text{kW}+10.6\text{kW}=661\text{kW}$$

$$Q'_{30(1)}=(800-530)\text{kvar}+42.2\text{kvar}=312\text{kvar}$$

$$S'_{30(1)}=\sqrt{661^2+312^2}\text{kV}\cdot\text{A}=731\text{kV}\cdot\text{A}$$

无功补偿后，工厂的功率因数为

$$\cos\varphi'=P'_{30(1)}/S'_{30(1)}=661/731=0.904$$

这一功率因数满足规定要求。

(4)补偿前后比较。主变压器容量在补偿后减少：

$$S_{N.T}-S'_{N.T}=1250\text{kV}\cdot\text{A}-800\text{kV}\cdot\text{A}=450\text{kV}\cdot\text{A}$$

如以基本电费每月 10 元/kV · A 计算，则每月工厂可节约基本电费为

$$450\text{kV}\cdot\text{A}\times10\text{元/kV}\cdot\text{A}=4500\text{元}$$

由此例可以看出，采用无功补偿来提高功率因数能使工厂取得可观的经济效果。

3.2 提高工厂自然功率因数的措施

3.2.1 逐步更新淘汰现有低效耗能的供电设备

以高效率的电气设备来代替低效率的电气设备，这是提高功率因数、节电节能的一项基本措施，其经济效益十分明显。例如，同是 1000kV·A 的配电变压器，过去采用热轧钢片的 SJL 老型号变压器，其空载损耗为 6.5kW，而采用冷轧硅钢片的 S_9 型低损耗变压器，其空载损耗仅为 2.5kW。如果以 S_9 型来替换 SJL 型变压器，则仅是变压器的空载损耗(铁心损耗)一年就可节电(6.5－2.5)kW×8760h＝35040kW·h，相当客观。又如电动机，新的 Y 系列电动机与老型号的 J02 系列电动机相比，效率提高 0.413%。如果全国按年产量 20×10^6kW 计算，年工作时间考虑为 4000h，则全国一年就可因此节电 3.3 亿度(kW·h)电。再如我国新生产的一种涂敷稀土元素荧光粉的节能荧光灯，其 9W 的照度相当 60W 普通白炽灯的照度，而使用寿命又比普通白炽灯长 2 倍以上。假如我国每一个家庭都把带整流器的荧光灯换成这样的节能灯，平均每天点燃 2～3h，则每年全国就可节约电能上百亿度。此外，在供用电系统中采用电子技术也可提高自然功率因数，间接节约了大量电能。例如，我国某电解铝厂，全部用硅整流器取代旧的汞弧整流器后，一天就可节电一二十万度，全年可节约上千万元人民币，节电的经济效益十分显著。对于那些使用电动机一发电机组传动的老式设备(金属切削机床和轧钢机等)，以及使用直流电动机组的电镀、电解等设备，可利用晶闸管等电力电子装置进行改造，不仅节电效果显著，而且运行噪声和维护工作量都大为降低。以至原来利用饱和电抗器、磁放大器、继电接触器或感应式调压器的电阻炉，改用过零触发方式的晶闸管调功器控制之后，可以在节能、改善功率因数和提高控温精度几个方面，都大有改进。

3.2.2 改造现有能耗大的供用电设备和不合理的供配电系统

对能耗大的电气设备进行技术改造，也是节能、提高功率因数的一项有效措施。例如，交流弧焊机是间歇性工作的，其空载时间往往长于工作时间，而空载时的功率因数只有 0.1～0.3，造成系统很大的电能损耗。如果交流电焊机加装无载自动停电装置以后，平均每台一年即可节约有功电能 1000kW·h，无功电能 3500kvar·h。既节约了电能，也提高了功率因数。几年的节电所得，相当于一台交流电焊机的造价，其经济效益十分显著。对那些明显有不合理的供、配电系统进行技术改造，能有效地降低线路损耗，节约电能。例如，将迂回配电的线路改为直配线路；将截面偏小的导线更换为截面较大的导线；将绝缘破损、漏电较大的绝缘导线予以换新；在技术经济指标合理的条件下，将配电系统升压运行；改选变配电所的所址，使变压器更接近负荷中心，等等，都能有效地降低线路损耗，提高功率因数，改善供电质量。

3.2.3 合理选择供用电设备的容量，或进行技术改造，提高设备的负荷率

合理选择供用电设备容量，使设备在效率最高的状态下运行，发挥设备潜力，提高设备的负荷率和使用效率，也是提高功率因数、节电的一项基本措施。例如，合理

选择电力变压器的容量，使之接近于经济运行状态，负荷率一般以75%～80%是比较理想的。如果变压器的负荷率长期偏低，则应按经济运行条件进行考核，适当更换或切除并列运行的轻载变压器。又如感应电动机，应使其接近满负荷运行，避免出现“大马拉小车”的现象；对于平均负荷小于40%的电动机，应改用容量小些的电动机或将三角形联结的定子绕组改为星形联结，由于其每组绕组承受的电压只是原来承受电压的$1/\sqrt{3}$，定子旋转磁场也降为原来旋转磁场的$1/\sqrt{3}$，因此电动机的铁损大为降低，节约了电能，这时其转矩只有原来的1/3。若长期空载运行的电动机定子绕组不便改为星形联结，也可以将定子绕组改接，如图3-3所示，将定子绕组每相由原来三个并接支路改接为两个并接支路，每个支路承受的电压只有原来支路电压的2/3，从而使定子旋转磁场减小，铁损降低，节约了电能。如果电动机所带负载的工艺条件允许，也可将绕组型电动机的转子改接为励磁绕组，使之同步化运行，这也可大大提高功率因数，收到明显的节电效果。工矿企业在选用大容量电动机时，应考虑用功率相近的功率因数高的同步电动机。

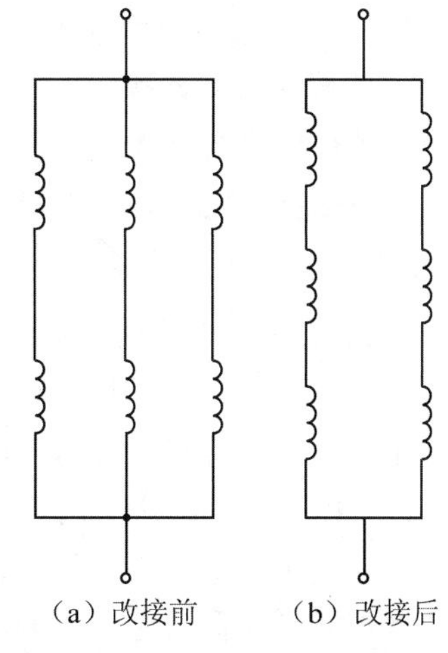

图3-3　感应电动机定子绕组每相由三个并联支路改接成恋歌并联支路

3.2.4　改革落后工艺，改进操作方法

生产工艺不仅影响到产品的质量和产量，而且也影响到产品的功率因数和耗电量。例如，在机械加工中，有的零件加工以铣代刨的工艺，就可使耗电量减少30%～40%；在铸造业中，有的用精密铸造工艺以减小金属切削余量，可使耗电量减小50%左右。改进操作方法也是节电的一条有效途径。例如，在加热处理中，电炉的连续作业就比间歇作业消耗的电能较少。所有这些，在节电的同时，也间接提高了自然功率因数。

所谓的“自然功率因素的提高”是指不设置任何无功补偿装置，只采取如前所述的各种技术措施，减小供用电设备中的无功功率消耗量，使功率因素提高。

3.3　工厂功率因数的人工补偿

3.3.1　功率因数的人工补偿

国家标准GB/T　3485—1998《评价企业合理用电技术导则》规定：“企业在提高自然功率因数的基础上，应在负荷侧合理装置集中与就地无功补偿设备，在企业最大负荷时的功率因数应不低于0.90；低负荷时，应调整无功补偿设备的容量，不得过补偿”。进行无功功率人工补偿的设备主要有同步补偿机和并联电容器。并联电容器与同步补偿机相比，因其无旋转部分，具有安装简单、运行维护方便、有功损耗小、组装灵活和扩建方便等优点，所以在一般工厂供电系统中应用最普遍。

3.3.2 并联电容器的接线与装设

1. 并联电容器的接线

并联补偿的电力电容器有△和Y两种接线，而低压并联电容器，多数做成三相的，内部已接成△。三个电容为 C 的电容器接成△，图形容量为 $Q_{C(Y)}=3\omega CU^2$，式中 U 为三相线路的线电压。如果三个电容为 C 的电容接成Y，则容量为 $Q_{C(Y)}=3\omega CU_\varphi^2$，式中 U_φ 为三相线路的相电压。由于 $U=\sqrt{3}U_\varphi$，因此 $Q_{C(\triangle)}=3Q_{C(Y)}$。这是并联电容器采用△接线的一个优点。另外电容器采用△接线时，其中任一电容断线，三相线路仍得到其无功补偿；而采用Y接线时，如一相电容器断线，则断线相将失去无功补偿。

必须指出，电容器采用△接线时，任一电容器击穿短路时，将造成三相线路的两相短路，短路电流很大，有可能引起电容器爆炸，这对高压线路特别危险。如果电容器采用Y接线，情况完全不同。图 3-4(a)为电容器Y接线时正常工作的电流分布；图 3-4(b)为电容器Y接线时 A 相电容器击穿短路时的电流分布。现分析如下。

当电容器正常工作时则有

$$I_A=I_B=I_C=U_\varphi/X_C \tag{3-8}$$

式中 $X_C=1/(\omega C)$——电抗值；

U_φ——相电压。

当电容器 A 相击穿短路时则有

$$I'_A=\sqrt{3}I'_B=\sqrt{3}U_{AB}/X_C=3U_\varphi/X_C=3I_A \tag{3-9}$$

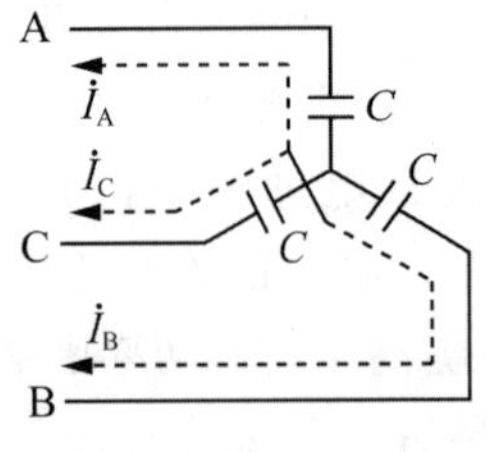

(a) 正常时的电流分布

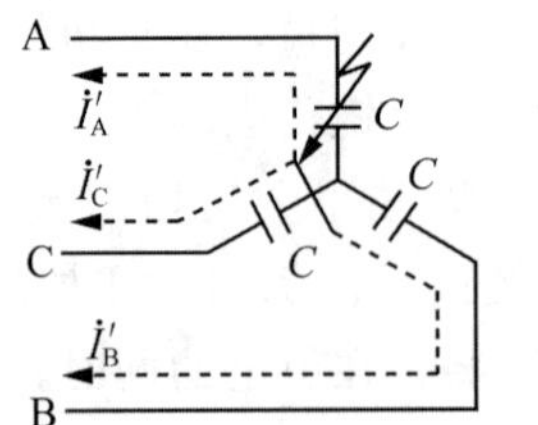

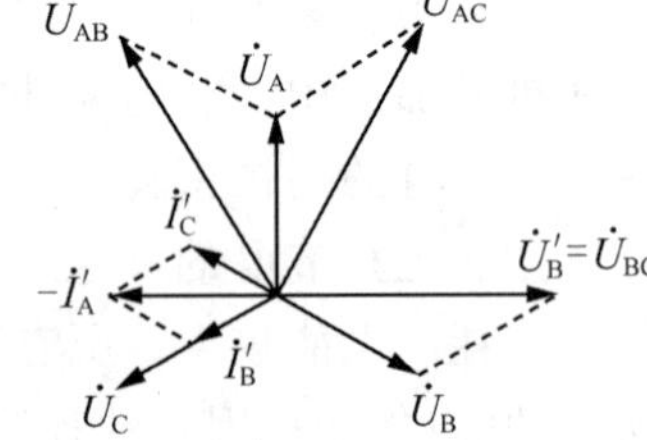

(b) A相电容器击穿短路时的电流分布和相量

图 3-4　三相线路中电容器Y联结时的电流分布

由此可见，电容器采用Y接线，在其一相电容器击穿短路时，其短路电流仅为正常工作电流的 3 倍，因此Y接线较△接线安全得多。按 GB 50053—2013《20kV 及以下变电所设计规范》规定：高压电容器组宜接成中性点不接地星形接线，低压电容器组可采用三角形接线或星形接线。

2. 并联电容器的装设

并联电力电容器在工厂供电系统中的装设，有高压集中补偿、低压集中补偿和个别就地补偿等三种方式，如图 3-5 所示。

(1)高压集中补偿

高压集中补偿是将高压电容器组集中装设在企业变电所的 6～10kV 母线上。这种补偿方式只能补偿 6～10kV 母线前所有线路上的无功功率，而此母线后的配电线路的

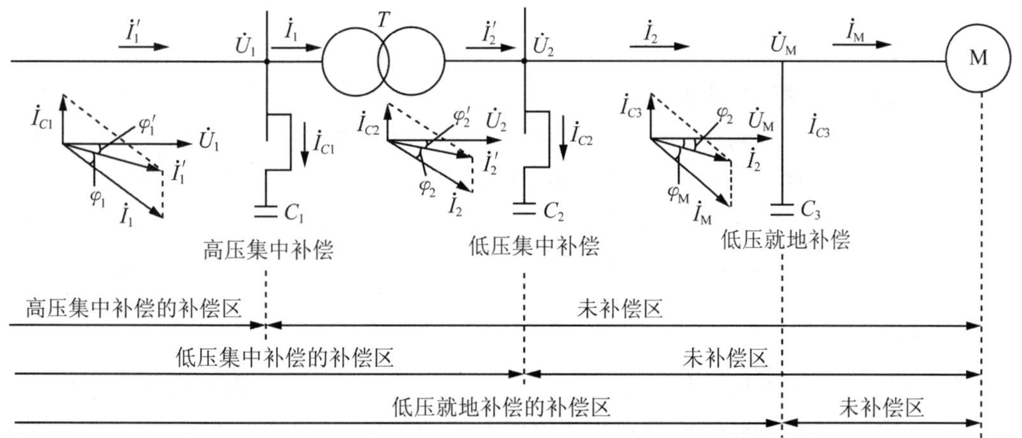

图 3-5　并联电容器在工厂供电系统中的装设位置和补偿效果

无功功率得不到补偿，所以这种补偿方式的经济效果不如后两种补偿方式。但这种补偿方式的初投资较少，便于集中运行维护，而且能对企业高压侧的无功功率进行有效补偿，以满足企业总功率因数的要求，所以这种补偿方式在一些大中型企业中应用相当普遍。

如图 3-6 所示，接在变配电所 6～10kV 母线上的集中补偿的并联电容器组接线图。电容器组采用△接线，装在高压电容器柜内。为防止电容器击穿时引起相间短路，所以△的各边均装有高压熔断器保护。

由于电容器从电网切除后有残余的电压，残余的电压最高可达到电网电压峰值，这对人身是很危险的。因此 GB50053—2013 规定：电容器组应装设放电器件，放电线圈的放电容量不应小于与其并联的电容器组容量。放电器件应满足断开电源后电容器组两端的电压从峰值($\sqrt{2}U_N$)降至安全电压 50V 所需的时间，高压电容器不应大于 5s，低压电容器不应大于 3min。对高压电容器组，通常利用电压互感器(图 3-6 中 TV)的一次绕组来放电。为了确保可靠放电，电容器组的放电回路中不得接入开关或熔断器，以免放电回路断开，危及人身安全。

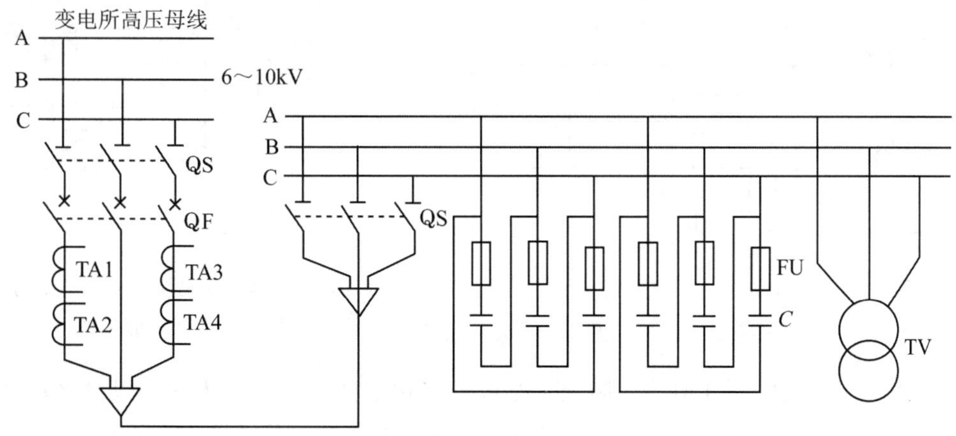

图 3-6　高压集中补偿电容器组的接线

(2)低压集中补偿

低压集中补偿是将低压电容器组集中装设在车间变电所的低压母线上。这种补偿方式能补偿变电所低压母线前的变压器和所有有关高压系统的无功功率，因此其补偿效果较高压集中补偿方式好，特别是它能减少变压器的视在功率，从而可使主变压器容量选得较小。这种补偿方式在企业中应用相当普遍。

图3-7所示为低压集中补偿的电容器接线图。电容器组都采用△接线，通常利用220V、15～25W的白炽灯的灯丝电阻来放电，这些放电灯同时也作为电容器组正常工作的指示。

(3)个别就地补偿

个别(单独)就地补偿，是将并联电容器组装设在需要进行无功补偿的各个用电设备近旁。这种补偿方式能够补偿安装部位以前的所有高低压线路和电力变压器的无功功率，因此其补偿范围较大，补偿效果最好，应优先采用。但这种补偿方式总的投资较大，且电容器组在被补偿的设备停止运用时，它也将一并被切除，因此其利用率较低。这种个别就地补偿方式特别适用于负荷平稳、长期运行而容量又大的设备，如大型感应电动机、高频电炉等。也适用于容量小、数量多而分散且长期稳定运行的设备，如荧光灯、高压汞灯、高压钠灯等。对于供电系统中高压侧和低压侧的基本无功功率的补偿，仍宜采用高压集中补偿和低压集中补偿的方式。

如图3-8所示，直接接在感应电动机旁的个别就地补偿的低压电容器组接线图。这种电容器组通常利用用电设备本身的绕组来放电。

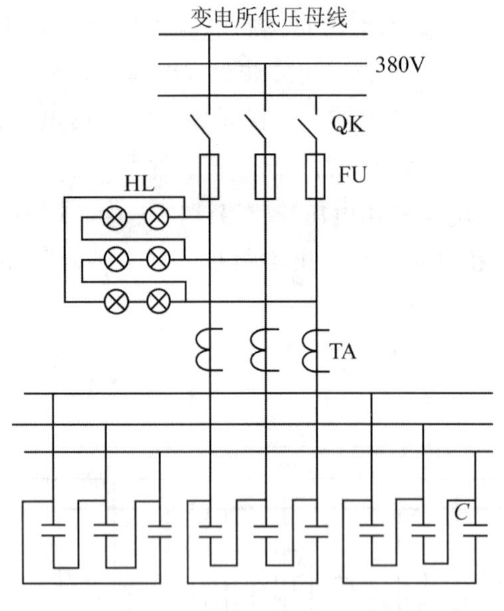

图3-7　低压集中补偿的电容器接线

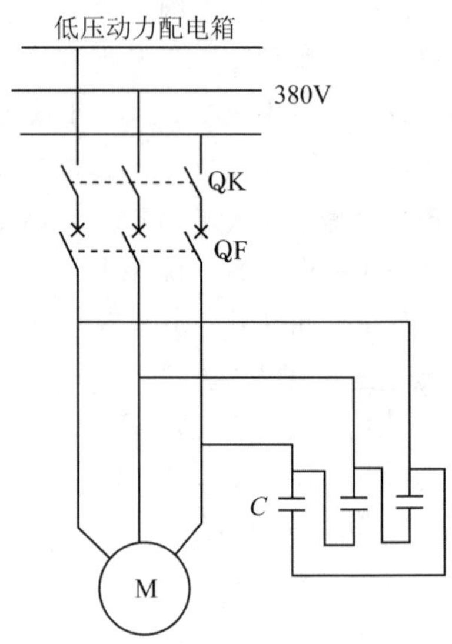

图3-8　感应电动机旁就地补偿的低压电容器组的接线

在工厂供、配电设计中，实际上多是综合采用上述各种补偿方式，以求经济合理地达到总的无功补偿要求，使企业电源进线处在最大负荷时的功率因数不低于规定值。高压进线时一般为0.9，低压进线时一般为0.8。

3.3.3 并联电容器的控制和保护

1. 并联电容器的控制

并联电容器有手动投切和自动调节两种控制方式。

(1)手动投切的并联电容器

手动投切装置具有简单、经济、便于维护等优点，但不能按系统无功功率的变动随时进行调节。具有下列情况之一时，宜采用手动投切的无功补偿装置。

①补偿低压基本无功功率的电容器组。

②常年稳定的无功功率。

③长期投入运行的变压器或变配电所内投切次数较少的高压电动机及高压电容器组。

图 3-9(a)所示为利用接触器分组投切的低压电容器组电路。图 3-9(b)所示为利用低压断路器分组投切的低压电容器组电路。

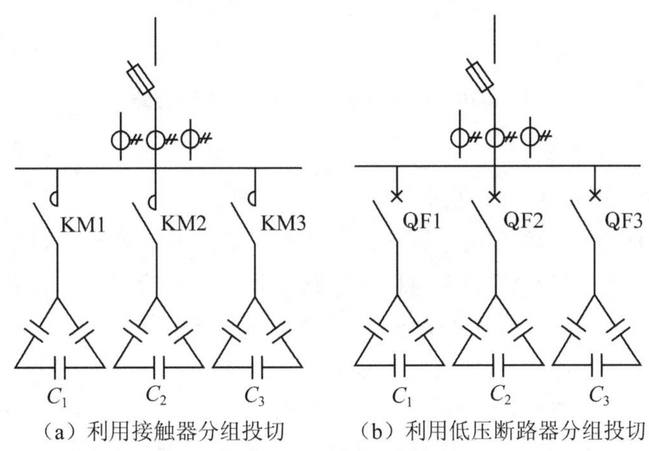

(a) 利用接触器分组投切　　(b) 利用低压断路器分组投切

图 3-9　手动投切的低压电容器组

(2)自动调节的并联电容器

自动调节的并联电容器通常称为无功自动补偿装置，它能按照系统无功功率的变动随时自动补偿，但投资较大。具有下列情况之一时，宜装设无功自动补偿装置。

①避免过补偿，装设无功自动补偿装置在经济上合理时。

②避免轻载时电压过高，造成用电设备损坏而装设无功自动补偿装置在经济上合理时。

③只有装设无功自动补偿装置才能满足在各种运行负荷的情况下的电压偏差允许值时。

高压电容器由于采用自动补偿时对电容器组回路切换元件的要求较高，价格较贵，而且维护检修比较困难，因此当补偿效果相同时，宜优先选用低压自动补偿装置。

低压自动补偿装置的原理电路如图 3-10 所示。电路中的功率因数自动补偿控制器按电力负荷的变化及功率因数的高低，以一定的时间间隔(10～15s)自动控制各组电容器回路中接触器 KM 的投切，使电网的无功功率自动得到补偿，保持功率因数在 0.95 以上而又不至于过补偿。

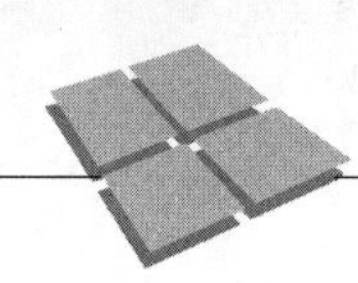

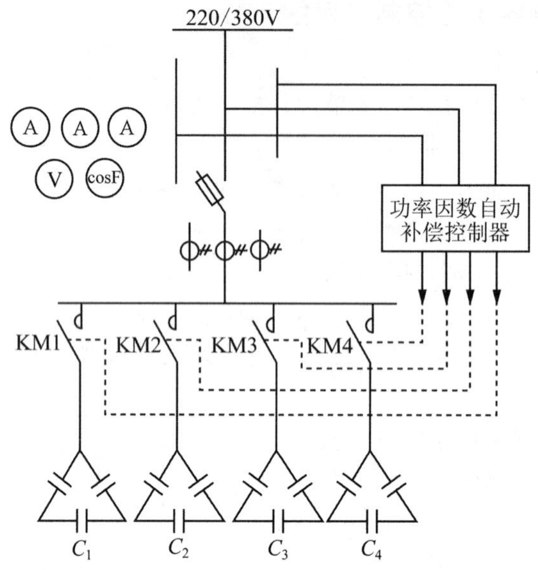

图 3-10 低压自动补偿装置的原理电路

2. 并联电容器的保护

(1)并联电容器保护的一般要求

并联电容器的主要故障形式是短路故障。对于低压电容器和容量不超过 450kvar 的高压并联电容器，可装设熔断器作为相间短路保护。对于容量较大的高压并联电容器，则需采用高压断路器控制，装设瞬时或短延时的过电流保护作为相间短路保护。

如果电容器组安装在含有大型整流设备或电弧炉等“谐波源”的电网上时，电容器组宜装设过负荷保护，带时限动作于信号或跳闸。

电容器对电压十分敏感，一般规定电网电压不得超过其额定电压 10%。因此凡电容器安装处的电网电压有可能超过额定电压 10%时，应装设过电压保护，使之动作于信号或带时限动作于跳闸。

(2)并联电容器短路保护的整定

1)熔断器保护的整定。

采用熔断器保护并联电容器时，其熔体额定电流应按下式计算：

$$I_{N.FE}=KI_{N.C} \tag{3-10}$$

式中 $I_{N.C}$——电容器额定电流；

K——系数，对单台电容器保护用熔断器，取 1.5～2.0；对电容器组用熔断器，取 1.3～1.8。

2)过电流保护的整定。

采用电流继电器作相间短路保护时，电流继电器的动作电流应按下式计算：

$$I_{op}=\frac{R_{rel}K_w}{K_i}I_{N.C} \tag{3-11}$$

式中 R_{rel}——保护装置可靠系数，取 2～2.5；

K_w——保护装置接线系数；

K_i——电流互感器的变流比(考虑到电容器的合闸涌流，互感器一次电流宜选为电容器额定电流的 1.5～2 倍)。

3)灵敏度的校验。

并联电容器过电流保护的灵敏度，应按电容器端子上发生两相短路的条件来校验，即

$$S=\frac{K_W I_{k.min}^{(2)}}{K_i I_{op}}\geqslant 1.5 \tag{3-12}$$

式中 $I_{k.min}^{(2)}$——在系统最小运行方式下，电容器端子的两相短路电流。

>>> 本章小结

工厂功率因数的确定依据有功功率和无功功率的大小，功率因数的高低是供电部门征收电费的重要指标。功率因数可分为瞬时功率因数、平均功率因数、自然功率因数、最大功率因数等。工厂自然功率因数的提高，主要通过提高设备的技术含量来提高自然功率因数。工厂功率因数的人工补偿主要有并联电容器和利用同步电动机，因电容器具有安装方便，价格便宜，维护简单等优点，故被广泛采用。并联补偿的电力电容器有△和Y两种接线，而低压并联电容器多数做成三相的，内部已接成△。并联电力电容器的装设，有高压集中补偿、低压集中补偿和个别就地补偿等三种方式，综合采用上述各种补偿方式，以求经济合理地达到总的无功补偿要求，使工厂电源进线处在最大负荷时的功率因数不低于规定值。并联电容器有手动投切和自动调节两种控制方式。并联电容器在供电系统正常运行时是否投切，主要视供电系统的功率因数或电压是否符合要求而定。并联电容器的保护可根据具体情况装设相间短路保护和过负荷。

>>> 复习思考题

3.1 何谓自然功率因数？功率因数对供电系统有何影响？我国规定工厂企业的功率因数为多大？

3.2 功率因数的提高对于工厂有何益处？

3.3 如何计算并联电容器的补偿容量？每个电容器容量如何确定？

3.4 常用电容器补偿方式有几种？各在什么场合使用？

3.5 并联电容器采用三角形和星形接线各有何优缺点？

3.6 为什么容量较大的高压电容器组宜采用星形接线而不采用三角形接线？

3.7 并联电容器在什么情况下应予投入？在什么情况下应予切除？

>>> 习 题

3.1 某企业有功计算负荷为 2400kW，功率因数为 0.65。现拟在企业变电所 10kV 母线上装设 BWF10.5—30—1 型电容器，使功率因数提高到 0.90。试问：需装设多大并联电容器容量？装设电容器后该企业的视在负荷为多少？比未装设电容器时的视在负荷减少了多少？

3.2　某变电所装有一台SL7—630/6型电力变压器，其二次侧(380V)的有功计算负荷为420kW，无功计算负荷为为350kvar，试求一次侧计算负荷及功率因数？如果功率因数未到达0.9，试问此时变电所低压母线上应装设多大的并联电容器才能满足要求？

第 4 章　工厂供电一次系统

>>> 本章要点

首先讲述了工厂供电方案的比较和企业高低压配电电压的选择，其次讲述变、配电所主接线的基本要求及一些典型的主接线方案，然后介绍电力变压器的选择以及需要注意的相关事项，最后介绍了针对不同的负荷分布情况选择不同的高低压配电网络。

4.1　工厂供电方案的比较及供电电压的确定

4.1.1　工厂供电方案的比较

1. 工厂供电方案的技术比较

工厂供电系统的技术指标包括可靠性，电能质量，运行、维护及修理的方便及灵活程度，自动化程度，建筑设施的寿命，占地面积，新型设备的利用等。下面进行分析说明。

变、配电所位置及变压器容量与厂区高压配电网路有密切的关系。如图 4-1 所示，在图 4-1(a)中，A 车间的变压器为 4×560kV·A，B 车间为 2×560kV·A，而图 4-1(b)中，A 车间为 2×1000kV·A，B 车间为 1×1000kV·A，在不考虑备用的条件下，图 4-1(b)中采用放射式供电显然比较合理。

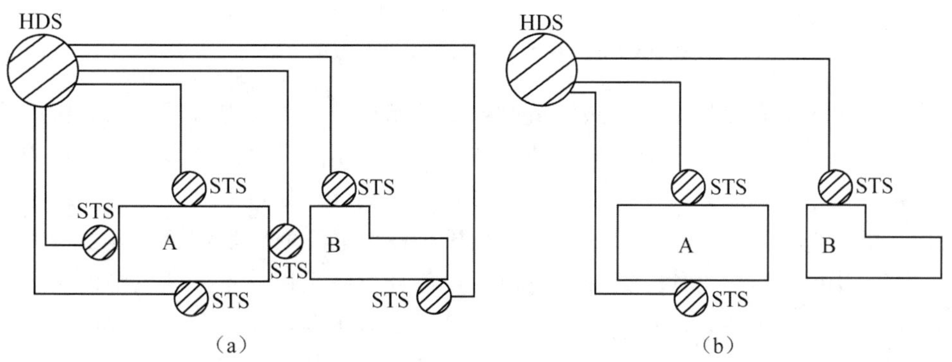

图 4-1　负荷大小对接线方式的影响

如图 4-2 所示，车间相互位置及容量为 560kV·A、750kV·A、1000kV·A，则可接成环形供电。

若各车间位置不变，而各负荷大小改变 A—1000kV·A、B—5000kV·A、C—1000kV·A，使用环形就不经济了，因为在环形网路中，变电所 B 这个最大负荷必须从 A 和 C 两个变电所受电，这样，A 和 C 虽然负荷不大，但通过的电流却很大，如果电压为 6kV 时，电流可达 700～800A，需要两条或三条电缆并联运行，图 4-2(b)不如图 4-2(c)经济，即两个小负荷可以接成环形，而大负荷用三条电缆供电。因此负荷大

小不同时，所要求的接线图也不相同。

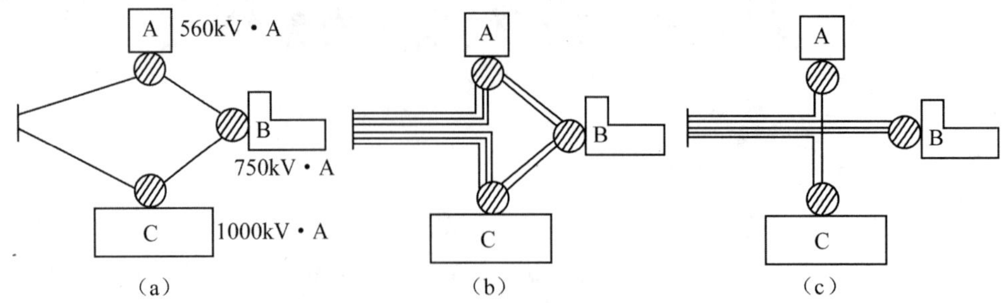

图 4-2　车间变电所容量及位置对接线方式的影响

如图 4-3 所示，A 车间距离远近也影响到工厂高压电网的接线，如图 4-3(a)所示，当 A 车间距离电源较近时，则可以考虑采用放射式供电，当 A 车间距离电源很远时，则采用配电所作为二级放射可能更为合理。

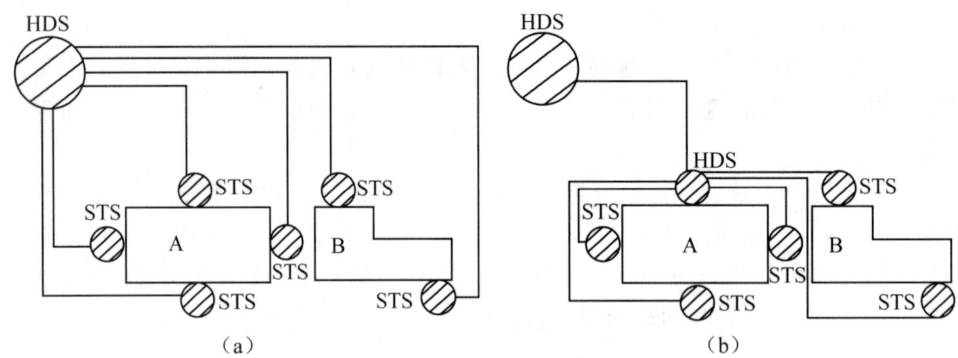

图 4-3　设配电所与不设配电所的方案比较

在一个大中型企业里，根据具体情况，不可能只是一种供电方式，配电所的位置和数量不只是一种或一个，会形成各种各样的方案。车间变电所的多少，负荷的大小和配置，距离电源的远近对高压配电网的方式有影响外，如可靠性，即备用线路的要求，电压的高低，冲击负荷的大小和工作性质；备用电源的容量和距离等都会对方案的选择产生影响。当然每种方案都应当根据负荷分类满足用户不中断供电的要求，保证运行上的方便与灵活，但每一种方案又不可能十全十美，而是各有利弊的。因此在比较方案之初，先将看来十分不合理的方案剔除，为了简化计算，对方案中的相同部分，可不作计算和比较。在若干个(2～3 个)可供选择的方案里进行技术上的分析和经济上的比较，从而选出最好的方案。

2. 工厂供电方案的经济指标

在讨论两种方案的经济效果时，可根据其投资费用和年运行费用算出它的回收期，即

$$T=\frac{Z_1-Z_2}{F_1-F_2}\text{年} \tag{4-1}$$

式中　Z_1 和 Z_2——第一方案及第二方案的投资费，投资费中应包括 Z_b——变电所投

资、Z_l——网络投资、Z_j——线路的功率损耗在发电厂引起的附加投资、Z_v——建筑物的投资；

F_1 和 F_2——第一方案及第二方案的年运行费，年运行费中包括 F_{wn}——电能损耗费，$F_{wn}=F_{ln}+F_{bn}$、F_{ln}——线路年电能损耗费、F_{zb}——变电所折旧费、F_{zl}——网络折旧费、F_{xn}——年修理费、F_{gn}——年管理费。

运行费中的折旧、修理、管理费，在设计时是以总投资的百分数计算的。

下面列出不同项目的折旧费对总投资的百分比的参考数据，目前这一方面的数据尚不统一。

35～110kV 钢筋混凝土结构杆塔架空线	3%
户外配电装置	3%
10kV 以下电力电缆(埋地敷设)	3%
100kW 以下电动机	10%
100kW 以上电动机	7%
电气设备及户内配电装置	6%
蓄电池	15%
控制台、遥控、调度装置	2.5%

得出的回收期 T 与标准回收期 T_e 比较。T_e 的年数是根据国民经济发展，资金合理运用，由国家统一规定的，目前标准回收期尚未统一，有的单位暂按 5 年左右计算。当 $T>T_e$ 时，则采用投资费较少的方案，如 $T<T_e$ 时，则采用投资费较多的方案。

如果被比较的方案在两个以上，则采用下式求计算投资，应选用计算投资最少的方案。

$$Z_{js}=F+a_e Z \tag{4-2}$$

式中 Z_{js}——计算投资；

F——年运行费；

Z——投资费；

$a_e=\dfrac{1}{T_e}$——效果系数 1/年。

应注意的是，仅从费用上比较方案有时也不完全恰当，如采用新设备必然会使初投资加大，有时需要根据地区供电部门的整体规划及特殊要求，不得不采用投资费用较高的方案，因此，上述方案比较方法只能作为参考，还应根据具体情况全面衡量。

假若两种方案在费用上差别不大，还可以进一步衡量其技术上的差异，具体如下。

①一种方案所需要的设备、电缆及材料少。

②一种方案的电压损耗少。

③一种方案的备用线在正常情况下是投入的。

④一种方案变压次数少。

⑤一种方案的配电级数少。

⑥一种方案的保护简单。

⑦一种方案便于施工及运行。

⑧一种方案灵活性大，便于发展扩建，设备利用较充分。

⑨一种方案更可靠，电压的波动小，对其他用电设备的影响小。

4.1.2 供电电压的确定

1. 供电电压的选择

本节所指的供电电压是经过变压才能在工厂厂区内进行配电的电压。我国目前所用的供电电压是35～110kV。

一般来说，提高供电电压能减少电能损耗，提高电压质量，节约有色金属，但却增加了线路及设备的初期投资费用。

负荷大小和距离电源远近与供电电压的选择有很大的关系。某一供电电压，必然有它所对应的最合理的供电容量和供电距离，如果导线的截面是按照电流经济密度选择的，根据计算证明，当电压一定时，能量损耗与有色金属量的消耗都和供电距离成正比，根据不同电压推荐的输送容量和输送距离如表4-1所示。

此外，供电电压还与以下因素有关。

①导线截面的大小。

②工厂的生产班次和负荷曲线的均衡程度。

③负荷的功率因数。

④电价制度。

⑤折旧等费用在设计时占投资额的百分比。

⑥国家规定的还本年限。

⑦是否有大型用电设备等。

表4-1 各级电压电力线路合理的输送功率和输送距离

线路电压/kV	线路结构	输送功率/kW	输送距离/km	线路电压/kV	线路结构	输送功率/kW	输送距离/km
0.38	架空线	≤100	≤0.25	10	电缆线	≤5000	≤10
0.38	电缆线	≤175	≤0.35	35	架空线	2000～15000	20～50
6	架空线	≤2000	3～10	63	架空线	3500～30000	30～100
6	电缆线	≤3000	≤8	110	架空线	10000～50000	50～150
10	架空线	≤3000	5～15	220	架空线	100000～500000	200～300

根据上述这些复杂的条件，选择合适的供电电压显然不能是随意决定的。在设计时要尽量减少中间变压等级，就会取得较好的经济效益。现实中，地区的原有供电电压对工厂供电电压的选择起了极严格的限制作用。工厂能够自己比较和决定的可能性不大，只有在下述情况时才有可能，即：①本地区有两个不同的供电电压，而且都具备对工厂供电的可能性；②由于建设和改造大型工厂致使地区电网需要建设时，可将地区电网的改建与工厂供电系统统一考虑；③工厂自用发电厂与系统连接时。

2. 工厂高压配电电压的选择

工厂厂区高压配电电压是6～10kV。因3kV电压太低，作为配电电压不经济，因而早已不采用。关于主要元件与电压间的关系简述如下。

1)感应电动机的额定电压越低，其效率越高，且价格也越低。

2)同容量的变压器在6kV、10kV时，效率与价格相同；35kV的变压器较6kV、10kV的变压器贵20%～30%。

3)传输相同的功率(500kV以上)，10kV线路比6kV线路节约有色金属约40%，这两种电压的线路设计中，除投资占较小部分的绝缘子有所不同外，其他相差无几。因而，全部线路由于导线截面的减少，将会节约投资费用。如果用电缆送电，额定电压越高，价格也越高，但6kV、10kV差别很小，从传输功率来看，它与电压成正比，故用电缆在厂区内供电的话，10kV较6kV的费用便宜得多。

4)在传输相同功率的条件下，10kV线路可以减少配电线路的回数，从而可以使变、配电所及网络的接线简化。

5)额定电压为6kV、10kV的开关设备，其价格主要是根据其切断容量及流过短路电流的稳定程度而定。当切断容量相同时，价格相差不大，但如果把开关设备的电压由10kV增至35kV，价格就会较显著地增加。

6)如果导线的电流密度相同，则10kV比6kV线路功率损耗少约40%，电压损耗也少约40%。

根据以上条件分析，工厂内选用10kV高压作为配电电压的优点是较多的，但并不是所有条件下必须采用10kV。主要决定于下述条件。

①本地区的原有电压条件及工厂可能获得的第二备用电源。

②适于6kV供电的电动机的数量和分布。如果工厂内部分布有少量的3kV、6kV的电动机，则可采用10/3kV或10/6kV的变压器来解决供电，如果这种电动机数量多而分散设置，采用10kV电压供电是否有利，就需要经过技术经济比较才能决定。为了简化供电系统，减少投资费用和电能损耗，近些年来有些国家采用供电电压和厂区配电电压合二为一的高压深入负荷中心的供电方式，这种方式就是把35～110kV的供电电压直接送入工厂内部，直接把电压降为低压，这样就可以取消一个中间传输环节，经济效果比较高。

特别是某些中、小型工厂，没有大容量的用电设备，35～110kV的高压线深入厂区后，在车间直接用35～110kV/0.4kV的变压器向车间内部供电，不需要建设总降压变电所，就免除了总降压变电所的投资和变压器的电能损耗，仅就此一点来说，经济效果还是比较显著的。此外，厂区内不设6～10kV的配电网络，除了节约投资，减少损耗外，也比较便于工厂的扩建。过去，在建总降压变电所选择变压器容量时，总要考虑工厂以后的发展，留有余地，但装设以后设备长期得不到充分利用，运行经济指标低劣，而高压线深入负荷中心的供电方式，只要从供电线路上引向新负荷点，建立新变电所就行了。不过使用高压深入负荷中心的方式，受到工厂建筑面积的限制，同时，也受到建筑物在厂区布置的影响。因此，在工厂决定总体布置时，就应全面研究是否可以采用这种方式供电的问题。高压线深入负荷中心的供电线采用架空线，由于工厂工艺、运输、面积及通信的限制而不能采用电缆时，就会降低可靠性，增加检修、维护困难，也大大地影响了这种方法的经济效果。

3. 1000V 以下电压的选择

1000V 以下的电压，除非因为安全所规定的特殊电压外，对于供给用户直接使用的动力及照明电压，国家标准只列入了 380/220V 一种，但是在矿井里，因为变电所往往不能设在负荷中心，为了保证电压的质量，也采用 660V 或 1140V 电压供电。

1000V 以下电压中 380V 是过去一直采用的低压标准，近年来，由于生产规模的扩大，建筑面积的增加，工艺装备及数量的变化，从工业、农业、商业，城市都有要求提高 1000V 以下配电电压等级的趋势。

从国外的情况来看，500V 以上的电压一直在采用，美国最常用的电压是480/177V，用 277V 供给照明，而且在矿井中允许采用 650V 电压。东欧等国家，包括法国一直在使用 500V 电压，英国用 600/347V，一般电动机、电器及照明用 347V。加拿大为600/347V，对于小负荷用 600/120V，俄罗斯在 20 世纪 60 年代就把 660V 电压列入国家标准。

俄罗斯建议采用 660V 是 380V 的$\sqrt{3}$倍，这就有可能把接成三角形绕组的变压器改换成星形接法，便可以在 380V～660V 电压的系统中应用，简化了技术改造的工作，通过比较还得出以下的结论。

①安装 1kW 的电动机，采用 660V 比 380V 的综合投资约低 25%～45%。

②即使 660V 电压电动机效率较差，但能量损耗仍较 380V 供电少，当线路长度为 100m 时少 2～4W/km，长度为 220m 时少 4～8W/km。

③有色金属的消耗量减少 5%。

电压的提高除了有上述好处外，还可以增加配电半径和车间变电所的单位容量，这当然会简化配电系统，从而使变电所一次侧投资和电能损耗减少。特别是区域电网如果是 35kV、660V 的电压有利于在厂区内配电，大多数工厂便可以用 35kV 供电。所以，采用 660V 再加上 10kV 代替 6kV，便可以简化及改善工厂的供电系统，对国民经济的影响是极大的。但电压的改变必须得到电器制造工业的配合。而在现有的工厂实现升压，则要牵涉到工作量较大的技术改造工作。目前应用 660V 或 1140V 电压的企业主要有采矿、石油加工、化工等部门。

4.2 变电所电气主接线的选择

4.2.1 概述

工厂变、配电所的主电路图，按功能分为两种。一种是表示变配电所的电能输出和分配线路的电路图，称之为主电路图或主接线图、一次电路图；另一种是用来控制、指示、测量和保护主电路及其设备运行的电路图，称之为二次电路图或二次回路图。

对变配电所的主接线方案有以下基本要求。

1)安全。主接线的设计应符合国家标准有关技术规范的要求，充分保证人身和设备的安全。如高、低压断路器的电源侧和可能反馈电能的另一侧须装设隔离开关；变配电所的高压母线和架空线路的末端须装设避雷器等。

2)可靠。主接线应根据负荷的等级，满足不同等级负荷对供电可靠性的不同要求。如对一级负荷，应采用两个独立电源供电；对二级负荷，应采用双回路供电。

3)灵活。应能适应供电系统的各种不同运行方式，便于操作和维护，并能适应负荷的发展，有扩充、改建的可能。

4)经济。在满足上述要求的前提下，应尽量使主接线简单、投资少、运行费用低，并能节约电能和有色金属消耗量。应尽可能选用技术先进又经济适用的节能产品。

4.2.2　车间及小型企业变电所的主接线

车间变电所及一些小型企业变电所是将高压6～10kV降为低压220/380V的终端变电所。它们的主接线相当简单，为了使主接线简明起见，图4-4～图4-6省略了包括电能计量柜在内的所有电流互感器、电压互感器及避雷器等一次设备。下面介绍小型变电所几种常见的主接线方案。

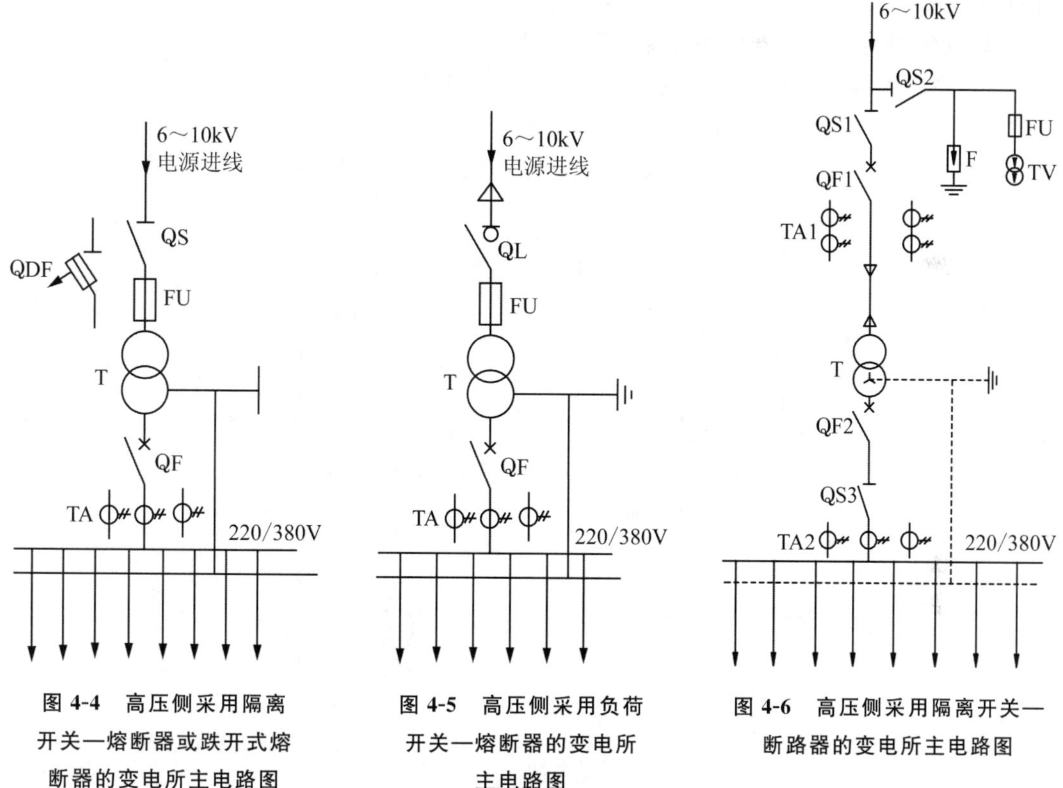

图4-4　高压侧采用隔离开关—熔断器或跌开式熔断器的变电所主电路图

图4-5　高压侧采用负荷开关—熔断器的变电所主电路图

图4-6　高压侧采用隔离开关—断路器的变电所主电路图

1. 只有一台主变压器的小型变电所主电路图

只有一台主变压器的小型变电所，其高压侧一般无母线。根据高压侧采用的开关不同，可分为下列三种接线方案。

(1)高压侧采用隔离开关—熔断器或跌开式熔断器的变电所主线路图

如图4-4所示，这种主接线受隔离开关和跌开式熔断器切断空载变压器容量的限制，一般只用于500kV·A及以下容量的变电所。这种变电所相当简单经济，但供电可靠性不高，只适用于不重要的三级负荷供电。

(2)高压侧采用负荷开关—熔断器的变电所主电路图

如图4-5所示，这种主接线由于高压负荷开关能带负荷操作，从而使变压器停电与送电的操作比上述第一方案要简便灵活得多，但供电可靠性仍然不高。在发生过负荷

时，热脱扣进行保护，使开关跳闸。在发生短路故障时，熔断器熔断进行保护，在排除故障后恢复供电需要较长时间。一般也只适用于对三级负荷的供电。

(3)高压侧采用隔离开关—断路器的变电所主电路图

如图 4-6 所示，这种主接线由于采用了高压断路器，使得变电所停电与送电操作十分灵活方便，同时高压断路器都配有继电保护装置，在变电所发生短路和过负荷时均能自动跳闸，而且在短路故障和过负荷状态消除后，又可直接迅速合闸，从而使恢复供电的时间大大缩短。如果配备自动重合闸装置(简称 ARD)，则供电可靠性可进一步提高。如果变电所只有一路电源进线时，一般只用于三级负荷。如果变电所低压侧有联络线与其他变电所相连时，则可用于二级负荷。如果变电所有两路电源进线，则供电可靠性相应提高，适用于对二级负荷及少量一级负荷的供电。

2. 装有两台主变压器的小型变电所主电路图

(1)高压无母线、低压单母线分段的变电所主电路图

如图 4-7 所示，这种主接线的供电可靠性较高。当任一电源线或任一主变压器停电检修或发生故障时，可通过闭合低压母线分段开关，即可迅速恢复对整个变电所的供

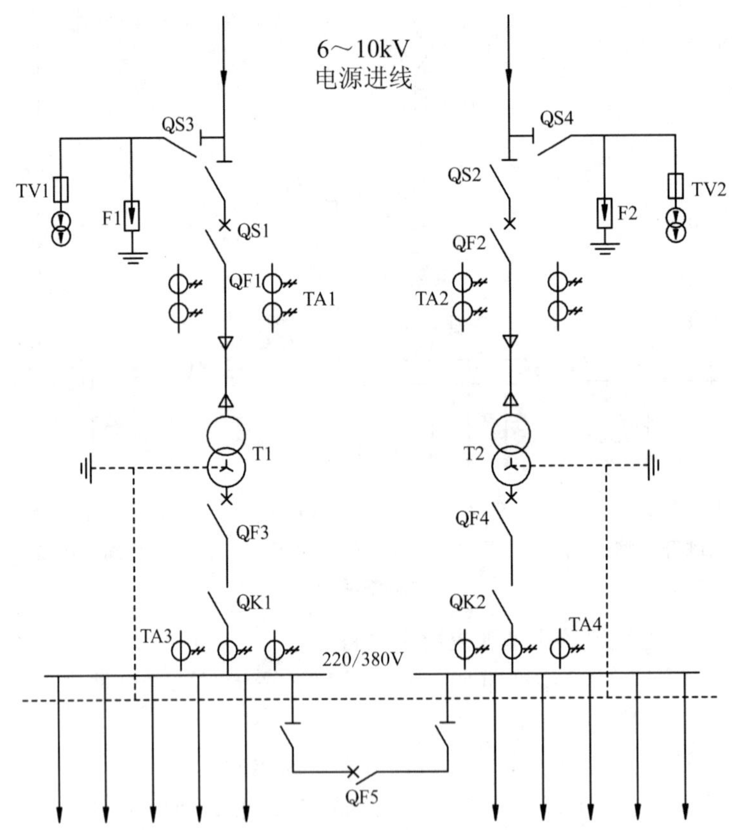

图 4-7 高压侧无母线、低压单母线分段的变电所主电路图

电。如果两台主变压器低压侧的主开关采用电磁或电动机合闸操作的万能式低压断路器，都装设互为备用的备用电源自动投入装置(APD)，则任一主变压器低压主开关因电源断电(失电压)而跳闸时，另一主变压器低压侧的主开关和低压母线分段开关将在

APD 作用下自动合闸，恢复整个变电所的正常供电。这种主接线适用于对一、二级负荷的供电。

(2)高压采用单母线、低压采用单母线分段的变电所主电路图

如图 4-8 所示，这种主接线适用于装有两台及以上变压器或同时具有多路高压出线的变电所。其供电可靠性较高。任一主变压器检修或发生故障时，通过切换操作，可很快地恢复整个变电所的供电。但在高压母线或电源进行检修或发生故障时，整个变电所都要停电。如果有与其他变电所相连的低压或高压联络线时，则供电可靠性可大大提高。无联络线时，适用于对二、三级负荷供电；而有联络线时，则适用于对一、二级负荷供电。

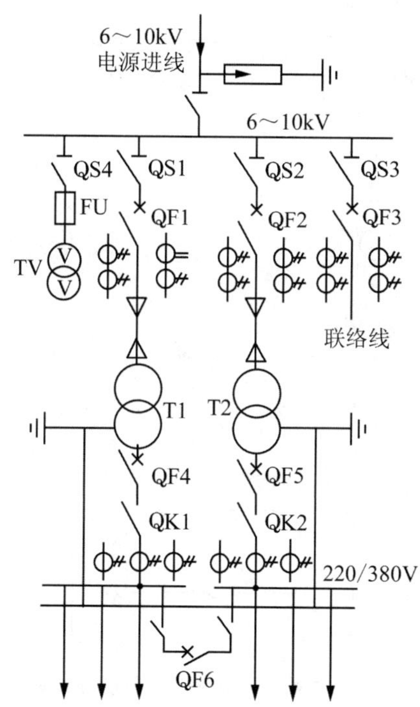

图 4-8　高压采用单母线、低压采用单母线分段的变电所主电路图

(3)高、低压侧均为单母线分段的变电所主电路图

如图 4-9 所示，这种主接线的两段高压母线在正常时可以接通运行。一台主变压器或一路电源进线停电检修或发生故障时，通过切换操作，即可迅速恢复整个变电所的供电，因此其供电可靠性相当高，可适用于对一、二级负荷供电。

4.2.3　工厂总降压变电所的主电路图

对于电源进线电压为 35kV 及以上的大中型企业，通常是先经工厂总降压变电所降为 6～10kV 的高压配电电压，然后经车间变电所，降为一般低压用电设备所需的电压 220/380V。

下面介绍工厂总降压变电所较常见的几种主接线方案。

1. 只装有一台主变压器的总降压变电所主电路图

如图 4-10 所示，这种主接线通常一次侧采用无母线、二次侧采用单母线。总降压

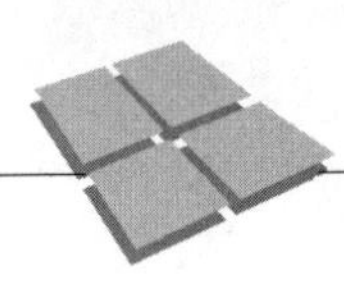

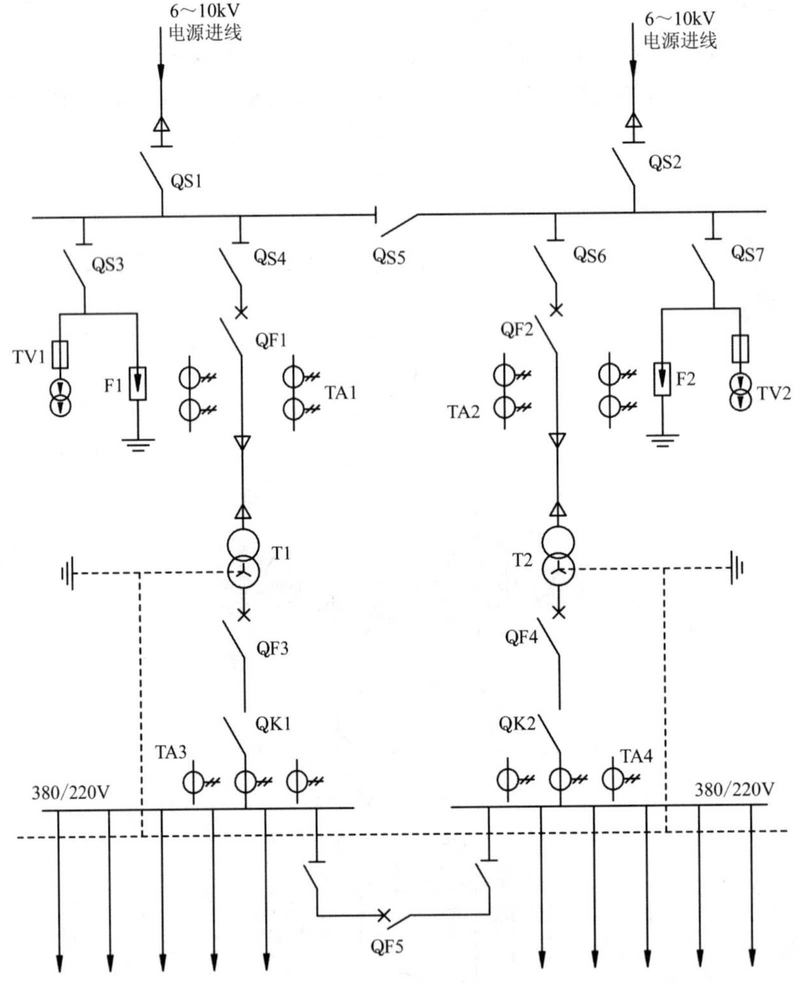

图 4-9　高、低压侧均为单母线分段的变电所主电路图

变电所一次侧通常采用高压断路器作为主开关。其特点是简单经济，但供电可靠性不高，只适用于对三级负荷的供电。

2. 装有两台主变压器的总降压变电所主电路图

(1)一次侧采用内桥式接线、二次侧采用单母线分段的总降压变电所主电路图

如图 4-11 所示，这种主接线，其一次侧的高压断路器 QF10 跨接在两路电源进线之间，犹如一座桥梁，而且处在线路断路器 QF11 和 QF12 的内侧，靠近变压器，因此称为“内桥式接线”。这种主接线的运行灵活，供电可靠性较高，适用于一、二级负荷的企业。如果某路电源如 WL1 线路停电检修或发生故障时，则断开 QF11，投入 QF10 (其两侧 QS 先合)，即可由 WL2 线路恢复对变压器 T1 的供电。这种内桥式接线多用于电源线路较长，而发生故障和停电检修的概率较大，并且变电所的主变压器不需要经常切换的总降压变电所。

(2)一次侧采用外桥式接线、二次侧采用单母线分段的总降压变电所主电路图

如图 4-12 所示，这种主接线，其一次侧的高压断路器 QF10 跨接在两路电源进线

之间，但处在线路断路器 QF11 和 QF12 的外侧，靠近电源方向，因此称为“外桥式接线”。这种主接线的运行灵活，供电可靠性较高，适用于一、二级负荷的企业。如果某台变压器(如 T1)停电检修或发生故障时，则断开 QF11，投入 QF10(其两侧 QS 先合)使两路电源进线又恢复并列运行。这种外桥式接线适用于电源线路较短，而变压所负荷变动较大，多用于经济运行需经常切换主变压器的总降压变电所。当一次侧电网采用环形接线时，也宜于采用这种外桥式接线，使环形电网的穿越功率不通过进线断路器 QF11、QF12，这对改善线路断路器的工作及其继电保护的整定都极为有利。

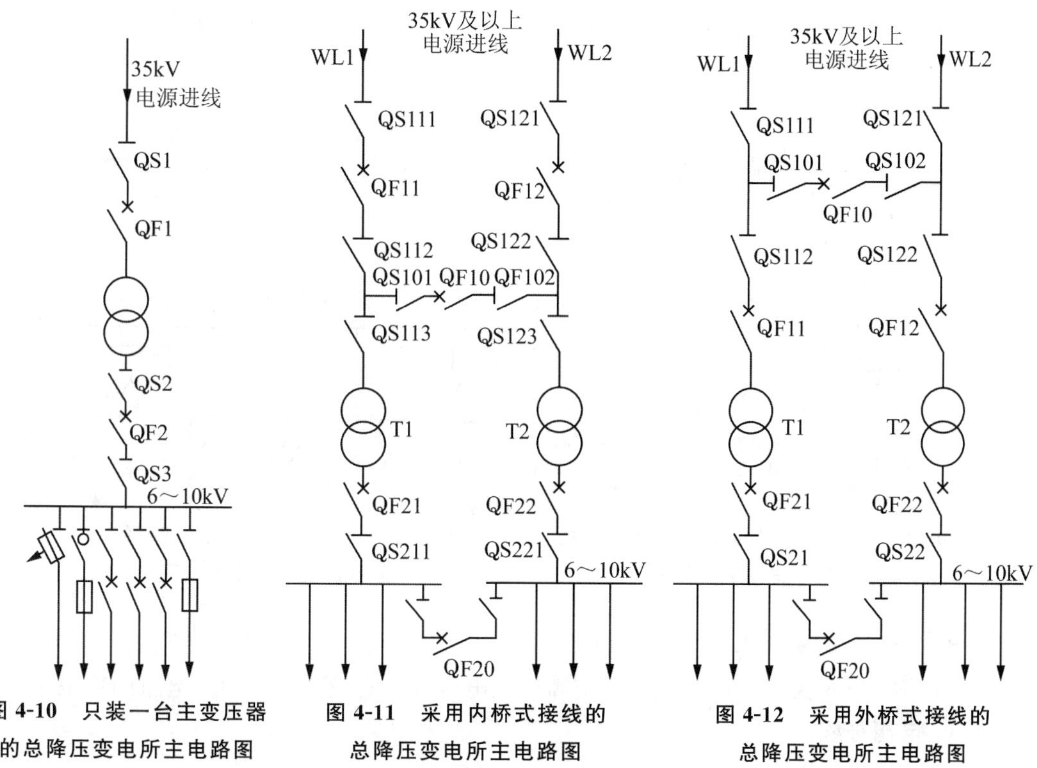

图 4-10　只装一台主变压器的总降压变电所主电路图

图 4-11　采用内桥式接线的总降压变电所主电路图

图 4-12　采用外桥式接线的总降压变电所主电路图

(3)一、二次侧均采用单母线分段的总降压变电所主电路图

如图 4-13 所示，这种主接线兼有上述两种桥式接线的运行灵活性的优点，但所用高压开关设备较多，投资较大。可对一、二次负荷供电，适用于一、二次侧进出线较多的总降压变电所。

(4)一、二次侧均采用双母线的总降压变电所主电路图

如图 4-14 所示，采用双母线接线较之采用单母线接线，供电可靠性和运行灵活性大大提高，但开关设备也相应大大增加，从而大大增加初投资，所以双母线结线在企业变电所中很少应用，主要用于电力系统的枢纽变电站。

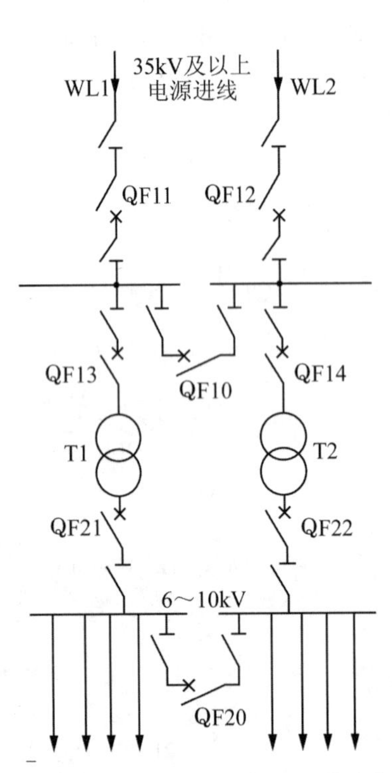

图 4-13　一、二次侧均采用单母线分段的总降压变电所主电路图

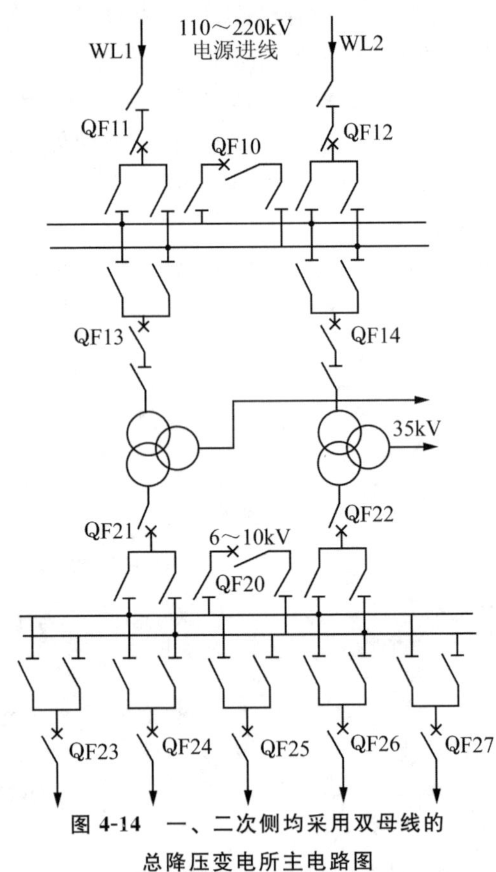

图 4-14　一、二次侧均采用双母线的总降压变电所主电路图

4.2.4　高压配电所的主电路

图 4-15 所示为某企业供配电系统高压配电所及其附设 2 号车间变电所的主电路图。

1. 电源进线

这个高压配电所有两路电源进线，一路来源于公用 10kV 电网，作为正常电源；另一路电源来自邻近单位的高压联络线，作为备用电源，这种双电源方式在我国工业企业中是比较常见的，因此有一定的代表性。

根据《电力装置的电测量仪表装置设计规范》规定："电力用户处的电能计量装置，宜采用全国统一标准的电能计量柜"。图 4-15 中的 No. 101 和 No. 102 两柜就是专用的计量柜，其中的电流互感器和电压互感器只用来接计费电能表。

装设进线断路器的高压开关柜 No. 102 和 No. 111，因需要与计量柜相连接，因此采用 GG—1A(F)—11 型。由于进线采用高压断路器控制，所以切换十分灵活方便，而且配以继电保护和自动装置，使供电可靠性大大提高。

考虑到进线断路器在检修时有可能两端带电，因此为保证检修时的人身安全，断路器两侧均装有高压隔离开关。

2. 母线

高压配电所的母线，通常采用单母线制。如果是两路电源进线，则采用以高压隔离开关或高压断路器(两侧装高压隔离开关)分段的单母线制。母线采用隔离开关分段

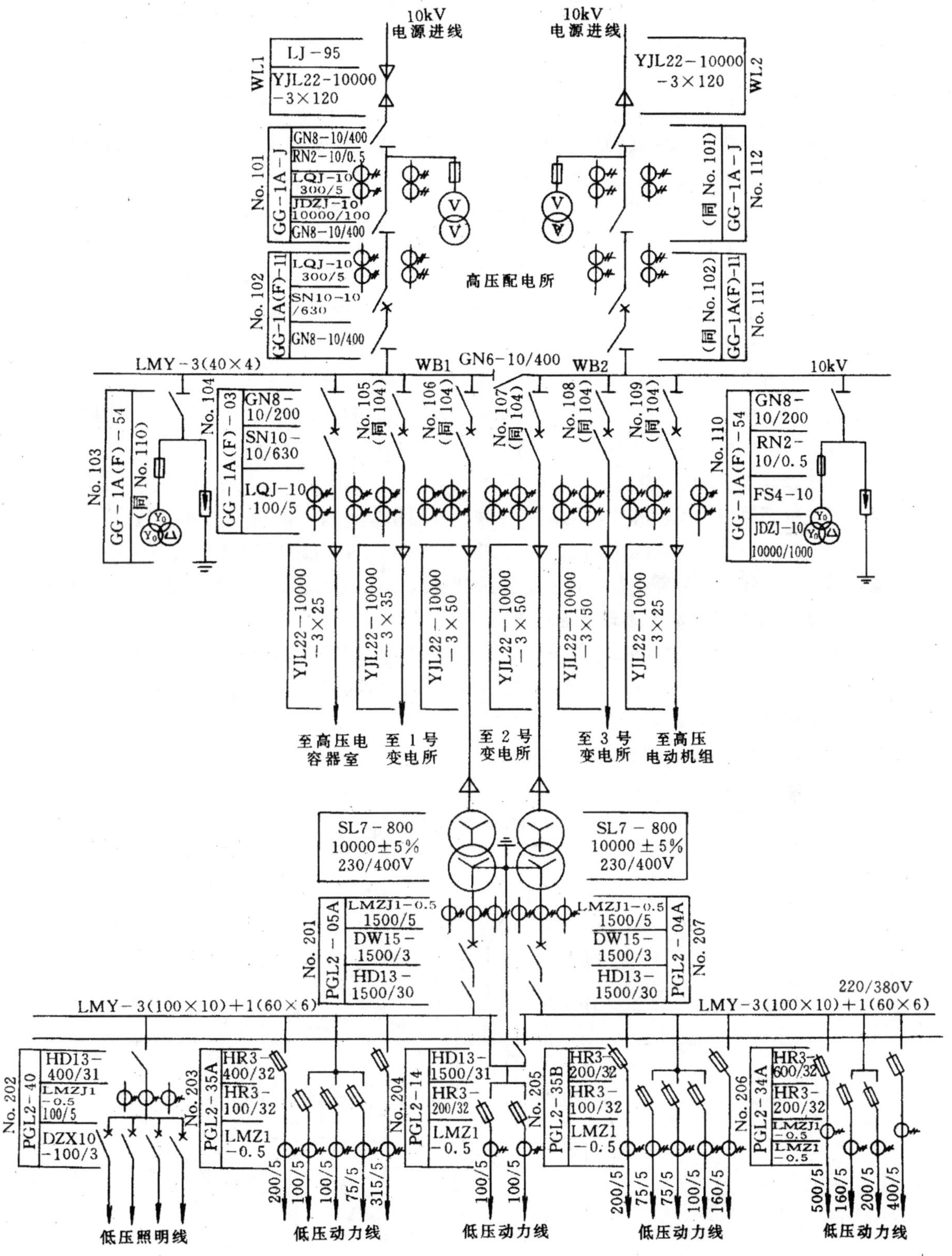

图 4-15　某高压配电所及其附设 2 号车间变电所的主电路图

时，分段隔离开关可安装在墙上或桥架上，也可采用专门的分段柜(亦称联络柜)。

由于图 4-15 所示高压配电所通常是一路电源工作，一路电源备用，因此母线分段开关通常是闭合的。高压并联电容器对整个配电所进行无功补偿。如果工作电源进线发生故障或进行检修时，在切除该进线后，投入备用电源即可对整个配电所恢复供电。如果采用备用电源投入装置(简称 APD)时，则当工作电源失电时，备用电源可自动投入，从而大大提高供电可靠性。但采用 APD 时，进线断路器的操动机构必须是电磁式或弹簧式。为了测量、监视、保护和控制主电路设备的需要，每段母线上都接有电压互感器，进线上和出线上均串接有电流互感器。图 4-15 上的高压电流互感器均有两个二次绕组，其中一个接测量仪表，另一个接继电保护装置。为了防止雷电过电压侵入配电所时击毁其中的电气设备，各段母线上都装设了避雷器。避雷器与电压互感器同装在一个高压柜内，且共用一组高压隔离开关。

3. 高压配电出线

这个配电所共有六路高压出线。有两路分别由两端母线经隔离开关—断路器配电给 2 号车间变电所；一路由左段母线 WB1 经隔离开关—断路器供 1 号车间变电所；一路由右端母线 WB2 经隔离开关—断路器供 3 号车间变电所；一路由左端母线 WB1 经隔离开关—断路器供无功补偿用的高压并联电容器组；还有一路由右端母线 WB2 经隔离开关—断路器供一组高压电动机用电。由于这里的高压配电线路都是由高压母线来电，因此其出线断路器需在母线侧加装隔离开关，以保证断路器和出线的安全检修。

4. 工厂变配电所的装置式主电路图

工厂变配电所的主电路图有两种绘制方式。图 4-15 所示为系统式主电路图，该图中的高低压开关柜只标出了相互连接关系，未标出具体安装位置。这种主电路图主要用于教学和运行。在设计图样中采用的是另一种装置是主电路图，该图中的高、低压开关柜要按其实际相对排列位置绘制。图 4-16 是图 4-15 所示高压配电所的部分装置式主电路图。

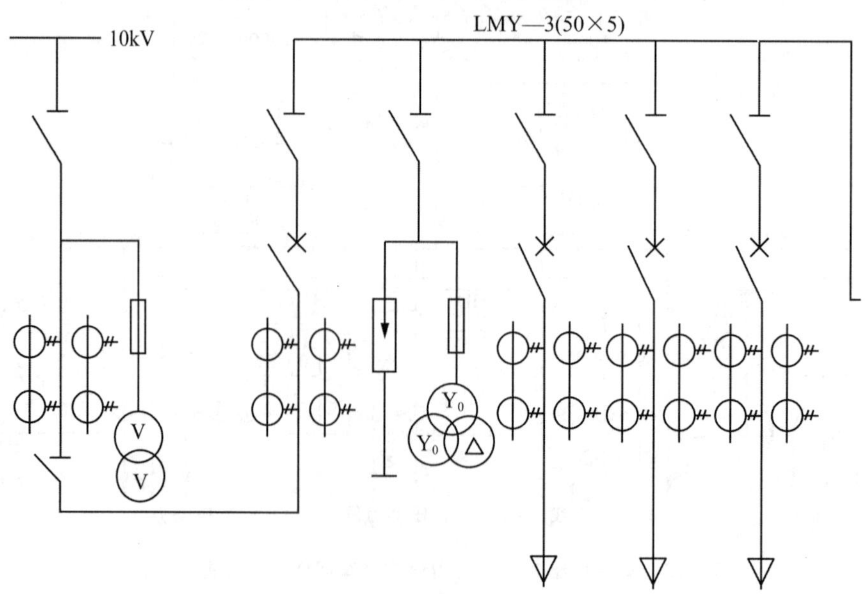

柜　号	No. 101	No. 102	No. 103	No. 104	No. 105	No. 106
用　途	电能计量柜	1 号进线开关柜	避雷器及电压互感器	出线柜	出线柜	出线柜
方案编号	GG—1A—J	GG—1A(F)—11	GG—1A(F)—54	GG—1A(F)—03	GG—1A(F)—03	GG—1A(F)—03
隔离开关	GN$^{8}_{6}$10/400	GN8—10/400	GN8—10/200	GN8—10/230	GN8—10/200	GN8—10/200
断路器		SN10—101/630		SN10—10/630	SN10—10/630	SN10—10/630
熔断器	RN2—10/0.5		RN2—10/0.5			
电压互感器	JDZ—10.10000/100		JDZJ—10.10000/100			
电流互感器		LQJ—10.300/5		LQJ—10.100/5	LQJ—10.100/5	LQJ—10.100/5
避雷器			FS4—10			
电　缆	ZLQ20—10000—3×120			ZLQ20—10000—3×25	ZLQ20—10000—3×50	ZLQ20—10000—3×35

图 4-16　高压配电所部分装置式主电路图

4.3　变电所电力变压器的选择

4.3.1　电力变压器的类别

各种类型的电力变压器有各自不同的性能和应用场合，具体如表 4-2 所示。

表 4-2　各种电力变压器性能比较

项目＼类型	矿物油变压器	硅油变压器	六氟化硫变压器	干式变压器	环氧树脂浇注绝缘干式变压器
价格	低	中	高	高	较高
安装面积	中	中	中	大	小
体积	中	中	中	大	小
爆炸性	有可能	可能性小	不爆	不爆	不爆
燃烧性	可燃	难燃	难燃	难燃	难燃
噪音	低	低	低	高	低
耐湿性	良好	良好	良好	弱	优
防尘性	良好	良好	良好	弱	良好
损耗	大	大	稍小	大	小
绝缘等级	A	A 或 H	E	B 或 H	B 或 F
重量	重	较重	中	重	轻
一般工厂	普遍使用	一般不用	一般不用	一般不用	很少使用
高层建筑物地下室	一般不用	可使用	宜使用	不宜使用	推荐使用

4.3.2 电力变压器的额定容量、实际容量和过负荷能力

1. 电力变压器的额定容量 $S_{N.T}$

电力变压器的额定容量 $S_{N.T}$ 是指在规定的环境温度下，室外安装时，在规定的使用年限(一般为20年)内所连续输出的最大视在功率。

按GB 1094.1—2013《电力变压器 第1部分：总则》的规定，电力变压器的规定使用环境温度条件是：最高气温+40℃，最热月平均气温+30℃，最高年平均气温+20℃；最低气温对于户外变压器为−25℃，户内变压器为−5℃。油浸式变压器顶层油的温升，不得超过周围气温55℃。如按规定的最高气温+40℃计，则变压器顶层油温不得超过+95℃。

变压器的正常使用年限，主要取决于其绕组绝缘的老化速度，而其老化速度又取决于绕组发热的程度。绕组温度既与变压器的负荷大小有关，又受周围环境温度的影响。在规定的环境温度下，如果变压器绕组最热点的温度一直维持在+95℃，则变压器可连续运行20年。如果其绕组温度升高到120℃，则变压器只能运行2.2年。这说明绕组温度对变压器的使用寿命有极大的影响。为此，变压器的容量要按照负荷情况和周围气温条件进行修正，即要把其额定容量 $S_{N.T}$ 按实际使用条件修正为实际容量 S_T。

2. 电力变压器的实际容量 S_T 和过负荷能力

电力变压器的实际容量 S_T 是指在使用的实际负荷及环境温度条件下，室外安装时不影响规定使用年限而所能输出的最大视在功率。

(1)实际环境条件的修正

如果变压器安装地点的年平均气温不是规定的20℃，则每升高1℃，变压器的输出功率应相应减少1%。因此变压器的实际容量应计入温度修正系数。

对于户外变压器，其实际容量为

$$S_T=\left(1-\frac{\theta_{o\cdot av}-20}{100}\right)\times S_{NT} \tag{4-3}$$

考虑到户内安装的变压器散热条件较户外的差，一般按户内外温度差8℃计，则户内变压器的实际容量为

$$S_T=\left(0.92-\frac{\theta_{o\cdot av}-20}{100}\right)\times S_{NT} \tag{4-4}$$

(2)过负荷状况的修正

变压器的容量是按计算负荷选择的，但实际运行中，尤其是一班制工厂、商厦、居民住宅区，变压器随季节和昼夜的负荷变化是很大的。从日负荷曲线、年每日最大负荷曲线及年负荷曲线可见，大部分运行时间的负荷都低于最大负荷，没有充分发挥其带负荷能力。因此若仍从维持变压器规定的使用寿命(20年)不变来考虑，油浸式变压器在必要时完全可以过负荷运行。当运行负荷小于(或大于)额定容量时，其老化速度变慢(或变快)，但只要平均老化速度等于额定老化速度，则变压器的使用寿命仍可维持20年。在变压器长期运行不被烧毁的前提下，必要时所允许的长时间过负荷，称为正常过负荷。可见，实际运行中出现正常过负荷，只要不超过计算值，并不会缩短变压器的使用寿命。变压器允许正常的过负荷能力主要考虑以下两个因素。

1)昼夜负荷不均。可根据典型日负荷曲线的负荷率 β 和最大负荷持续时间 t，查

图 4-17 所示过负荷曲线，即可得到油浸式变压器的允许过负荷系数 $K_{OL(1)}$。

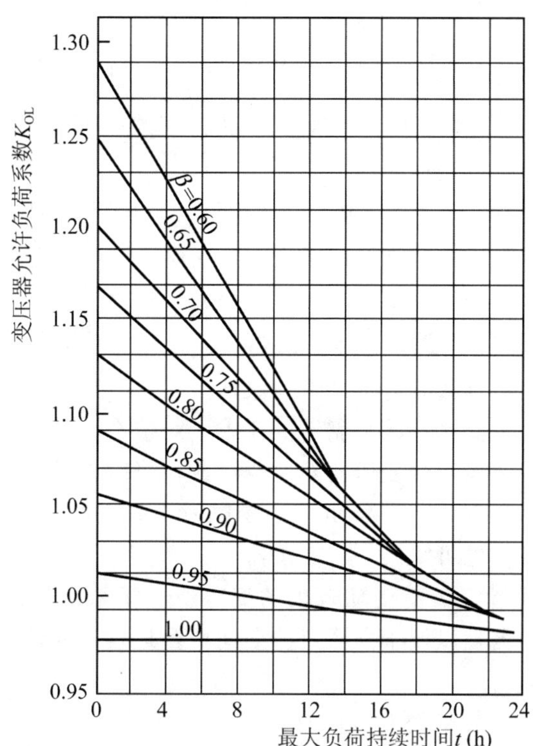

图 4-17　油浸式变压器允许过负荷系数与日负荷率及最大负荷持续时间的关系曲线

2)季节性负荷差异。如果某企业生产旺季在冬季，则夏季平均日负荷曲线中的最大负荷 S_{max} 低于变压器的实际容量 S_T 时，则每低 1%，可在冬季过负荷 1%。此即所谓“百分之一原则”。但不得超过 15%，因此其允许的过负荷系数为

$$K_{OL(2)}=1+\frac{S_T-S_{max}}{S_T}\leqslant 1.15 \tag{4-5}$$

综合考虑上述情况，变压器总的过负荷系数为

$$K_{OL}=K_{OL(1)}+K_{OL(2)}-1 \tag{4-6}$$

油浸式变压器的正常过负荷能力是有所限制的，对于室内变压器过负荷不得超过 20%；室外变压器过负荷不得超过 30%。因此变压器正常过负荷能力(最大出力)为

$$S_{T(OL)}=K_{OL}S_T\leqslant(1.2\sim1.3)S_T \tag{4-7}$$

干式电力变压器一般不考虑正常过负荷问题。

例 4-1　某工厂车间变压器室内装有一台 1000kV·A 的油浸式变压器，已知该车间的平均日负荷率 $\beta=0.75$，日最大负荷持续时间 10h，夏季的平均日最大负荷为 850kV·A，当地年平均气温为 18℃。试求：该变压器的实际容量和冬季时的过负荷能力。

解：(1)变压器的实际容量。

$$S_T=\left(0.92-\frac{18-20}{100}\right)\times1000\text{kV}\cdot\text{A}=940\text{kV}\cdot\text{A}$$

(2)变压器的冬季过负荷能力。有 $\beta=0.75$ 及 $t=10\text{h}$，查图 4-17 得 $K_{OL(1)}=1.085$，则

$$K_{OL(2)}=1+\frac{940-850}{940}=1.096$$

因为 $K_{OL(2)}=1.096$ 小于 1.15，故取值 1.096。

由此得变压器冬季总过负荷系数：

$$K_{OL}=K_{OL(1)}+K_{OL(2)}-1=1.085+1.096-1=1.181$$

因为是室内变压器，故该系数负荷要求。所以该变压器冬季时的最大输出功率为

$$S_{T(OL)}=K_{OL}S_T=1.181\times 940\text{kV}\cdot\text{A}=1110\text{kV}\cdot\text{A}$$

4.3.3 变电所主变压器台数的选择

选择变电所主变压器台数时应遵循下列原则。

1)应考虑满足用电负荷对供电可靠性的要求。对接有大量一、二级负荷的变电所，宜采用两台变压器，以便当一台变压器发生故障或检修时，另一台变压器能保证对一、二级负荷继续供电。对只有二、三级负荷的变电所，如果低压侧有与其他变电所相连的联络线作为备用电源，也可采用一台变压器。

2)对季节性负荷或昼夜负荷变动较大的变电所宜于采用经济运行方式的变电所，也可考虑采用两台变压器，以便于高峰负荷期间两台运行，而低谷负荷期间切除一台，以减少变压器损耗。

3)除上述情况外，一般车间变电所宜采用一台变压器。对负荷集中而容量相当大的变电所，虽为三级负荷，也可采用两台或两台以上变压器，以降低单台变压器容量及提高供电可靠性。

4)在确定变电所主变压器台数时，应适当考虑近期负荷的发展。

4.3.4 变电所主变压器容量的选择

1. 只装一台主变压器的变电所

为避免或减少主变压器过负荷运行，实际额定容量应满足全部用电设备总视在计算负荷 S_{30} 的需要。即

$$S_{N.I}\geqslant S_{30} \tag{4-8}$$

2. 装有两台主变压器且互为备用的变电所

所谓备用是指两台主变压器同时运行(企业变电所主变压器低压侧一般采用单母线分段运行)，但每台变压器都有余力向对方负荷提供容量，互为备用。当一台变压器发生故障或检修时，另一台变压器至少能保证对所有一、二级负荷继续供电。这种运行方式称为备用运行方式。所以，每台主变压器容量应同时满足以下两个条件。

1)任一台变压器单独运行时，必须承担总视在计算负荷容量 60%～70% 的需要，即

$$S_{N.T}\geqslant(0.6\sim0.7)S_{30} \tag{4-9}$$

2)任一台变压器单独运行时，应满足所有一、二级负荷正常运行的需要，即

$$S_{N.T}\geqslant S_{30(\mathrm{I}+\mathrm{II})} \tag{4-10}$$

3. 车间变电所单台主变压器(低压为 0.4kV)的容量上限

低压为 0.4kV 的单台主变压器容量，一般不宜大于 1250kV·A。这一方面是受现

在通用的低压断路器的断流能力及短路稳定度要求的限制，另一方面也是考虑到可以使变压器更接近负荷中心，以减少低压配电系统的电能损耗和电压损耗。采用断流能力更大、短路稳定度更高的新型低压断路器(如 ME 型等)的情况下，也可选用单台容量较大(1600～2000kV·A)的配电变压器。二楼以上的三相变压器考虑到垂直和水平运输对通道及楼板载荷的影响，如采用干式变压器，其容量不宜大于 630kV·A。

必须指出：变电所主变压器台数和容量的选择，应适当考虑负荷的发展，还应结合变电所主接线方案的选择，对选出的几个较合理方案作技术经济比较，最后择优而定。

例 4-2 某企业 10/0.4k·V 变电所，总计算负荷为 1200kV·A，其中一、二负荷 750kV·A。试选择其室内主变压器的台数和容量。

解：(1)主变台数选择。根据变电所一、二级负荷容量的情况，确定选用两台主变压器互为备用。

(2)每台主变容量选择。

$$S_{N.T} \geqslant 0.6S_{30} = 0.6 \times 1200\text{kV·A} = 720\text{kV·A}$$

$$S_{N.T} \geqslant S_{30(\text{I}+\text{II})} = 750\text{kV·A}$$

综合上述情况，且同时满足上述两个条件，可先选择两台 S9—800/10 型低损耗电力变压器。

4.3.5 变压器型式和联结组别的选择

1. 变电所主变压器型式的选择

根据国家要求，自 1998 年 12 月 31 日起，淘汰油浸式 SL7、S7 两大系列产品，不得再选用。主变压器的选型按变压器所处环境条件选择时，分为以下情况：①一般环境可选用 S9 等型油浸式变压器，也可选用合适的干式变压器；②多尘或腐蚀性气体严重影响变压器安全运行时，应选用防尘或防腐型变压器，如 BS9 系列全密闭油浸式变压器；③高层建筑物内使用的变电所，宜选用不燃或难燃型变压器，如 SC9 等系列环氧树脂浇注干式变压器；④多雷区及土壤电阻率较高的山区，宜选用防雷型变压器。

2. 变电所主变压器联结组别的选择

当三相负荷基本平衡、供电系统中无显著的“谐波源”、低压单相接地短路保护的动作灵敏度达到要求时，一般选择 Yyn0 联结组。对于不符合上述情况的一般选择 DYn11 联结组。采用 DYn11 联结组相对于采用 Yyn0 联结组的优势如下。

1)对 Dyn11 联结变压器来说，其 $3n$ 次{n 为正整数}谐波励磁电流在其三角形联结的一次绕组内形成环流，不致注入高压公用电网中去。这较一次绕组接成星形的 Yyn0 联结变压器更有利于抑制高次谐波电流。

2)Dyn11 联结变压器的零序阻抗较 Yyn0 联结变压器的零序阻抗小得多，因此 Dyn11 联结变压器二次侧的单相接地短路电流较 Yyn0 联结变压器二次侧单相接地电流大得多，从而更有利于低压侧单相接地故障的切除。

3)当接有单相不平衡负荷时，由于 Yyn0 联结变压器要求中性线电流不超过二次绕组额定电流的 25%，因而严重限制了单相负荷的容量，影响了变压器设备能力的充分发挥。为此，GB 50052—2009 《供配电系统设计规范》规定：低压为 TN 及 TT 系统

接地型式的低压电网中，宜选用 Dyn11 联结变压器。Dyn11 联结变压器的中性线电流允许达到相电流的 75%以上，其承受单相不平衡负荷的能力远比 Yyn0 联结变压器大。这在现代供、配电系统中单相负荷急剧增长的情况下，推广应用 Dyn11 联结变压器就显得更加必要。

但是，由于 Yyn0 联结变压器一次绕组的绝缘强度要求比 Dyn11 联结变压器稍低，从而使 Yyn0 连接变压器的制造成本稍低于 Dyn11 联结变压器，且目前生产 Dyn11 联结变压器的厂家相对较少，因此在 TN 及 TT 系统中由单相不平衡负荷引起的中性线电流不超过低压绕组额定电流的 25%，且其一相的电流在满载时不超过额定电流值时，可选用 Yyn0 联结变压器。

4.4 工厂电力线路

4.4.1 电力线路

电力线路是工厂供电系统的重要组成部分，其主要任务是输送和分配电能。

电力线路按电压高低分，有高压线路即 1000V 以上的线路和低压线路即 1000V 及以下线路。

电力线路按结构型式分，有架空线路、电缆线路和车间(室内)线路等。

4.4.2 电力线路的接线方式

1. 高压线路的接线方式

供、配电系统的高压电力线路的接线方式按网络接线布置方式可分为放射式、树干式、环式等基本接线方式。

(1)放射式接线

图 4-18 所示为放射式接线的电路图。由图 4-18 可见，其高压母线上引出的一个回路直接向一个车间变电所或高压用电设备供电，沿线不再分支接其他负荷。这种接线方式的优点是供电线路独立，线路故障互不影响，易于实现自动化，停电机会少；继电保护简单，且易于整定，保护动作时间短。缺点是电源出线回路较多，高压开关设备用得较多，因而投资较大。另外，当出现线路故障或检修时，由该线路供电的负荷要停电。为提高供电可靠性，根据具体情况可以在各车间变电所高压侧或低压侧之间敷设联络线。

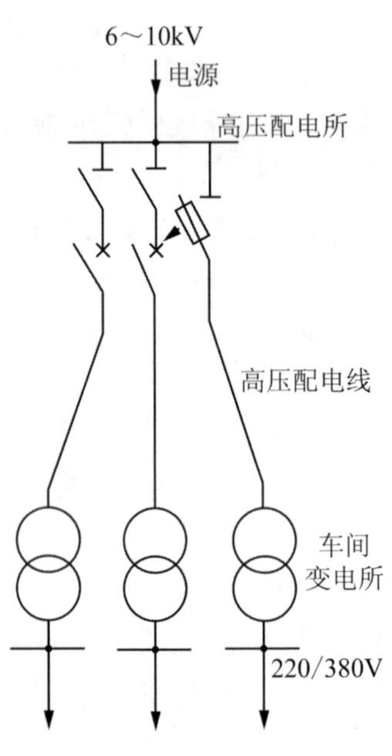

图 4-18 高压放射式线路

(2)树干式接线

图 4-19 所示为树干式接线的电路图。由图 4-19 可见，在高压母线上引出的高压配电干线上，沿线出现了几个车间变电所或负荷点，从干线上获得电源。其优点是线路总长度较短，造价较低，可节约有色金属；由于最大负荷一般不同时出现，系统中的电压波动和电能损耗较小；电源

出线回路少，可节省开关设备。缺点是前段线路共用，增加了故障停电的可能性。通常干线上连接的变压器不得超过 5 台，总容量不应大于 3000kV · A。为提高供电可靠性，同样可采用增加备用的方法。

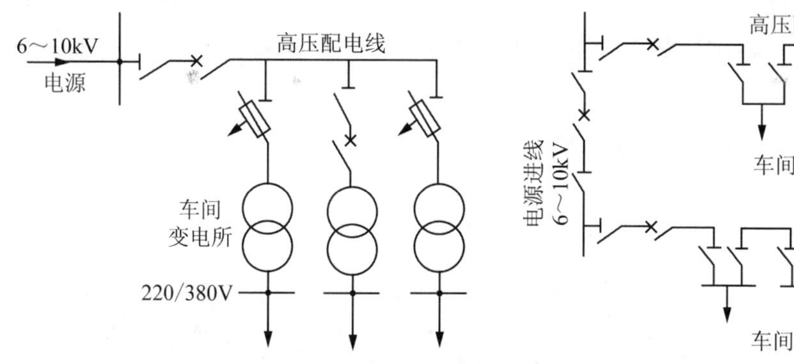

图 4-19　高压树干式线路　　　　图 4-20　高压环式接线

(3)环式接线

图 4-20 所示为环式接线电路图。由图 4-20 可见，它实质上是树干式接线的改进。即把两路树干式线路连接起来就构成了环式接线。其优点是所用设备少；各线路途径不同，不易同时发生故障，故可靠性较高且运行灵活；因负荷由两条线路负担，故负荷波动时电压比较稳定。缺点是故障时线路较长，电压损耗大，特别是靠近电源附近段故障时。所以，环式接线适合于所处地距离电源较远，而设备较贵的用户。由于闭环运行的继电保护整定较复杂，所以正常运行时一般均采用开环运行方式。

应当指出，供配电系统高压线路的接线方式并不是一成不变的，可根据具体情况在基本类型接线的基础上进行改革演变，以期达到技术经济指标最为合理。对大中型企业，一般多采用双回路放射式或环式接线。

2. 低压线路的接线方式

工厂低压供、配电线路的基本接线方式也分为放射式、树干式和环式三种。

(1)放射式接线

图 4-21 所示为低压放射式线路电路图。由图 4-21可见，这种接线方式是由变配电所的低压配电屏引出若干条线，直接供电给低压用电设备或配电箱。其优点是引出线发生故障时互不影响，供电可靠性较高。缺点是所用开关设备和配电线较多。这种接线方式多用于用电设备容量大、负荷重要、特殊环境的车间供电。

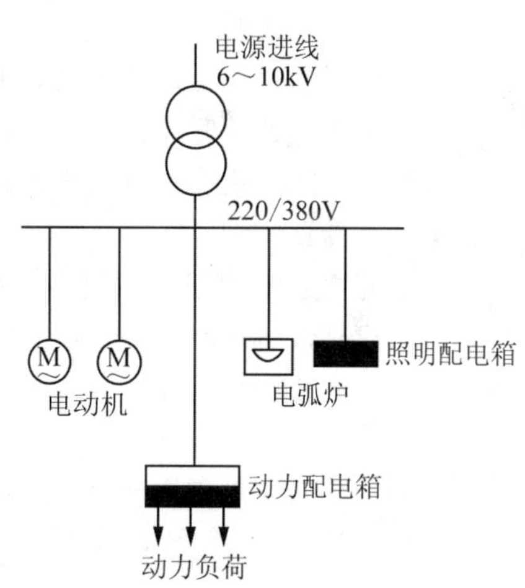

图 4-21　低压放射式接线

(2)树干式接线

图 4-22 所示为低压树干式接线电路图。其中，图 4-22(a)为低压母线放射式配电的树干式。由图可见，它由低层配电屏引出若干条线与车间母线连接，再由母线上引出分支线给车间的用电设备

供电。这种接线方式灵活性好，采用的开关设备较少，一般情况下有色金属的消耗量较少，但干线发生故障时，影响范围大，所以供电可靠性较低。比较适用于供电容量小、且分布比较均匀的用电设备组，如机床、小型加热炉等。图 4-22(b)为“变压器—干线组”接线。由图可见，变压器低压出线直接引至车间内，向用电设备供电。这种接线方式省去了变电所低压侧整套配电装置，从而简化了变电所结构，投资大为降低。图 4-22(c)为链式接线，是一种变形的树干式接线。这种接线适用于用电设备距离近，且容量均较小的次要用电设备，链式连接的设备一般不宜超过 5 台，容量不宜超过 10kW。

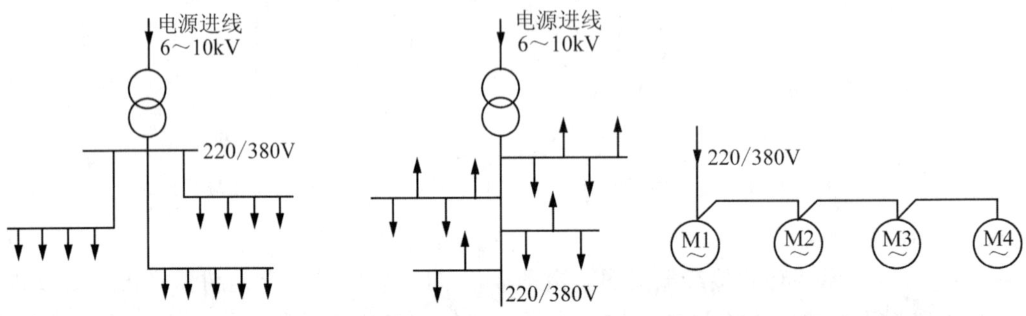

图 4-22 低压树干式接线

(3)环式接线

图 4-23 所示为环式接线的电路图。由图 4-23 可见，它是将企业内各车间变电所的低压侧用低压联络线连接起来构成的。这种接线方式供电可靠性较高，任一段线路故障或检修，一般只是暂时停电或不停电，经切换操作后就可恢复供电。它可使电能损耗和电压损耗减小，但保护装置及其整定配合比较复杂，所以通常也多采用开环运行方式。

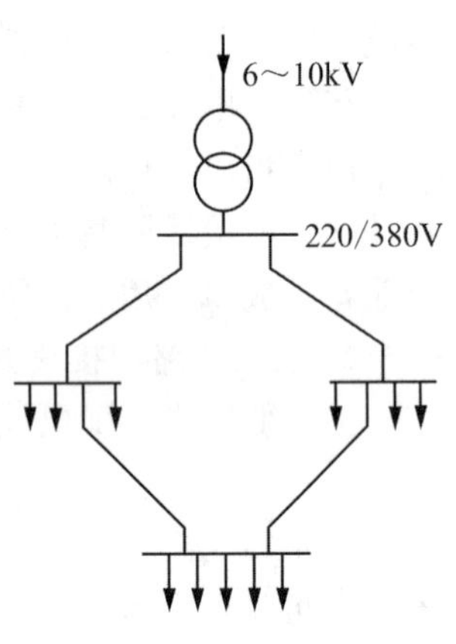

图 4-23 低压环式接线

选择接线方式时，应当综合分析，根据具体情况进行选择，需要注意的是：上述三种高、低压线路的基本接线方式各有其优缺点，选用时往往不是单纯地采用哪一种，而是上述几种接线方式的组合，总的来说，力求接线简单。

运行经验证明：

1)供配电系统如果接线复杂，层次过多。不仅浪费投资，维护不便，还会使故障增多。国家标准《供配电系统设计规范》(GB 50052—2009)中规定：“供电系统应简单可靠，同一电压等级的配电级数高压不宜多于两级；低压不宜多于三级”。

2)GB 50052—2009 高压配电系统宜采用放射式。根据变压器的容量、分布及地理环境等情况，亦可采用树干式或环式。

3)在低压 220/380V 配电系统中，通常是采用放射式和树干式相组合的混合式接线。

4)当动力和照明等单相用电负荷共用一台配电变压器时，其线路应分开，即各有其低压配电线路，以免影响正常用电和电能计量。

4.4.3 电力线路的结构与敷设

1. 架空线路的结构与敷设

(1)架空线路的结构

架空线路与电缆线路相比有很多优点，如成本低、投资少、安装容易，维护和检修方便，易于发现和排除故障等，所以架空线路在一般用户中应用相当广泛。

架空线路由导线、电杆、绝缘子和线路金具等主要元件组成。为了防雷，有的架空线路上还装设有避雷线，为了加强电杆的稳固性，有的电杆还安装有拉线或扳桩。

导线是线路的主体，担负着输送电能的功能。它架设在电杆上边，要经常承受自身重量和各种外力的作用，并要承受大气中各种有害物质的侵蚀。因此，导线必须具有良好的导电性，同时要具有一定的机械强度和耐腐蚀性，尽可能地质轻而价廉。

导线材质有铜、铝和钢。铜的导电性最好，机械强度也相当高，然而铜是贵重金属，应尽量节约。铝的机械强度较差，但其导电性较好，且具有质轻、价廉的优点，根据我国资源情况，能以铝代铜的场合，尽量采用铝导线。

架空线路一般采用裸导线，裸导线按其结构分，有单股线和多股绞线。用户供电系统中一般采用多股绞线。多股绞线又分为铜绞线、铝绞线和钢芯绞线。架空线路一般情况下采用铝绞线。在机械强度要求较高和35kV及以上的架空线路，多采用钢芯铝绞线，用以增强导线的抗拉强度。

(2)架空线路的敷设

敷设架空线路，要严格遵守有关技术规程的规定，整个施工过程中，要重视安全教育，采取有效的安全措施，特别是立杆、组装和架线时，更要注意人身安全，防止发生事故，竣工以后，要按照规定的手续和要求进行检查和验收，确保工程质量。

选择架空线路的路径时，应考虑以下原则：①路径要短，转角要少；②交通运输方便，便于施工架设和维护；③尽量避开河洼和雨水冲刷地带及易撞、易燃、易爆等危险的场所；④不应引起机耕、交通和人行困难；⑤应与建筑物保持一定的安全距离；⑥应与工厂和城镇的建设规划协调配合，并适当考虑今后的发展。

2. 电缆的结构和敷设

电缆线路与架空线路相比，具有成本高，投资大，维修不便等缺点，但是具有安全运行可靠、不易受外界影响、不需架设电杆、不占地面、不碍观瞻等优点，特别是在有腐蚀性气体和易燃、易爆场所，不宜架设架空线路时，只有敷设电缆线路。在现代化的工厂中，电缆线路得到越来越广泛的应用。

(1)电缆的结构

电缆是一种特殊的导线，在它几根(或单根)绞绕的绝缘导电芯线外面，统包有绝缘层和保护层。保护层又分内护层和外护层。内护层用以直接保护绝缘层，而外护层用以防止内护层免受机械损伤和腐蚀。外护层通常为钢丝或钢带构成的钢铠，外覆麻被、沥青或塑料护套。

电缆的类型很多，供电系统中常用的电力电缆，按其缆芯材质分铜芯和铝芯两大类；按其采用的绝缘介质分油浸纸绝缘和塑料绝缘两大类。油浸纸绝缘电缆具有耐压强度高、耐热性能好和使用年限长等优点。但是在工作时，其中的浸渍油会流动，电

缆低的一端可能因油压过大而使端头胀裂漏油，电缆高的一端因油的流失而使绝缘干枯，耐压强度下降，甚至击穿损坏。因此两端安装的高度差有一定的限制。塑料绝缘电缆具有结构简单、制造加工方便，不受敷设高度的限制及防酸碱腐蚀等优点。目前我国生产的塑料电缆有两种：聚氯乙烯绝缘及护套电缆和交联聚乙烯绝缘聚氯乙烯护套电缆。这种电缆有逐步取代油浸纸绝缘电缆的趋势。

(2)电缆的敷设方式

工厂供电系统中常见的电缆敷设方式有直接埋地敷设、利用电缆沟和电缆桥架等几种，而电缆隧道和电缆排管等敷设方式较少采用。

选择电缆敷设路径时，应考虑以下原则：①避免电缆遭受机械性外力、过热、腐蚀等危害；②在满足安全要求下应使电缆较短；③便于敷设、维护；④应避开将要挖掘施工的地方。

3. 车间线路的结构和敷设

车间线路包括室内和室外配电线路。室内配电线路大多采用绝缘导线，但配电干线则采用裸导线，少数采用电缆。室外配电线路指沿车间外墙或屋檐敷设的低压配电线路，都采用绝缘导线，也包括车间之间用绝缘导线敷设的短距离的低压架空线路。

(1)绝缘导线的结构和敷设

绝缘导线按芯线材质分，有铜芯和铝芯两种。按绝缘材料分有橡皮绝缘和塑料绝缘两种。敷设方式分明敷和暗敷两种。明敷是导线直接或在管子、线槽等保护体内，敷设于墙壁、顶棚的表面及桁架、支架等处。暗敷是导线在管子、线槽等保护体内，敷设于墙壁、顶棚、低坪及楼板等内部，或者在混凝土板孔内敷线等。

(2)裸导线的结构和敷设

车间内的配电裸导线大多采用硬母线结构，其截面形状有圆形、管形和矩形等，其材质有铜、铝和钢。车间以采用LMY型硬母线最为普遍。现代化的车间大多采用封闭式母线布线，具有安全、灵活和美观的优点，但耗用钢材较多，投资较大。

为了识别裸导线相序，以利于运行和维护。按规程规定：A、B、C三相涂成黄、绿、红色，N线和PEN线涂成淡蓝色，PE线涂成黄绿双色。

>>> 本章小结

工厂供电方案的选择要考虑到工厂供电系统中的变、配电所位置及变压器容量与厂区高压配电网络等之间的各种问题，还要考虑到其中的各项经济指标。其供电方案的决定必须有一定的依据。

工厂常用的供电电压一般为35kV或6～10kV，厂区高压配电电压一般10kV，特殊情况选择6kV，低压为380/220V，也有660V、1140V的。总降压变电所进线电压一般在35kV及以上，将电压降为6～10kV，再配电给车间变电所。

变配电所的主接线基本要求是安全、可靠、灵活、经济。工厂变电所常用的主接线根据负荷性质和电源进线不同，可衍生出各种形式的主接线。有一、二级负荷时采用双回路电源进线。双回路电源进线高压侧单母分段以及桥式接线的主接线具有可靠性高且操作灵活等特点。对于三级负荷，一般采用线路变压器组接线，此接线可靠性不高，但接线简单、经济。

变电所电力变压器的选择要考虑几个方面，首先要了解各种变压器的不同特性；学习电力变压器实际运行中由于气温的影响而表现出的实际容量的计算；电力变压器台数的选择要考虑到是否满足供电可靠性的要求以及经济运行、负荷是否集中等情况；变电所主变压器只有一台时，其容量要必须满足大于全部用电设备总计算负荷；有一、二级负荷而采用两台运行时，任一台必须达到两个容量条件；单台变压器的容量不宜过大。变压器的型式按变压器所处环境条件选择。当三相负荷基本平衡、供电系统中无显著的“谐波源”、低压单相接地短路保护的动作灵敏度达到要求时，一般选择 Yyn0 联结组。对于不符合上述情况的一般选择 DYn11 联结组。

工厂高、低压线路的接线方式有放射式、树干式和环式等，工厂的实际配电系统往往是这几种接线方式的组合。工厂电力线路的接线应力求简单可靠，同一电压供电系统的变配电级数不应多于两级。

>>> 复习思考题

4.1 高、低压配电电压各如何选择？最常用的高压和低压配电电压各为多少？

4.2 大、中、小型企业供电电压如何选择？

4.3 对变配电所的主接线方案有哪些基本要求？

4.4 在什么情况下断路器两侧需装设隔离开关？在什么情况下断路器可只一侧装设隔离开关？

4.5 变电所的内桥式和外桥式接线各有何特点？各适用于什么情况？

4.6 企业变电所主变压器台数应如何选择？其容量又应如何选择？

4.7 什么是变压器的额定容量和实际容量？它是怎样确定的？

4.8 试比较放射式配电和树干式配电的优缺点及其适用范围？

>>> 习 题

4.1 某工厂车间变压器室内装有一台 800kV·A 的油浸式变压器，已知该车间的平均日负荷率 $\beta=0.75$，日最大负荷持续时间 8h，夏季的平均日最大负荷为 650kV·A，当地年平均气温为 15℃。试求：该变压器的实际容量和冬季时的过负荷能力。

4.2 某机械厂的 10/0.4kV 变电所，总计算负荷为 1850kV·A，其中有二级负荷 780kV·A，试初步选择该变电所主变压器的台数和容量，并选择变压器的类型。

第 5 章　短路电流及其计算

>>> 本章要点

电力系统中，由于电气装置载流部分的绝缘损坏、工作人员的误操作等原因，会引起短路故障，使系统的电压降低，短路回路的电流大大增加，可能破坏电力系统的稳定运行或损坏电气设备，影响正常生产。所以，在供配电设计时需要计算短路电流。本章主要讲述短路电流的一般概念，由无限大容量电力系统供电的三相短路电流和两相短路电流的计算方法以及短路电流的电动力效应和热效应。

5.1　短路的基本概念

5.1.1　发生短路的原因和短路的类型

电力系统中常见的故障是短路，短路是指电力系统中不同相的载流导体间的非正常相互连接，或与大地相连，并产生异常的大电流的现象。

发生短路的主要原因是：电气装置载流部分的绝缘损坏；绝缘的自然老化；机械损伤，如施工时碰坏导线或电缆、电杆倾倒，瓷瓶碎裂，或者导线断裂接地；过电压等都可能使电气装置载流部分的绝缘损坏，发生短路故障。此外，由于工作人员不遵守安全操作规程而误操作，鸟兽跨越裸露的载流导体，也会发生短路故障。

在三相电力系统中，可能发生三相短路、两相短路、两相接地短路和单相短路，分别用符号 $K^{(3)}$、$K^{(2)}$、$K^{(1.1)}$ 和 $K^{(1)}$ 表示。三相短路，指电力系统中三相载流导体的非正常连接所形成的短路，如图 5-1(a)所示。两相短路，指电力系统中两相载流导体的非正常连接所形成的短路，如图 5-1(b)所示。两相接地短路，指在中性点非有效接地系统中，两相载流导体分别接地所形成的短路，如图 5-1(c)所示；也指在中性点非有效接地系统中，两相载流导体的非正常连接并接地所形成的短路，如图 5-1(d)所示。单相短路，指在中性点有效接地系统中，一相载流导体接地所形成的短路，如图 5-1(e)所示；也指在中性点直接接地的低压三相四线制电路中，一相载流导体与中性线(或保护中性线)的非正常连接所形成的短路，如图 5-1(f)所示。

上述各种类型的短路中，三相短路为对称短路，其他均为不对称短路。

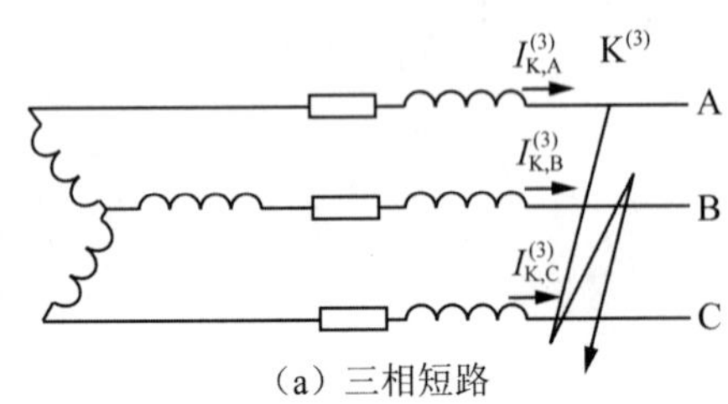

(a) 三相短路

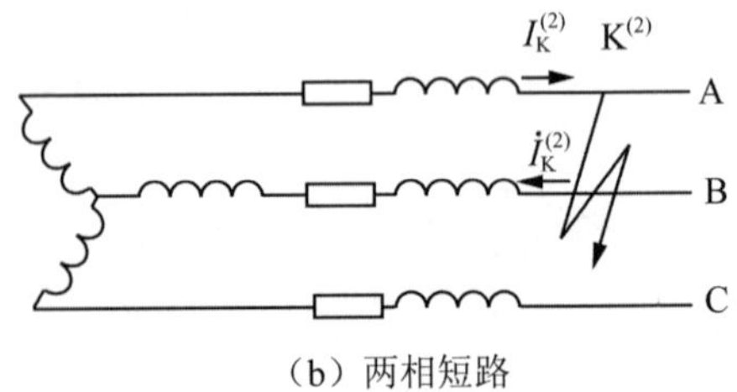

(b) 两相短路

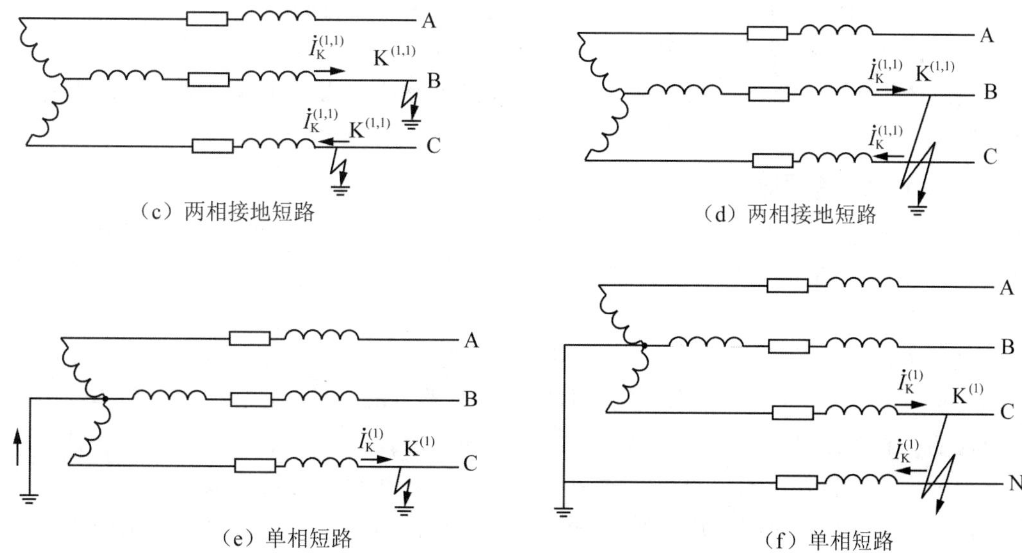

（c）两相接地短路　（d）两相接地短路

（e）单相短路　（f）单相短路

图 5-1　短路的类型

5.1.2　短路的后果

电力系统发生短路后，发生短路的地点和短路持续时间的不同，短路的后果可能仅局限于短路点的附近，也可能影响到整个电力系统。

工业企业一般都远离发电厂，在工业企业变电所的配电范围内发生短路故障时，短路电流可能仅占发电厂所供给的正常运行电流的极小部分，对发电厂而言只不过是略微增加负载而已；电压仅在短路点附近显著下降，而电力系统其他部分的电压降低很少。因此，在工业企业变电所的配电范围内发生短路故障时，其后果一般仅局限于短路点的附近。

短路电流虽然仅占发电厂所供给的正常运行电流的极小一部分，但是对短路点附近的短路回路而言，短路电流要超过该部分电路中电气设备、导线和电缆的额定允许工作电流很多倍，即使短路电流通过的时间很短，仍然会产生很大的热量，有可能损坏电气设备、导线和电缆的绝缘。除了短路电流产生的热效应外，很大的短路电流在载流体之间会产生电动力效应，也可能损坏电气设备。

发生短路后，高压断路器在继电保护装置的作用下自动分闸，或者低压断路器在脱扣器的作用下自动分闸，或者熔断器的熔体熔断，切除短路回路，接于自动分闸断路器或熔体熔断的熔断器后面的用电设备被迫停止工作。在短路回路切除之前，短路故障点附近的电压降得很低，使电气设备的正常工作受到影响，尤其是异步电动机，可能使异步电动机的转矩不足以驱动机械，被迫停止转动。如果把恢复正常生产过程所需要的时间，以及因电动机的意外停转而使许多工业企业所造成的废品计算一下，就不难想象由于短路故障所造成的损失是不小的，短路故障点越接近电源，所造成的损失越大。

短路故障点离发电厂较近，并且短路持续时间较长时，可能影响电力系统运行的稳定性，甚至可能使并列运行的发电机失步而解列，这是短路最严重的后果。

另外，单相对地短路产生的短路电流，能够在输电线附近产生强大的磁场，可能干扰附近的通信线路或铁路信号系统，影响正常通信，甚至使铁路信号误动作。单相对地短路产生的强大磁场，也可能在邻近的线路中感应很大的感应电势，危及人身和设备的安全。

5.1.3 计算短路电流的目的

在供、配电设计中，为了选用合理的电气主接线，选择限制短路电流的器件(如电抗器)，选用具有足够动稳定度和热稳定度的电气设备，选用载流导体，设计接地装置，以及设计、整定继电保护装置和自动装置，必须计算短路电流。

根据统计，电力系统中发生单相短路故障的概率为 50%以上，而发生三相短路故障的几率仅为 5%。但是，现代电力系统中单相短路电流的最大可能值，一般不大于最大可能的三相短路电流值。

根据理论分析，两相短路电流的数值一般也比三相短路电流的数值小。只有当短路故障点离发电厂较近时，以系统的额定容量之和作为基准容量而归算得到的短路回路的计算阻抗 $X_* < 0.6$ 时，两相短路电流稳态有效值 $I_\infty^{(2)}$ 才大于三相短路电流稳态有效值 $I_\infty^{(3)}$。

由于工业企业一般都远离发电厂，所以为了选择限制短路电流的器件，选用电气设备和载流导体，设计接地装置，设计、整定继电保护装置和自动装置时一般计算三相短路电流的有关数值；而在校验继电保护装置、低压断路器和熔断器的动作灵敏度时才需要计算两相短路电流或单相短路电流的有关数值。

5.1.4 计算短路电流的基本假设条件

为了简化短路电流的计算过程，又不使计算结果误差太大，并且能够适应电力系统发展的需要，在短路电流实用计算法中作如下的基本假设。

1)在 1kV 以上的高压电路中，只计算对短路电流值有重大影响的电路元件，如发电机、电力变压器、电抗器、架空线和电缆的电抗，而忽略不计发电机、电力变压器和电抗器的电阻，仅在架空线和电缆线路较长时才计入电阻。

2)在 1kV 以上的高压电路中，当短路回路的总电阻 R_Σ 大于短路回路的总感抗 X_Σ 的 1/3，即 $R_\Sigma > \frac{1}{3}X_\Sigma$ 时，以及在计算短路电流非周期分量时间常数时才计入短路回路的电阻。

3)忽略不计架空线和电缆的电容。

5.2 无限大容量系统三相短路过程分析

5.2.1 无限大容量电力系统的概念

电力系统的容量即为其各发电厂运转发电机的容量之和。实际电力系统的容量和阻抗都有一定的数值。系统容量越大，则系统内阻抗就越小。

无限大容量电力系统，指其容量相对于用户供电系统容量大得多的电力系统，当用户供配电系统的负荷变动甚至发生短路时，电力系统变电所母线上的电压能基本维持不变。如果电力系统的电源总阻抗不大于短路回路总阻抗的5%～10%，或电力系统的容量超过用户供电系统容量50倍时，可将电力系统看作无限大容量系统。

对一般用户供配电系统来说，由于用户供配电系统的容量远比电力系统总容量小，而阻抗又较电力系统大得多，因此用户供配电系统内发生短路时电力系统变电所馈电母线上的电压几乎维持不变，也就是说可将电力系统看作无限大容量系统的电源。在等效电路图中表示为 $S=\infty$ 和 $X=0$。

按无限大容量电力系统计算所得的短路电流是装置通过的最大短路电流。因此，在估算装置的最大短路电流时，就可以认为短路回路所接电源是无限大容量电力系统。

5.2.2 无限大容量系统三相短路电流的变化过程

图5-2(a)是一个电源为无限大容量的用户供电系统发生三相短路的电路图。假设电源和负荷都是三相对称，则可取一相来分析，电路如图5-2(b)所示。

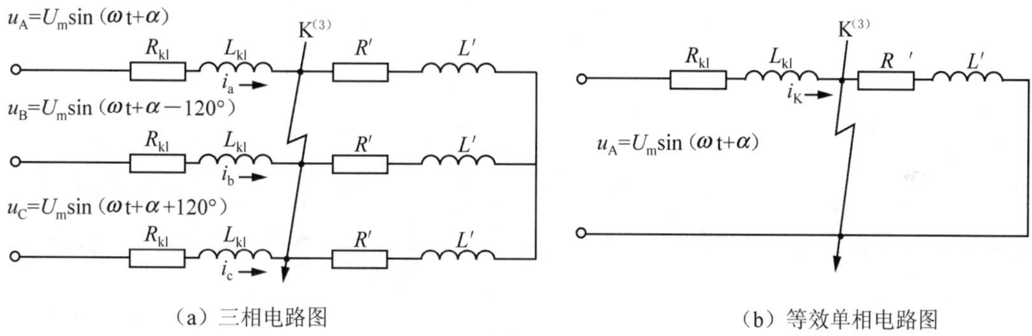

(a) 三相电路图　　(b) 等效单相电路图

图5-2　无限大容量电力系统中发生三相短路

此电路在 $K^{(3)}$ 点发生短路后被分成两个独立回路，与电源相连接的左端回路电流的变化应符合：

$$u_{\varphi}=R_{kl}i_{K}+L_{kl}\frac{\mathrm{d}i_{K}}{\mathrm{d}t} \tag{5-1}$$

式中　u_{φ}——相电压的瞬时值；

i_{K}——每相短路电流瞬时值；

R_{Kl}、L_{Kl}——由电源至短路点 $K^{(3)}$ 的电阻和电感。

这个微分方程的解为

$$i_{K}=\frac{U_{m}}{Z_{kl}}\sin(\omega t+\alpha-\varphi_{kl})+Ce^{-\frac{t}{T_{fi}}}=I_{zm}\sin(\omega t+\alpha-\varphi_{kl})+Ce^{-\frac{t}{T_{fi}}} \tag{5-2}$$

式中　U_{m}——相电压幅值；

Z_{kl}——电路中每相短路阻抗，$Z_{kl}=\sqrt{R_{kl}^{2}+(\omega L_{kl})^{2}}$；

α——相电压的初相角；

φ_{kl}——短路电流与电压之间的相角；

T_{fi}——短路回路的时间常数，$T_{fi}=L_{kl}/R_{kl}$；

C——积分常数，其值由初始条件决定；

I_{zm}——三相短路电流周期分量的幅值。

已知短路前整个回路流过的电流为 $I_{m}\sin(\omega t+\alpha-\varphi)$，$I_{m}$ 为电流幅值，φ 为它与电

压的相角差。当 $t=0$ 发生三相短路瞬间，电流不能突变，由式(5-2)有

$$I_m\sin(\alpha-\varphi)=I_{zm}\sin(\alpha-\varphi_{kl})+C \tag{5-3}$$

解出

$$C=I_m\sin(\alpha-\varphi)-I_{zm}\sin(\alpha-\varphi_{kl})=i_{fi0} \tag{5-4}$$

i_{fi0}称为短路全电流中非周期分量初始值，因此短路电流的全电流瞬时值为

$$i_K=I_{zm}\sin(\omega t+\alpha-\varphi_{kl})+i_{fi0}\,e^{-\frac{t}{T_{fi}}}=i_z+i_{fi} \tag{5-5}$$

上式第一等号右端第一项称为短路电流的周期分量，以 i_Z 表示，显然，i_Z 的幅值是 I_{Zm}有效值用 I_Z 表示；第二项称为短路电流的非周期分量，以 i_{fi}表示，i_{fi0}是 i_{fi}在 $t=0$ 的初值。i_{fi}随短路后回路的时间常数 T_{fi}的指数曲线衰减，经历$(3\sim5)T_{fi}$即衰减至零，暂态过程将结束，短路进入稳态，稳态短路电流只含短路电流的周期分量。

上述现象的相量图及电流波形如图 5-3 所示。

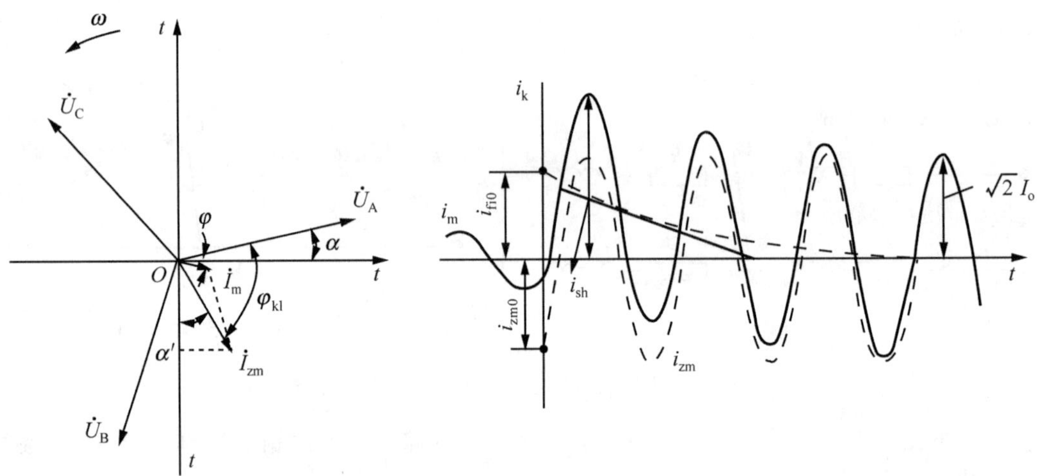

图 5-3　短路时电压、电流相量图及电流波形图(A 相)

在电源电压及短路地点不变的情况下，要使短路全电流达到最大值，必须具备以下的条件：

1)短路前为空载，即 $I_m=0$，这时有

$$i_{fi0}=-I_{zm}\sin(\alpha-\varphi_{kl}) \tag{5-6}$$

2)设电路的感抗 X 比电阻 R 大得多，即短路阻抗角 $\varphi_{kl}\approx90°$。

3)短路发生于某相电压瞬时值过零值时，即当 $t=0$ 时，初相角 $\alpha=0$。

这时，从式(5-4)和式(5-5)得

$$i_{fi0}=I_{zm} \tag{5-7}$$

$$i_K=-I_{zm}cos\omega t+i_{fi0}\,e^{-\frac{t}{T_{fi}}} \tag{5-8}$$

其相量图及波形图如图 5-4 所示。

经过 0.01s 后，短路电流的幅值达到冲击电流值，短路电流的冲击电流 i_{sh}在此情况下为

$$i_{sh}=I_{zm}+i_{fi0}\,e^{-\frac{0.01}{T_{fi}}}=I_{zm}(1+e^{-\frac{0.01}{T_{fi}}}) \tag{5-9}$$

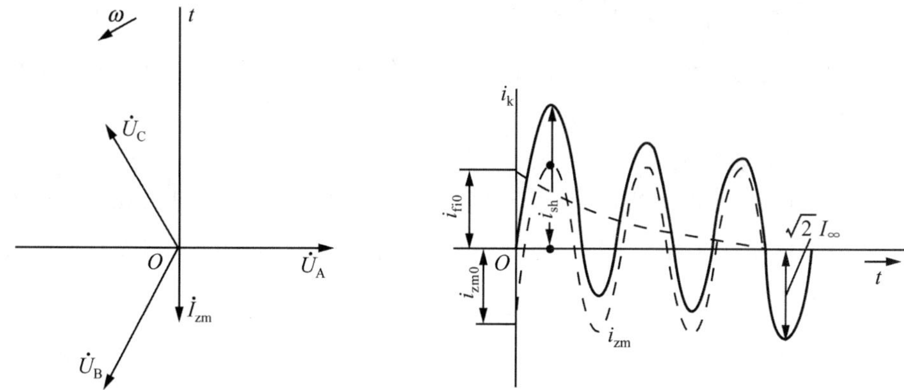

图 5-4　短路电流为最大值时的相量图及波形图(A 相)

令冲击系数 k_{sh} 为

$$k_{sh}=1+e^{-\frac{0.01}{T_{fi}}}=1+e^{-\frac{0.01\omega R_{kl}}{X_{kl}}} \tag{5-10}$$

k_{sh}的范围可分析如下：

假设短路阻抗为纯电感时，即 $R_{kl}=0$，$T_{fi}=X_{kl}/(\omega R_{kl})=\infty$，$e^0=1$，$k_{sh}=2$；如果短路阻抗为纯电阻时，即 $X_{kl}=0$，$T_{fi}=0$，$e^{-\infty}=0$，$k_{sh}=1$，因此 k_{sh}的大致范围是

$$1\leqslant k_{sh}\leqslant 2 \tag{5-11}$$

通常，在高压供电系统有 $X_{kl}\gg R_{kl}$，$T_{fi}\approx 0.045s$，$k_{sh}=1.8$，则

$$i_{sh}=\sqrt{2}k_{sh}I_z=2.55I_z \tag{5-12}$$

在低压系统中，　　$T_{fi}\approx 0.008s$，$k_{sh}=1.3$，则 $i_{sh}=1.84I_z$　　(5-13)

式中　I_z——短路电流周期分量的有效值。

如前所述，在任一瞬时短路全电流 i_k 就是其周期分量 i_z 和非周期分量 i_{fi}之和。某一瞬时 t 的短路全电流有效值 $I_{k.t}$是以时间 t 为中点的一个周期内 i_z 的有效值 I_z 和 i_{fi}在 t 时刻瞬时值 $i_{fi.t}$的方均根值，即

$$I_{k\cdot t}=\sqrt{I_z^2+i_{fi\cdot t}^2} \tag{5-14}$$

当 $t=0.01s$ 时短路全电流的有效值就是对应于冲击电流 i_{sh}的有效值，称为短路冲击电流有效值，用 I_{sh}来表示，即

$$I_{sh}=\sqrt{I_z^2+i_{fi\cdot t=0.01}^2} \tag{5-15}$$

因为

$$i_{fi\cdot t=0.01}=(k_{sh}-1)\sqrt{2}I_z \tag{5-16}$$

所以

$$I_{sh}=I_z\sqrt{1+2(k_{sh}-1)^2} \tag{5-17}$$

在高压系统中，　　$k_{sh}=1.8$，$I_{sh}=1.51I_Z$；　　(5-18)

在低压系统中，　　$k_{sh}=1.3$，$I_{sh}=1.09I_Z$；　　(5-19)

当 $t=\infty$时，非周期分量早已衰减完毕，短路全电流就是短路电流周期分量，称之为稳态短路电流，以 I_∞表示其有效值。$I_\infty=I_{k\cdot t=\infty}$。如果电源电压维持恒定，则短路后任何时刻的短路电流周期分量始终不变。所以有

$$I_{z\cdot t=0}=I_{z\cdot t}(I_\infty,\ I_k) \tag{5-20}$$

习惯上把这一短路电流周期分量有效值写作 I_k。有时也写作 $I_k=I''$(I''为短路次暂态电流有效值，即短路后第一个周期的短路电流周期分量的有效值)。

5.2.3 短路电流的有关物理量

除了上面所述的三相短路电流周期分量有效值 I_p 外，还经常使用如下几个短路电流的物理量。

1. 三相短路冲击电流 i_s

由图 5-5 可知，短路电流的最大瞬时值约在短路后半个周期时出现。当频率 $f=50\text{Hz}$ 时，短路电流最大瞬时值约在短路后 0.01s 时出现，这个电流称为三相短路冲击电流 i_{sh}，可以用下式求得

$$\begin{aligned} i_{sh} &= I_{p.M}+i_{n.p}\big|_{t=0.01}=I_{p.M}+I_{p.M}e^{-0.01/T_{np}} \\ &= I_{p.M}(1+e^{-0.01/T_{np}}) \\ &= \sqrt{2}K_{sh}I_p \end{aligned} \tag{5-21}$$

式中 $K_{sh}=1+e^{-0.01/T_{np}}$——冲击系数，表示三相短路冲击电流是短路电流周期分量幅值的多少倍。

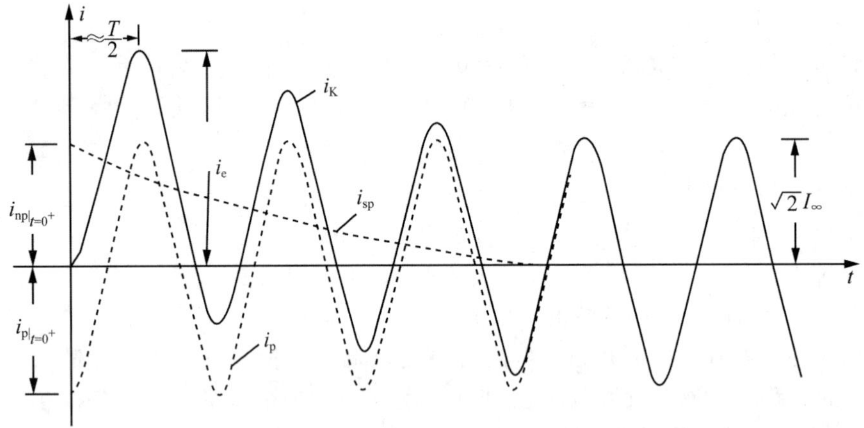

图 5-5 无限大容量系统发生最不利情况三相短路时一相短路电流的波形

短路电流非周期分量时间常数 $T_{np}=\dfrac{X_\Sigma}{\omega R_\Sigma}=\dfrac{X_\Sigma}{314R_\Sigma}$。当短路回路只有感抗，而电阻等于零时，$T_{np}=\infty$、$k_{sh}=2$，即短路电流非周期分量不衰减；当短路回路只有电阻，而感抗等于零时，$T_{np}=0$、$K_{sh}=1$，即短路电流非周期分量等于零。因此，$2\geqslant K_{sh}\geqslant 1$。

在高压供电电路中，可以取 $T_{n.p}$ 近似等于 0.05s，则 $K_{sh}=1.8$。因此，三相短路冲击电流 i_{sh} 为

$$i_{sh}=1.8\sqrt{2}I_p=2.55I_p \tag{5-22}$$

在 1000kV・A 及以下变压器的低压侧短路或长距离电缆网络中发生短路时，可以取 $T_{n.p}$ 近似等于 0.0083s，则 $K_{sh}=1.3$。因此，三相短路冲击电流 i_{sh} 为

$$i_{sh}=1.3\sqrt{2}I_p=1.84I_p \tag{5-23}$$

当要精确计算时，必须先计算短路电流非周期分量时间常数 $T_{n.p}$，然后计算冲击系数 k_{sh} 的值。

2. 三相短路电流第一周全电流有效值 I_s

三相短路后任何时刻 t 的短路电流有效值 I_s，是指以该时刻为中心的一周期间的短路电流的均方根值，即

$$I_t = \sqrt{\frac{1}{T}\int_{t-\frac{T}{2}}^{t+\frac{T}{2}} i_K^2 \cdot dt} \tag{5-24}$$

式中 i_K——三相短路电流瞬时值，$i_K = i_p + i_{np}$；

T——短路电流的周期。

在由无限大容量系统供电的电路中发生三相短路时，短路电流周期分量 i_p 是一振幅和频率恒定不变的正弦交流电流，而短路电流非周期分量 i_{np}是随时间而衰减的。于是，三相短路电流瞬时值 i_K 是随时间而变化的，所以按式(5-24)计算短路过程中任何时刻 t 的短路电流有效值 I_t 是复杂的。为此，假定短路电流非周期分量 i_{np}的值在该周期中恒定不变，等于该周期中点的瞬时值 $I_{np.t}$，即

$$i_{np} = I_{np.t}$$

这样，对式(5-24)进行运算后，可以求得三相短路后任何时刻的三相短路电流有效值 I_t，即

$$I_t = \sqrt{I_p^2 + I_{np.t}^2} \tag{5-25}$$

式中 I_p——三相短路电流周期分量有效值；

$I_{np.t}$——三相短路后某时刻 t 的非周期分量瞬时值。

当发生最不利情况三相短路时，短路后第一个周期内的短路电流有效值最大。因为

$$I_{np.t=0.01} = (K_{sh} - 1)\sqrt{2} I_p$$

所以，三相短路电流第一周全电流有效值 I_S 可以用下式求得

$$\begin{aligned} I_S &= \sqrt{I_p^2 + [(K_{sh}-1)\sqrt{2}I_p]^2} \\ &= \sqrt{1+2(K_{sh}-1)^2} I_p \end{aligned} \tag{5-26}$$

当 $K_{sh}=1.8$ 时，I_{sh}为

$$I_{sh} = 1.51 I_p \tag{5-27}$$

当 $K_{sh}=1.3$ 时，I_{sh}为

$$I_{sh} = 1.09 I_p \tag{5-28}$$

3. 三相短路电流稳态有效值 I_∞

三相短路经一定时间后，短路电流非周期分量已衰减为零，三相短路全电流就是三相短路电流周期分量，其有效值称为三相短路电流稳态有效值 I_∞。

4. 三相短路次暂态短路电流 I''

三相短路次暂态短路电流 I''就是三相短路电流周期分量第一周的有效值。

由于在无限大容量系统供电的电路中发生三相短路时，三相短路电流周期分量是一振幅和频率恒定不变的正弦交流电流，所以

$$I'' = I_\infty = I_p \tag{5-29}$$

一般将三相短路电流周期分量有效值 I_p 写为 I_K，因此

$$I''(I_{0.2}) \approx I_p(I_K) \tag{5-30}$$

5.3 三相短路电流的计算

5.3.1 概述

计算短路电流时，应先收集电力系统接线图、运行方式及各元件的技术数据等资料，根据资料绘出计算电路图。在计算电路图上，将计算短路电流所需考虑的各元件的额定参数都表示出来，并将各元件依次编号，然后确定短路计算点。短路计算点的确定首先要使需要进行短路校验的电气设备有最大可能的短路电流通过。其次，按所选择的短路计算点绘出等效电路图，并计算电路中各主要元件的阻抗。第三，在等效电路图上，只需将被计算的短路电流所流经的一些主要元件表示出来，并标明其序号和阻抗值，一般是分子标序号，分母标阻抗值，然后将等效电路化简。对于工厂供电系统来说，由于将电力系统当做无限大容量系统，而且短路电路也比较简单，因此一般只需采用阻抗串、并联的方法即可将电路化简，求出其等效阻抗即总阻抗。最后计算短路电流和短路容量。

短路电流计算的方法，常用的有欧姆法(又称有名单位制法)和标幺值法(又称相对单位制法)。

考虑到短路电流的特点，工程设计中短路计算各有关物理量的单位一般采用：电流单位为“千安”(kA)，电压单位为“千伏”(kV)，短路容量和断流容量单位为“兆伏安”(MV·A)，设备容量单位为“千瓦”(kW)或“千伏安”(kV·A)，阻抗单位为“欧姆”(Ω)等。但本书计算公式中各物理量除个别经验公式或简化公式外，一律采用国际单位制(SI 制)的单位“安”(A)、“伏”(V)、“瓦”(W)、“伏安”(V·A)、“欧”(Ω)等，因此后面导出的各个公式一般不标注物理量的单位。如果采用工程上常用的单位时，则须注意单位的换算系数。

5.3.2 采用欧姆法进行短路计算

欧姆法，因其短路计算中的阻抗都采用有名单位“欧姆”而得名。

在无限大容量系统中发生三相短路时，其三相短路电流周期分量有效值可按下式计算：

$$I_K^{(3)} = U_c/\sqrt{3}\,|Z_\Sigma| = U_c/\sqrt{3}\,\sqrt{R_\Sigma^2 + X_\Sigma^2} \tag{5-31}$$

式中 U_c——短路点的短路计算电压(过去也称为平均额定电压)。由于线路首端短路时其短路最为严重，因此按线路首端电压考虑，即短路计算电压取值为比线路额定电压 U_N 高 5%；按我国电压标准，U_c 有 0.4、0.69、3.15、6.3、10.5、37……kV 等；

$|Z_\Sigma|$、R_Σ、X_Σ ——分别为短路电路的总阻抗[模]、总电阻和总电抗值。

在高压电路的短路计算中，正常总电抗远比总电阻大，所以一般只计电抗，不计电阻。在计算低压侧短路时，也只有当短路电路的 $R_\Sigma > X_\Sigma/3$ 时才需要考虑电阻。

如果不计电阻，则三相短路电流的周期分量有效值为

$$I_K^{(3)} = U_c/\sqrt{3}X_\Sigma \tag{5-32}$$

三相短路容量为

$$S_K^{(3)}=\sqrt{3}U_cI_K^{(3)} \tag{5-33}$$

下面分别讲述供电系统中各主要元件如电力系统、电力变压器和电力线路的阻抗。至于供电系统中的母线、线圈型电流互感器的一次绕组、低压断路器的过电流脱扣线圈及开关的触头(触点)等的阻抗，相对来说很小，在短路计算中可略去不计。在略去一些阻抗后，计算出来的短路电流自然稍有偏大；但用稍偏大的短路电流来校验电气设备，倒可以使其运行的安全性更有保证。

1. 电力系统的阻抗

电力系统的电阻一般很小，不予考虑。而电力系统的电抗，可由电力系统变电站高压馈电线出口断路器的断流容量 S_{oc} 来估算，断流容量可看作是电力系统的极限短路容量 S_K。因此电力系统的电抗为

$$X_s=U_c^2/S_{oc} \tag{5-34}$$

式中 U_c——高压馈电线的短路计算电压，但为了便于计算短路电路的总阻抗，免去阻抗换算的麻烦，此式的 U_c 可直接采用短路点的短路计算电压；

S_{oc}——系统出口断路器的断流容量，可查有关手册或产品样本。

2. 电力变压器的阻抗

变压器的电阻 R_T，可由变压器的短路损耗 ΔP_K 近似地计算。

因 $$\Delta P_K\approx 3I_N^2R_T\approx 3\left(S_N/\sqrt{3}U_c\right)^2R_T=(S_N/U_c)^2R_T$$

故 $$R_T\approx\Delta P_K\left(U_c/S_N\right)^2 \tag{5-35}$$

式中 U_c——短路点的短路计算电压；

S_N——变压器的额定容量；

ΔP_K——变压器的短路损耗，可查有关手册或产品样本。

变压器的电抗 X_T，可由变压器的短路电压(即阻抗电压)$U_K\%$来近似地计算。

因 $$U_K\%\approx(\sqrt{3}I_NX_T/U_c)\times 100\approx(S_NX_T/U_c^2)\times 100$$

故 $$X_T\approx\frac{U_K\%}{100}\frac{U_c^2}{S_N} \tag{5-36}$$

式中 $U_K\%$——变压器的短路电压百分值，可查有关手册或产品样本。

3. 电力线路的阻抗

线路的电阻 R_{WL}，可由已知截面的导线或电缆的单位长度电阻值 R_0 求得：

$$R_{WL}=R_0l \tag{5-37}$$

式中 R_0——导线或电缆单位长度的电阻；

l——线路长度。

线路的电抗 X_{WL}，可由已知截面和线距的导线或已知截面和电压的电缆单位长度电抗 X_0 值求得：

$$X_{WL}=X_0l \tag{5-38}$$

式中 X_0——导线或电缆单位长度的电抗，可查手册。

如果线路的结构不祥，可按表 5-1 取其电抗平均值。

表 5-1 电力线路每相单位长度的电抗平均值

线路结构	线路电压	
	6～10kV	22./380V
架空线路	0.38	32
电缆线路	0.08	0.066

求出各元件的阻抗后，就化简电路，求出短路的总阻抗，然后按式(5-31)或式(5-32)和式(5-33)计算短路电流周期分量 $I_K^{(3)}$ 和三相短路容量 $S_K^{(3)}$。

在计算短路电路的阻抗时，假如电路内含有变压器，则电路内各元件的阻抗都应该统一换算到短路点的短路计算电压上。阻抗等效换算的条件是元件的功率损耗不变。因此由 $\Delta P=U^2/R$ 和 $\Delta Q=U^2/X$ 的关系可知，元件的阻抗值是与电压平方成正比的。因此阻抗换算的公式为

$$R'=R\ (U'_c/U_c)^2 \tag{5-39}$$

$$X'=X\ (U'_c/U_c)^2 \tag{5-40}$$

式中 R、X 和 U_c——换算前元件的电阻、电抗和元件所在处的短路计算电压；

R'、X 和 U'_c——换算后元件的电阻、电抗和短路点的短路计算电压。

从短路计算中考虑的几个主要元件的阻抗来说，只有电力线路的阻抗有时需要换算，例如计算低压侧的短路电流时，高压侧的线路阻抗就需要换算到低压侧。而电力系统和电力变压器的阻抗，由于它们的计算公式中均含有 $U_c{}^2$，因此计算时 U_c 直接代以短路点的计算电压，就相当于阻抗已经换算到短路点了。

例 5-1 某供电系统如图 5-6 所示。已知电力系统出口断路器的断流容量为 500MV・A。试求用户配电所 10kV 母线上 K－1 点短路和车间变电所低压 380V 母线上K－2 点短路的三相短路电流和短路容量。

解：(1)求 K－1 点的三相短路电流和短路容量($U_{c1}=10.5$kV)。

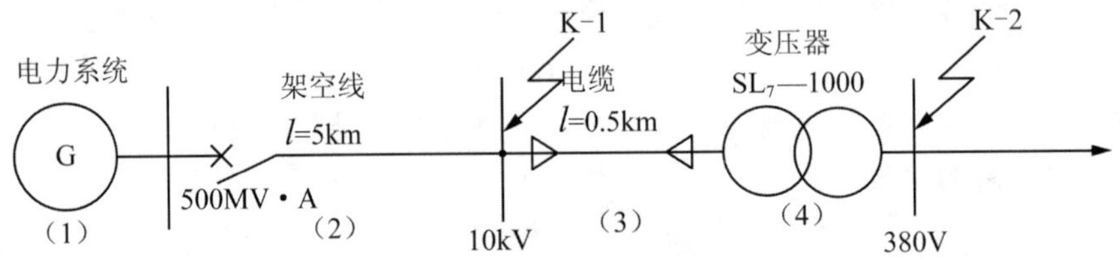

图 5-6 例 5-1 的短路计算图

①计算短路电路中各元件的电抗及总电抗。

电力系统的电抗 $X_1=U_{c1}^2/S_{oc}=10.5^2/500\Omega=0.22\Omega$

架空线路的电抗 查手册得 $X_0=0.38\Omega/\text{km}$

因此 $X_2=X_0 l=0.38\times5\Omega=1.9\Omega$

绘出 K－1 点的等效电路如图 5-7(a)所示，并计算其总电抗：

$$X_{\Sigma(K-1)}=X_1+X_2=0.22\Omega+1.9\Omega=2.12\Omega$$

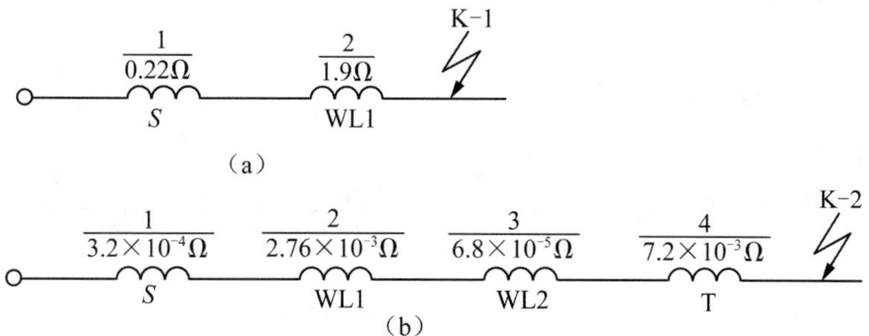

图 5-7　例 5-1 的短路等效电路图(欧姆法)

②计算 K－1 点的三相短路电流和短路容量。

三相短路电流周期分量有效值：

$$I_{K-1}^{(3)} = U_{c1}/\sqrt{3}X_{\Sigma(K-1)} = 10.5/(\sqrt{3}\times 2.12)\text{kA} = 2.86\text{kA}$$

三相次暂态短路电流和短路稳态电流：

$$I''^{(3)} = I_{\infty}^{(3)} = I_{K-1}^{(3)} = 2.86\text{kA}$$

三相短路冲击电流及其有效值：

$$i_{sh}^{(3)} = 2.55I''^{(3)} = 2.55\times 2.86\text{kA} = 7.29\text{kA}$$

$$I_{sh}^{(3)} = 1.51I''^{(3)} = 1.51\times 2.86\text{kA} = 4.32\text{kA}$$

三相短路容量：

$$S_{K-1}^{(3)} = \sqrt{3}U_{C1}I_{K-1}^{(3)} = \sqrt{3}\times 10.5\times 2.86\text{MV}\cdot\text{A} = 52.0\text{MV}\cdot\text{A}$$

(2)求 K－2 点的三相短路电流和短路容量($U_{c2}=0.4\text{kV}$)。

①计算短路电路中各元件的电抗及总电抗。

电力系统的电抗：

$$X'_1 = U_{c2}^2/S_{oc} = 0.4^2/500\Omega = 3.2\times 10^{-4}\Omega$$

架空线路的电抗：

$$X'_2 = X_0 l\,(U_{c2}/U_{c1})^2 = 0.38\times 5\times (0.4/10.5)^2\Omega = 2.76\times 10^{-3}\Omega$$

电缆线路的电抗　查手册得 $X_0=0.08\Omega/\text{km}$，从而有

$$X'_3 = X_0 l\,(U_{c2}/U_{c1})^2 = 0.08\times 0.5\times (0.4/10.5)^2\Omega = 5.8\times 10^{-5}\Omega$$

电力变压器的电抗　查手册得 $U_K\%=4.5$，从而有

$$X_4 = \frac{U_K\% U_{C2}^2}{100\ S_N} = \frac{4.5}{100}\times\frac{0.4^2}{1000}\text{k}\Omega = 7.2\times 10^{-6}\text{k}\Omega = 7.2\times 10^{-3}\Omega$$

绘出 K－2 点的等效电路如图 5-6 所示，并计算其总电抗：

$$\begin{aligned} X_{\Sigma(K-2)} &= X'_1 + X'_2 + X'_3 + X_4 \\ &= 3.2\times 10^{-4}\Omega + 2.76\times 10^{-3}\Omega + 5.8\times 10^{-5}\Omega + 7.2\times 10^{-3}\Omega \\ &= 0.01034\Omega \end{aligned}$$

②计算 K－2 点的三相短路电流和短路容量。

三相短路电流周期分量有效值：

$$I_{K-2}^{(3)} = U_{c2}/\sqrt{3}X_{\Sigma(K-2)} = 0.4/(\sqrt{3}\times 0.01034)\text{kA} = 22.3\text{kA}$$

三相次暂态短路电流和短路稳态电流

$$I''^{(3)} = I_{\infty}^{(3)} = I_{K-2}^{(3)} = 22.3\text{kA}$$

三相短路冲击电流及其有效值：

$$i_{sh}^{(3)}=1.84I''^{(3)}=1.84\times22.3\text{kA}=41.0\text{kA}$$

$$I_{sh}^{(3)}=1.09I''^{(3)}=1.09\times22.3\text{kA}=24.3\text{kA}$$

三相短路容量：

$$S_{K-2}^{(3)}=\sqrt{3}U_{c2}I_{K-2}^{(3)}=\sqrt{3}\times0.4\times22.3\text{MV}\cdot\text{A}=15.5\text{MV}\cdot\text{A}$$

在工程设计说明书中，往往要求列出短路计算表，如表 5-2 所示。

表 5-2　例 5-1 的短路计算结果

短路计算点	三相短路电流(kA)					三相短路容量(MV·A)
	$I_K^{(3)}$	$I''^{(3)}$	$I_\infty^{(3)}$	$i_{sh}^{(3)}$	$I_{sh}^{(3)}$	$S_K^{(3)}$
K－1 点	2.86	2.86	2.86	7.29	4.32	52.0
K－2 点	22.3	22.3	22.3	41.0	24.3	15.5

5.3.3　采用标幺值法进行短路计算

1. 标幺值的概念

在电力系统计算短路电流时，如计算低压系统的短路电流，常采用欧姆法。但计算高压系统的短路电流，由于有多个电压等级，存在着阻抗换算问题，为使计算简化，常采用标幺值计算。

标幺值中各元件的物理量用相对值来表示。相对值(A_d^*)就是实际有名值(A)与选定的基准值(A_d)的比值，即

$$A_d^*=A/A_d \tag{5-41}$$

从上式可以看出，标幺值是没有单位的。按标幺值法进行短路计算时，首先要选定基准容量 S_d 和基准电压 U_d。确定了基准容量 S_d 和基准电压 U_d 以后，根据三相交流电路的基本关系，基准电流 I_d 就可按下式计算：

$$I_d=S_d/\sqrt{3}U_d \tag{5-42}$$

基准电抗 X_d 则按下式计算：

$$X_d=U_d/\sqrt{3}I_d=U_d^2/S_d \tag{5-43}$$

据此，可以直接写出以下标幺值表示式：

容量标幺值　$$S^*=S/S_d \tag{5-44}$$

电压标幺值　$$U^*=U/U_d \tag{5-45}$$

电流标幺值　$$I^*=I/I_d=\sqrt{3}IU_d/S_d \tag{5-46}$$

电抗标幺值　$$X^*=X/X_d=XS_d/U_d^2 \tag{5-47}$$

工程设计中，为计算方便起见通常取基准容量 $S_d=100\text{MV}\cdot\text{A}$，基准电压 U_d 通常取元件所在处的短路计算电压，即取 $U_d=U_c$。

2. 供电系统各主要元件电抗标幺值的计算

取 $S_d=100\text{MV}\cdot\text{A}$，$U_d=U_c$。

(1)电力系统的电抗标幺值：

$$X_s^*=X_s/X_d=\frac{U_c^2}{S_{oc}}/\frac{U_d^2}{S_d}=S_d/S_{oc} \tag{5-48}$$

(2)电力变压器的电抗标幺值：

$$X_T^* = X_T/X_d = \frac{U_K\% U_c^2}{100\ S_N} / \frac{U_d^2}{S_d} = \frac{U_K\% S_d}{100S_N} \tag{5-49}$$

(3)电力线路的电抗标幺值：

$$X_{WL}^* = X_{WL}/X_d = X_0 l / \frac{U_c^2}{S_d} = X_0 l S_d / U_c^2 \tag{5-50}$$

3. 用标幺值法进行短路计算的方法

短路电路中所有元件的电抗标幺值求出后，就利用其等效电路进行电路化简，计算其总的电抗标幺值 X_Σ^* 。由于各元件电抗都采用相对值，与短路计算点的电压无关，因此无需进行换算，这也是标幺值法较欧姆法优越之处。

无限大容量电源系统三相短路电流周期分量有效值的标幺值按下式计算：

$$I_K^{(3)*} = I_K^{(3)}/I_d = \frac{U_c}{\sqrt{3}X_\Sigma} / \frac{S_d}{\sqrt{3}U_c} = \frac{U_c^2}{S_d X_\Sigma} = \frac{1}{X_\Sigma^*} \tag{5-51}$$

由此可求得三相短路电流周期分量有效值：

$$I_K^{(3)} = I_K^{(3)*} I_d = I_d / X_\Sigma^* \tag{5-52}$$

求得 $I_K^{(3)}$ 后，就可利用前面的公式求出 $I''^{(3)}$ 、$I_\infty^{(3)}$ 、$i_{sh}^{(3)}$ 和 $I_{sh}^{(3)}$ 等。

三相短路容量的计算公式为

$$S_K^{(3)} = \sqrt{3}U_c I_K^{(3)} = \sqrt{3}U_c I_d / X_\Sigma^* = S_d / X_\Sigma^* \tag{5-53}$$

例 5-2　试用标幺值法计算例 5-1 所示供电系统中 K－1 点和 K－2 点的三相短路电流和短路容量。

解：(1)确定基准值。

取　　$S_d = 100\text{MV}\cdot\text{A}$，$U_{c1} = 10.5\text{kV}$，$U_{c2} = 0.4\text{kV}$，

而　　$I_{d1} = S_d/\sqrt{3}U_{c1} = 100/i(\sqrt{3}\times 10.5)\text{kA} = 5.50\text{kA}$

$$I_{d2} = S_d/\sqrt{3}U_{c2} = 100/(\sqrt{3}\times 0.4)\text{kA} = 144\text{kA}$$

(2)计算短路电路中各主要元件的电抗标幺值。

电力系统(已知 $S_{oc} = 500\text{MV}\cdot\text{A}$)

$$X_1^* = 100/500 = 0.2$$

架空线路(查手册得 $X_0 = 0.38\Omega/\text{km}$)

$$X_2^* = 0.38\times 5\times 100/10.5^2 = 1.72$$

电缆线路的电抗(查手册得 $X_0 = 0.08\Omega/\text{km}$)

$$X_3^* = 0.08\times 0.5\times 100/10.5^2 = 0.036$$

电力变压器(由手册得 $U_K\% = 4.5$)

$$X_4^* = \frac{U_K\% S_d}{100S_N} = 4.5\times 100\times 10^3/100\times 1000 = 4.5$$

然后绘短路电路的等效电路如图 5-8 所示，在图上标出各元件的序号及电抗标幺值。

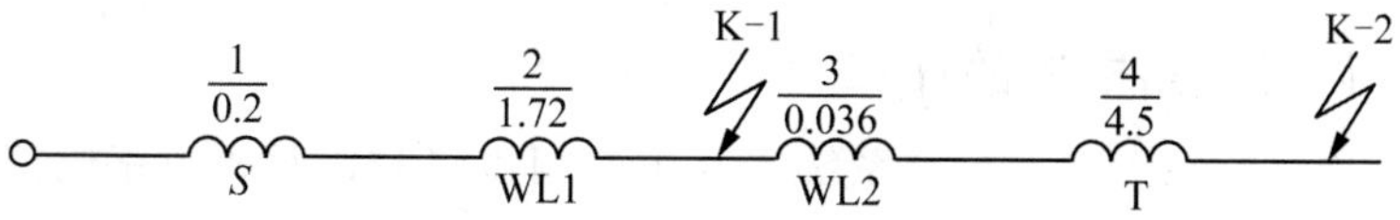

图 5-8　例 5-2 的等效电路图(标幺制法)

(3)求 K－1 点的短路电路总电抗标幺值及三相短路电流和短路容量。

总电抗标幺值：

$$X_{\Sigma(K-1)}^{*} = X_1^{*} + X_2^{*} = 0.2 + 1.72 = 1.92$$

三相短路电流周期分量有效值：

$$I_{K-1}^{(3)} = I_d / X_{\Sigma(K-1)}^{*} = 5.50/1.92\text{kA} = 2.86\text{kA}$$

其他三相短路电流：

$$I''^{(3)} = I_{\infty}^{(3)} = I_{K-1}^{(3)} = 2.86\text{kA}$$

$$i_{sh}^{(3)} = 2.55I''^{(3)} = 2.55 \times 2.86\text{kA} = 7.29\text{kA}$$

$$I_{sh}^{(3)} = 1.51I''^{(3)} = 1.51 \times 2.86\text{kA} = 4.32\text{kA}$$

三相短路容量：

$$S_{K-1}^{(3)} = S_d / X_{\Sigma(K-1)}^{*} = 100/1.92\text{MV} \cdot \text{A} = 52.0\text{MV} \cdot \text{A}$$

(4)求 K－2 点的短路电路总电抗标幺值及三相短路电流和短路容量。

总电抗标幺值：

$$X_{\Sigma(K-2)}^{*} = X_1^{*} + X_2^{*} + X_3^{*} + X_4^{*} = 0.2 + 1.72 + 0.036 + 4.5 = 6.456$$

三相短路电流周期分量有效值：

$$I_{K-2}^{(3)} = I_{d2} / X_{\Sigma(K-2)}^{*} = 144/6.456\text{kA} = 22.3\text{kA}$$

其他三相短路电流：

$$I''^{(3)} = I_{\infty}^{(3)} = I_{K-2}^{(3)} = 22.3\text{kA}$$

$$i_{sh}^{(3)} = 1.84I''^{(3)} = 1.84 \times 22.3\text{kA} = 41.0\text{kA}$$

$$I_{sh}^{(3)} = 1.09I''^{(3)} = 1.09 \times 22.3\text{kA} = 24.3\text{kA}$$

三相短路容量：

$$S_{K-2}^{(3)} = S_d / X_{\Sigma(K-2)}^{*} = 100/6.456\text{MV} \cdot \text{A} = 15.5\text{MV} \cdot \text{A}$$

由此可知，采用标幺值法计算与采用欧姆法计算的结果完全相同。

4. 标幺值法计算的优点

1)在三相电路中，标幺值相量等于线量。

2)三相功率和单相功率的标幺值相同。

3)当电网的电源电压为额定值时($U^{*}=1$)，功率标幺值与电流标幺值相等，且等于电抗标幺值的倒数，即

$$S^{*} = I^{*} = 1/X^{*} \tag{5-54}$$

4)两个标幺值相加或相乘，仍得同一基准下的标幺值。

由于以上优点，用标幺值法计算短路电流可使计算简便，且结果明显，便于迅速及时地判断计算结果的正确性。

5.4 两相和单相短路电流的计算

5.4.1 两相短路电流的计算

如图 5-9 所示，在无限大容量系统中发生两相短路时，两相短路电流周期分量有效值 $I_K^{(2)}$ 可以用下式求得。

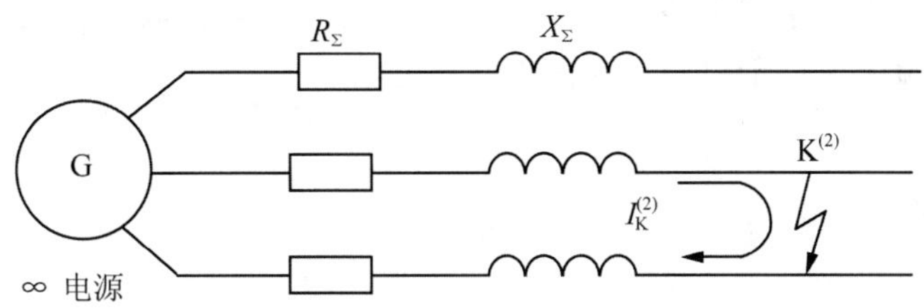

图 5-9　无限大容量系统中发生两相短路

$$I_K^{(2)} = \frac{U_{av}}{\sqrt{(2R_\Sigma)^2 + (2X_\Sigma)^2}} = \frac{U_{av}}{2\sqrt{R_\Sigma^2 + X_\Sigma^2}} \tag{5-55}$$

$R_\Sigma < \frac{1}{3}X_\Sigma$ 时，可以忽略短路回路的电阻 R_Σ，此时两相短路电流周期分量有效值 $I_K^{(2)}$ 为

$$I_K^{(2)} = \frac{U_{av}}{2X_\Sigma} \tag{5-56}$$

三相短路电流周期分量有效值 $I_K^{(3)}$ 可以用下式求得

$$I_K^{(3)} = \frac{U_{av}}{\sqrt{3}X_\Sigma} \tag{5-57}$$

式中　U_{av}——短路点所在极的平均电压；

R_Σ——短路回路的总电阻；

X_Σ——短路回路的总电抗。

两相短路电流周期分量有效值 $I_K^{(2)}$ 与三相短路电流周期分量有效值 $I_K^{(3)}$ 之比为

$$\frac{I_K^{(2)}}{I_K^{(3)}} = \frac{\sqrt{3}}{2} = 0.866$$

即

$$I_K^{(2)} = 0.866 I_K^{(3)} \tag{5-58}$$

而且，在无限大容量系统中两相短路次暂态短路电流 $I''^{(2)}$，两相短路电流稳态有效值 $I_\infty^{(2)}$ 都等于两相短路电流周期分量有效值 $I_K^{(2)}$；两相短路冲击电流 $i_s^{(2)}$ 和两相短路电流第一周全电流有效值 $i_s^{(2)}$ 均可以按三相短路电流的相应公式计算。于是，无限大系统两相短路电流值比三相短路电流值小。所以，在选择电气设备时只需计算三相短路电流，仅在校验保护装置的灵敏度时才需计算两相短路电流。

5.4.2　单相短路电流的计算

在工程设计中，可利用下式计算单相短路电流：

$$I_K^{(1)} = \frac{U_\varphi}{|Z_{\varphi-0}|} \tag{5-59}$$

$$|Z_{\varphi-0}| = \sqrt{(R_T + R_{\varphi-0})^2 + (X_T + X_{\varphi-0})^2} \tag{5-60}$$

式中　U_φ——电源相电压；

$|Z_{\varphi-0}|$——单相回路的阻抗，可查有关手册，或按式(5-60)计算；

R_T、X_T——分别为变压器单相的等效电阻和电抗；

$R_{\varphi-0}$、$X_{\varphi-0}$——分别为相线与N线或与PE线、PEN线的回路的电阻和电抗，可查有关手册。

在无限大容量电力系统中或远离发电机处短路时，单相短路电流较三相短路电流小。单相短路电流主要用于单相短路保护的整定。

5.5 短路电流的效应

5.5.1 概述

在供、配电系统发生短路时，会产生很大的短路电流。短路电流流经电气设备和载流导体时，会在电气设备里和载流导体间产生强大的电动力，称为短路电流的电动效应，也会使电气设备和载流导体的温度大为升高，称为短路电流的热效应。为了在发生短路时，不致因损坏电气设备和载流导体而造成严重的事故，必须对短路电流的电动效应和热效应做必要的计算。

5.5.2 短路电流的电动效应

在两平行导体中分别流过电流 i_1 和 i_2 时，导体间的相互作用力 F 可以用下式求得

$$F=0.2K_f i_1 i_2 \frac{l}{a}(\text{A}) \tag{5-61}$$

式中 i_1、i_2——导体中电流的瞬时值(kA)；

l——平行导体的长度(m)；

a——平行导体的中心间距(m)；

K_f——形状系数，它与导体的截面形状和相互位置有关。

两平行导体间的相互作用力是沿导体长度均匀分布的，实际计算时采用式(5-61)所示的作用在导体长度的中点的合力 F 代替。当两平行导体中的电流为同方向时，相互作用力是吸力；当两平行导体中的电流为反方向时，相互作用力是斥力。

只有当导体截面很小，长度比导体间距离大得多，并且假定电流都集中在导体的中心轴线上时，形状系数 K_f 才等于1。实际上，对于圆形截面或矩形截面的导体，当导体间距离足够大时，都可以认为 $K_f\approx1$。例如，当矩形截面的导体间的净距离大于周长时可取 $K_f\approx1$。

矩形截面导体间距离较小时，形状系数 K_f 可以由图5-10查得。

三相短路电流流过设置在同一平面的三相导体时，中间相导体所受的作用力 F 最大，可以用下式求得

$$\begin{aligned} F &= 0.2\times\frac{\sqrt{3}}{2}K_f i_{sh}^2 \frac{l}{a} \\ &= 0.1732K_f i_{sh}^2 \frac{l}{a}(\text{N}) \end{aligned} \tag{5-62}$$

式中 $\frac{\sqrt{3}}{2}$——计入各相导体中短路电流的不同相和不同值的系数；

K_f——形状系数；

i_{sh}——三相短路冲击电流(kA)；

l——平行导体的长度(m)；

a——相邻平行导体的中心间距(m)。

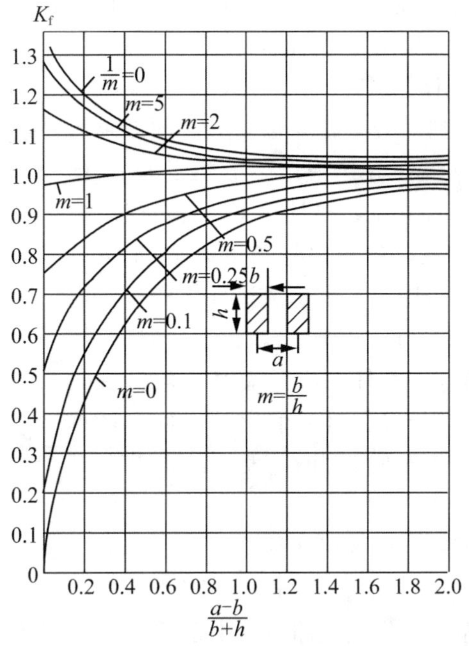

图 5-10 矩形截面导体的形状系数曲线

5.5.3 短路电流的热效应

1. 短路时导体的发热过程

导体通过正常负荷电流时，由于它具有电阻，因此要产生电能损耗。这种电能损耗转换为热能，一方面使导体温度升高，另一方面向周围介质散热。当导体内产生的热量与导体向周围介质散失的热量相等时，导体就维持在一定的温度值。

在线路发生短路时，极大的短路电流将使导体温度迅速升高。由于短路后线路的保护装置很快动作，切除短路故障，所以短路电流通过导体的时间不长，通常不会超过 2～3s。因此在短路过程中，可不考虑导体向周围介质的散热，即近似地认为导体在短路时间内是与周围介质绝热的，短路电流在导体中产生的热量，全部用来使导体的温度升高。

由于短路电流超出正常电流许多倍，虽然导体通过短路电流的时间很短，但温度却上升到很高数值，以至于超过电气设备短时发热允许温度，使电气设备的有关部分受到破坏。因此，通常把电气设备具有承受短路电流的热效应而不至于因短时过热而损坏的能力，称为电气设备具有足够的热稳定度，即短路发热的最高温度不超过电气设备短时发热的允许温度。

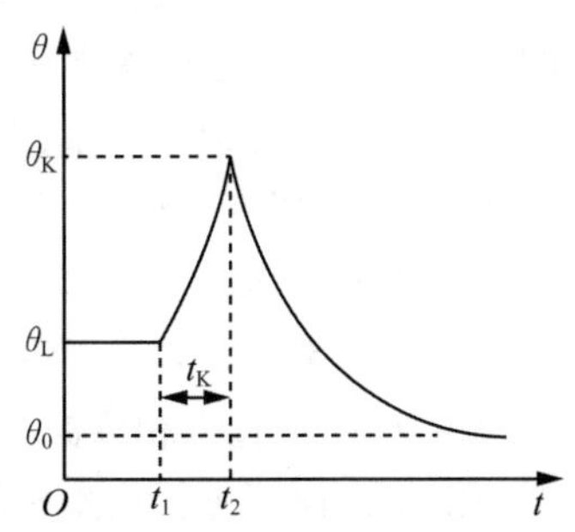

图 5-11 短路前后导体的温升变化

图 5-11 表示短路前后导体的温升变化情况。导体在短路前正常负荷时的温度为 θ_L。设在 t_1 时发生短路，导体温度按指数规律迅速升高，而在 t_2 时线路的保护装置动作，切除了短路故障，这时导体的温度已达到 θ_K。

短路被切除后，线路断电，导体不再产生热量，因而只向周围介质按指数规律散热，直到导体温度等于周围介质温度 θ_0 为止。

2. 短路时导体的发热计算

要计算短路后导体达到的最高温度 θ_K，就必须先求出短路期间实际的短路全电流在导体中产生的热量 Q_K。但是短路全电流是一个变动的电流，要计算 Q_K 是相当困难的，因此一般是采用一个恒定的短路稳态电流 I_∞ 来等效计算实际短路电流所产生的热量。由于通过导体的短路电流实际上不是 I_∞，因此就假定一个时间，在这一时间内，导体通过 I_∞ 所产生的热量，恰好与实际短路全电流在短路时间 t_K 内所产生的热量相等。这一假定的时间，就称为短路发热假想时间或热效时间，用 t_{ima} 表示，如图 5-12 所示。

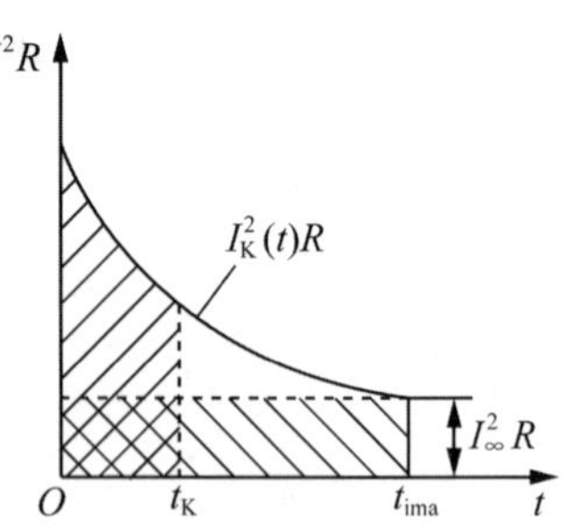

图 5-12　短路发热假想时间

短路发热假想时间可用下式近似地计算：

$$t_{ima}=t_K+0.05(I''/I_\infty)^2\text{s} \tag{5-63}$$

在无限大容量电源系统中发生短路时，由于 $I''=I_\infty$，因此有

$$t_{ima}=t_K+0.05\text{s} \tag{5-64}$$

当 $t_K>1\text{s}$ 时，可认为

$$t_{ima}=t_K \tag{5-65}$$

短路时间 t_K 为短路保护装置实际最长的动作时间 t_{op} 与断路器(开关)的断路时间 t_{oc} 之和，即

$$t_K=t_{op}+t_{oc} \tag{5-66}$$

式中　t_{oc}——断路器的固有分闸时间与其电弧延续时间之和。

对于一般高压断路器(如油断路器)，可取 $t_{oc}=0.2\text{s}$；对于高速断路器(如真空断路器)，可取 $t_{oc}=0.1\sim0.15\text{s}$。

因此，实际短路电流通过导体在短路时间内产生的热量为

$$Q_K=\int_0^{t_K}I_{K(t)}^2R\mathrm{d}t=I_\infty^2Rt_{ima} \tag{5-67}$$

根据式(5-67)最后可计算出导体在短路后所达到的最高温度 θ_K。但是这种计算，不仅比较繁复，而且涉及一些难于确定的系数，包括导体的电导率(它在短路过程中就不是一个常数)，因此最后计算的结果往往与实际出入很大。在工程设计中，一般是利用图 5-13 所示曲线来确定 θ_K。该曲线的横坐标用导体加热系数 K 来表示，单位为 $\text{A}^2\text{s/mm}^4$，纵坐标表示导体周围介质的温度 θ。

如图 5-14 所示，由 θ_L 查 θ_K 的步骤如下。

1)先从纵坐标轴上找出导体在正常负荷时的温度 θ_L 值；如果实际温度不知，可用手册所给的正常最高允许温度。

2)由 θ_L 向右查得相应曲线上的 a 点。

3)由 a 点向下查得横坐标轴上的 K_L。

4)用下式计算：

$$K_K=K_L+(I_\infty/A)^2t_{ima} \tag{5-68}$$

式中 A——导体的截面积(mm^2)；

I_∞——三相短路稳态电流(A)；

t_{ima}——短路发热假想时间(s)。

K_L、K_K——分别为负荷和短路时的导体加热系数(A^2s/mm^4)。

5)从横坐标轴上找出 K_K 值。

6)由 K_K 向上查得相应曲线上的 b 点。

7)由 b 点向左查得纵坐标轴上的 θ_K 值。

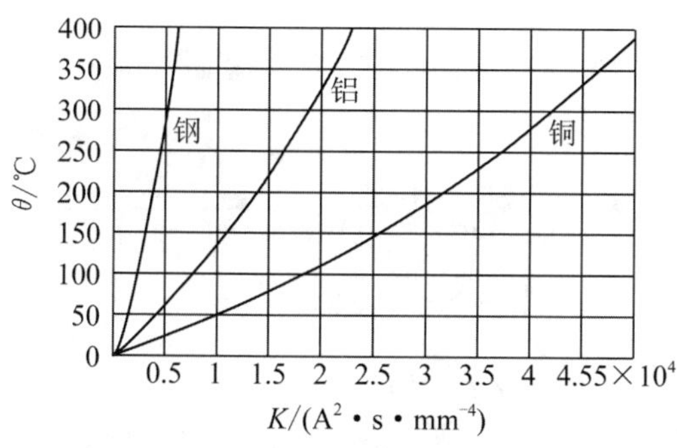

图 5-13 用来确定 θ_K 的曲线

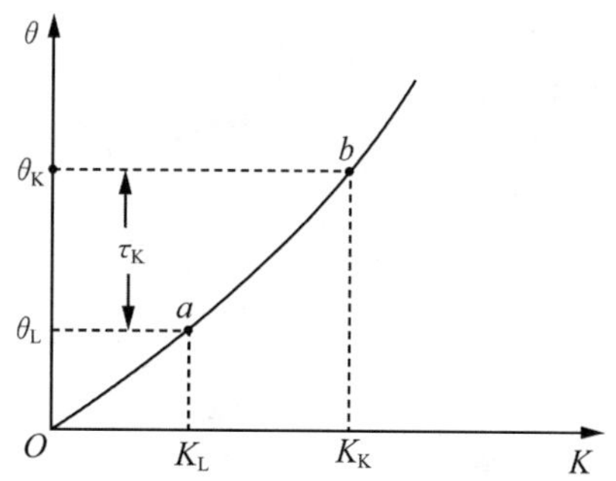

图 5-14 由 θ_L 查 θ_K 的步骤说明

>>> 本章小结

短路是指电力系统中不同相的载流导体间的非正常相互连接，或与大地相连，并产生异常的大电流的现象。发生短路的主要原因是电气装置载流部分的绝缘损坏。在三相电力系统中，可能发生三相短路、两相短路、两相接地短路和单相短路，分别用符号 $K^{(3)}$、$K^{(2)}$、$K^{(1.1)}$和 $K^{(1)}$表示。根据统计，电力系统中发生单相短路故障的几率为 50%以上，而发生三相短路故障的几率仅为 5%。但是，现代电力系统中单相短路电流的最大可能值，一般不大于最大可能的三相短路电流值。在无限大容量系统中发生三相短路时，电力系统母线上的电压为一振幅和频率恒定不变的正弦交流电压，即电力系统的容量为无限大，阻抗等于零。在由无限大容量系统供电的电路中发生三相短路时，短路电流包括短路电流周期分量和非周期分量，短路电流周期分量 i_p 是一振幅和频率恒定不变的正弦交流电流，而短路电流非周期分量 i_{np}是随时间而衰减的。短路电流计算的方法，有欧姆法和标幺值法。用标幺值法计算短路电流可使计算简便，且结果明显，便于迅速及时地判断计算结果的正确性。短路时产生很大的短路电流，短路电流流经电气设备和载流导体时，会在电气设备和载流导体间产生强大的电动力，称为短路电流的电动效应，也会使电气设备和载流导体的温度升高，称为短路电流的热效应。为了在发生短路时，不致因损坏电气设备和载流导体而造成严重的事故，必须对短路电流的电动效应和热效应做必要的分析计算。

>>> 复习思考题

5.1 什么叫短路？短路的种类有哪些？造成短路的原因是什么？

5.2 什么叫无限大容量电力系统？它有什么特点？

5.3 解释和说明下列术语的物理含义：短路全电流、短路电流的周期分量、非周期分量、短路冲击电流、短路稳态电流和短路容量。

5.4 为什么要进行短路电流计算？常用的有哪两种计算方法？各有什么特点。

5.5 什么是计算电压？它与线路额定电压有什么关系？

5.6 用标幺值法进行短路电流计算时，标幺值的基准如何选取？

5.7 在无限大容量系统中，两相短路电流与三相短路电流有什么关系？

>>> 习 题

5.1 试分别计算如图 5-15 所示，计算电路中 K_1 和 K_2 点的三相短路电流 I_K、I''、I_∞、i_{sh}、I_{sh}和三相短路容量 S_K。

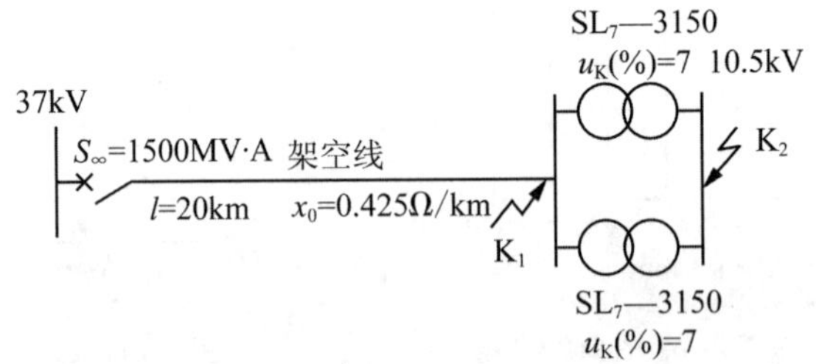

图 5-15 习题 5.1 短路电流计算图

5.2 试分别计算如图 5-16 所示计算电路中 K_1、K_2 和 K_3 点的三相短路电流 I_K、I''、I_∞、i_{sh}、I_{sh}和三相短路容量 S_K。

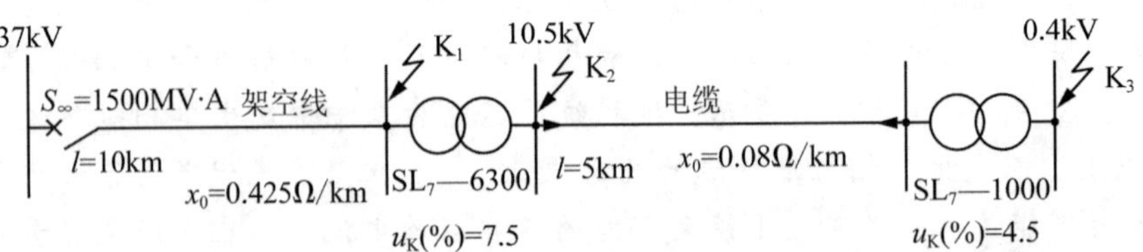

图 5-16 习题 5.2 短路电流计算图

第6章　工厂供电系统一次设备及选择

>>> 本章要点

首先讲述工厂供电系统一次设备及选择的一般原则，其次重点介绍高压开关电器、互感器以及低压开关电器的功能、结构、特点、基本工作原理及其选择等，最后讲述工厂电力线路的选择等知识。本章是本课程的重点，也是从事工厂供电设计与运行必备的基础知识。

6.1　工厂供电系统一次设备及选择的一般原则

6.1.1　概述

变、配电所中担负输送和分配电能任务的电路，称为一次电路或一次回路，或称主电路、主接线。一次电路中所有的电气设备，称为一次设备。

一次设备按其功能可分为变换设备、控制设备和保护设备等。变压器及电流互感器、电压互感器属变换设备。各种高、低压开关属控制设备。熔断器和避雷器属保护设备。

凡用来控制、指示、测量和保护一次设备运行的电路，称为二次电路或二次回路，或称二次接线、副接线。二次电路通常接在互感器的二次侧。二次电路中的所有电气设备，称为二次设备或二次元件。

工厂供电系统一次设备包括熔断器；断路器、隔离开关、负荷开关等开关设备；电流互感器、电压互感器；电力线路等主要设备。对工厂变、配电所的电气设备要求做到运行可靠、维护方便、技术先进、经济合理。如果对电气设备选择不当或对其工作情况估计不足，均能引起事故或停电；如果过分保守的选用电气设备，就会造成浪费。尽管各种电气设备各有特点，且工作环境、装置地点和运行要求也不尽相同，但在选择这些电气设备时，都应遵守以下几项原则。

1)按正常工作条件选择电气设备的额定值。

2)按短路电流的热效应和电动力效应校验电气设备的热稳定和动稳定。

3)按装置地点的三相短路容量校验开关电器的断流能力。

4)按装置地点、工作环境、使用要求及供货条件选择电气设备的适当形式。

这些原则概括起来就是："按正常工作条件选择，按短路条件校验"。

6.1.2　按正常工作条件选择电气设备

1. 按额定电压选择电气设备

电气设备的额定电压就是铭牌上标出的电压。额定电压应符合设备装设地点电网的额定电压。并应大于或等于正常工作时可能出现的最大工作电压，即

$$u_N \geqslant u_G \tag{6-1}$$

式中 u_N——电气设备额定电压；

u_G——电网额定电压。

一般情况下，电气设备可以长期在高于额定电压(10～15)%的电压下工作。此电压称为最大工作电压。制造厂对电气设备除给出额定电压外，还给出了最大工作电压。只要电气设备在小于最大工作电压值的情况下工作，它的绝缘就不会受到影响。

2. 按额定电流选择电气设备

电气设备的额定电流就是铭牌上标出的电流。即在周围温度为 40℃时允许长期通过的最大工作电流。

电气设备的额定电流应不低于电路中在各种运行情况下可能出现的最大负荷电流，即

$$I_N \geqslant I_G \tag{6-2}$$

式中 I_N——电气设备额定电流；

I_G——最大负荷电流。

电气设备设计时取周围环境温度 40℃。当周围环境温度超过 40℃时，由于冷却条件变差，必须适当降低允许通过的最大负荷电流，否则，将使设备温度升高，影响绝缘寿命。当周围温度高于 40℃时，可用近似公式计算允许负荷电流，即

$$I_t = I_N \sqrt{\frac{t_N - t}{t_N - 40}} \tag{6-3}$$

式中 I_t——气温为 t 时的允许负荷电流；

t——实际环境温度；

I_N——电气设备的额定电流；

t_N——电气设备个别部分在额定电流下的工作温度(如断路器触头的 t_N 为 75℃)。

如果周围环境温度低于 40℃，冷却条件变好，允许负荷电流可以略为增高。对于高压电气设备每降低 1℃，允许负荷电流比额定电流增加 0.5%，但增加总值不能超过额定电流的 20%。

在选择电气设备时还应考虑到电气设备的装设环境。安装在户外的电气设备，工作条件比较差，经常受到风、雨、雪和尘埃的影响，因而户外和户内电气设备在构造上不相同。对于处在恶劣环境下的(例如水泥厂、沿海等)户外电气设备和对于海拔较高地区的电气设备，应选用特殊绝缘结构或额定电压高一级的设备。

6.1.3 按短路情况校验电气设备的动稳定和热稳定

按正常工作条件下的额定电压和额定电流选择的电气设备，还应按三相短路电流来校验。

1. 校验电气设备的动稳定性

当冲击短路电流通过电气设备时，会产生很大的电动力，在电动力的作用下，可使电气设备发生形变，熔解或遭到破坏。如果电气设备内部不产生妨碍继续正常工作的任何永久形变，触头不熔解，则认为满足动稳定的要求。通常，电气设备的动稳定由制造厂用允许通过的极限电流有效值和峰值表示，即

$$I_{max} \geqslant I_{sh}^{(3)} \quad 或 \quad i_{max} \geqslant i_{sh}^{(3)} \tag{6-4}$$

式中 I_{max}、i_{max}——电气设备允许通过的最大电流的有效值和峰值；

$I_{sh}^{(3)}$、$i_{sh}^{(3)}$——按三相短路计算所得的冲击短路电流的有效值和峰值。

2. 校验电气设备的热稳定性

当冲击短路电流通过电气设备时，不但产生很大的电动力，同时也产生很高的热量，使电气设备的温度升高，导致设备的绝缘损坏。按照导体的允许发热条件，导体在正常和短路时的最高允许温度可查附表7。如果导体和电器在短路时的发热温度不超过允许温度，则认为满足其短路热稳定的要求。

校验高压电器，如断路器、负荷开关、隔离开关、电抗器等的热稳定时应满足下式，即

$$I_t^2 t \geqslant I_\infty^2 t_{ima} \tag{6-5}$$

式中 I_t——电气设备在时间 t 内的热稳定电流，该电流是指在时间 t 内(1s、4s、5s、10s)不使电器任何部分受热到超过规定的最大温度的电流；

t——I_t 相对应的时间；

I_∞——短路稳态电流；

t_{ima}——假想时间。

选择开关电器时还应校验其断流能力。

校验母线及绝缘导线和电缆等导体的热稳定时应满足下式，即

$$\theta_{K.max} \geqslant \theta_K \tag{6-6}$$

式中 $\theta_{K.max}$——导体在短路时的最高允许温度如附表7；

θ_K——导体在短路时所达到的最高温度。

由于 θ_K 的确定比较复杂，可根据短路热稳定的要求确定其最小允许截面由式(5-59)可得

$$A_{min} = I_\infty^{(3)} \sqrt{\frac{t_{ima}}{K_K - K_L}} = I_\infty^{(3)} \frac{\sqrt{t_{ima}}}{C} \tag{6-7}$$

式中 A_{min}——导体的最小截面积(mm^2)；

$I_\infty^{(3)}$——三相短路稳态电流(A)；

t_{ima}——短路发热假想时间(s)。

K_L、K_K——分别为负荷和短路时的导体加热系数($A^2 s/mm^4$)；

C——导体的热稳定系数($As^{\frac{1}{2}}/mm^2$)，可查附表7。

对于35kV以下的变电所来讲，其动、热稳定性的校验可大为简化。通常在下列情况下可不进行校验：断路器符合断流容量要求；负荷开关，其变压器容量在10000kV·A以下；10kV及6kV户内隔离开关，变压器容量在10000kV·A以下；10kV户外隔离开关在断流容量不大于100MV·A；6kV户外隔离开关在断流容量不大于60MV·A；绝缘子、母线、电流互感器(7.5/5以上)和截面不大于70mm^2的电缆等。

选择电气设备时，还必须考虑装置地点和工作环境的要求，可选普通型、防爆型、湿热型、高原型、防污型、封闭型等不同形式。总之，经过选择、校验和比较，可选出合适的电气设备。

6.2 高压开关电器及选择

6.2.1 高压熔断器

熔断器是一种当通过的电流超过规定值时，熔体熔化而断开电路的保护电器。其功能主要是对电路及电路中的设备进行短路保护，有的也具有过负荷保护的功能。

6～10kV 高压熔断器中，室内广泛采用 RN_1、RN_2 型管式熔断器，室外则广泛采用 RW4 等型跌开式熔断器。

1. RN_1、RN_2 型室内高压管式熔断器

RN_1 和 RN_2 的结构基本相同，都是瓷质熔管内充有石英砂填料的密闭管式熔断器。RN_1 型主要用作高压线路和设备的短路保护，也能起过负荷保护，其熔体要通过主电路电流，因此其结构尺寸较大。而 RN_2 型只用作高压电压互感器的短路保护。由于电压互感器的二次侧全部接阻抗很大的电压线圈，致使它接近于空载工作，其熔体额定电流一般只有 0.5A，因此其结构尺寸较小。

如图 6-1 所示，RN_1、RN_2 型高压熔断器的外形图。如图 6-2 所示，熔管剖面示意图。

由图 6-2 可知，工作熔体(铜熔丝)上焊有小锡球。锡是低熔点金属，过负荷时锡球受热首先熔化，包围铜熔丝，铜锡互相渗透形成熔点较低的铜锡合金，使铜丝能在较低的温度下熔断，这就是所谓的“冶金效应”。它使得熔断器能在不太大的过负荷电流或较小的短路电流时动作，提高了保护的灵敏度。又由图 6-2 可知，这种熔断器采用几根熔丝并联，当它们熔断时能产生几根并行的电弧，利用粗弧分细灭弧法来加速电弧的熄灭。

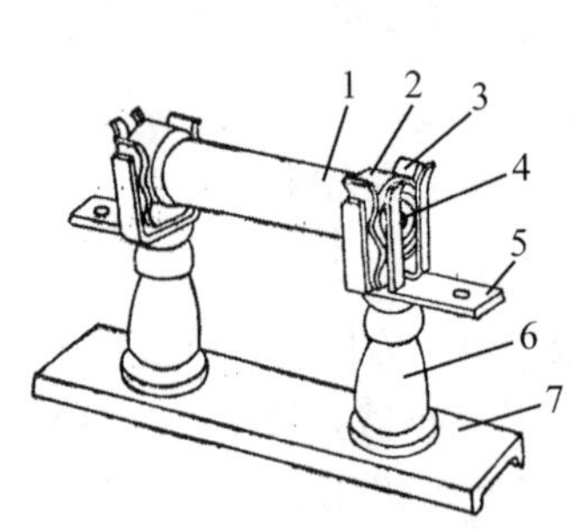

图 6-1　RN_1、RN_2 型高压熔断器

1—瓷熔管　2—金属管帽　3—弹性触座　4—熔断指示器　5—接线端子　6—瓷绝缘子　7—底座

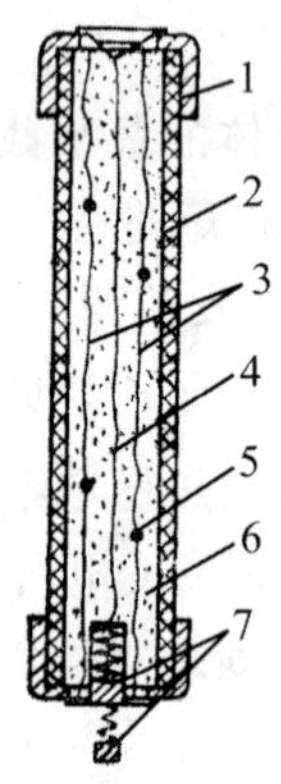

图 6-2　RN_1、RN_2 型高压熔断器的熔管剖面示意图

1—管帽　2—瓷熔管　3—工作熔体　4—指示熔体　5—锡球　6—石英砂填料　7—熔断指示器(虚线表示指示器在熔断时弹出)

当短路电流或过负荷电流通过熔体时，首先工作熔体上的小锡球熔化，其冶金效应引起工作熔体熔断。接着指示熔体熔断，红色的熔断指示器弹出，如图 6-2 中虚线所示。

RN_1、RN_2 型高压熔断器的熔体熔断时产生的电弧，是在填充石英砂的密闭瓷管内燃烧，灭弧能力很强，能在短路电流未达到冲击值之前(即短路后不到半个周期)就能完全熄灭电弧，从而使熔断器本身及其保护的线路和电气设备都不必考虑短路冲击电流的影响，因此这种熔断器称为"限流"式熔断器。

2. RW4 型室外高压跌开式熔断器

这种跌开式熔断器适用于周围空间没有导电尘埃和腐蚀性气体、没有易燃易爆危险及剧烈振动的室外场所。其功能是：既可作 6～10kV 线路和变压器的短路保护，又可在一定条件下，直接用高压绝缘钩棒(俗称令克棒)来操作熔管的分合，以断开或接通小容量的空载变压器和空载线路等，其操作要求与下面将要讲的高压隔离开关相同。

如图 6-3 所示，RW4—10(G)型跌开式熔断器的基本结构。

这种跌开式熔断器串接在线路上。正常运行时，其熔管下端动触头借熔丝张力拉紧后，将熔管上端动触头推入上静触头内锁紧，同时下动触头与下静触头也相互压紧，从而使电路接通。当线路发生短路时，短路电流使熔丝迅速熔断，形成电弧。消弧管因电弧燃烧而分解出大量气体，使管内压力剧增，并沿管道形成强烈的纵向吹弧，使电弧迅速熄灭。熔丝熔断后，熔管的下动触头因失去张力而下翻，使锁紧机构释放熔管，在触头弹力及熔管自重作用下，回转跌开，造成明显可见的断开间隙。因此这种跌开式熔断器还具有下面要讲的高压隔离开关用来隔离高压电源，以保证其他电气设备安全检修的功能。

这类跌开式熔断器的灭弧能力不强，因而属"非限流式"熔断器。

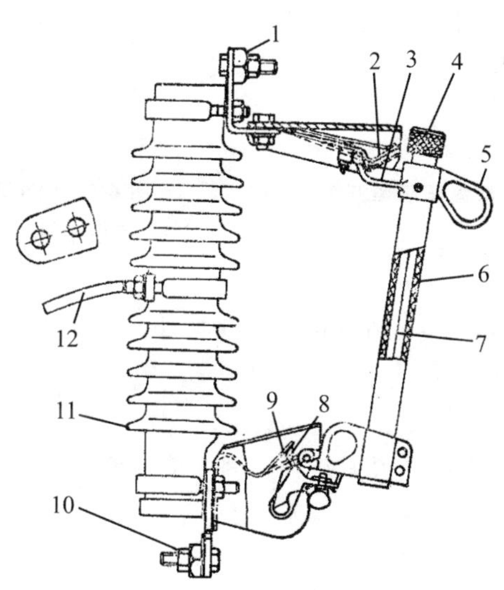

图 6-3　RW4—10(G)型跌开式熔断器

1—上接线端子　2—上静触头　3—上动触头　4—管帽(带薄膜)　5—操作环　6—熔管(外层为酚醛纸管或环氧玻璃布管，内套纤维质消弧管)　7—铜熔丝　8—下动触头　9—下静触头　10—下接线端子　11—绝缘瓷瓶　12—固定安装板

6.2.2 高压隔离开关

高压隔离开关的功能主要是隔离高压电源，以保证其他电气设备(包括线路)的安全检修。因此它在结构上有这样的特点，即断开后有明显可见的断开间隙，而且断开间隙的绝缘及相间绝缘都是足够可靠的，能够充分保证人身和设备的安全。隔离开关没有专门的灭弧装置，因此不允许带负荷操作。然而可用来通断一定的小电流，如励磁电流不超过2A的空载变压器、电容电流不超过5A的空载线路以及电压互感器和避雷器电路等。

高压隔离开关按安装地点，分为室内型和室外型两大类。如图6-4所示，GN8—10/600型室内高压隔离开关的外形。如图6-5所示，CS6型手动操动机构与GN8型隔离开关配合的一种安装图。

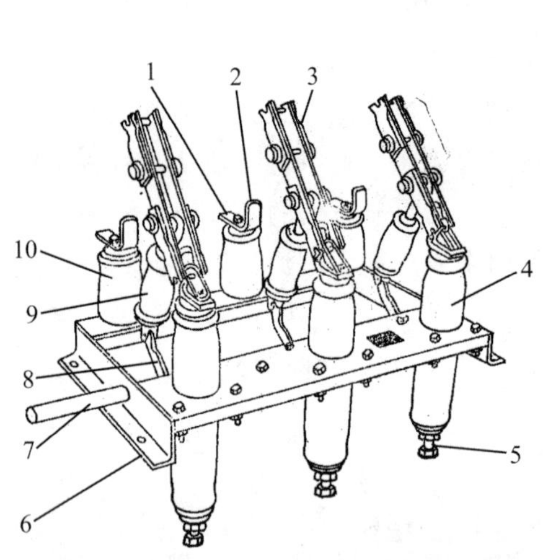

图6-4 GN8—10/600型高压隔离开关

1—上接线端子 2—静触头 3—闸刀 4—套管绝缘子 5—下接线端子 6—框架 7—转轴 8—拐臂 9—升降绝缘子 10—支柱绝缘子

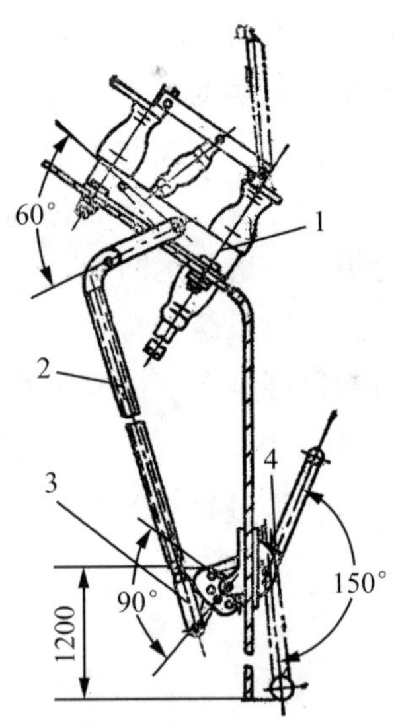

图6-5 CS6型手动操动机构与GN8型隔离开关配合的一种安装方式

1—GN8型隔离开关 2—20mm焊接钢管 3—调节杆 4—CS6型手动操动机构

6.2.3 高压负荷开关

高压负荷开关，具有简单的灭弧装置，因而能通断一定的负荷电流和过负荷电流，但它不能断开短路电流，因此它必须与高压熔断器串联使用，以借助熔断器来切断短路故障。负荷开关断开后，与隔离开关一样具有明显可见的断开间隙，因此它也具有隔离电源、保证安全检修的功能。

高压负荷开关的类型较多，这里着重介绍一种最常见的室内压气式高压负荷开关。

如图6-6所示，FN3—10RT型室内压气式负荷开关的外形结构图。上半部为负荷开关本身，很像一般的隔离开关，实际上它是在隔离开关的基础上加一个简单的灭弧装置。负荷天关上端的绝缘子就是一个简单的灭弧室，它不仅起支持绝缘子的作用，而且内部是一个气缸，装有操动机构主轴传动的活塞，其作用类似打气筒。绝缘子上部装有绝缘喷嘴和弧静触头。当负荷开关分闸时，在闸刀一端的弧动触头与绝缘子上的弧静触头之间产生电弧。由于分闸时主轴转动而带动活塞，压缩气缸内的空气而从喷嘴往外吹弧。当然分闸时还有电弧迅速拉长及本身电流回路的电磁吹弧作用，使电弧迅速熄灭。但总的来说，负荷开关的灭弧断流能力是很有限的，只能断开一定的负荷电流及过负荷电流。负荷开关绝不能配以短路保护装置来自动跳闸；其热脱扣器只用于过负荷保护。

这种负荷开关一般配用 CS2 等型手动操动机构进行操作。

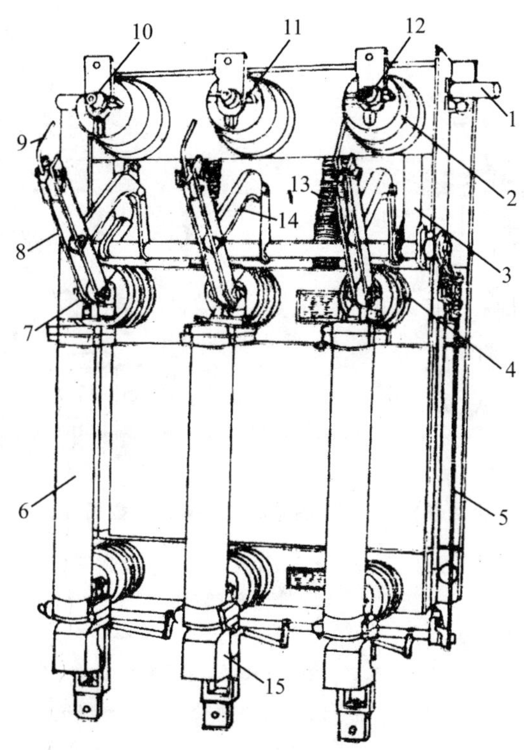

图 6-6　FN3—10RT 型高压负荷开关

1—主轴　2—上绝缘子兼气缸　3—连杆　4—下绝缘子　5—框架　6—(RN1 型)高压熔断器　7—下触座　8—闸刀　9—弧动触头　10—绝缘喷嘴(内有弧静触头)　11—主静触头　12—上触座　13—断路弹簧　14—绝缘拉杆　15—热脱扣器

6.2.4　高压断路器

高压断路器的功能是：不仅能通断正常负荷电流，而且能接通和承受一定时间的短路电流，并能在保护装置作用下自动跳闸，切除短路故障。

高压断路器按其采用的灭弧介质分，有油断路器、六氟化硫断路器、真空断路器以及压缩空气断路器、磁吹断路器等。我国机械类工厂目前多采用油断路器。

油断路器按其油量多少和油的作用，又分为多油和少油两大类。多油断路器的油量多，其油一方面作为灭弧介质，另一方面又作为相对地(外壳)甚至相与相之间的绝缘介质。少油断路器的油量很少，一般只几千克，其油只作为灭弧介质。一般 6～35kV 户内装置中多采用少油断路器。下面重点介绍我国目前广泛使用的 SN10—10 型室内高压少油断路器，并简介应用日益广泛的六氟化硫断路器和真空断路器。

1. SN10—10型高压少油断路器

SN10—10型少油断路器是我国统一设计、推广应用的一种新型少油断路器。按其断流容量 S_{oc} 分，有Ⅰ、Ⅱ、Ⅲ型。SN10—10 Ⅰ型，$S_{oc}=300MV\cdot A$；Ⅱ型，$S_{oc}=500MV\cdot A$；Ⅲ型，$S_{oc}=750MV\cdot A$。

如图6-6所示，SN10—10型高压少油断路器的外形图，其油箱内部结构如图6-7所示。

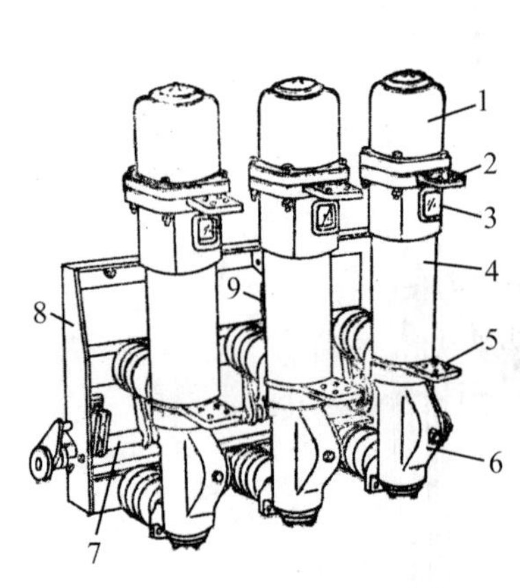

图6-7　SN10—10型高压少油断路器

1—铝帽　2—上接线端子　3—油标
4—绝缘筒　5—下接线端子　6—基座
7—主轴　8—框架　9—断路弹簧

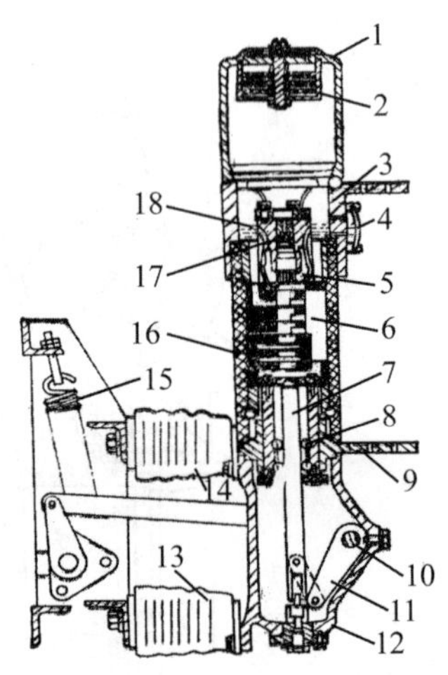

图6-8　SN10—10型高压少油断路路的油箱内部结构

1—铝帽　2—油气分离器　3—上接线端子 4—油标
5—静触头(插座式)　6—灭弧室　7—动触头(导电杆)
8—中间动触头　9—下接线端子　10—转轴　11—拐臂
12—基座　13—下支柱绝缘子　14—上支柱绝缘子
15—断路弹簧　16—绝缘筒　17—逆止阀　18—绝缘油

这种断路器由框架、传动部分和油箱三个主要部分组成。核心部分是油箱，油箱下部是由高强度铸铁制成的基座。操作断路器导电杆(动触头)的转轴和拐臂等传动机构就装在基座内。基座上部固定着中间滚动触头。油箱中部是灭弧室。外面套的是高强度绝缘筒。油箱上部是铝帽。铝帽的上部是油气分离室，下部装有插座式静触头，有3～4片弧触片。断路器合闸时，导电杆插入静触头，首先接触的是弧触片。断路器跳闸时，导电杆离开静触头，最后离开的是弧触片。因此，无论断路器合闸或跳闸，电弧总在弧触片与导电杆端部之间产生，而这些弧触片与导电杆端部都由耐弧材料制成。为了使电弧能偏向弧触片，在灭弧室上部靠弧触片的一侧嵌有吸弧铁片，利用电弧的磁效应使电弧吸往铁片一侧，确保电弧只在弧触片与导电杆之间产生，不致烧损静触头中主要的工作触片。

这种断路器的导电回路是：上接线端子→静触头→导电杆(动触头)→中间滚动触头→下接线端子。

断路器的灭弧主要依赖于如图6-9所示的灭弧室。如图6-10所示，灭弧室的工作示意图。

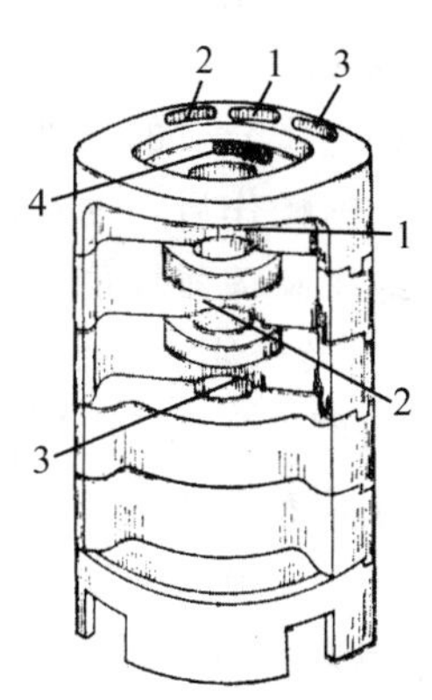

图 6-9　SN10—10 型高压少油断路器的灭弧室

1—第一道灭弧沟　2—第二道灭弧沟
3—第三道灭弧沟　4—吸弧铁片

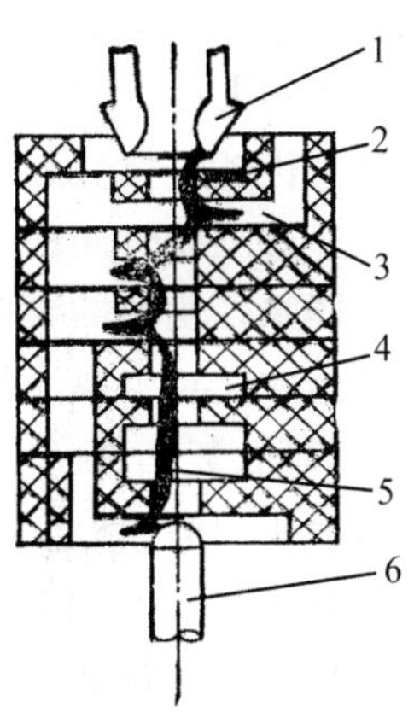

图 6-10　SN10—10 型高压少油断路器的灭弧室工作示意图

1—静触头　2—吸弧铁片　3—横吹灭弧沟(3 道)
4—纵吹油囊　5—电弧　6—动触头

断路器跳闸时，导电杆向下运动。当导电杆离开静触头时，产生电弧，使绝缘油分解，形成气泡，导致静触头周围的油压剧增，迫使静触头内的逆止阀动作，其钢珠上升堵住中心孔。于是电弧在几乎封闭的空间内燃烧，使灭弧室内的压力迅速升高。当导电杆继续向下运动，相继打开一、二、三道横吹沟及下面的纵吹油囊时，油气混合体强烈地横吹和纵吹电弧；同时导电杆向下运动时，在灭弧室内形成附加油流射向电弧。由于这种机械油吹和上述纵横吹的综合作用，能使电弧在很短时间内迅速熄灭。这种断路器在跳闸时，导电杆是向下运动的，从而使得导电杆端部的弧根部分不断地与下面冷却的新鲜油接触，进一步改善了灭弧条件。

这种少油断路器，在油箱上部设有油气分离室，其作用是使灭弧过程中产生的油气混合体分离，油滴附着内壁返回灭弧室，而气体则从顶部的排气孔排出。

SN10—10 型少油断路器可配用 CD10 型电磁操作机构、CS2 型手动操作机构或 CT7 型弹簧储能操作机构等。CD10 型电磁操作机构能手动和远距离跳合闸，适用于实现自动化，但需直流操作电源。CS2 型手动操作机构能手动和远距离跳闸，只能手动合闸，不能自动合闸；然而由于它可采用交流操作电源，从而使保护和控制装置大大简化，因此，在目前一般中小型工厂的供电系统中应用最为普遍。CT7 型弹簧操作机构与电磁操作机构一样，能手动和远距离跳合闸，并且它采用交流电动操作，利用弹簧机构储能，因而可实现一次自动重合闸；但结构较复杂，价格较贵，所以一般中小型工厂应用较少。然而由于它适于交流操作，可自动合闸，因此有推广应用的趋向。

2. 高压六氟化硫断路器

高压六氟化硫断路器，是利用 SF_6 气体作灭弧和绝缘介质的一种断路器。

SF_6 是无色、无味、无毒且不易燃的惰性气体，它在 150℃以下时，化学性能相当稳定，但它在电弧的高温作用下要分解，分解物有一定腐蚀性和毒性，且能与触头的金属蒸汽结合成有绝缘性能的活性杂质，即一种白色粉末状的氟化物。因此这种 SF_6 断路器的触头一般都要设计成具有自动净化的作用。然而这些活性杂质，大部分在电弧

熄灭后不到1μs的极短时间内又会还原，剩余杂质也可用特殊的吸附剂(如活性氧化铝)清除，因此对设备和人员都不会有什么危害。SF_6不含碳元素(C)，这对于灭弧和绝缘介质来说，是极为优越的特性。而油断路器是用油作灭弧和绝缘介质的。油是含碳的高分子化合物，经过一段时间的运行，特别是在断路器跳合闸操作后，油在电弧高温作用下要分解出碳来，使油的含碳量增高，从而降低油的绝缘和灭弧性能。因此油断路器在运行中要经常注意监视油色，适时分析油样，必要时更换新油，而SF_6断路器就无此麻烦。SF_6又不含氧元素(O)，因此不存在触头氧化的问题。所以SF_6断路器较之空气断路器，其触头的磨损极少，使用寿命大大增长。SF_6除具有上述优良的物理、化学性能外，还具有优良的电绝缘性能。在三个绝对大气压时，其绝缘强度与一般绝缘油的绝缘强度大体相当。特别优越的是SF_6在电流过零时，电弧暂时熄灭后，具有很快恢复绝缘强度的能力，因而使电弧难以复燃而很快熄灭。

SF_6断路器的结构，按其灭弧方式分，有双压式和单压式两类。双压式具有两个气压系统，压力低的作为绝缘，压力高的作为灭弧。单压式只有一个气压系统，灭弧时，SF_6的气流靠压气活塞产生。单压式结构简单，我国现在生产的LN_1、LN_2型SF_6断路器均为单压式。

如图6-11所示，LN2—10型SF_6断路器的外形结构图。如图6-12所示，SF_6断路器灭弧室的工作示意图。断路器的静触头和灭弧室中的压气活塞是相对固定不动的，跳闸时装有动触头和绝缘喷嘴的气缸由断路器操动机构通过连杆带动，离开静触头，造成气缸与活塞的相对运动，压缩SF_6，使之通过喷嘴吹弧，从而使电弧迅速熄灭。

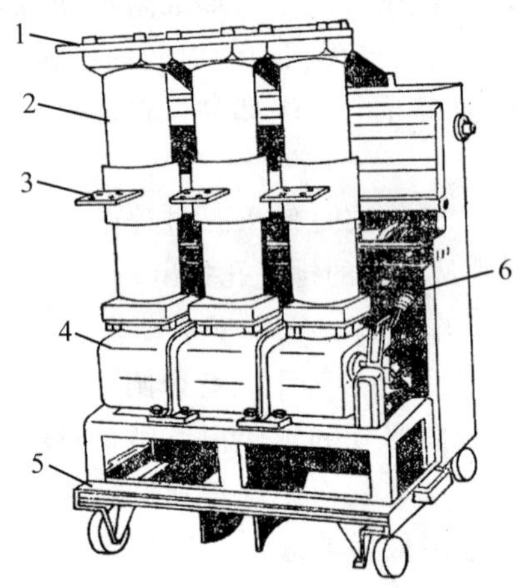

图6-11　LN2—10型SF_6断路器结构

1—上接线端子　2—绝缘筒(内为气缸及触头系统)　3—下接线端子　4—操动机构箱　5—小车　6—断路弹簧

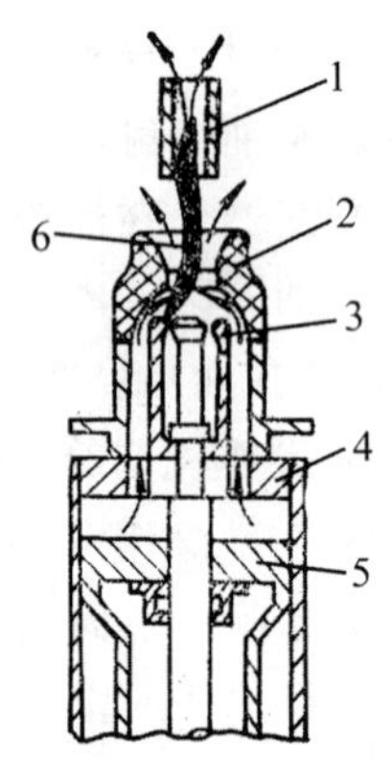

图6-12　SF_6断路器的灭弧室工作示意图

1—静触头　2—绝缘喷嘴　3—动触头
4—气缸(连同动触头由操动机构传动)
5—压气活塞(固定)　6—电弧

SF_6断路器多配用CD10型电磁操作机构或CT7型弹簧储能操作机构等。

SF_6断路器与油断路器比较，具有下列优点：断流能力强，灭弧速度快，电绝缘性能好，检修周期长，适于频繁操作，且无燃烧、爆炸的危险。但缺点是：要求加工精度很高，密封性能更好，对水分和气体的检测控制要求更严，SF_6的年漏气量不得大于

5%(实际小于 2%)，因而价格昂贵。目前主要应用在需频繁操作及有易燃易爆危险的场所，而对于超高压系统，它是断路器的主要发展方向。

3. 高压真空断路器

高压真空断路器是利用真空灭弧的一种断路器。它的触头装在真空灭弧室内，由于真空中不存在气体游离的问题，所以这种断路器的触头断开时不会发生电弧，或者说，触头一断开，电弧就已熄灭。但是在感性电路中，灭弧速度过快，即 di/dt 太大，会引起极高的过电压，这对供电系统是不利的。因此最好是在开关触头间产生一点电弧(真空电弧)，并使之在电流第一次自然过零时熄灭，这样燃弧时间既短(至多半个周期)，又不会产生很高的过电压。

如图 6-13 所示，ZN3—10 型真空断路器的外形结构图。如图 6-14 所示，真空断路器的灭弧室结构图。

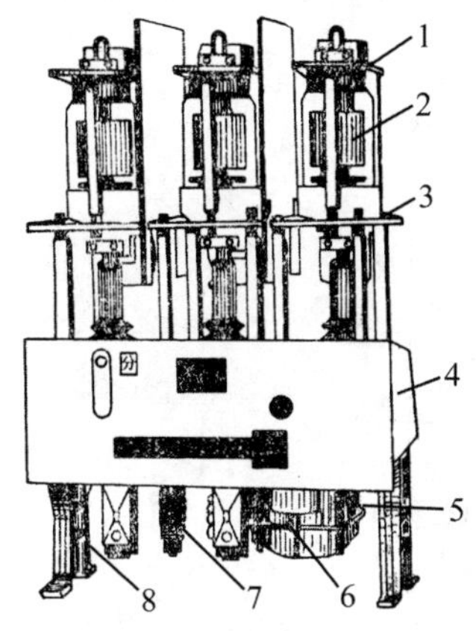

图 6-13　ZN3—10 型高压真空断路器

1—上接线端子(后面出线)　2—真空灭弧室
3—下接线端子(后面出线)　4—操动机构箱
5—合闸电磁铁　6—分闸电磁铁　7—断路弹簧
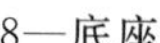
8—底座

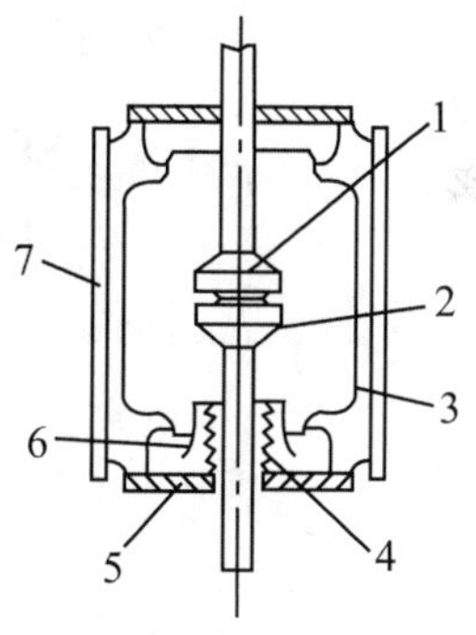

图 6-14　真空灭弧室

1—静触头　2—动触头　3—屏蔽罩
4—波纹管　5—与外壳对接的金属法兰盘
6—波纹管屏蔽罩　7—玻壳

真空灭弧室的中部，有一对圆盘状的触头。在触头刚分离时，由于高电场发射和热电发射，使触头间形成电弧，电弧温度很高，使触头表面产生金属蒸汽。随着触头的分开和电弧电流的减小，触头间的金属蒸汽密度也逐渐减小。当电弧电流过零时，电弧暂时熄灭，触头周围的金属离子迅速扩散，凝聚在四周的屏蔽罩上，以致在电流过零后只有几个微秒的极短时间内，触头间隙实际上又恢复了原有的高真空度。因此当电流过零后很快加上高电压时，触头间隙也不会再次击穿，也就是说，真空电弧在电流第一次过零时就被熄灭了，所以燃弧时间最多只有半个周期。

真空断路器多配用电磁操动机构。

真空断路器具有体积小、重量轻、动作快、寿命长、安全可靠和便于维护检修等优点，适用于需频繁操作的场所，但它价格较贵，因此在一般机械类工厂中较少应用。

6.2.5　高压开关柜

高压开关柜是按一定的线路方案将有关一、二次设备组装而成的一种高压成套配

电装置，在发电厂和变电所中作为控制和保护发电机、变压器和高压线路之用，也可作为大型高压交流电动机的起动和保护之用，其中安装有高压开关设备、保护电器、监视仪表和母线、绝缘子等。

高压开关柜有固定和手车式两大类型。在一般中小型工厂中，绝大多数采用较为经济的固定式高压开关柜。我国现在大量生产和广泛使用的固定式高压开关柜主要是GG—1A 型，这种开关柜现在大多数都按规定装设了防止电气误操作的锁闭装置，即所谓“五防”——防止误跳、误合断路器；防止带负荷拉、合隔离开关，防止带电挂接地线；防止带接地线合隔离开关；防止人员误入带电间隔。

如图 6-15 所示，装有 SN10—10 型少油断路器的 GG—1A—07D 型高压开关柜的外形结构图。

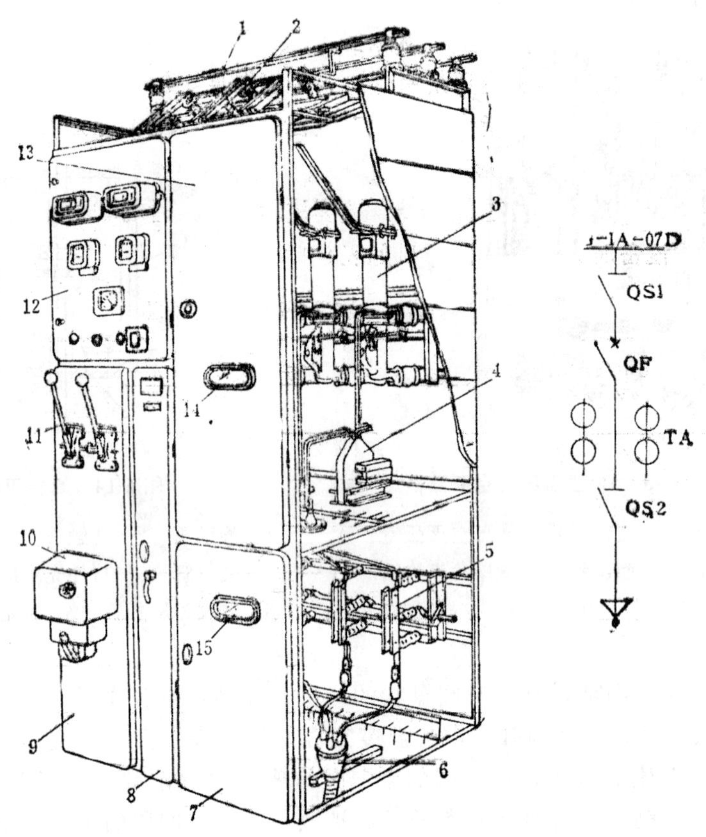

图 6-15　GG—1A 型高压开关柜(断路器柜)

1—母线　2—母线隔离开关(QS1，GN8—10 型)　3—少油断路器(OF，SN10—10 型)　4—电流互感器(TA，LQJ—10 型)　5—线路隔离开关(QS2，GN6—10 型)　6—电缆头　7—下检修门　8—端子箱门　9—操作板　10—断路器的电磁操动机构(CD10 型)　11—隔离开关的操动机构手柄(CS6 型)　12—仪表继电器屏　13—上检修门　14、15—观察窗口

手车式高压开关柜的特点是，高压断路器等主要电气设备是装在可以拉出和推入开关柜的手车上的。这些设备需检修时，可随时拉出，再推入同类备用手车，即可恢

复供电。因此采用手车式开关柜，较之采用固定式开关柜，具有检修安全，并可大大缩短停电时间等显著优点。所以从发展来看，手车式高压开关柜的应用将日益广泛；但目前由于其价昂贵，在中小型工厂中应用较少。图 6-16 是 GC—10 型高压开关柜的外形结构图。

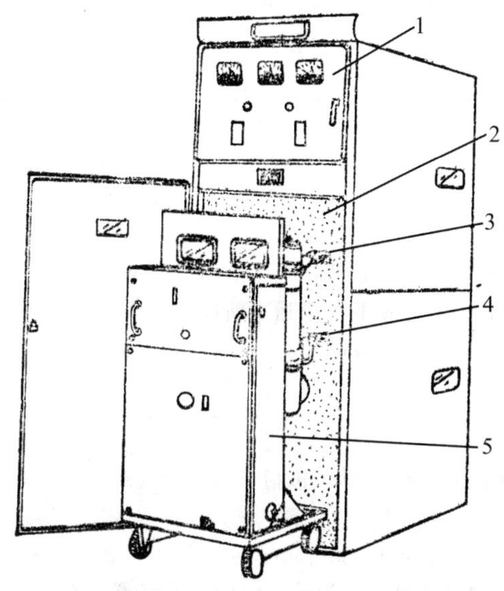

图 6-16　GC—10 型高压开关柜

1—仪表门(内为仪表室)　2—手车室　3—上触头(兼起隔离开关作用)
4—下触头(兼起隔离开关作用)　5—断路器(SN10—10 型)手车(尚未推入)

为了采用 IEC 标准，我国近年设计生产了 KGN—10 型铠装型固定式金属封闭式开关柜，将取代 GG—1A 等型；并将以 KYN—10 型和 JYN—10 型取代 GC—10 等型开关柜。

6.2.6　高压一次设备的选择

高压一次设备的选择，必须满足一次电路正常条件下工作的要求，同时按短路故障条件下校验其短路时的动稳定和热稳定。设备应工作安全可靠，运行维护方便，投资经济合理等。

选择高压一次设备时，应校验的项目如表 6-1 所列。

表 6-1　选择高压一次设备应校验的项目

电气设备名称	电压/kV	电流/A	断流能力/kA	短路电流校验	
				动稳定	热稳定
高压熔断器	√	√	√	—	—
高压隔离开关	√	√	—	√	√
高压负荷开关	√	√	√	√	√
高压断路器	√	√	√	√	√
电流互感器	√	√	—	√	√

续表

电气设备名称	电压/kV	电流/A	断流能力/kA	短路电流校验	
				动稳定	热稳定
电压互感器	√	—	—	—	—
高压电容器	√	—	—	—	—
母线	—	√	—	√	√
电缆	√	√	—	—	√
支柱绝缘子	√	—	—	√	—
绝缘套管	√	√	—	√	—
应满足的条件	设备的额定电压应不小于装置地点的额定电压	设备的额定电流应不小于通过设备的计算电流	电器的最大开断电流应不小于它可能分断的最大电流	按 $i_{sh}^{(3)}$ 或 $I_{\infty}^{(3)}$ 校验，满足动稳定度的条件	按 $I_{\infty}^{(3)}$ 校验，满足热稳定度的条件

注：1. 表中√表示必需校验，—表示不要校验。

2. 选择变电所高压侧的电气设备和导体(包括母线、导线和电缆)时，其计算电流应按主变压器高压侧(一次)额定电流考虑，以适应负荷的发展，充分发挥主变压器的设备能力。

3. 对高压负荷开关，其最大开断电流应不小于它能开断的最大负荷电流；对高压断路器，其最大开断电流应不小于实际开断时间(继电保护动作时间与断路器固有分闸时间之和)的短路电流周期分量。

高压开关柜的选择，应满足变配电所一次电路图的要求，并经几个方案的技术经济比较后，优选出开关柜的型式及其一次线路方案编号，同时确定其中所有一、二次设备的型号规格。向开关厂具体订购高压开关柜时，应向厂家提供一、二次电路图纸及有关的技术要求。

例 6-1　试选择例 5-1 所示 10kV 高压配电所进线侧的高压室内少油断路器的型号规格。已知该进线的计算电流为 350A，断电保护的动作时间为 1.1s，断路器的断路时间通常取 0.2s。

解：根据我国生产的高压室内少油断路器型式，宜选用全国统一设计并明令推广应用的 SN10—10 型，根据线路的计算电流 350A，因此初步选 SN10—10I/630—300 型进行校验，如表 6-2 所示。其技术数据由附表 8 查得。

由表 6-2 校验的结果可知，所选 SN10—10I/630—300 型高压少油断路器是满足要求的。

表 6-2　例 6-1　高压断路器选择校验表

序号	装置地点的电气条件		SN10—10I/630—300 型断路器		
	项目	数据	项目	数据	结论
1	U_s	10kV	U_N	10kV	合格
2	I_{30}	350A	I_N	630A	合格
3	$I_K^{(3)}$	2.86kA	I_{00}	16kA	合格

续表

序号	装置地点的电气条件		SN10—10I/630—300 型断路器		
	项目	数据	项目	数据	结论
4	$i_{sh}^{(3)}$	7.29kA	i_{max}	40kA	合格
5	$I_{\infty}^{(3)2} t_{ima}$	$2.86^2 \times (1.1+0.2)=10.6$	$I_{2'}^2 \times 2$	$16^2 \times 2=512$	合格

6.3 互感器及选择

6.3.1 概述

电流互感器又称仪用变流器，电压互感器又称仪用变压器，它们合称为互感器。从基本结构和工作原理来说，互感器就是一种特殊的变压器。

互感器的作用主要如下。

1)用来使仪表、继电器与主电路绝缘，这既可避免主电路的高电压直接引入仪表、继电器，又可防止仪表、继电器的故障影响主电路，提高两方面工作的安全性和可靠性。

2)用来扩大仪表、继电器的使用范围，例如用一只 5A 的电流表，通过电流互感器就可测量任意大的电流。同样，用一只 100V 的电压表，通过电压互感器就可测量任意高的电压。而且，由于采用互感器，可使二次仪表、继电器等设备的规格统一，有利于大规模生产。

6.3.2 电流互感器

1. 基本结构和原理

电流互感器的基本结构原理如图 6-17 所示。它的结构特点是：一次绕组匝数很少，有的直接穿过铁心，只有一匝，线径很粗；而二次绕组匝数很多，线径较细。工作时，一次绕组串联在供电系统的一次电路中，而二次绕组则与仪表、继电器等的电流线圈串联，形成一个闭合回路。由于这些电流线圈的阻抗很小，所以电流互感器工作时二次回路接近于短路状态。二次绕组的额定电流一般为 5A。

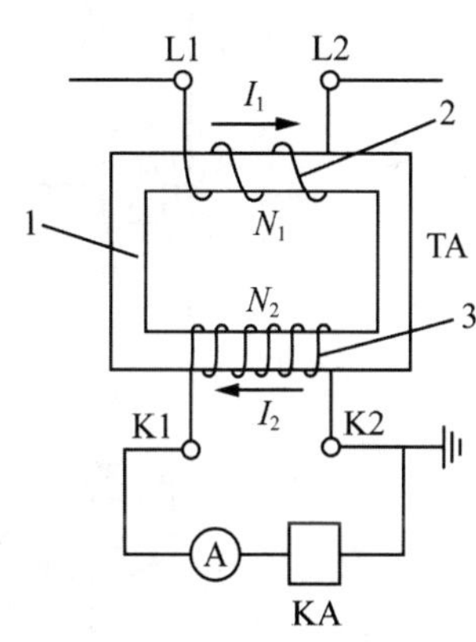

图 6-17 电流互感器

1—铁心 2—一次绕组 3—二次绕组

电流互感器的一次电流 I_1 与其二次电流 I_2 之间有下列关系：

$$I_1 \approx I_2 (N_2/N_1) \approx K_i I_2 \tag{6-8}$$

式中 N_1、N_2——电流互感器一次和二次绕组的匝数；

K_i——电流互感器的变流比，一般表示为额定的一次和二次电流之比，即 $K_1 = I_{1N}/I_{2N}$。

2. 接线方式

电流互感器在三相电路中有如图 6-18 所示的四种常见的接线方式。

1)一相式接线

如图 6-18(a)所示，电流线圈通过的电流，反应一次电路对应相的电流，通常用在负荷平衡的三相电路中测量电流，或在继电保护中作为过负荷保护接线。

2)两相 V 形接线

如图 6-18(b)所示，这种接线也称为两相不完全星形接线。在继电保护装置中，这种接线称为两相两继电器接线。如图 6-19 所示，因为继电器中流过的电流等于电流互感器二次电流，反应的是相电流。互感器二次侧公共线上的电流，正好是未接互感器 B 相的二次电流，因此这种接线的三个电流线圈，分别反映了三个相电流，所以广泛用于中性点不接地的三相三线制电路中，供测量三个相电流、电能及过电流继电保护之用。

3)两相电流差接线

如图 6-18(c)所示，这种接线也称两相交叉接线，其二次侧公共线流过的电流，等于两个相电流的相量差。由图 6-20 所示电流相量图可知，二次侧公共线流过的电流值为　相电流的$\sqrt{3}$倍。这种接线多用于三相三线制电路的继电保护装置中，其电流线圈就是电流继电器，这种接线，在继电保护装置中，又称为两相一继电器接线。

4)三相 Y 形接线

如图 6-18(d)所示，这种接线中的三个电流线圈，正好反应各相的电流，广泛用在负荷不论平衡与否的三相电路中，特别广泛用于三相四线制系统包括 TN—C 系统，TN—S 系统或 TN—C—S 系统中，供测量三个相电流、电能及继电保护之用。

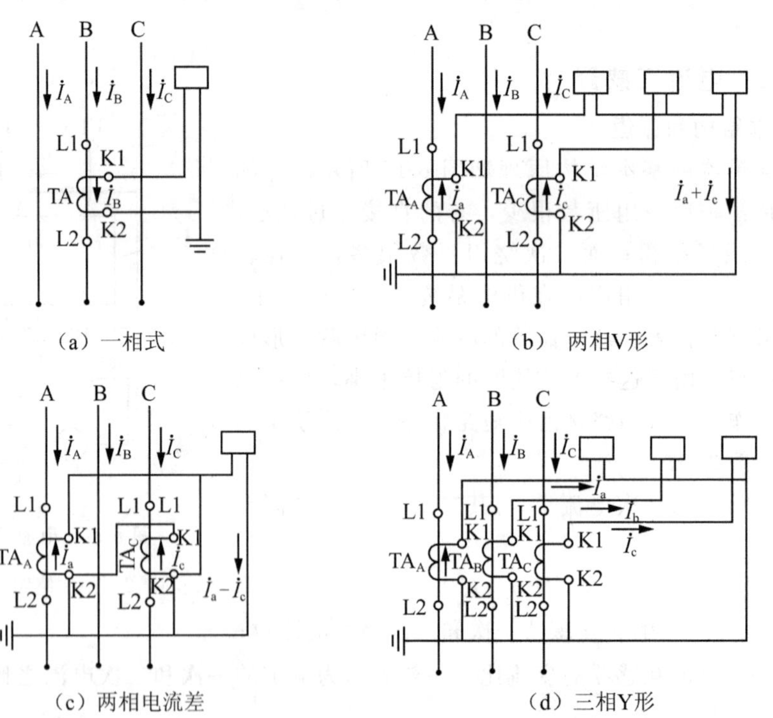

图 6-18　电流互感器的接线方案

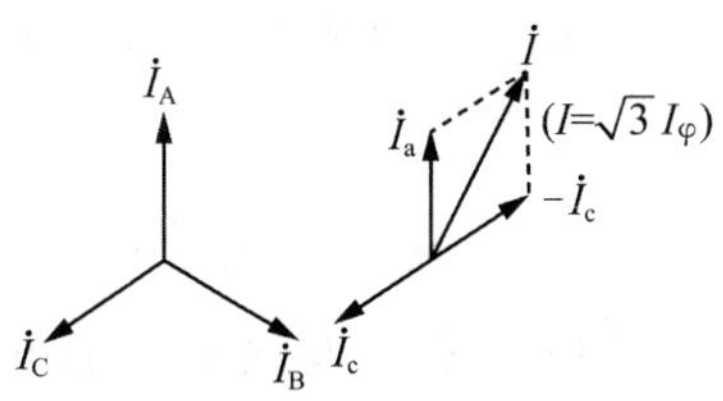

图 6-19　两相 V 形接线电流互感器的二次电流相量图

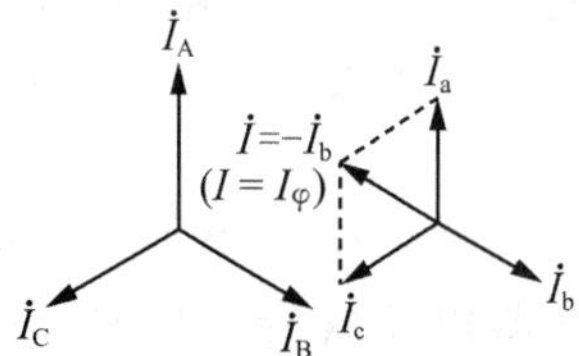

图 6-20　两相电流差接线电流互感器的二次电流相量图

3. 电流互感器的类型

电流互感器的类型很多。按安装地点分，有户内和户外。按一次绕组的匝数分，有单匝式(包括母线式、心柱式、套管式)和多匝式(包括线圈式、线环式、串级式)。按绝缘及冷却方式分，有干式和油浸式。按用途分，有测量用和保护用两大类。按准确度等级分，测量用电流互感器有 0.1、0.2、0.5、1.0、3.0、5.0 等级，保护用电流互感器有 5P 和 10P 两级。

高压电流互感器多制成两个铁心、两个二次绕组，分别接仪表、继电器，以满足测量和保护的不同要求。电气测量对电流互感器的准确度要求较高，且要求在短路时仪表受的冲击小，因此测量用电流互感器的铁心在一次电路短路时应该易于饱和，以限制二次电流的增长倍数。而继电保护用电流互感器的铁心则在一次电路短路时不应饱和，使二次电流与一次电流能成比例地增长，以适应保护灵敏度的要求。

如图 6-21 所示，户内低压 500V 的 $LMZJ_1$—0.5 型的外形图，它用于 500V 以下的配电装置中，穿过它的母线就是它的一次绕组(1 匝)。

如图 6-22 所示，户内高压 10kV 的 LQJ—10 型电流互感器的外形图。它有两个铁心和两个二次绕组，分别为 0.5 级和 3.0 级，0.5 级接测量仪表，3.0 级接继电保护。

以上两种电流互感器都是环氧树脂或不饱和树脂浇注绝缘的，较之老式的油浸式和干式电流互感器的尺寸小、性能好，所以现在生产的高低压成套配电装置中大都采用这类新型电流互感器。

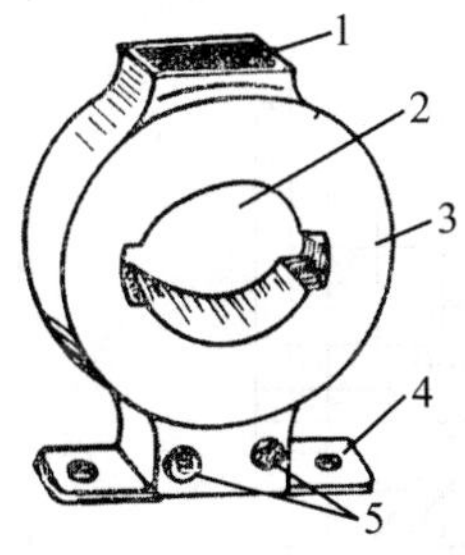

图 6-21　LMZJ1—0.5 型电流互感器

1—铭牌　2—一次母线穿孔　3—铁心，外绕二次绕组，环氧树脂浇注　4—安装板　5—二次接线端

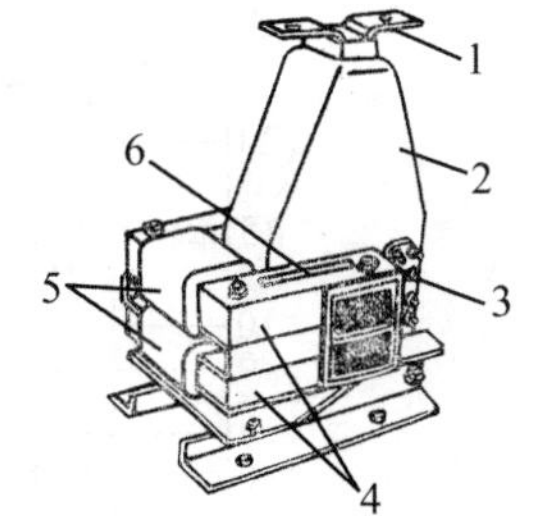

图 6-22　LQJ—10 型电流互感器

1—一次接线端　2—一次绕组，环氧树脂浇注　3—二次接线端　4—铁心　5—二次绕组　6—警告牌(上写“二次侧不得开路”等字样)

4. 电流互感器的选择和校验

电流互感器应按装置地点的条件及额定电压、一次电流、二次电流、准确度等条件进行选择，并校验其短路时的动稳定和热稳定。

电流互感器的准确度与二次负荷容量有关。互感器二次负荷 S_2 不得大于准确度所对应的额定二次负荷 S_{2N}，即互感器满足准确度要求的条件为

$$S_{2N} \geqslant S_2 \tag{6-9}$$

二次负荷 S_2 由二次回路的阻抗 $|Z_2|$ 来决定，而 $|Z_2|$ 为二次回路中所有串联的仪表、继电器电流线圈总阻抗 $\sum |Z_i|$、连接导线阻抗 $|Z_{WL}|$ 及接头接触电阻 R_{XC} 之和，即

$$|Z_2| \approx \sum |Z_i| + |Z_{WL}| + R_{XC} \tag{6-10}$$

$$|Z_{WL}| = l/\gamma A$$

式中 $|Z_i|$——可由仪表、继电器的产品样本中查得；

γ——导线的电导率，铝线 $\gamma=32\text{m}/(\Omega\cdot\text{mm}^2)$，铜线 $\gamma=53\text{m}/(\Omega\cdot\text{mm}^2)$；

A——导线截面积(mm^2)；

l——导线阻抗的计算长度(m)。假设从互感器到仪表、继电器的单向长度为 l_1，则互感器为 Y 形接线时，$l=l_1$；为 V 形接线时，$l=\sqrt{3}l_1$；为一相式接线时，$l=2l_1$；R_{xc}很难准确测定，而且也是可变的，一般近似地取 0.1Ω。

电流互感器的二次负荷 S_2 按下式计算：

$$\begin{aligned} S_2 &= I_{2N}^2 |Z_2| \approx I_{2N}^2 \left(\sum |Z_i| + R_{WL} + R_{XC}\right) \\ &= \sum S_i + I_{2N}^2 (R_{WL} + R_{XC}) \end{aligned} \tag{6-11}$$

对于保护用电流互感器来说，通常采用 10P 准确度等级，其复合误差限值为 10%。由式(6-9)可以看出，在互感器准确度等级允许的二次负荷 S_2 值一定的前提下，其二次负荷阻抗是与其二次电流或一次电流的二次方成反比的，因此一次电流越大，则允许的二次阻抗越小；反之，一次电流越小，则允许的二次阻抗越大。生产厂家一般按照出厂试验绘制电流互感器误差为 10%时的一次电流倍数 K_1 与最大允许的二次负荷阻抗 $|Z_{2al}|$ 的关系曲线，如图 6-23 所示。如果已知互感器的一次电流倍数 K_1，就可以从相应的 10%误差曲线上查得对应的允许二次负荷阻抗 $|Z_{2al}|$。假设实际的二次负荷阻抗 $|Z_2| \leqslant |Z_{2al}|$，就说明此互感器满足准确度的要求。

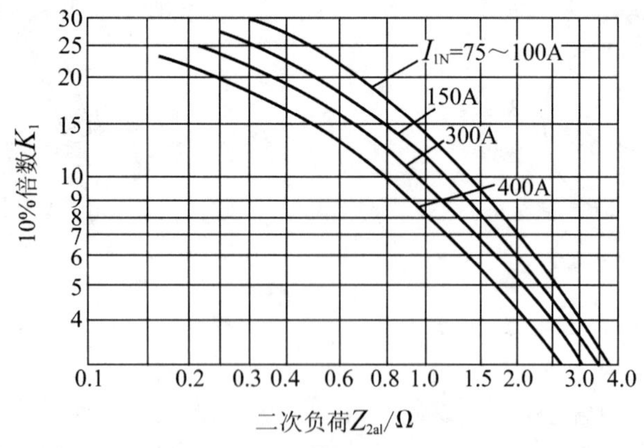

图 6-23 电流互感器的 10%误差曲线

如果电流互感器不满足准确度的要求，则应改选较大变流比或者较大的 $|Z_{2N}|$ 或 S_{2N} 的互感器，或者加大二次接线的截面。按规定，电流互感器二次接线的铜芯线截面

不得小于 1.5mm²，铝芯线截面不得小于 2.5mm²。

关于电流互感器短路稳定度的校验，由于电流互感器的动稳定度是以动稳定倍数 K_{es}来表示的，因此其动稳定度校验条件为

$$K_{es}\sqrt{2}I_{1N} \geqslant i_{sh} \tag{6-12}$$

同样，由于电流互感器的热稳定度是以热稳定倍数 K_i 来表示的，因此其热稳定度校验条件为

$$(KtI_{1N})^2 t \geqslant I_{\infty}^{(3)} t_{ima} \text{或} K_i I_{1N} \geqslant I_{\infty}^{(3)} \sqrt{t_{ima}/t} \tag{6-13}$$

多数电流互感器的热稳定试验时间取为 1s，这样上式可改写为

$$K_i I_{1N} \geqslant I_{\infty}^{(3)} \sqrt{t_{ima}} \tag{6-14}$$

附表 9 列出了 LQJ—10 型电流互感器的主要技术数据，供参考。

5. 使用注意事项

1)电流互感器在工作时其二次侧不得开路。电流互感器在正常工作时，由于其二次负荷很小，因此接近于短路状态。根据磁势平衡方程式 $\dot{I}_1N_1+\dot{I}_2N_2=\dot{I}_0N_1$ 可知，其一次电流 I_1 产生的磁势 I_1N_1，绝大部分被二次电流 I_2 产生的磁势 I_2N_2 所抵消，所以总的磁势 I_0N_1 很小，激磁电流 I_0（即空载电流，只有一次电流 I_1 的百分之几。当二次开路时，$I_2=0$，$I_2N_2=0$，因此 $I_0N_1=I_1N_1$，即 $I_0=I_1$。由于一次电流 I_1 决定于一次电路的负荷，是不会因互感器二次负荷的变化而变的，因此激磁电流 I_0 就要被迫增大到 I_1，突然增大几十倍，即激磁磁势 I_0N_1 突然增大几十倍，这样将产生如下严重后果。

①铁心由于磁通剧增而过热，并产生剩磁，降低准确度。

②二次绕组因其匝数远比一次绕组多，所以可感应出危险的过电压，危及人身和设备的安全。

因此电流互感器在工作时二次侧严禁开路。在安装时，电流互感器二次侧的接线一定要牢靠和接触良好，并且不允许串接熔断器和开关设备。

2)电流互感器的二次侧有一端必须可靠接地。一端必须接地是为了防止其一、二次绕组绝缘击穿时，一次侧的高电压窜入二次侧，危及人身和设备的安全。

3)电流互感器在连接时，要注意其端子的极性。按照规定，我国互感器和变压器一样，其绕组端子都采用“减极性”标注。所谓“减极性”，就是互感器按图 6-24 所示接线时，一次绕组接上电压 U_1，二次绕组感应一个电压 U_2，这时将一对同名端短接，则在另一对同名端测出的电压 $U=|U_1-U_2|$。如果测出的电压 $U=|U_1+U_2|$，则互感器同名端是采用的“加极性”标注。由于我国规定互感器采用“减极法”标注，因此同名端在同一瞬间具有同一极性，也就是说，同名端也就是同极性端。按规定，电流互感器的一次绕组端子标以 L1、L2，二次绕组端子标以 K1、K2，L1 与 K1 为“同名端”，即“同极性端”。由于电流互感器二次绕组的电流为感应电动势所产生，所以该电流在绕组中的流向应为从低电位到高电位。因此，如果一次电流 I_1 为从 L1 流向 L2，则二次电流 I_2

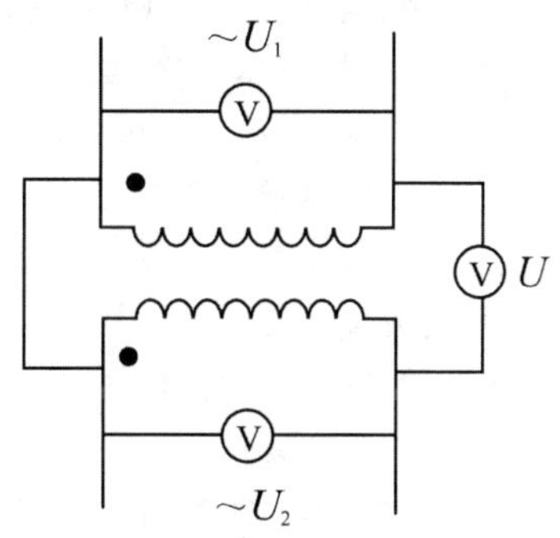

图 6-24 互感器的“加极性”和“减极性”的判别

U_1—输入电压 U_2—输出电压

应为从 K2 流向 K1，如图 6-17 所示。在安装和使用电流互感器时，一定要注意端子的极性。如图 6-18(b)中 C 相电流互感器的 K1、K2 如果接反，则公共线中的电流是相电流的$\sqrt{3}$倍，可能会烧坏电流表。

6.3.3 电压互感器

1. 基本结构和原理

电压互感器的基本结构原理图如图 6-25 所示。它的结构特点是：一次绕组匝数很多，而二次绕组匝数很少，相当于降压变压器。工作时，一次绕组并联在供电系统的一次电路中，而二次绕组并联仪表、继电器的电压线圈。由于这些电压线圈的阻抗很大，所以电压互感器工作时二次绕组接近于空载状态。二次绕组的额定电压一般为 100V。

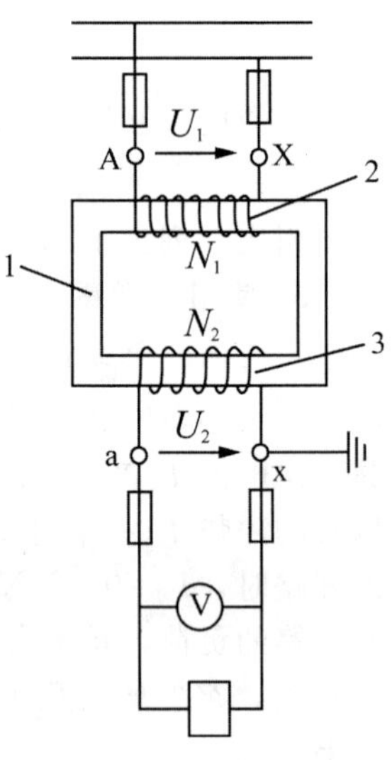

图 6-25 电压互感器

1—铁心 2—一次绕组 3—二次绕组

电压互感器的一次电压 U_1 与其二次电压 U_2 之间存在着下列关系：

$$U_1 \approx U_2(N_1/N_2) \approx K_U U_2 \tag{6-15}$$

式中 N_1、N_2——电压互感器一次和二次绕组的匝数；

K_U——电压互感器的变压比，一般表示为其额定的一、二次绕组额定电压之比，例如 10/0.1kV。

2. 接线方式

电压互感器在三相电路中有如图 6-26 所示的四种常见的接线方式。

(1)一个单相电压互感器的接线

如图 6-26(a)所示，供仪表、继电器接于一个线电压。

(2)两个单相电压互感器接成 V/V

如图 6-26(b)所示，供仪表、继电器接于三相三线制电路的各个线电压，它广泛用于工厂变、配电所的 6～10kV 高压配电装置中。

(3)三个单相电压互感器接成 Y_0/Y_0

如图 6-26(c)供电给要求线电压的仪表、继电器，并供电给接相电压的绝缘监察电压表。由于小电流接地的电力系统在一次侧发生单相接地时，另两相电压要升高到线电压，所以绝缘监察电压表不能接入按相电压选择的电压表，否则在发生单相接地时，电压表可能被烧坏。

(4)三个单相三绕组电压互感器或一个三相五心柱三绕组电压互感器接成 $Y_0/Y_0/\triangle$(开口三角)

如图 6-26(d)接成 Y_0 的二次绕组，供电给需要线电压的仪表、继电器及作为绝缘监察用的电压表，辅助二次绕组接成开口三角形，供电给绝缘监察线路的电压继电器。三相电路正常工作时，开口三角形两端的电压接近于零。当某一相接地时，开口三角形两端将出现近 100V 的零序电压，使电压继电器动作，发出信号。

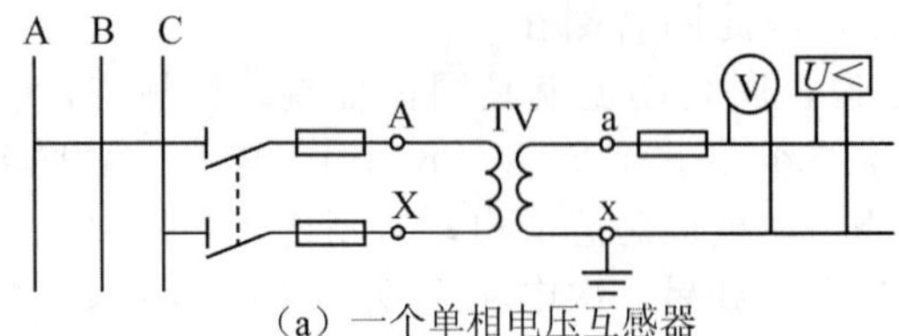

(a) 一个单相电压互感器

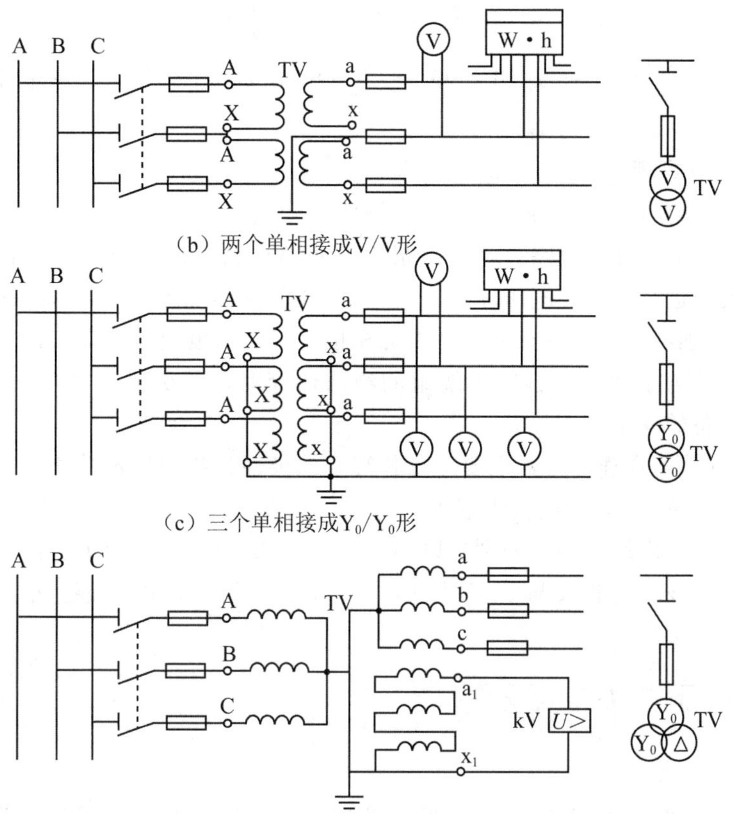

（b）两个单相接成V/V形

（c）三个单相接成Y_0/Y_0形

（d）三个单相三绕组电压互感器或一个三相五心柱三绕组电压互感器接成$Y_0/Y_0/\triangle$

图 6-26　电压互感器的接线方案

3. 电压互感器的类型

电压互感器按绝缘的冷却方式分，有干式和油浸式。现已广泛采用环氧树脂浇注绝缘的干式互感器。如图 6-27 所示，单相三绕组、环氧树脂浇注绝缘的室内用 JDZJ—10 型电压互感器的外形图。三个 JDZJ—10 型电压互感器接成图 6-26(d)所示 $Y_0/Y_0/\triangle$(开口三角)的接线，广泛用于小电流接地的电力系统中作电压、电能测量及单相接地保护之用。

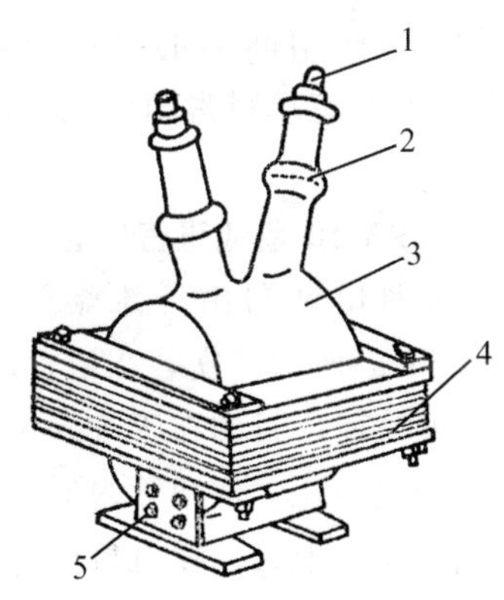

图 6-27　JDZJ—10 型电压互感器

1—一次接线　2—高压绝缘套管
3—一、二次绕组，环氧树脂浇注
4—铁心　5—二次接线端

4. 电压互感器的选择

电压互感器应按装设地点的条件及一次电压，二次电压、准确度等条件进行选择，由于有熔断器保护电压互感器，不需要校验短路电流的稳定度。

电压互感器的准确度也与其二次负荷的容量有关，满足的条件与式(6-7)相同，即 $S_{2N} \geqslant S_2$。这里 S_2 为二次回路中所有仪表、继电器电压线圈所消耗的总的视在功率，即

$$S_2=\sqrt{\left(\sum P_u\right)^2+\left(\sum Q_u\right)^2} \tag{6-16}$$

式中 $\sum P_u=\sum(S_u\cos\varphi)$ 和 $\sum Q_u=\sum(S_u\sin\varphi_u)$ ——仪表、继电器电压线圈消耗的总的有功功率和无功功率。

5. 使用注意事项

(1)电压互感器在工作时其二次侧严禁短路。由于电压互感器一、二次侧都是在并联状态下工作的，如发生短路，将产生很大的短路电流，烧坏电压互感器，甚至影响一次电路的安全运行，因此电压互感器的一、二次侧都必须装设熔断器保护。

(2)电压互感器的二次侧有一端必须可靠接地。这与电流互感器二次侧接地的目的是相同的，也是为了防止一、二次绕组的绝缘击穿时，一次侧的高电压窜入二次侧，危及人身和设备的安全。

(3)电压互感器在连接时，也要注意其端子的极性。我国规定单相电压互感器的一次绕组端子标以 A、X，二次绕组端子标以 a、x。A 与 a 为“同极性端”。三相电压互感器，按照相序，一次绕组端子分别标以 A、X，B、Y，C、Z；二次绕组端子分别标以 a、x，b、y，c、z。这里 A 与 a、B 与 b，C 与 c 各为相对应的同极性端。

6.4 低压开关电器及选择

6.4.1 概述

低压开关电器是指车间变电所低压侧常用的低压熔断器和低压开关及低压配电屏等，这里着重介绍低压熔断器。

6.4.2 低压熔断器

低压熔断器的功能，主要是实现低压配电系统的短路保护，有的也能实现过负荷保护。低压熔断器的类型很多，这里主要介绍车间变电所中用得最多的密闭管式(RM10)和有填料密闭管式(RT0)两种熔断器，以及一种新发展起来的自复式(RZ)熔断器。

1. RM10 型低压密闭管式熔断器

这种熔断器由纤维熔管、变截面的锌熔片和触头底座等组成。其熔管结构如图 6-28(a)所示。安装在熔管内的变截面锌熔片如图 6-28(b)所示。熔片冲制成宽窄不一的变截面，目的在于改善熔片的保护性能。在短路时，熔片的窄部由于阻值较大首先被加热熔化，使熔管内形成几段串联短弧，而且由于各段熔片跌落，迅速拉长电弧，使电弧较易熄灭。在过负荷电流通过时，由于加热时间较长，窄部散热较好，因此往往不在窄部熔断，而在宽窄之间的斜部熔断。根据熔片熔断的部位，可以大致判断出使熔断器熔断的故障电流性质。

当熔片熔断时，纤维管的内壁将有极少部分纤维物质因电弧烧灼而分解，产生高压气体，压迫电弧，加强离子的复合，从而改善了灭弧性能。但是其灭弧断流能力仍较差，不能在短路电流达到冲击值之前使电弧完全熄灭，所以这类熔断器属“非限流”式熔断器。

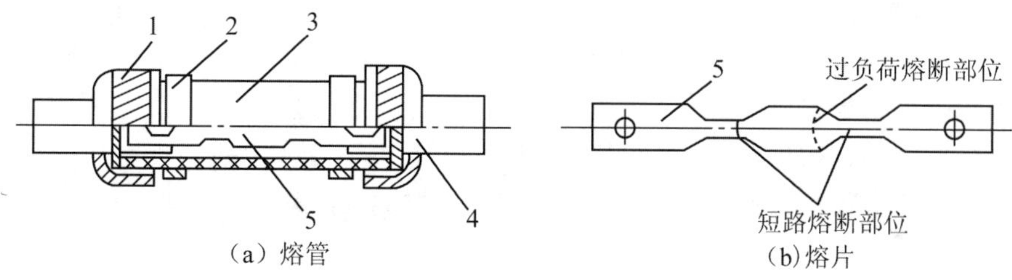

图 6-28　RM10 型低压熔断器

1—铜帽　2—管夹　3—纤维熔管　4—变截面锌熔片　5—触刀

这类熔断器由于它的结构简单、价廉及更换熔体方便，所以现仍较普遍地应用在低压配电装置中。

附表 10 列出了 RM10 型低压熔断器的主要技术数据和保护特性曲线，供参考。所谓保护特性曲线就是熔体的熔断时间(包括灭弧时间)与熔体通过电流之间的关系曲线，在检验熔断器的选择时将要使用。

2. RTO 型低压有填料封闭管式熔断器

这种熔断器主要由瓷熔管、栅状铜熔体和触头底座等部分组成，如图 6-29 所示。

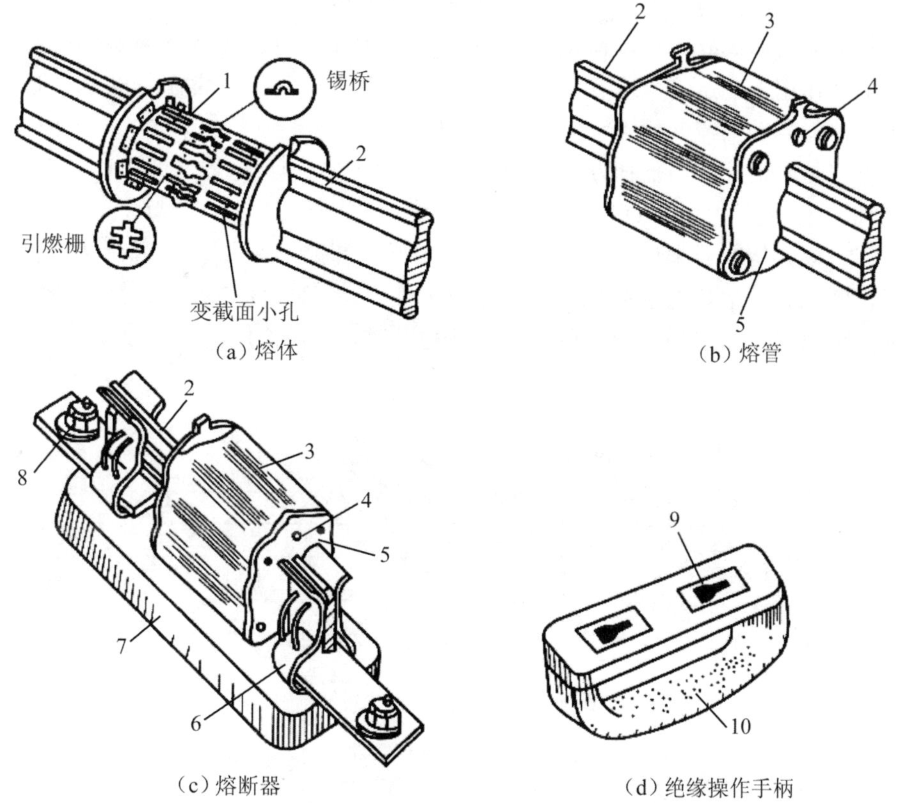

图 6-29　RTO 型低压熔断器

1—栅状铜熔体　2—触刀　3—瓷熔管　4—盖板　5—熔断指示器　6—弹性触座
7—底座　8—接线端子　9—扣眼　10—绝缘拉手手柄

RTO 型熔断器的栅状铜熔体具有引燃栅。由于它的等电位作用，可使熔体在短路电流通过时形成多根并联电弧。同时熔体又具有变截面小孔，可使熔体在短路电流通过时又将长弧分割为多段短弧。而且电弧都是在石英砂中燃烧，可使电弧中的离子强烈地复合。此外，其熔体还具有“锡桥”，可利用其“冶金效应”来实现对较小的短路电流及过负荷电流的保护。熔体熔断后，有红色的熔断指示器弹出，便于运行人员监视。因此这种熔断器的灭弧断流能力很强，属于“限流”式熔断器。

RTO 型熔断器由于它的保护性能好、断流能力大，而越来越广泛地用于低压配电装置中，但是它的熔体多为不可拆式。因此在熔体熔断后整个熔断体报废，不够经济。

附表 11 列出了 RTO 型低压熔断器的主要技术数据和保护特性曲线，供参考。

3. RZ1 型低压自复式熔断器

以上熔断器有一个共同的缺点，就是在短路或严重过负荷时熔体熔断后，必须更换熔体才能恢复供电，因而使停电时间延长，给供电系统和用户造成一定的停电损失。这里介绍的自复式熔断器弥补了这一缺点，它既能切断短路电流，又能自动恢复供电。

我国设计生产的 RZ1 型自复式熔断器如图 6-30 所示。它采用金属钠作为熔体。在常温下，钠的电阻率很小，可以顺畅地通过正常的负荷电流。但在短路时，钠迅速气化，电阻率变得很大，从而可限制短路电流。在金属钠气化限流的过程中，装在熔断器一端的活塞将压缩氩气而迅速后退，降低了由于钠气化产生的压力，以防熔管因承受不了过大压力而爆破。在限流动作结束后，钠蒸汽冷却，又恢复固态钠。活塞在被压缩的氩气作用下，迅速将金属钠推回原位，从而又恢复了正常工作状态。这就是自复式熔断器能自动限流又能自动复原的基本原理。

自复式熔断器通常与低压断路器配合使用，组合成一种电器。我国生产的 DZ10—100R 型低压断路器，就是 DZ10—100 型低压断路器与 RZ1—100 型自复式熔断器的组合，利用自复式熔断器来切断短路电流，利用低压断路器来保护过负荷和操作电路通断之用，既能有效地切断短路电流，又能减轻低压断路器的工作，提高了供电的可靠性。因此可以肯定，这种组合电器今后将日益发展，广泛应用。

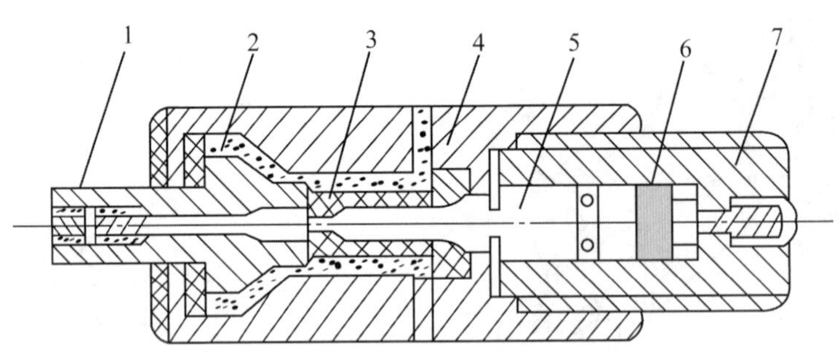

图 6-30 RZ1 型自复式熔断器

1—接线端子 2—云母玻璃 3—氧化铍瓷管 4—不锈钢外壳 5—钠熔体 6—氩气 7—接线端子

6.4.3 低压刀开关

低压刀开关只能用于手动接通或断开电流较小的电路。按其操作方式分，有单投和双投；按其极数分，有单极、双极和三极；按其灭弧结构分，有不带灭弧罩和带灭弧罩的等。

不带灭弧罩的刀开光一般只能在无负荷下操作，作隔离开关使用。

如图 6-31 所示，带灭弧罩的刀开关，能通断一定的负荷电流，其钢栅片灭弧罩，能使负荷电流产生的电弧有效地熄灭。

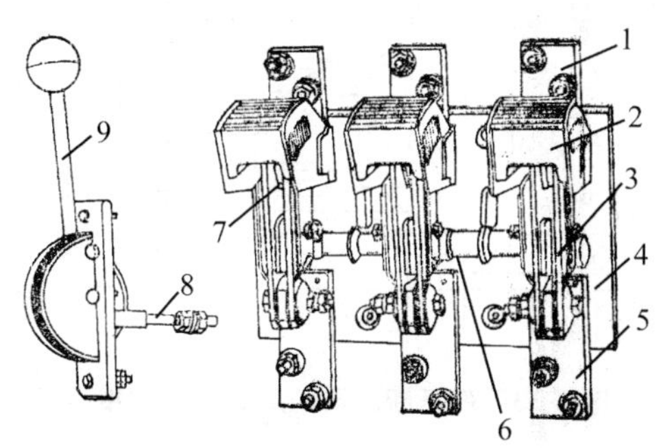

图 6-31　HD13 型刀开关

1—上接线端子　2—灭弧罩　3—闸刀　4—底座　5—下接线端子
6—主轴　7—静触头　8—连杆　9—操作手柄

6.4.4　低压刀熔开关和负荷开关

低压刀熔开关是一种由低压刀开关与低压熔断器组合的熔断器式刀开关，如图 6-32 所示。最常见的 HR3 型刀熔开关，就是将 HD 或 HS 型刀开关的闸刀换以 RT0 型熔断器的具有刀形触头的熔断器的双重功能。采用这种组合开关电器，可简化配电装置结构，经济实用，因此越来越广泛地在低压配电屏上安装使用。

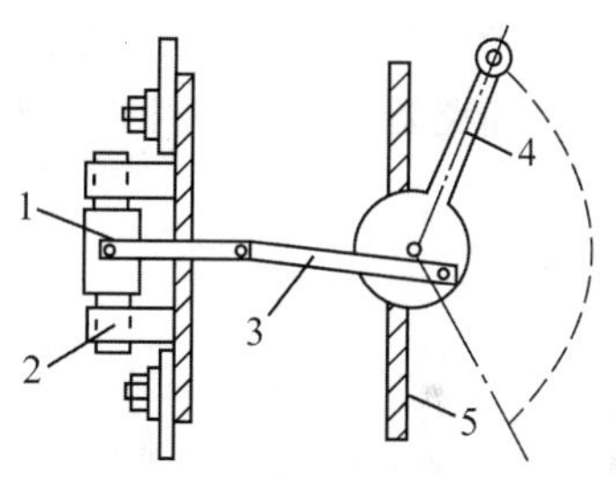

图 6-32　刀熔开关结构示意图

1—RTO 型熔断器的熔断体
2—弹性触座　3—连杆
4—操作手柄　5—配电屏面板

低压负荷开关由带有灭弧罩的刀开关与熔断器串联组合而成，外装封闭的金属外壳。它能有效地通断负荷电流，又能进行短路保护，具有操作方便、安全、经济的优点，因此在要求供电可靠性不高、负荷不大的低压配电系统中应用颇广。

6.4.5　低压断路器

低压断路即低压空气自动开关，又称自动空气断路器。它既能带负荷通断电路，又能在短路、过负荷和失压时自动跳闸，其功能与高压断路器相同，其原理结构和接线如图 6-33 所示。当线路上出现短路故障时，过电流脱扣器动作，使开关跳闸。如出现过负荷时，加热元件(电阻丝)加热，使双金属片弯曲，开关跳闸。当线路电压严重下降或电压消失时，其失压脱扣器动作，同样会使开关跳闸。如果按下按钮 9 或 10，使失压脱扣器失压或使分励脱扣器通电，则可使开关远距离跳闸。

低压断路器按用途分类，有配电用断路器、电动机保护用断路器、照明用断路器和漏电保护断路器。下面专门介绍配电用断路器。

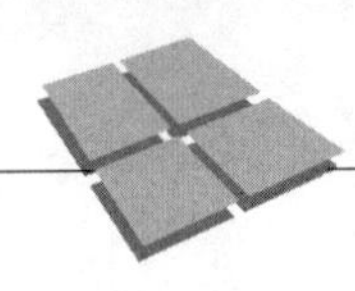

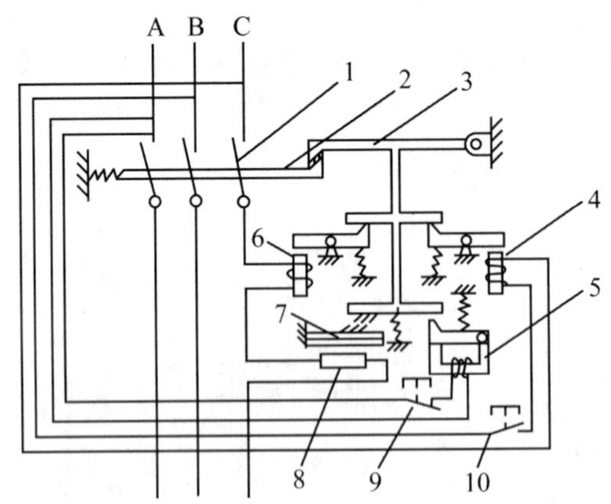

图 6-33 低压断路器的原理结构和结线

1—主触头 2—跳钩 3—锁扣 4—分励脱扣器 5—失压脱扣器
6—过电流脱扣器 7—热脱扣器 8—加热电阻丝 9、10—脱扣按钮

配电用断路器按保护性能分，有非选择型和选择型两类。非选择型断路器，一般为瞬间动作，只作短路保护用；有的为长延时动作，只作过负荷保护用。选择型断路器，有两段保护和三段保护两种。其中瞬时特性适用于短路保护，而长延时特性适用于过负荷保护。图 6-34 表示断路器的三种保护特性曲线。我国目前普遍应用的为非选择性断路器，保护特性以瞬时动作式为主。

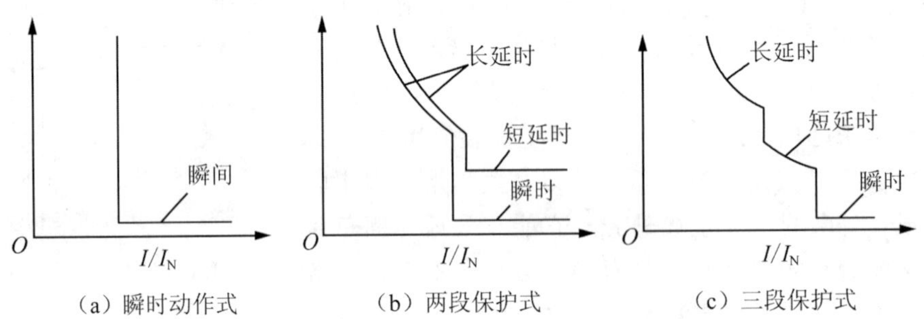

图 6-34 低压断路器的保护特性曲线

配电用低压断路器按结构型式分，有塑料外壳式和框架式两类。

1. 塑料外壳式低压断器

又称装置式自动开关，其全部结构和导电部分都装设在一个塑料外壳内，仅在壳盖中央露出操作手柄，供手动操作之用。它通常装设在低压配电装置之中。

如图 6-35 所示，DZ10—250 型塑料外壳式低压断路器的剖面结构图。如图 6-36 所示，DZ10 型低压断路器的操作传动原理说明。DZ10 型断路器的操作机构采用四连杆机构，可自由脱扣，从操作方式分，有手动和电动两种。手动操作是利用操作手柄，电动操作是利用专门的控制电机，但一般只有 250A 以上的才装有电动操作。

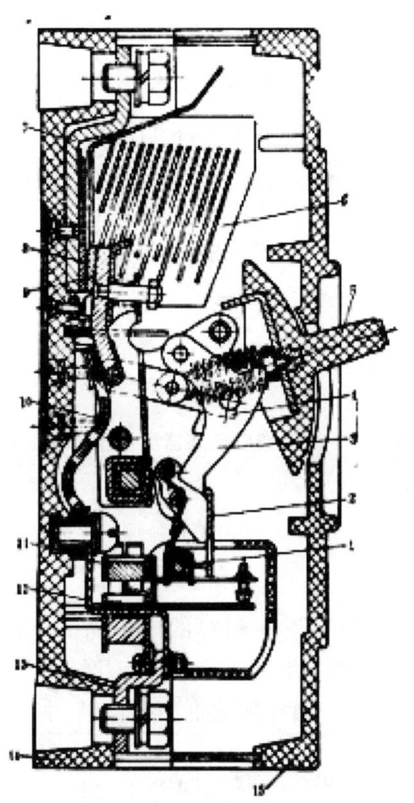

图 6-35 DZ10—250 型塑料外壳式低压断路器

1—牵引杆 2—锁扣 3—跳钩 4—连杆 5—操作手柄 6—灭弧室
7—引入线和接线端子 8—静触头 9—动触头 10—可挠连接条 11—电磁脱扣器
12—热脱扣器 13—引出线和接线端子 14—塑料底座 15—塑料盖

低压断路器的操作手柄有三个位置：①合闸位置，如图 6-36(a)所示，柄向上边，跳钩被锁扣扣住，触头闭合；②自由脱扣位置，如图 6-36(b)所示，跳钩被释放(脱扣)，手柄移至中间位置，触头断开；③分闸和再扣位置，如图 6-36(c)所示，手柄板向下边，跳钩又被锁扣扣住，从而完成了“再扣”的动作，为下次合闸做好了准备。如果断路器自动跳闸后，不将手柄扳向再扣位置即分闸位置，要想直接合闸是合不上的。这不只是塑料外壳式断路器如此，下面要讲的框架式断路器同样如此。

DZ10 型断路器可根据工作要求装设以下脱扣器：①复式脱扣器，可同时实现过负荷保护和短路保护，即具有两段保护特性；②电磁脱扣器，只作短路保护；③热脱扣器，为双金属片，只作过负荷保护。

DZ10 型塑料外壳式断路器，采用钢片灭弧栅，加之脱扣机构的脱扣速度快，因此其灭弧时间短，整个短路时间不超过一个周期(0.02s)，而且断流能力也较大。

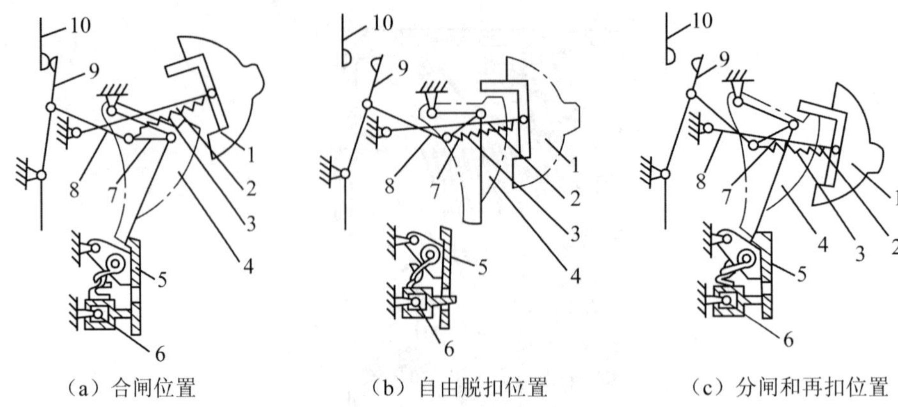

图 6-36　DZ10 型低压断路器的操作传动原理说明

1—操作手柄　2—操作杆　3—弹簧　4—跳钩　5—上连杆　6—下连杆　7—动触头　8—静触头　9—锁扣　10—牵引杆

2. 框架式低压断路器

框架式低压断路器是敞开地装设在塑料的或金属的框架上的。由于它的保护方案和操作方式较多，装设地点也很灵活，因此也称为万能式低压断路器。

如图 6-37 所示，DW16—200 型框架式低压断路器的外形结构图。

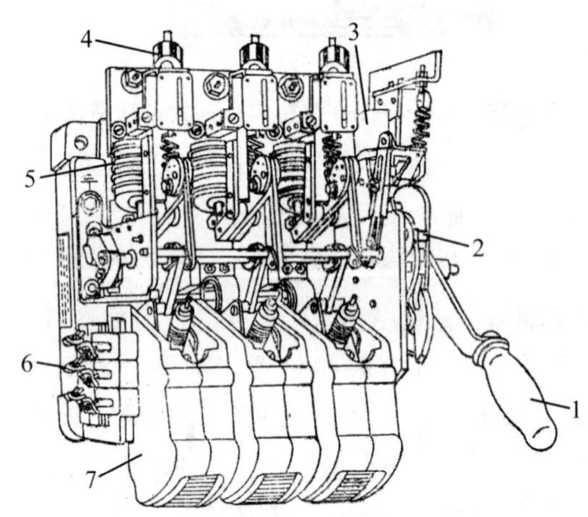

图 6-37　DW16—200 型框架式低压断路器

1—操作手柄　2—自由脱扣机构　3—失压脱扣器　4—过电流脱扣电流调节螺母　5—过电流脱扣器　6—辅助触点(联锁触点)　7—灭弧罩

DW16 型断路器的合闸操作方式较多，除直接手柄操作外，还有杠杆操作、电磁操作和电动机操作等方式。它的过电流脱扣器目前一般都是瞬时动作的。

如图 6-38 所示，交直流电磁铁合闸操作回路，适用于 200～600A 的 DW10 型断路器。当利用电磁合闸线圈 Y0 进行远距离合闸时，按下合闸按钮 SB，使合闸接触器 K0 通电，低压断路器闭合。电磁合闸线圈 Y0 是按短时大功率设计的，允许通电时间不得超过 1s，因此低压断路器合闸后，应立即使 Y0 断电。这一要求靠时间继电器 KT 来实现。在按下按钮 SB 时，不仅使接触器 K0 通电，而且同时使时间继电器 KT 通电。这时与按钮 SB 并联的接触器常开触点(自锁触点)K0 瞬时闭合，保持 K0 线圈通电，即使按钮 SB 松开也能保持 K0 和 KT 通电，直到低压断路器合闸为止。而 KT 的常闭延时断开触点在接触器 K0 通电后达到 1s 时断开，切断 K0 线圈的通路，从而保证电磁合闸线圈 Y0 通电时间不致超过 1s。

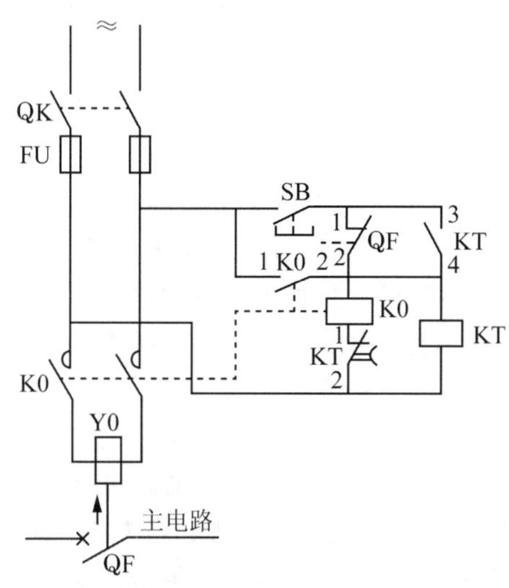

图 6-38　交直流电磁铁合闸操作回路

QF—低压断路器　SB—合闸按钮　KT—时间继电器　K0—合闸接触器　Y0—电磁合闸线圈

时间继电器 KT 的常开触点是用来防止低压断路器在按钮 SB 的触点被粘住时多次重合于永久性短路上，即防止低压断路器“跳动”(通常简称为“防跳”)用的。当 SB 被粘住，而低压短路器又闭合于永久性短路上时，其过电流脱扣器(图 6-38 上未示出)瞬时动作，使低压断路器跳闸。这时按钮 SB 虽然接通，且低压断路器的辅助触点 QF 闭合，但由于时间继电器 KT 的常开触点一直处于闭合状态，使得时间继电器 KT 的线圈一直通电，其延时断开触点一直保持断开，因此接触器 K0 的线圈无法再次通电，从而使低压断路器不会再次合闸，达到“防跳”的目的。

低压断路器 QF 的联锁触点，是用来保证电磁操动机构在低压断路器合闸后不会再次动作。

DW16 型断路器也采用钢片灭弧栅，其灭弧断流能力较强，但由于操动机构的影响，动作稍慢，一般断路时间在一个周期(0.02s)以上。

为了适应工业负荷的发展，特别是为了适应低压配电电压的提高，我国现又设计生产了一些更为先进新颖的断路器，塑料外壳式有 DZ12、DZ13、DZ15 和引进生产的 AM1 和 H 等系列，框架式有 DW15、DWX15 和引进生产的 ME、AH 等系列，它们的结构各有特点，而保护特性更为完善。

附表 12 列出了 DW16 低压断路器的主要技术数据，供参考。

6.4.6　低压配电屏

低压配电屏是按一定的线路方案将有关一、二次设备组装而成的一种低压成套配

电装置，在低压配电系统中作动力和照明配电之用。

低压配电屏有固定式和抽屉式两大类型。抽屉式配电屏价格昂贵，一般中小型工厂多采用固定式。

我国现在推广应用的固定式低压配电屏，主要为PGL_2^1型低压配电屏，它以技术先进，结构合理和安全可靠，而被国家定为更新换代产品，以取代过去普遍应用的 BSL 型低压配电屏。

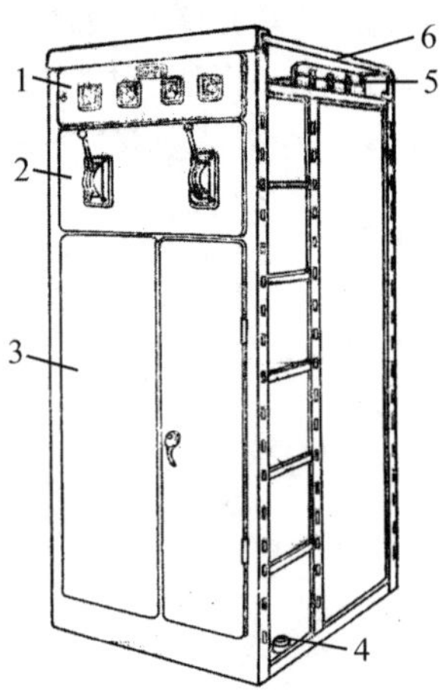

图 6-39　PGL_2 型低压配电屏外形结构图

1—仪表板　2—操作板
3—检修门　4—中性母线绝缘子　5—母线绝缘框
6—母线防护罩

新产品 PGL 型配电屏与老的 BSL 型配电屏，都属于室内安装的双面维护式低压配电装置，即屏前和屏后都可进行维护检修。如图 6-39 所示，PGL 屏与 BSL 屏相比，不同的是 PGL 屏在结构设计上更为先进合理、安全可靠。例如老的 BSL 屏的母线是裸露安装在屏的上方的，这就容易因上面落下物件造成母线短路；而 PGL 屏的母线则安装在屏后骨架上方的绝缘框上，并在母线上面装有母线防护罩，这就可防止如上所述的母线短路这类恶性事故的发生。PGL 屏的线路方案也更为合理，除了有主电路方案外，对应每一主电路方案还有一个或几个辅助电路方案，便于用户选用，除 PGL_2 型外，GGL 型低压配电屏设计也较先进，采用了 ME 型低压断路器等新型元件，技术性能好，符合 IEC 标准，也属更新换代产品。

6.4.7　低压一次设备的选择

低压一次设备的选择，与高压一次设备的选择一样，必须满足正常条件下和短路故障条件下工作的要求；同时设备应工作安全可靠，运行维护方便，投资经济合理。

选择低压一次设备时，应校验的项目如表 6-3 所列。关于低压电流互感器、电压互感器、电容器及母线电缆、绝缘子等的选择校验项目与表 6-1 相同。低压配电屏的选择，原则上也与高压开关柜的选择相同。

表 6-3　选择低压一次设备应校验的项目

电气设备名称	电压/kV	电流/A	断流能力/kA	短路电流校验	
				动稳定度	热稳定度
低压熔断器	√	√	√	—	—
低压刀开关	√	√	√	√	√
低压负荷开关	√	√	√	√	√
低压断路器	√	√	√	√	√

注：1. 表中√表示必需校验，—表示不要校验。

2. 关于选择校验应满足的条件，与表 6-1 相同，因此略去。

6.5 工厂电力线路的选择

6.5.1 概述

选择导线和电缆，首先要根据周围环境和敷设方式，以及使用的工作条件，选择导线和电缆的型号、额定电压、芯线数，然后再选择导线和电缆的适当截面积。为了保证用户供电系统安全、可靠、优质、经济地运行，选择导线和电缆截面时必须满足下列条件。

1. 发热条件

导线和电缆(包括母线)在通过正常最大负荷电流即线路计算电流时要产生热量，其发热温度不应超过其正常运行的最高允许温度。

2. 电压损耗

导线和电缆在通过正常最大的负荷电流即线路计算电流时产生电压损耗，其电压损耗不应超过正常运行时允许的电压损耗。对于较短的高压线路，可不进行电压损耗校验。

3. 经济电流密度

35kV 及以上的高压线路以及 35kV 以下但距离长电流大的线路，其导线和电缆截面宜按经济电流密度选择，以使线路的年费用支出最小而又适当考虑有色金属的节约，所选截面称为“经济截面”。

4. 机械强度

导线(包括裸线和绝缘导线)短路时冲击电流将使相邻导体之间产生很大的电动力，从而使得载流部分遭受严重破坏，其截面不应小于其最小允许截面。对于电缆，不必校验其机械强度。

根据设计经验，一般 10kV 及以下高压线路及低压动力线路，通常先按发热条件选择截面；低压照明线路，因其对电压水平要求较高，通常先按允许电压损耗选择截面；对于长距离大电流线路及 35kV 以上的高压线路，通常先按经济电流密度确定经济截面，再校验其他条件。按以上经验选择，比较容易满足要求，较少返工。

6.5.2 按周围环境和敷设方式选择导线和电缆的型号

选择导线和电缆尽可能采用铝芯线，但是在有爆炸危险、对铝有严重腐蚀以及有剧烈振动的场所应采用铜芯线，对于连接移动电器设备和工具的电缆也应采用铜芯线。

1. 裸导线和低压绝缘导线(电缆)的选用

高、低压架空线路，一般选用 LJ 型裸铝绞线，当要求机械强度较大时选用 LGJ 型钢芯铝绞线。但是，对于工厂低压架空线路，宜采用绝缘导线，以保安全。

BLV(BV)型铝(铜)芯聚氯乙烯绝缘线性能良好，制造工艺简单，价格较低，因此可以替代 BLX(BX)型铝(铜)芯橡皮绝缘线，以节约大量橡胶和棉纱。它们被广泛作为室内低压固定敷设和穿管敷设用线路。当要求比较柔软时，可以采用 BVR 型聚氯乙烯绝缘软线。因为 BLX(BV)型绝缘线的长期允许工作温度为 70℃，在周围环境温度较高时，宜采用耐热性能好的 BV—105 型聚氯乙烯绝缘线，它的长期允许工作温度可达 105℃。

BLV(BV)型绝缘线的缺点是低温时会变硬发脆，高温或日光照射下绝缘会加速老化；另外，敷设温度应不低于 0℃。所以，它们不宜敷设于室外。对于室外低压架空线

路，可以采用JKLV(JkV)型铝(铜)芯聚氯乙烯绝缘架空电缆，JKLY(JKY)型铝(铜)芯聚乙烯绝缘架空电缆，或JKLYJ(JKYJ)型铝(铜)芯交联聚乙烯绝缘架空电缆，可以在不低于－20℃的温度下敷设。

低压绝缘导线(电缆)的芯数有单芯、双芯、三芯、四芯和五芯等五种。所谓芯数是在一条导线(电缆)内设有的导电金属芯数(不论是单股或多股导线绞成的芯子)，一般每一条多芯电缆里面的芯线截面是相同的。但是，JKLV(JKLY、JKLYJ)型铝芯聚氯乙烯(聚乙烯、交联联聚乙烯)绝缘架空电缆，具有一种(3＋1)芯规格的电缆，即四根芯线中三根主线芯截面是相同的，另一根为承载的中性导体，根据配电要求，其截面可与主线芯搭配。

导线(电缆)的截面大小是按国家规定分级制定分级制造的，常用的截面(单位：mm^2)有0.5、0.75、1.0、1.5、2.5、4、6、10、16、25、35、50、70、95、120、150、185、240、300、400mm^2。

附表13列出了低压绝缘导线(电缆)的常用型号及其规格。

选用绝缘导线(电缆)，应当标明其型号规格。例如，BLV-450/750，3×70＋1×35。选用额定电压为450V/750V的铝芯聚氯乙烯绝缘导线，3根截面为70mm^2，一根截面为35mm^2。

2. 电力电缆的选用

(1)电力电缆品种的选择

工业企业常用的电力电缆品种有油浸纸绝缘电力电缆、聚氯乙烯绝缘电力电缆、交联聚乙烯绝缘电力电缆和橡皮绝缘电力电缆。

1)油浸纸绝缘电力电缆。特点是介质损耗较低，耐电压强度高、使用寿命较长，但是绝缘材料的弯曲性能较差，不能在低温(<0℃)时敷设，否则易损伤绝缘。油浸纸绝缘电力电缆又分为两类产品，即黏性油浸纸绝缘电力电缆和不滴流油浸纸绝缘电力电缆，它们的性能除允许敷设位差这点不同外，其他性能大致相同。不滴流油浸纸绝缘电力电缆对敷设位差没有限制，可以垂直敷设，但是黏性油浸纸绝缘电力电缆对敷设位差有一定的限制，例如额定电压为8.7kV/10kV的黏性油浸纸绝缘电力电缆，其敷设位差不可超过15m。

油浸纸绝缘电力电缆有铅、铝两种护套。铅护套质软、韧性好、化学性能稳定、熔点低，便于加工制造，但是比较重，价格也高，并且铅的膨胀系数低，线芯发热时电缆内部产生的应力有可能使铅包变形；铝护套的加工较困难，但是比较轻，价格也低。因此，应尽可能选用铝包电缆，以节省有色金属铅。

2)聚氯乙烯绝缘电力电缆。特点是重量轻、弯曲性能较好、接头制作简便、耐油、耐酸碱腐蚀、没有敷设位差限制、价格便宜等优点。0.6kV/1kV～6kV/10kV的聚氯乙烯绝电力电缆，它们可以替代油浸纸绝缘电力电缆。

3)交联聚乙烯绝缘电力电缆。特点是电气性能和耐热性能优良，长期允许工作温度达90℃，载流量大，结构轻便，易于弯曲，附件接头简单，敷设安装方便，没有敷设位差限制，耐腐蚀。因此，额定电压为26kV/35kV及以下的交联聚乙烯绝缘电力电缆可以替代油浸纸绝缘电力电缆，但是价格较高。

按照发展趋势，额定电压为26kV/35kV及以下的电力电缆，将会全部采用交联聚乙烯绝缘电力电缆和聚氯乙烯绝缘电力电缆。

4)橡皮绝缘电力电缆。特点是弯曲性能好，可以在严寒气候下敷设，橡皮绝缘电力电缆适用于固定敷设的线路，也适用于定期移动固定敷设线路，特别适用于敷设位差大和垂直敷设的场所。橡皮护套软电缆可以在－15℃时敷设，可用于连接各种移动电气设备和工具，额定电压有300V/300V、300V/500V和450V/750V等类。

附表14列出了各种电力电缆的使用特性。

(2)电力电缆外护层类型的选择

电力电缆外护层是覆在电缆的金属套或非金属外面，保护其免受外界机械损伤和腐蚀的保护层。每一种电力电缆都有多种外护层可供选用。电缆外护层由铠装层和包覆在其上面的外被层组成。电缆外护层的类型按铠装层和外被层的结构顺序用两位阿拉伯数字表示，第一位数字表示铠装层，第二位数字表示外被层。每一数字所表示的含义如表6-4所示。例如，22表示双层钢带铠装聚氯乙烯套。

表6-4　电力电缆外护层类型数字的含义

标记	铠装层	标记	外被层
0	无	0	无
1	—	1	纤维层
2	双层钢带	2	聚氯乙烯套
3	细圆钢丝	3	聚乙烯套
4	粗圆钢丝	4	—

电力电缆外护层类型的选择主要取决于敷设方式和环境条件。附表15列出了常用电力电缆和外护层类型和主要适用范围，设计人员可以根据实际采用的敷设方式和外部环境条件选用适当的电缆外护层。裸铅包或裸铝包电力电缆，以及外护层类型为02和03的电力电缆是不能承受外力作用的；外护层类型为20、22和23的电力电缆，由于具有钢带铠装，所以可以承受小的径向机械力的作用，但是，不能承受拉力的作用；外护层类型为30、32和33的电力电缆，因为采用细圆钢丝铠装，所以不仅可以承受小的径向机械力的作用，而且可以承受相当拉力的作用；而外护层类型为41的电力电缆使用粗圆钢丝铠装，所以除可以承受小的径向机械力的作用外，还可以承受大的拉力的作用。

(3)电力电缆的型号和规格

电力电缆的型号含义如下。

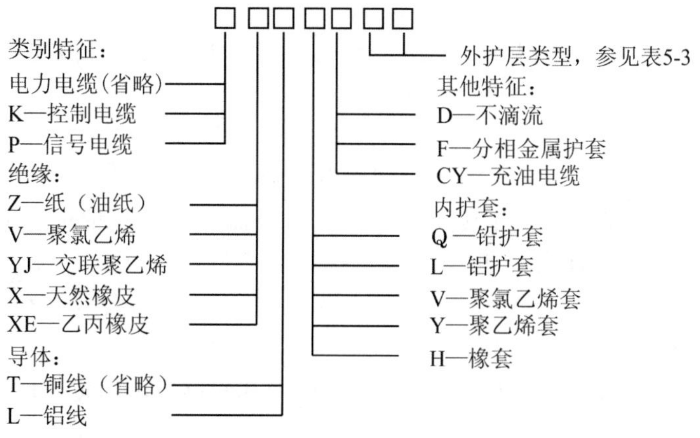

选用电力电缆，应当标明型号规格，如 YJLV23—21/35，3×150，表示铝芯交联聚乙烯绝缘钢带铠装聚乙烯套电力电缆，额定电压为 21kV/35kV，三芯，标称截面为 150mm^2。

常用的黏性油浸纸绝缘电力电缆型号有：ZLL(ZL)、ZLQ(ZQ)、ZLL02(ZL02)、ZLQ02(ZQ02)、ZLL03(ZL03)、ZLQ03(ZQ03)、ZLL22(ZL22)、ZLL23(ZL23)、ZLQ23(ZQ23)、ZLL32(ZL32)、ZLQ32(ZQ32)、ZLL33(ZL33)、ZLQ33(ZQ33)和ZLQ41(ZQ41)。

常用的聚氯乙烯绝缘电力电缆的型号有：VLV(VV)、VLY(VY)、VLV22(VL22)、VLV23(VV23)、VLV32(VV32)和 VLV33(VV33)。

常用的交联聚乙烯绝缘电力电缆的型号意义是与上述规定不同的，常用的橡套软电缆有 YQ(YQW)轻型橡套软电缆、YZ(YZW)中型橡套软电缆和 YC(YCW)重型橡套软电缆。轻型和中型橡套软电缆用于连接轻型移动电器设备和工具，重型橡套软电缆和可用于连接各种移动电器设备，并能承受较大的机械外力作用。共中“W”型派生电缆具有耐气候和一定的耐油性能。适宜于在户外或比较油污的场所使用。

6.5.3 按发热条件选择导线和电缆的截面

1. 三相系统相线截面的选择

电流通过导线或电缆(包括母线)时，要产生功率损耗，使导线发热。导线的正常发热温度不得超过额定负荷时的最高允许温度。

按发热条件选择三相系统中的相线截面时，应使其允许载流量 I_{al} 不小于通过相线的计算电流 I_{30}，即

$$I_{al} \geqslant I_{30} \tag{6-17}$$

按发热条件选择导线所用的计算电流 I_{30} 时，对降压变压器高压侧的导线，应取变压器额定一次电流 $I_{1N.T}$。对电容器的引入线，由于电容器充电时有较大的涌流，因此应取为电容器额定电流的 I_{NC} 的 1.35 倍。

2. 中性线和保护线截面的选择

(1)中性线(N)截面的选择

三相四线制系统中的中性线，要通过系统的不平衡电流和零序电流，因此中性线的允许载流量，不应小于三相系统的最大不平衡电流，同时应考虑谐波电流的影响。

一般三相四线制线路的中性线截面 A_0，应不小于相线截面 A_φ 的 50%，即

$$A_0 \geqslant 0.5A_\varphi \tag{6-18}$$

而由三相四线引出的两相三线线路和单相线路，由于其中性线电流与流过相线电流相等，因此中性线截面 A_0 和相线截面 A_φ 相等，即

$$A_0 = A_\varphi \tag{6-19}$$

对于三次谐波电流相当突出的三相四线制线路，由于各相的三次谐波电流都要通过中性线，使得中性线电流可能接近甚至超过相电流，因此这种情况下，中性线截面 A_0 宜等于或大于相线截面 A_φ，即

$$A_0 \geqslant A_\varphi \tag{6-20}$$

(2)保护线(PE 线)截面的选择

保护线要考虑三相系统发生单相短路故障时单相短路电流通过时的短路热稳定度。

根据短路热稳定度的要求，保护线(PE 线)截面 A_{PE}，按 GB 50054—2011《低压配电设计规范》选择。

① $$A_{\varphi} \leqslant 16\text{mm}^2\text{时}，A_{PE} \geqslant A_{\varphi} \tag{6-21}$$

② $$16\text{mm}^2 < A_{\varphi} \leqslant 35\text{mm}^2\text{时}，A_{PE} \geqslant 16\text{mm}^2 \tag{6-22}$$

③ $$A_{\varphi} > 35\text{mm}^2\text{时}，A_{PE} \geqslant 0.5A_{\varphi} \tag{6-23}$$

(3)保护中性线(PEN 线)截面的选择。保护中性线兼有保护线和中性线的双重功能，因此其截面选择应同时满足上述保护线和中性线的要求，取其中的最大值。

附表 18 列出了绝缘导线明敷、穿钢管和穿塑料管时的允许载流量。

6.5.4 按经济电流密度选择导线和电缆的截面

导线的截面越大，电能损耗就越小，而线路投资、维修管理费用和有色金属的消耗却要增加。因此，从经济方面考虑，导线选择一个比较合理的截面，既使电能损耗小，又不致过分增加线路投资、维修管理费用和有色金属的消耗量。

如图 6-40 所示，曲线 3 表示线路的年运行费用 C 与导线截面 A 的关系曲线。其中曲线 1 表示线路的年折旧费(即线路投资除以折旧年限之值)和线路的年维修管理费之和与导线截面的关系曲线；曲线 2 表示线路的年电能损耗费与导线截面的关系曲线。曲线 3 为曲线 1 与曲线 2 的叠加。由曲线 3 可知，与年运行费用最小值 C_a(a 点)相对应的导线截面 A_a不一定是很经济合理的导线截面，因为 a 点附近，曲线 3 比较平坦，如果将导线截面再选得小一些，例如，选为 A_b(b 点)，而年运行费用 C_b增加不多，而导线截面即有色金属消耗量却显著地减少，导线截面选为 A_b比 A_a更为经济合理。这种从全面的经济效益考虑，既使线路的年运行费用接近最小而又适当考虑有色金属节约的导线截面，称为经济截面，用符号 A_{ec}表示。

我国现行的经济电流密度规定如表 6-5 所列。

表 6-5 导线和电缆的经济电流密度经济电流密度 J_{ec}(A/mm²)

线路类别	导线材料	年最大负荷利用小时 T_{mni}(h)		
		3000 以下	3000～5000	5000 以上
架空路和母线	铜	3.00	2.25	1.75
	铝	1.65	1.15	0.9
电缆线路	铜	2.50	2.25	2.00
	铝	1.92	1.73	1.54

按经济电流密度 j_{ec}计算经济截面 A_{ec}的公式为

$$A_{ec} = \frac{I_{30}}{j_{ec}} \tag{6-24}$$

式中 I_{30}——线路的计算电流。

按上式计算出 A_{ec}后，应选最接近的标准截面(可取较小的标准截面)，然后校验其他条件。

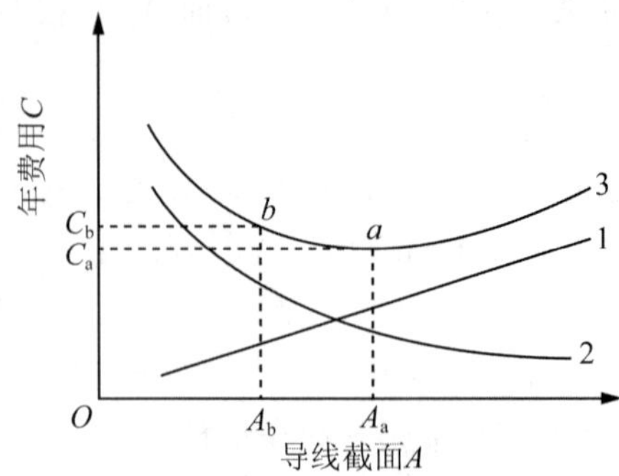

图 6-40　线路的年运行费用 C 与导线截面 A 的关系曲线

6.5.5　线路电压损耗的计算

由于线路存在着阻抗，所以在负荷电流通过线路时要产生电压损耗。按规定，高压配电线路的电压损耗，一般不超过线路额定电压的 5%；从变压器低压侧母线到用电设备受电端的低压线路的电压损耗，一般不超过用电设备额定电压的 5%；对视觉要求较高的照明线路，则为 2%～3%。如线路的电压损耗值超过了允许值，则应适当加大导线的截面，使之满足允许的电压损耗要求。

1. 集中负荷的三相线路电压损耗计算

如图 6-41 所示，带有两个集中负荷的三相线路。线路图中的负荷电流都用小写 i 表示，各线段电流都用大写电流 I 表示。各线段的长度、每相电阻和电抗分别用小写 l、r 和 x 表示。各负荷点至线路首端的长度、每相电阻和电抗分别用大写 L、R 和 X 表示。

以线路末端的相电压为参考轴，绘制线路的电压、电流相量图。

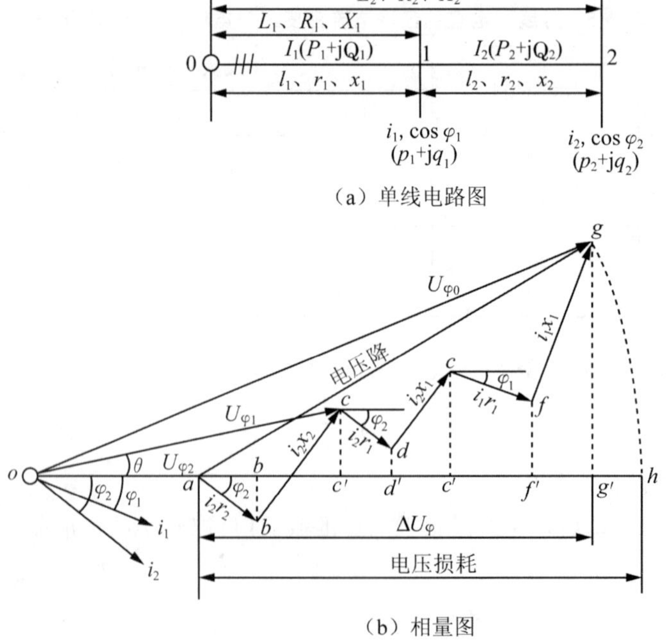

图 6-41　带有两个集中负荷的三相线路

线路电压降的定义为：线路首端电压与末端电压的相量差。线路电压损耗的定义：线路首端电压与末端电压的代数差。电压降在参考轴上的水平投影用 ΔU_{φ} 表示。在工厂供电系统中由于线路的电压降相对于线路电压来说很小，因此可近似地认为 ΔU_{φ} 就是电压损耗。即

$$\begin{aligned}\Delta U_{\varphi} &= \overrightarrow{ab'}+\overrightarrow{b'c'}+\overrightarrow{c'd'}+\overrightarrow{d'e'}+\overrightarrow{e'f'}+\overrightarrow{f'g'}\\ &= i_2 r_2\cos\varphi_2+i_2x_2\sin\varphi_2+i_2r_1\cos\varphi_2+i_2x_1\sin\varphi_2+i_1r_1\cos\varphi_1+i_1x_1\sin\varphi_1\\ &= i_2(r_1+r_2)\cos\varphi_2+i_2(x_1+x_2)\sin\varphi_2+i_1r_1\cos\varphi_1+i_1x_1\sin\varphi_1\\ &= i_2R_2\cos\varphi_2+i_2X_2\sin\varphi_2+i_1R_1\cos\varphi_1+i_1X_1\sin\varphi_1\end{aligned} \tag{6-25}$$

将相电压损耗 ΔU_{φ} 换算为线电压损耗 ΔU 为

$$\Delta U=\sqrt{3}\Delta U_{\varphi}=\sqrt{3}(i_2R_2\cos\varphi_2+i_2X_2\sin\varphi_2+i_1R_1\cos\varphi_1+i_1X_1\sin\varphi_1)$$

对带多个集中负荷的一般电压损耗的计算公式为

$$\Delta U=\sqrt{3}\sum(iR\cos\varphi+iX\sin\varphi)=\sqrt{3}\sum(i_aR+i_rX) \tag{6-26}$$

式中 i_a——负荷电流的有功分量；

i_r——负荷电流的无功分量。

若电压损耗用各线段的负荷电流、负荷功率、线段功率来表示，其计算公式如下。

1)用各线段中的负荷电流表示，则

$$\Delta U=\sqrt{3}\sum(Ir\cos\varphi+Ix\sin\varphi)=\sqrt{3}\sum(I_ar+I_rx) \tag{6-27}$$

式中 I_a——线段电流的有功分量；

I_r——线段电流的无功分量。

2)用负荷功率 p、q 表示，则利用 $i=p/(\sqrt{3}U_N\cos\varphi)=q/(\sqrt{3}U_N\sin\varphi)$代入式(6-24)，即可得电压损耗计算公式：

$$\Delta U=\frac{\sum(pR+qX)}{U_N} \tag{6-28}$$

3)用线段功率 P、Q 表示，则利用 $I=P/(\sqrt{3}U_N\cos\varphi)=Q/(\sqrt{3}U_N\sin\varphi)$代入式(6-24)，即可得电压损耗计算公式：

$$\Delta U=\frac{\sum(Pr+QX)}{U_N} \tag{6-29}$$

电压损耗通常用百分数表示，其值为

$$\Delta U\%=\Delta U/U_N\times10^{-2} \tag{6-30}$$

2. 均匀分布负荷的三相线路电压损耗的计算

均匀分布负荷的三相线路是指三相线路单位长度上的负荷是相同的。如图 6-42 所示，为负荷均匀分布的线路，其单位长度线路上负荷电流为 i_0，根据数学推导(略)，它所产生的电压损耗相当于全部分布负荷集中于分布线段的中点所产生的电压损耗。计算公式如下：

$$\Delta U=\sqrt{3}IR_0\left(L_1+\frac{L_2}{2}\right) \tag{6-31}$$

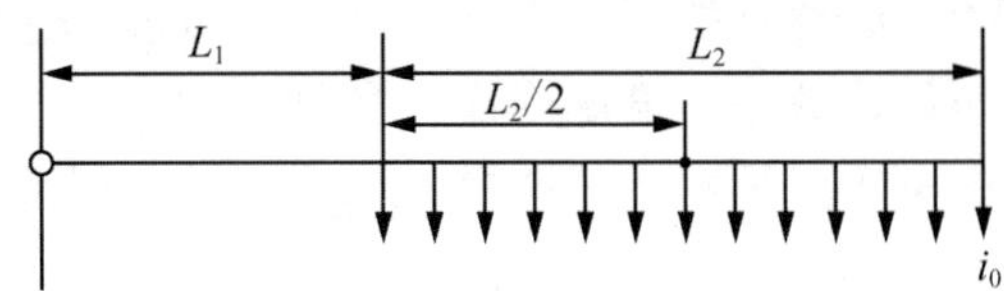

图 6-42 均匀分布负荷的线路

由此可见，带有均匀分布负荷的线路，在计算电压损耗时，可将均匀分布负荷集中于分布线段的中点，按集中负荷来计算。

6.5.6 按机械强度校验导线截面积

导线有自重，在运行和安装时还会受到外力，所以导线会受到各种张力的作用。导线的敷设方法和支持导线的间距不同，导线上受到的张力不同，导线受到的张力超过其允许值时会断裂。因此，按机械强度选择的导线截面不得小于附表16、17中的规定值，才能保证导线有足够的机械强度。

>>> 本章小结

一次设备按其功能可分为变换设备、控制设备和保护设备等类。变压器及电流互感器、电压互感器属变换设备。各种高、低压开关属控制设备。熔断器和避雷器属保护设备。选择这些电气设备时，都应遵守以下原则：①按正常工作条件选择电气设备的额定值；②按短路电流的热效应和电动力效应校验电气设备的热稳定和动稳定；③按装置地点的三相短路容量校验开关电器的断流能力；④按装置地点、工作环境、使用要求及供货条件选择电气设备的适当形式。

高压熔断器是一种当通过的电流超过规定值时使其熔体熔化而断开电路的保护电器。其功能主要是对电路及电路中的设备进行短路保护，有的也具有过负荷保护。高压隔离开关的功能主要是隔离高压电源，以保证其他电气设备(包括线路)的安全检修。高压负荷开关，具有简单的灭弧装置，能通断一定的负荷电流和过负荷电流，但它不能断开短路电流，因此必须与高压熔断器串联使用，以借助熔断器来切断短路故障。高压断路器不仅能通断正常负荷电流，而且能接通和承受一定时间的短路电流，并能在保护装置作用下自动跳闸，切除短路故障。高压开关柜是按一定的线路方案将有关一、二次设备组装而成的一种高压成套配电装置，在发电厂和变电所中作为控制和保护发电机、变压器和高压线路之用，也可作为大型高压交流电动机的起动和保护之用。

电流互感器和电压互感器合称为互感器，它是一种特殊变压器。其作用主要是：①用来使仪表、继电器与主电路绝缘；②用来扩大仪表、继电器的使用范围，在使用要特别注意。

低压熔断器的功能是实现低压配电系统的短路保护，也能实现过负荷保护。低压刀开关只能用于手动接通或断开电流较小的电路。低压断路器既能带负荷通断电路，又能在短路、过负荷和失电压时自动跳闸。低压配电屏是按一定的线路方案将有关一、二次设备组装而成的一种低压成套配电装置，在低压配电系统中作动力和照明配电之用。

工厂电力线路的选择，首先要根据周围环境和敷设方式，以及使用的工作条件，选用导线和电缆的型号、额定电压、芯线数，然后再选用导线和电缆的适当截面积，选择时必须满足下列条件：发热条件；电压损耗；经济电流密度；机械强度。

>>> 复习思考题

6.1　供电系统中电气设备是如何分类的？

6.2　电气设备选择的一般原则是什么？

6.3　熔断器的主要功能是什么？什么是“冶金效应”？

6.4　选择断路器和隔离开关时，有什么相同点和不同点？

6.5　各种类型的高压熔断器在功能方面各有什么不同？

6.6　高压断路器的主要功能是什么？各种类型的高压断路器，各自的灭弧介质是什么？灭弧性能如何？各适用于什么场合？

6.7　隔离开关的主要功能是什么？使用时应注意哪些事项？它为什么不能带负荷操作？

6.8　高压负荷开关的主要功能是什么？使用时应注意哪些事项？

6.9　电流互感器和电压互感器有哪些功能？使用时应注意哪些事项？

6.10　高压电流互感器的两个二次绕组各具有什么功能？

6.11　电流互感器和电压互感器在选择时两者有什么相同点和不同点？

6.12　导线和电缆截面的选择应考虑哪些条件？一般照明线路和动力线路应按什么条件选择？为什么？

6.13　什么叫经济截面？什么情况下导线和电缆的截面要按“经济电流密度”选择？

>>> 习　题

6.1　某用户的有功计算负荷为 3000kW，$\cos\varphi=0.92$。该用户 6kV 进线上拟装一台 SN10—10 型高压断路器，其主保护动作时间为 0.9s，断路器开断时间为 0.2s。高压配电所 6kV 母线上的 $I_K^{(3)}=20kA$。试选择高压断路器的规格。

6.2　有一条用 LJ 型铝绞线架设的 5km 长 10kV 架空线路，计算负荷为 1380kW，$\cos\varphi=0.7$，$T_{max}=4800h$。试选择其经济截面，并校验其发热条件和机械强度。

6.3　某 220/380V 的两相三线线路末端，接有 220V、5kW 的加热器两台，其相线和 N 线均采用 BLV—500—1×16 的导线明敷，线路长 50m。试计算电压损耗百分值。

6.4　某 380V 的三相线路，供电给 16 台 4kW、$\cos\varphi=0.87$、$\eta=85.5\%$的 Y 型电动机，各台电动机之间相距 2m，线路全长 50m。试按发热条件选择明敷的 BLX—500 型导线截面(环境温度 30℃)，并校验其机械强度，计算其电压损耗(建议 K_Σ 取 0.7)。

第7章　工厂供电系统的保护装置

>>> 本章要点

本章主要讲述工厂供电系统保护装置的基本知识，根据工厂供配电的实际情况，重点介绍了工厂配电系统、35kV以下辐射式输电线路、小容量变压器、工厂高压电动机的继电保护的配置、原理、整定计算和接线。

7.1　保护装置的基本知识

7.1.1　保护装置的作用和任务

在工厂供电系统中发生故障时，必须有相应的保护装置尽快地将故障切除，以防故障扩大。当发生对用户和用电设备有危害性的不正常工作状态时，应及时发出信号告知值班人员，消除不正常工作状态，以保证电气设备正常、可靠地运行。继电保护装置，就是指反应供电系统中电气设备或元件发生故障或不正常运行状态后不同电气参数的变化情况，并动作于跳闸或发出信号的一种自动装置。

基本任务如下。

1)当发生故障时能自动、迅速、有选择性地将故障元件从供电系统中切除，使故障元件免遭破坏，保证其他无故障部分能继续正常运行。

2)当出现不正常工作状态时，继电保护装置动作发出信号，以便告知运行人员及时处理，保证安全供电。

3)继电保护装置还可以和供电系统的自动装置，如自动重合闸装置(ARD)、备用电源自动投入装置(APD)等配合，大大缩短停电时间，从而提高供电系统运行的可靠性。

7.1.2　继电保护装置的基本原理和组成

供电系统发生短路故障之后，总是伴随有电流的骤增、电压的迅速降低、线路测量阻抗减小以及电流、电压之间相位角的变化等。因此，利用这些基本参数的变化，可以构成不同原理的继电保护，如反应于电流增大而动作的电流速断、过电流保护，反应电压降低而动作的低电压保护等。

一般情况下，整套保护装置由测量部分、逻辑部分和执行部分组成，如图7-1所示。

图7-1　继电保护装置的原理结构图

1. 测量部分

测量从被保护对象输入的有关电气量，如电流、电压等，并与给定的整定值进行比较，输出比较结果，从而判断是否应该动作。

2. 逻辑部分

根据测量部分输出的检测量和输出的逻辑关系，进行逻辑判断，以便确定是否应该使断路器跳闸或发出信号，并将有关命令输入执行部分。

3. 执行部分

根据逻辑部分传送的信号，最后完成保护装置所担负的任务，如跳闸或发出信号等操作。

常规的保护装置通常由触点式继电器组合而成。继电器的类型很多，按其反映物理量变化的情况分为电量继电器和非电量继电器(比如瓦斯继电器、温度继电器和压力继电器等)。

电量继电器常有下列三种分类方法。

1)按动作原理分为电磁型、感应型、整流型和电子型等。

2)按反应的物理量分为电流继电器、电压继电器、功率方向继电器、阻抗继电器等。

3)按继电器的作用分为中间继电器、时间继电器、信号继电器等。

7.1.3 对继电保护装置的基本要求

1. 选择性

继电保护动作的选择性是指供电系统中发生故障时，距故障点最近的保护装置首先动作，将故障元件切除，使故障范围尽量减小，保证非故障部分继续安全运行。如图 7-2 所示。在 K 点发生短路，首先应该是 QF4 动作跳闸，而其他断路器都不应该动作，只有 QF4 拒绝动作，如触点焊接打不开等情况，作为后备保护的 QF2 才能动作切除故障。

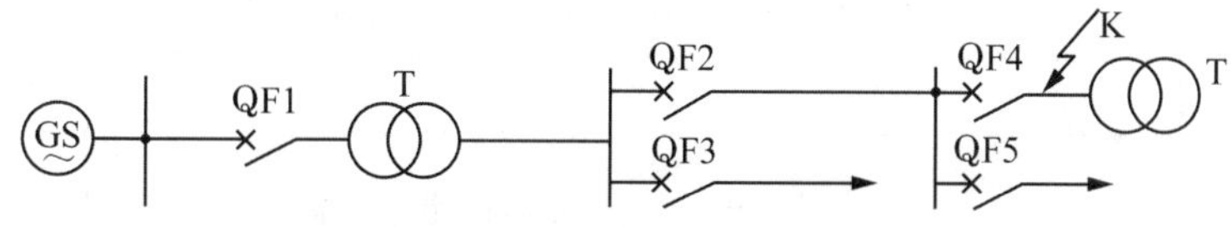

图 7-2 保护装置选择性动作

2. 速动性

快速地切除故障，可以缩小故障设备或元件的损坏程度，减小因故障带来的损失和用户在故障时大电流、低电压等异常参数下的工作时间。为了保证选择性，保护装置应带有一定时限，这就使选择性和速动性相互矛盾，对工厂继电保护系统来说，应在保证选择性的前提下，力求保护快速动作。

3. 灵敏性

保护装置的灵敏性，是指保护装置对被保护电气设备可能发生的故障和不正常运行方式的反应能力。在系统中发生短路时，不论短路点的位置、短路的类型、最大运行方式还是最小运行方式，要求保护装置都能正确灵敏地动作。

衡量灵敏性高低的技术指标通常用灵敏度 S_P 表示，它越大说明灵敏性越高。对于故障状态下反应保护输入量增大时动作的继电保护灵敏系数，如过电流保护装置的灵敏度 S_P 为

$$S_P = \frac{I_{K.min}}{I_{op.1}} \tag{7-1}$$

式中 $I_{K.min}$——被保护区内最小运行方式下的最小短路电流(A)；

$I_{op.1}$——保护装置的一次侧动作电流(A)。

对于故障状态下反应保护输入量降低时动作的继电保护灵敏度，如低压保护的灵敏度 S_P 为

$$S_P = \frac{U_{op.1}}{U_{K.max}} \tag{7-2}$$

式中 $U_{K.max}$——被保护区内发生短路时，连接该保护装置的母线上最大残余电压(V)；

$U_{op.1}$——保护装置的一次动作电压(V)。

继电保护越灵敏，越能可靠地反应应该动作的故障。但也容易产生在不要求其动作情况下的误动作。因此灵敏性与选择性也是互相矛盾的，应该综合分析。通常用继电保护运行规程中规定的灵敏系数来进行合理的配合。

我国电力设计技术规范规定的各类保护装置的最低灵敏度如表 7-1 所示。

4. 可靠性

保护装置在其保护范围内发生故障或出现不正常工作状态时，能可靠地动作而不拒动；而在其保护范围外发生故障或者系统内没有故障时，保护装置不能误动，这种性能要求称为可靠性。保护装置的拒动或误动都将给运行中的供电系统造成严重的后果。

随着供电系统的容量不断扩大以及电网结构的日趋复杂，对上述四方面的要求越来越高，实现也越加困难。继电保护装置除满足上述四点基本要求外，还要求节省投资，保护装置便于调试及维护，并尽可能满足系统运行的灵活性。

表 7-1 各类保护装置的最低灵敏度

保护分类	保护装置作用	保护类型	组成元件	灵敏系数
主保护	快速而有选择地切除被保护元件范围内的故障	带方向或不带方向的电流保护和电压保护	电流元件和电压元件	1.5 (个别情况下可为 1.25)
		中性点非直接接地电网中的单相保护	架空线路的电流元件	1.5
			差动电流元件	1.25
		变压器、线路和电动机的电流速断保护(按保护安装处短路计算)	电流元件	2.0

续表

保护分类	保护装置作用	保护类型	组成元件	灵敏系数
后备保护	应优先采用远后备保护。即当保护装置或断路器拒动时，由相邻元件的保护实现后备。每个元件的保护装置除作为本身的主保护以外，还应作为相邻元件的后备保护。	远后备保护(按相邻保护区末端短路计算)	电流元件和电压元件	1.2
辅助保护	为了加速切除故障或消除方向元件的盲区，可以采用电流速断作为辅助保护	电流速断的最小保护范围为被保护线路的15%～20%	—	—

7.1.4 继电保护的发展现状

继电保护是随着电力系统的发展而发展起来的，19 世纪后期，熔断器作为最早、最简单的保护装置已经开始使用。但随着电力系统的发展，电网结构日趋复杂，熔断器早已不能满足选择性和快速性的要求；到 20 世纪初，出现了作用于断路器的电磁型继电保护装置；20 世纪 50 年代，由于半导体晶体管的发展，开始出现了晶体管式继电保护装置。电力系统的飞速发展对继电保护不断提出新的要求，电子技术、计算机技术与通信技术的飞速发展又为继电保护技术的发展不断地注入了新的活力，因此，继电保护技术得天独厚，在 40 余年的时间里完成了发展的 4 个历史阶段。

建国后，我国继电保护学科、继电保护设计、继电器制造业和继电保护技术队伍从无到有，在大约 10 年的时间里走过了先进国家半个世纪走过的道路。20 世纪 50 年代，我国工程技术人员创造性地吸收、消化、掌握了国外先进的继电保护设备性能和运行技术，建成了一支具有深厚继电保护理论造诣和丰富运行经验的继电保护技术队伍，对全国继电保护技术队伍的建立和成长起了指导作用。阿城继电器厂引进消化了当时国外先进的继电器制造技术，建立了我国自己的继电器制造业。因而在 20 世纪 60 年代中我国已建成了继电保护研究、设计、制造、运行和教学的完整体系。这是电磁式继电保护繁荣的时代，为我国继电保护技术的发展奠定了坚实基础。

20 世纪 60 年代中到 20 世纪 80 年代中是晶体管继电保护蓬勃发展和广泛采用的时代。其中天津大学与南京电力自动化设备厂合作研究的 500kV 晶体管方向高频保护和南京电力自动化研究院研制的晶体管高频闭锁距离保护，运行于葛洲坝 500kV 线路上，结束了 500kV 线路保护完全依靠从国外进口的时代。在此期间，从 20 世纪 70 年代中期，基于集成运算放大器的集成电路保护已开始研究。到 20 世纪 80 年代末集成电路保护已形成完整系列，逐渐取代晶体管保护。到 20 世纪 90 年代初集成电路保护的研制、生产、应用仍处于主导地位，这是集成电路保护时代。在这方面南京电力自动化研究院研制的集成电路工频变化量方向高频保护起了重要作用，天津大学与南京电力自动化设备厂合作研制的集成电路相电压补偿式方向高频保护也在多条 220kV 和 500kV 线路上运行。

我国从 20 世纪 70 年代末即已开始了计算机继电保护的研究，高等院校和科研院所起着先导的作用。华中理工大学、东南大学、华北电力学院、西安交通大学、天津大学、上海交通大学、重庆大学和南京电力自动化研究院都相继研制了不同原理、不同型式的微机保护装置。1984 年原华北电力学院研制的输电线路微机保护装置首先通过鉴定，并在系统中获得应用，揭开了我国继电保护发展史上新的一页，为微机保护的推广开辟了道路。在主设备保护方面，东南大学和华中理工大学研制的发电机失磁保护、发电机保护和发电机—变压器组保护也相继于 1989、1994 年通过鉴定，投入运行。南京电力自动化研究院研制的微机线路保护装置也于 1991 年通过鉴定。天津大学与南京电力自动化设备厂合作研制的微机相电压补偿式方向高频保护，西安交通大学与许昌继电器厂合作研制的正序故障分量方向高频保护也相继于 1993、1996 年通过鉴定。至此，不同原理、不同机型的微机线路和主设备保护各具特色，为电力系统提供了一批新一代性能优良、功能齐全、工作可靠的继电保护装置。随着微机保护装置的研究，在微机保护软件、算法等方面也取得了很多理论成果。

近 20 年来，微机型继电保护装置在我国电力系统中获得广泛应用，常规的电磁型、电动型、整流型、晶体管型以及集成电路型继电器已经逐渐被淘汰。以往，继电保护装置与继电保护原理是一一对应的，不同的保护原理必须用不同的硬件电路实现。微机继电保护的诞生与应用彻底改变了这一状况。微机继电保护硬件的通用性和软件的可重构性，使得在通用的硬件平台上可以实现多种性能更加完善、功能更加复杂的继电保护原理。一套微机保护往往采用了多种保护原理，例如高压线路保护装置具有高频闭锁距离、高频闭锁方向相间阻抗、接地阻抗、零序电流保护及自动重合闸功能。微机保护还可以方便地实现一些常规保护难以实现的功能，如工频变化量阻抗测量和工频变化量方向判别。

微机继电保护装置一般采用插件式结构，通常包含交流变换插件、模数转换和微处理器插件、人机管理开关量输入插件、电源插件和继电器插件等。尽管不同厂家的产品采用的微处理器和模数转换方式可能不同，但微机保护装置的结构却基本相同。典型的微机保护装置结构框图如图 7-3 所示。其中模数转换包括 A/D 和 VFC 两种不同方式，其工作原理如图 7-4 所示。开关量输入和开关量输出一般都经过光电隔离，以增强抗干扰能力。

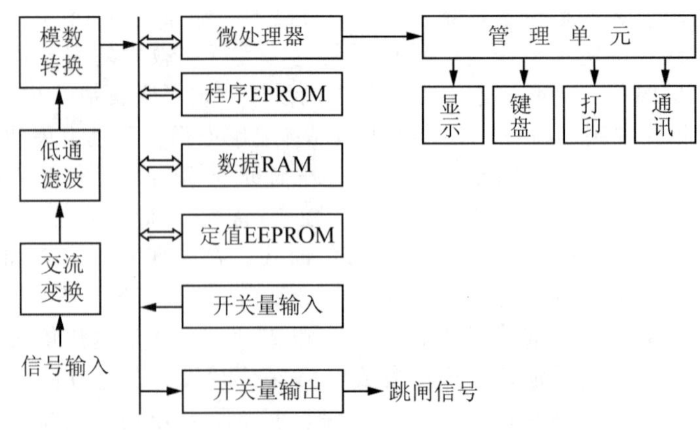

图 7-3 典型微机保护装置原理结构框图

随着微处理器技术的发展，内部集成的资源越来越多，一个处理器芯片往往就是一个完整的微处理器系统，使得硬件设计变得非常简单。较复杂的微机保护装置通常采用多 CPU 结构。多个保护 CPU 通过串行通信总线与人机管理 CPU 相连。通过装置面板上的键盘和液晶显示实现对保护 CPU 的调试与定值设置，人机管理 CPU 设计通过现场通信总线与调度直接连接，便于实现变电站无人值守和综合自动化。

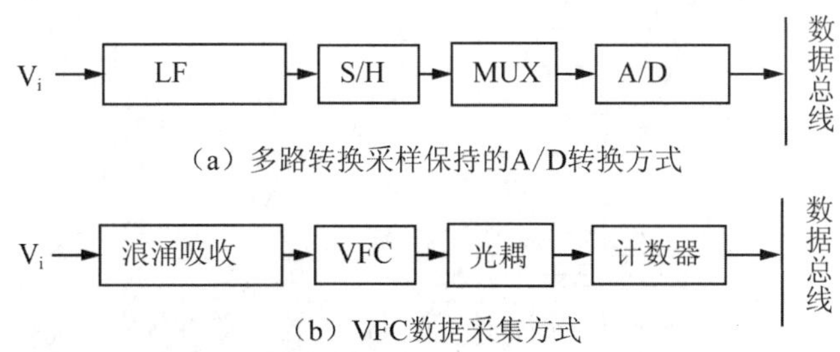

图 7-4　微机保护的两种数据采集方式

随着大规模集成电路技术的飞速发展，微处理机和微型计算机的普遍使用，微机保护在硬件结构和软件技术方面已经成熟。并且微机保护具有强大的计算、分析和逻辑判断能力，同时具有存储记忆功能，因而可以实现任何性能完善而又复杂的保护原理，目前的发展趋势是进一步实现继电保护技术的网络化，保护、控制、测量和数据通信一体化以及智能化方向发展。

7.2　工厂供配电系统的保护装置

7.2.1　概述

在电力系统中供配电系统主要是指 35kV 及以下电压等级向用户和用电设备供、配电的系统。而工厂供配电系统主要是指 660/380V、380/220V、220/127V 面向车间或生活用电的低压供电系统。常用供配电系统的保护装置类型有：熔断器保护和低压断路器保护。熔断器保护适用于高、低压供电系统，由于装置简单经济，在供电系统中大量使用。但是由于它的断流能力较小，选择性差，熔体熔断后更换不方便，不能迅速恢复供电，因此在要求供电可靠性较高的场所不宜采用。低压断路器保护又称低压自动开关保护，由于带有多种脱扣器，能够进行过流、过载、失电和欠压保护等。而且可以作为控制开关进行操作，因此在对供电可靠性要求较高且频繁操作的低压供电系统中广泛应用。

7.2.2　低压熔断器保护

熔断器又称保险，主要对供电系统中的线路、设备或元件进行短路保护，在要求不高的场所也可作为过负荷保护。当熔断器中流过短路电流时，其熔体熔断，切除故障，保证非故障部分继续正常运行。熔断器熔体的熔断时间与通过的电流大小有关。电流越大，其熔断时间越短，反之就越长，这一特性称为熔断器的安一秒特性曲线，如图 7-5 所示。

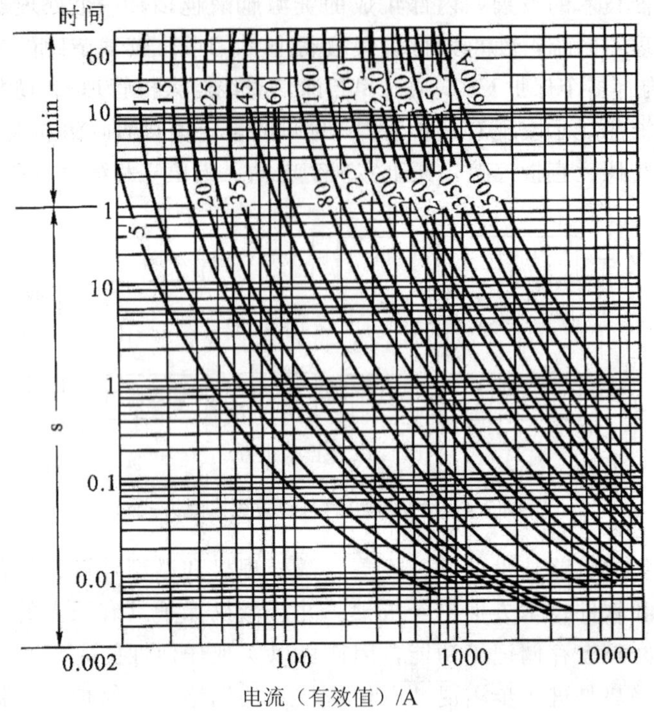

图 7-5　RMl0 系列低压熔断器的安一秒特性曲线

1. 选择熔断器的基本要求

选择熔断器时应满足下列条件。

1)熔断器的额定电压应不小于装置安装处的工作电压。

2)熔断器的额定电流应不小于它所装设的熔体额定电流。

3)熔断器的类型应符合安装处的条件(户内或户外)及被保护设备的技术要求。

4)熔断器的断流能力应进行校验。

5)熔断器保护还应与被保护的线路相配合，使之不至于发生因过负荷和短路引起绝缘导线或电缆过热起燃而熔断器不熔断的事故。

在低压系统中，不允许在 PE(保护线)或 PEN(零线)上装设熔断器，以免熔断器熔断而使零线断开，使三相四线制供电系统中性点电位漂移，三相电压不对称；由于绝缘损坏或碰壳等保护接零的设备外壳可能带电，对人身安全带来危害。

2. 熔断器选择的理论计算

熔断器熔体电流按以下原则进行选择。

1)正常工作时，熔断器不应该熔断，即要躲过线路正常运行是的计算电流 I_{30}：

$$I_{\mathrm{n.fe}} \geqslant I_{30} \tag{7-3}$$

2)在电动机起动时，熔断器也不应该熔断，即要躲过电动机起动时的短时尖峰电流：

$$I_{\mathrm{n.fe}} \geqslant k I_{\mathrm{pk}} \tag{7-4}$$

式中　k——计算系数，一般按电动机的起动时间取值，如，轻负载起动时，起动时间在 3s 以下，k 取 0.25～0.4，重负载起动时，起动时间在 3～8s，k 取 0.35～

0.5，频繁起动、反接制动、起动时间在8s以上的重负荷起动，k 取0.5～0.6；

I_{pk}——电动机起动尖峰电流。

3)为保证熔断器可靠工作，熔体熔断电流应不大于熔断器的额定电流，才能保证故障时熔体安全熔断而熔断器不被损坏。熔断器的额定电流还必须与导线允许载流能力相配合，才能有效保护线路。即

$$I_{n.fe}<k_{ol}I_{al} \tag{7-5}$$

式中 k_{ol}——熔断器熔体额定电流与被保护线路的允许电流的比例系数，对电缆或穿管绝缘导线，$k_{ol}=2.5$，对明敷绝缘导线，$k_{ol}=1.5$，对于已装设有其他过负荷保护的绝缘导线、电缆线路而又要求用熔断器进行短路保护时，$k_{ol}=1.25$。

对于保护电力变压器，其熔体电流可按下式选定，即

$$I_{n.fe}=(1.4\sim2)I_{1n.t} \tag{7-6}$$

式中 $I_{1n.t}$——变压器的额定一次电流。

熔断器装设在哪一侧，就选用哪侧的额定值。

用于保护电压互感器的熔断器，其熔体额定电流可选用0.5A，熔管可选用RN2型。

3. 灵敏度和分断能力的校验

熔断器保护的灵敏度可按下式校验：

$$S_p=\frac{I_{K.min}}{I_{n.fe}}\geqslant4\text{ 或 }5 \tag{7-7}$$

式中 $I_{K.min}$——熔断器保护线路末端在系统最小运行方式下的短路电流，对中性点不接地系统，取两相短路电流 $I_{K.}^{(2)}$，对中性点直接接地系统，取单相短路电流 $I_{K.}^{(1)}$，对于保护降压变压器的高压熔断器来说，应取低压母线的两相短路电流换算到高压之值；

$I_{n.fe}$——熔断器熔体的额定电流。

对于普通熔断器，必须和断路器一样校验其开断最大冲击电流的能力，即

$$I_{oc}\geqslant I_{sh}^{\prime\prime(3)} \tag{7-8}$$

式中 I_{oc}——熔断器的最大分断电流；

$I_{sh}^{\prime\prime(3)}$——熔断器安装点的三相短路冲击电流有效值。

对于限流熔断器，在短路电流达到最大值之前已熔断，所以按极限开断周期分量电流有效值校验。即

$$I_{oc}\geqslant I_{K}^{\prime\prime(3)} \tag{7-9}$$

式中 $I_{K}^{\prime\prime(3)}$——熔断器安装点的三相次暂态短路电流有效值。

4. 前后级熔断器之间的选择性配合

为了保证动作选择性，也就是保证最接近短路点的熔断器熔体先熔断，以避免影响更多的用电设备正常工作，如图7-6所示，安秒特性曲线。前后熔断器的选择性配合，宜按它们的保护特性曲线来校验。当线路WL2的首端K点发生三相短路时，三相短路电流 I_K 要通过FU2和FU1。但是根据保护选择性的要求，应该是FU2的熔断器先熔断，切除故障线路WL2，而FU1不熔断，WL1正常运行。但是熔断器熔体熔断

的时间与标准保护特性曲线上查出的熔断时间有偏差。考虑最不利的情况，熔断器熔体的熔断时间最大误差是±50%，因此要求在前一级熔断器(如 FU1)的熔断时间提前+50%，而后一级熔断器(如 FU2)的熔断时间延迟−50%的情况下，仍能保证选择性的要求。从图 7-6 可看出，$t'=0.5t_1$，$t'_2=1.5t_2$，为了满足选择性，应满足的条件是 $t'_1>t'_2$，$t_1>3t_2$。若不满足这一要求，则应将前一级熔断器熔体电流提高 1~2 级，再进行校验。

5. 低压熔断器的运行与维护注意点

1)检查熔断管与插座的连接处有无过热现象，接触是否紧密。

2)检查熔断管的表面是否完整无损，否则要进行更换。

3)检查熔断管内部烧损是否严重、有无炭化现象并进行清查或更换。

4)检查熔体外观是否完好，压接处有无损伤，压接是否紧固，有无氧化腐蚀现象等。

5)检查熔断器的底座有无松动，各部位压接螺母是否紧固。

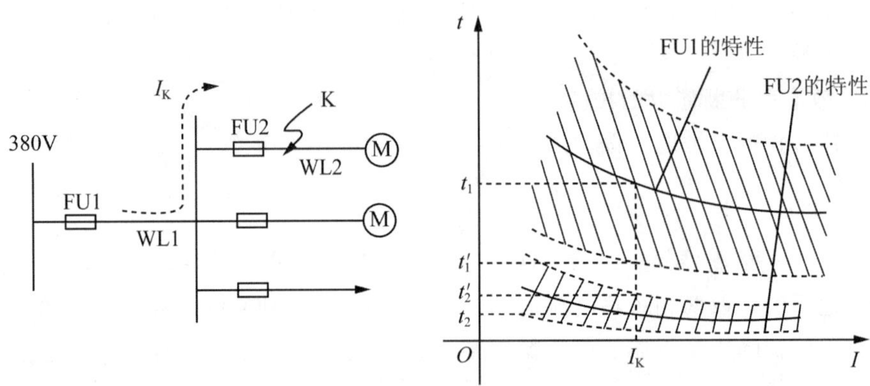

(a) 熔断器在低压线路中的选择性配置　　(b) 熔断器按保护特性曲线进行选择性校验

图 7-6　熔断器选择性配合

7.2.3　低压断路器保护

在 500V 及以下的低压用电系统中，低压断路器广泛地用于线路短路及失压保护等。

1. 低压断路器的选择要求

选择低压断路器时应满足下列条件。

1)低压断路器的额定电压应不小于保护线路的额定电压。

2)低压断路器的额定电流应不小于它所装设的脱扣器额定电流。

3)低压断路器的类型应符合安装处条件、保护性能及操作方式的要求。

4)低压断路器的断流能力应进行校验。

一般来说，为了满足前后低压断路器的选择性要求，前一级低压断路器的脱扣器动作电流应比后一级低压断路器的脱扣器动作电流大一级以上；而前一级低压断路器宜采用带短延时的过电流脱扣器，后一级低压断路器则采用瞬时过电流脱扣器。

低压断路器保护还应与被保护的线路配合，使之不至于发生因过负荷和短路引起绝缘导线或电缆过热而低压断路器不跳闸的故障。

2. 低压断路器动作电流的整定

低压断路器各种脱扣器的动作电流整定如下。

1)长延时过流脱扣器动作电流。长延时过流脱扣器，主要用于过负荷保护，其动作电流应按正常工作电流整定，即躲过最大负荷电流。即

$$I_{op(1)} \geqslant 1.1 I_{30} \tag{7-10}$$

式中　$I_{op(1)}$——长延时脱扣器(即热脱扣器)的整定动作电流。但是，热元件的额定电流 $I_{h.n}$ 应比 $I_{op(1)}$ 大(10～25)%为好。即

$$I_{h.n} \geqslant (1.1 \sim 1.25) I_{op(1)} \tag{7-11}$$

2)短延时或瞬时脱扣器的动作电流。作为线路保护的短延时或瞬时脱扣器动作电流，应躲过配电线路上的尖峰电流：

$$I_{op(2)} \geqslant k_{rel} I_{pk} \tag{7-12}$$

式中　$I_{op(2)}$——瞬时或短延时过电流脱扣器的整定电流值，规定短延时过电流脱扣器整定电流的调节范围对于容量在2500A及以上的断路器为3～6倍脱扣器的额定值，对2500A以下为3～10倍；瞬时脱扣器整定电流调节范围对2500A及以上的选择型自动开关为7～10倍，对2500A以下则为10～20倍，对非选择型开关约为3～10倍；

k_{rel}——可靠系数，对动作时间 $t_{op} \geqslant 0.4s$ 的DW型断路器，取 $k_{rel}=1.35$；对动作时间 $t_{op} \leqslant 0.2s$ 的DZ型断路器，$k_{rel}=1.7 \sim 2$；对有多台设备的干线，可取 $k_{rel}=1.3$。

3)过电流脱扣器的整定电流应该与线路允许持续电流相配合，保证线路不致因过热而损坏。即

$$I_{op(1)} < I_{al} \tag{7-13}$$

或

$$I_{op(2)} < 4.5 I_{al} \tag{7-14}$$

式中　I_{al}——绝缘导线或电缆的允许载流量。

对于短延时脱扣器，其分断时间有0.1s或0.2s、0.4s和0.6s三种。

3. 断流能力与灵敏度校验

为使断路器能可靠地断开，应按短路电流校验其分断能力。

分断时间大于0.02s的万能式断路器：

$$I_{oc} \geqslant I''^{(3)}_{K.} \tag{7-15}$$

分断时间小于0.02s的塑壳式断路器：

$$I_{oc} \geqslant I''^{(3)}_{sh} \tag{7-16}$$

低压断路器作过电流保护时，其灵敏度要求：

$$S_p = \frac{I^{(2)}_{K.min}}{I_{op}} \geqslant 1.3 \tag{7-17}$$

式中　$I^{(2)}_{K.min}$——被保护线路最小运行方式下的单相短路电流(TN和TT系统)或两相短路电流(IT系统)。

4. 低压断路器的运行与维护

低压断路器在运行前应作一般性的解体检查，在运行一段时间后，经过多次操作或故障掉闸，必须进行适当的维修，以保证正常工作状态，运行中应注意以下几点。

1)检查所带的正常最大负荷是否超过断路器的额定值。

2)检查分、合闸状态是否与辅助触点所串接的指示灯信号相符合。

3)监听断路器在运行中有无异常响声。

4)检查断路器的保护脱扣器状态，如整定值指示位置有无变动。

5)如较长时间的负荷变动(增加或减少)，则需要相应调节过电流脱扣器的整定值，必要时应更换。

6)断路器发生短路故障掉闸或遇到喷弧现象时，应对断路器进行解体检修。检修完毕，应作几次传动试验，检查是否正常。

7.3 工厂电力线路的保护装置

7.3.1 概述

一般6～20kV的中小型工厂供电、城市供电线路(现国家开始研究20kV的城市供电系统)大都是辐射式供电网络。这类线路由于供电范围不大，线路的保护也不复杂，常设的保护装置有电流速断保护、过电流保护、低电压保护、中性点不接地系统的单相接地保护以及由双电源供电时的功率方向保护等。本节首先介绍电流保护的基础知识、继电器及电流互感器的接线方式，然后重点讲述单侧电源辐射式供电线路的相间短路保护。

7.3.2 继电器及电流互感器的接线方式

1. 继电器

继电器是组成继电保护装置的基本元件。按继电器反应的物理量分，有电流继电器，电压继电器、瓦斯继电器等。按继电器的原理分，有电磁式、感应式等。按反应参数的变化情况分，有过电流继电器、过电压继电器、欠电压继电器等。按其与一次电路的联系分，有高压式和低压式。高压式继电器的线圈与一次电路直接相连，低压式继电器的线圈连接在电流互感器或电压互感器的二次侧。继电保护中用的继电器都是低压式继电器。

下面介绍供配电系统中常用的几种保护继电器。

(1)电磁式电流和电压继电器

电磁式电流和电压继电器的基本原理极为相似的。它的结构主要由铁心、衔铁、线圈、触点和弹簧等组成，如图7-7所示。当线圈3上有输入信号时(电流或电压)，将产生磁通，经过由电磁铁1、气隙及衔铁2所组成的磁路，衔铁被电磁铁的磁场磁化，从而产生电磁力，电磁力克服弹簧5的作用力，使衔铁转动一个角度，从而使触点4闭合。当线圈上的信号减小或消失时，电磁力产生的

图7-7 电磁继电器原理

1—铁心 2—衔铁 3—线圈 4—触点 5—弹簧

转矩不足以克服弹簧拉力和摩擦力，衔铁被弹簧拉回到原来的位置，继电器恢复起始状态，触点4断开。电磁式电流和电压继电器在继电保护装置中均为启动元件，属于测量元件。

电流继电器常用的是DL—10系列，属于过电流继电器，铁心上绕有两个相同的线圈，线圈可串联或并联接线。当线圈中的电流超过继电器的最小动作电流时，电流继电器的触点动作。电磁式电流继电器的文字符号为KA，图形符号如图7-8(a)所示。

电压继电器的线圈为电压线圈，大多做成欠电压继电器。正常工作时，电压继电器的触点动作，当电压低于它的整定值时，继电器恢复到起始位置。电压继电器的文字符号为KV。

(2)电磁式中间继电器

电磁式中间继电器实质上是电压继电器，只是触头数量多，容量也大(5～10A)。当电压继电器、电流继电器的触点容量不够时，可以利用中间继电器作为功率放大，增加触点数量以控制多条回路。所以说中间继电器的作用是拓展控制路数，增大触点的控制容量和较小的延时(电磁式时间继电器无法调出)。工厂企业供电系统中常用的是DZ—10系列。电磁式中间继电器的文字符号为KM，图形符号如图7-8(b)所示。

(3)电磁式信号继电器

电磁式信号继电器在继电保护装置中的作用是用来发出指示信号的。常用的是DX—11型电磁式信号继电器，当信号继电器动作时，从而接通其他信号回路，并且信号继电器的信号牌掉下，显示已动作。信号继电器有电流型和电压型两种，电流型信号继电器的线圈为电流线圈，串联在回路中，电压型信号继电器的线圈为电压线圈，并联在回路中。电磁式信号继电器的文字符号为KS，图形符号如图7-8(c)所示。

(4)电磁式时间继电器

电磁式时间继电器在继电保护装置中的作用是用来使保护装置获得所需要的延时。常用的是DS—110(用于直流)、DS—120(用于交流)系列，当继电器的线圈接上工作电压时，经过一定的时间，继电器的触点才动作。电磁式时间继电器的文字符号为KT，图形符号如图7-8(d)、(e)所示。

(5)感应式电流继电器

感应式电流继电器常用的型号是GL-10、GL-20系列，它属于测量元件，广泛应用于反时限过电流保护的继电保护中。GL型电流继电器实际上由感应部分和电磁部分构成，感应部分带有反时限动作特性，而电磁部分是瞬时动作的。它的动作特性曲线如图7-9所示。曲线ab称为反时限特性，继电器动作时，元件速断动作的结果，$b'd$是速断特性。图中的动作电流倍数n_{qb}称为速断电流倍数，是指继电器线圈中使电流速断元件动作的最小电流，即速断电流(I_{qb})与继电器动作电流(I_{op})的比值。

GL型电流继电器的特点是可以用一个继电器兼作两种保护，即利用感应部分做过电流保护，利用电磁部分做速断保护。由于GL型电流继电器的触点容量大，还可省略中间继电器，能实现断路器的直接跳闸，另外还有动作信号牌显示动作信号，可省略信号继电器，感应部分具有反时限动作特性，动作电流越大动作时间越短，这样可以省略时间继电器。因此这种继电器构成的保护所用的继电器数量较少，但结构复杂，准确性不高。感应式电流继电器的图形符号如图7-8(f)所示。

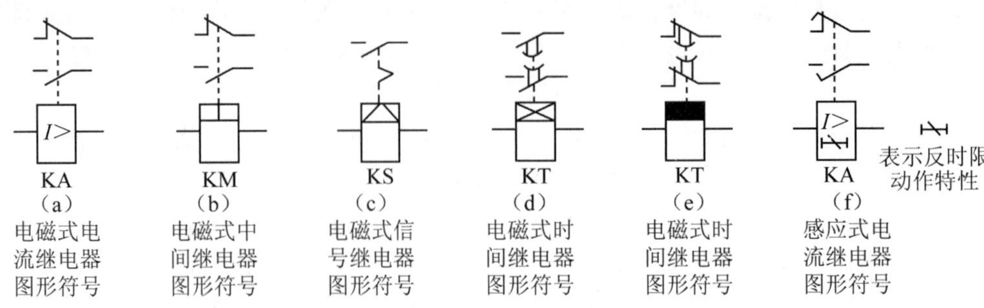

图 7-8 继电器的图形符号

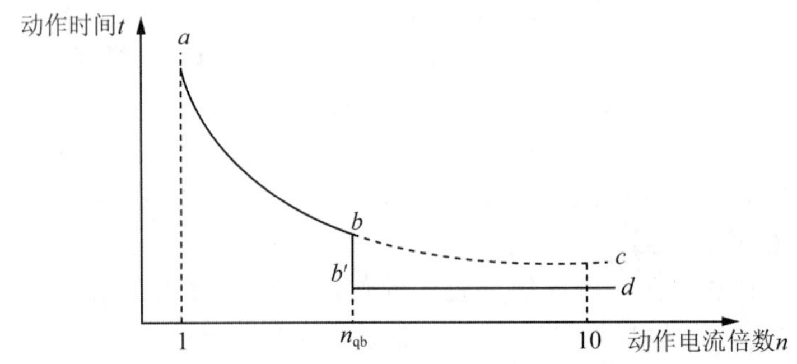

图 7-9 GL 型电流继电器的动作特性曲线

2. 电流互感器与电流继电器的接线方式

电流继电器反映一次电路电流的情况，是通过电流互感器来实现的，因此必须掌握继电器与电流互感器的接线方式。为了表述继电器电流 I_{KA} 与电流互感器二次侧电流 I_2 的关系，特引入一个接线系数 K_w：

$$K_w = \frac{I_{KA}}{I_2} \tag{7-18}$$

式中 I_{KA}——流入电流互感器的电流；

I_2——电流互感器二次侧电流。

电流互感器与电流继电器之间的接线方式有三相三继电器完全星形接线，两相两继电器不完全星形接线，两相三继电器式不完全星形接线和两相一继电器电流差式接线等几种。

(1)三相三继电器式接线

如图 7-10 所示，三相三继电器式接线中通过继电器线圈的电流就是电流互感器流出的二次侧电流，因此 $K_w=1$。

这种接线方式，所用保护元件最多，各相都接有电流互感器和电流继电器，无论线路发生三相短路、两相短路还是单相接地短路，短路电流都会通过继电器反映出来，产生相应的保护动作。此种接线常用于 110kV 及以上中性点直接接地系统中，作为相间短路和单相短路的保护。

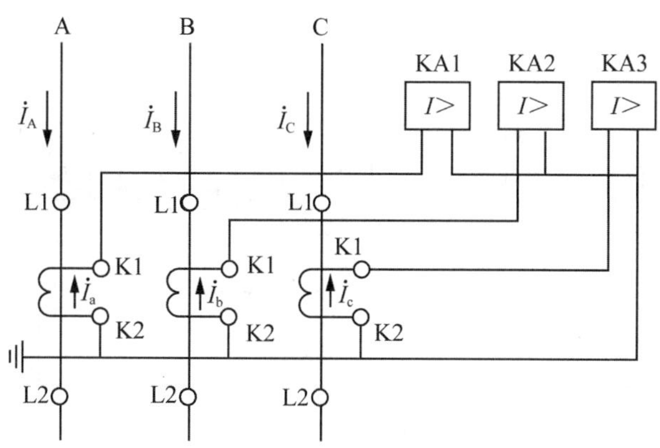

图 7-10　三相三继电器式接线

(2)两相两继电器式接线和两相三继电器式接线

如图 7-11 所示。两相两继电器式接线所用元件较少，但由于中间相(B 相)未装设电流互感器，当该相出现接地故障时，电流继电器不可能反映出来，保护装置不可能起到保护作用。对于相间短路故障，则至少有一个电流继电器流过短路电流，使保护装置动作。因而这种接线方式适用于中性点不接地的 6～10kV 保护线路中。

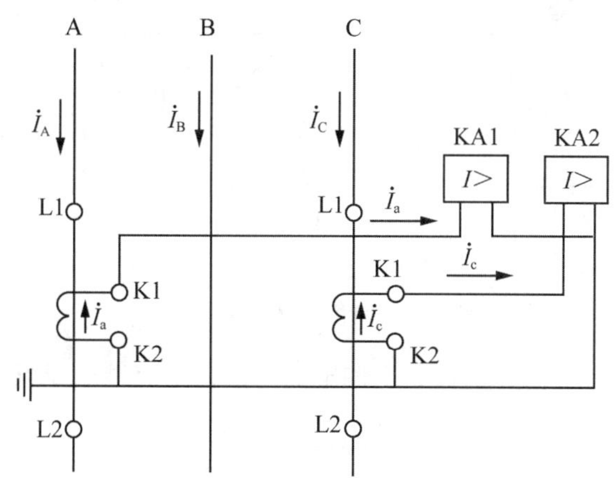

图 7-11　两相两继电器式接线

如图 7-12 所示，两相三继电器接线实际上是在两相两继电器接线的公共中线上接入第三个继电器，流入该继电器的电流为流入其他两个继电器电流之和，这一电流在数值上与第三相(即 B 相)电流相等，这样就使保护的灵敏度提高了。

(3)两相一继电器式接线(两相差式接线)

如图 7-13 所示，两相一继电器式接线流入继电器的电流为两相电流互感器二次侧电流之差，因此这种接线方式在发生不同短路故障时的灵敏度不同，同时这种接线也不能反映出 B 相单相接地短路故障。但因这种接线简单，使用继电器最少，可以作为要求不高的 10kV 线路及以下工厂企业的高压电动机保护。

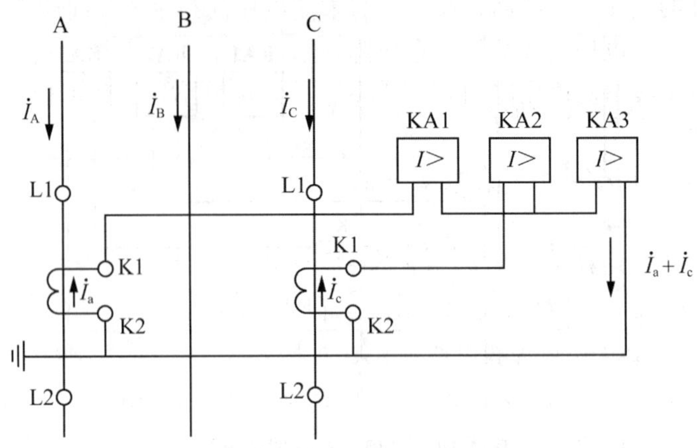

图 7-12　两相三继电器式接线

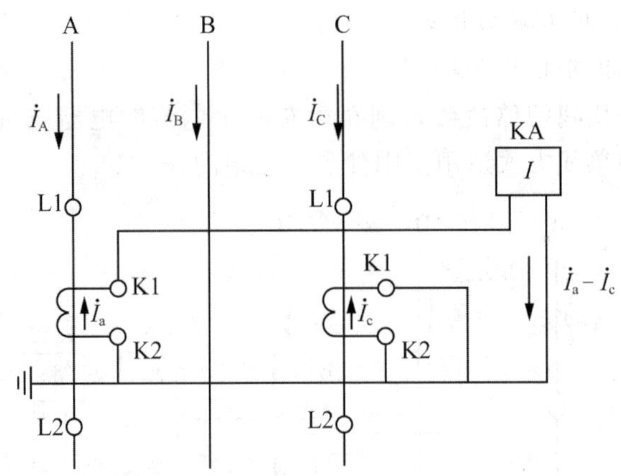

图 7-13　两相一继电器式接线

引入接线系数后，电流互感器一次侧电流与流入电流继电器电流的关系为

$$I_1=K_i I_2=K_i \frac{I_{KA}}{K_W} \tag{7-19}$$

式中　K_i——电流互感器的变流比；

I_1、I_2——电流互感器一次侧、二次侧电流；

I_{KA}——流入电流继电器的电流。

电流互感器不同接线方式下各种短路情况所对应的接线系数 K_W 值如表 7-2 所示。

表 7-2　接线系数 K_W 的值

项目	三相三继电器	两相两继电器	两相一继电器	两相三继电器
三相短路	1	1	$\sqrt{3}$	1
A、C 相短路	1	1	2	1
A、B 或 B、C 相短路	1	1	1	1

7.3.3 电流速断保护

根据对继电保护快速性的要求，在简单、可靠和保证选择性的前提下，原则上应在被保护的各种电气设备上，装设快速动作的继电保护装置，使切除故障的时间尽量缩短。反应电流增大(主要是反应短路故障)且瞬时动作的保护称为电流速断保护。

1. 电流速断保护速断电流的整定

如图 7-14 所示，单侧电源辐射式供电网，为切除线路故障只需在各条线路的电源侧装设断路器和相应的保护。现假定在线路 WL1 和线路 WL2 上分别装设电流速断保护 1 和保护 2，根据选择性要求，对保护 1 来说，在相邻下一段线路 WL2 首端 K－2 点短路时不应动作。此故障应由保护 2 动作切除。为了使瞬时动作的保护 1 在 K－2 点短路时不动作，必须使其动作电流大于 K－2 点短路时的最大短路电流。考虑到下一线路 WL2 首端 K－2 点短路时的短路电流与本线路 WL1 末端 K－1 点短路时短路电流相等，故电流速断保护的动作电流可按大于本线路末端短路时最大短路电流整定。在电源电势一定的情况下，线路上任一点 K 发生短路时短路电流的大小与短路点至电源之间的总电抗及短路类型有关。速断保护的选择性是由动作电流的整定来保证的，其动作电流要求躲开下一级线路首端最大三相短路电流，以保证不产生误动作。

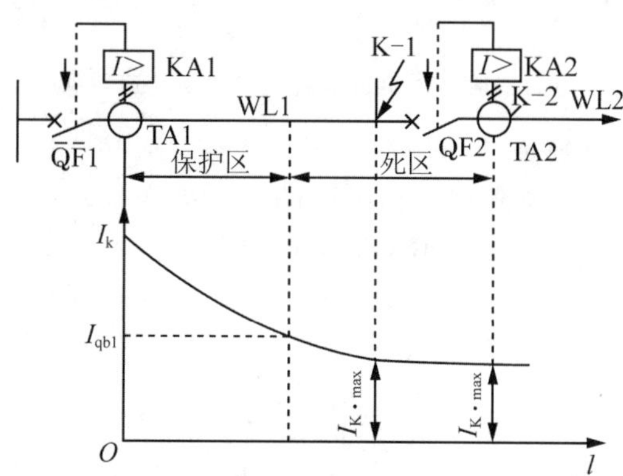

图 7-14 单侧电源辐射式供电网

$I_{K.max}$——前一级保护应躲过的最大短路电流

I_{qb1}——前一级保护整定的一次动作电流

电流速断保护的动作电流，即速断电流的整定计算公式为

$$I_{qb}=\frac{K_{rel}K_W}{Ki}I_{K.max} \tag{7-20}$$

式中 $I_{K.max}$——被保护线路末端最大三相短路电流；

K_{rel}——可靠系数，对 DL 型继电器，取 1.2～1.3；对 GL 型继电器，取 1.4～1.5；对脱扣器，取 1.8～2。

2. 电流速断保护的“死区”及弥补

瞬时电流速断保护动作迅速、简单可靠。从电流速断保护动作电流的整定过程可以得出，速断保护不能保护线路的全长，在线路末端会出现一段不能保护的“死区”，不满足保护可靠性的原则，因此不能单独使用。而且它的保护范围随供电系统运行方式的变化而变化，当运行方式变化很大或被保护的线路很短时，甚至没有保护区。为了弥补速断保护存在“死区”的缺陷，一般规定，凡装设电流速断保护的线路，都必须

装设带时限的过电流保护。且过电流保护的动作时间比电流速断保护至少高一个时间级差 $\Delta t=0.5\sim0.7$s，而且前后级的过电流保护的动作时间又要符合“阶梯原则”，以保证选择性。在速断保护区内，速断保护作为主保护，过电流保护作为后备保护。如图 7-15 所示，电力线路定时限过电流保护和电流速断保护电路图。

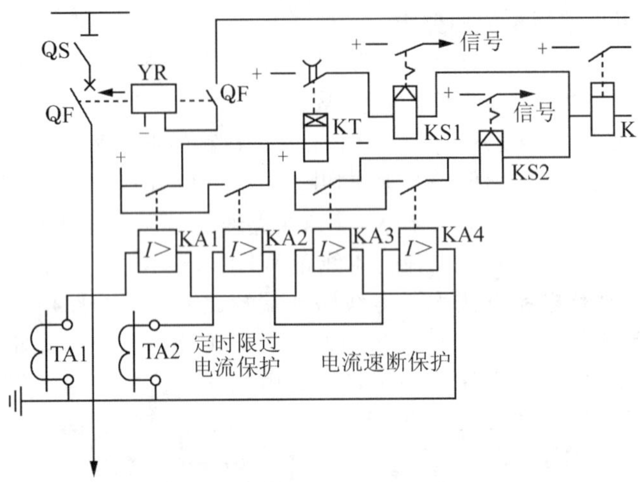

图 7-15　电力线路定时限过电流保护和电流速断保护电路图

3. 电流速断保护的灵敏度

电流速断保护的灵敏度通常用保护范围的大小来衡量，保护范围越大，说明保护越灵敏。一般认为最小保护范围不小于被保护线路全长的 15%时，装设电流速断保护才有意义，最大保护范围大于被保护线路全长的 50%时，保护效果良好。电流速断保护灵敏度用供电系统最小运行方式下保护装置安装处的两相短路电流进行校验，即

$$S_p=\frac{K_w I_K^{(2)}}{K_i I_{qb}}\geqslant 1.5\sim2 \tag{7-21}$$

式中　$I_K^{(2)}$——线路首端在系统最小运行方式下的两相短路电流。

7.3.4　带时限的过电流保护

带时限的过电流保护是指动作电流按躲过线路最大负荷电流整定的一种保护，在正常运行时，它不会动作。当供电系统发生故障时，由于一般情况下故障电流比最大负荷电流大得多，所以保护的灵敏性较高，不仅能保护线路全长，作为本线路的近后备保护，而且还能保护相邻线路的全长甚至更远，作为相邻线路的远后备保护。当流过被保护元件的电流超过预先整定的某个数值时就使断路器跳闸或发出报警信号的保护装置称为过电流保护装置。按其动作时间特性分，有定时限过电流保护和反时限过电流保护两种。

1. 定时限过电流保护装置

定时限过电流保护装置主要由电流继电器和时间继电器等组成，如图 7-16 所示。在正常工作情况下，断路器 QF 闭合，保持正常供电，线路中流过正常工作电流，过电流继电器 KA1、KA2 均不起动。当被保护线路中发生严重过载或短路故障时，线路中流过的电流激增，经电流互感器，使电流继电器 KA 回路电流达到 KA1 或 KA2 的整定值，其动触点闭合，起动时间继电器 KT，经一定延时后，KT 的触点闭合，起动信号继电器 KS，信号牌掉下，并接通灯光或音响信号。同时，中间继电器 KM 线圈得

电，触点闭合，将断路器 QF 的跳闸线圈接通，QF 跳闸。其中，时间继电器 KT 的动作时限是预先设定的，与过电流的大小无关，所以称为定时限过电流保护，通过设定适当的延时，可以保证保护装置动作的选择性。从过电流保护的动作原理可以看出，要使定时限过电流保护装置满足动作可靠、灵敏，同时满足选择性的要求，必须解决两个问题：一是正确整定过电流继电器的动作电流；二是正确整定时间继电器的延时时间。

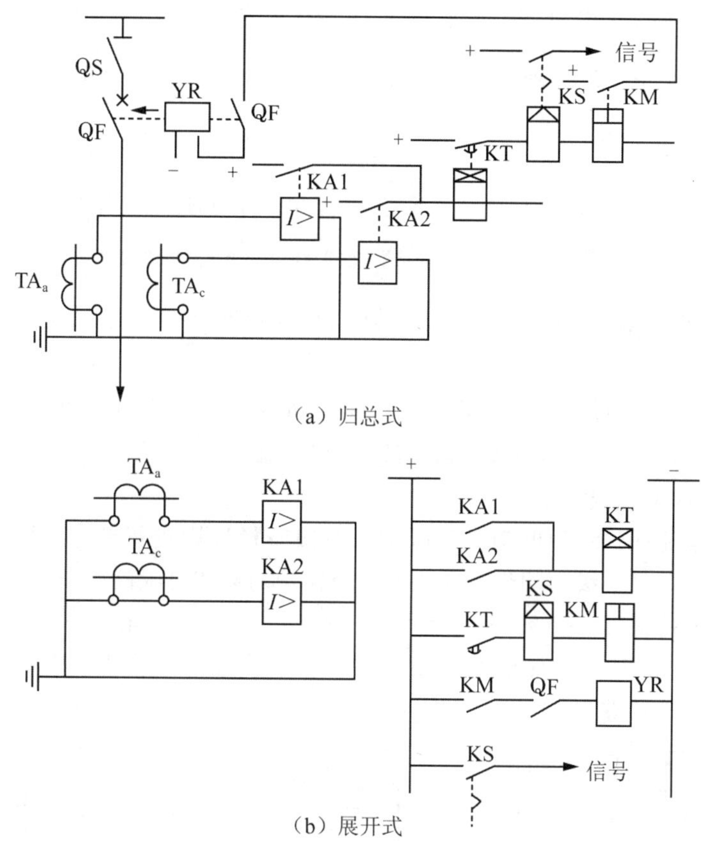

图 7-16　定时限过电流保护原理接线图

QF—高压断路器　TA—电流互感器　KA—电流继电器　KT—时间继电器
KS—信号继电器　KM—中间继电器　YR—跳闸线圈

(1)动作电流的整定

如图 7-17 所示，过电流保护起动示意图。当 K 点发生故障时，短路电流同时通过 KA1 和 KA2，它们同时起动，按照选择性，此时应该跳开 QF2 切除故障。故障消失后，已起动的电流继电器 KA1，应自动返回到原始位置。

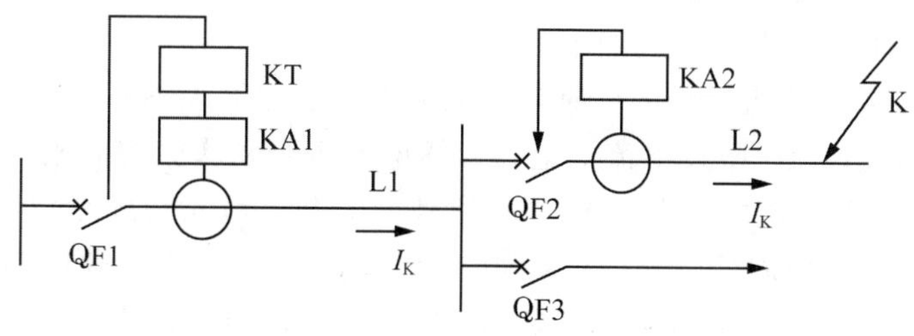

图 7-17　过电流保护起动示意图

能使过电流继电器动作(触点闭合)的最小电流称为继电器的“动作电流”，用 I_{op}表示。

使继电器返回原来位置的最大电流称为返回电流，用 I_{re}表示，返回电流与动作电流之比称为返回系数 K_{re}，则

$$K_{re}=\frac{I_{re}}{I_{op}} \tag{7-22}$$

设电流互感器的变比为 K_i，保护装置的接线系数为 K_W，保护装置的返回系数为 K_{re}，线路最大负荷电流换算到继电器中的电流为$\frac{K_W}{K_i}I_{L.max}$。由于继电器的返回电流 I_{re}也要躲过 $I_{L.max}$，即 $I_{re}>\frac{K_W}{K_i}I_{Lmax}$。而 $I_{re}=K_{re}I_{op}$，因此 $K_{re}I_{op}>\frac{K_W}{K_i}I_{Lmax}$，也就是 $I_{op}>\frac{K_W}{K_{re}K_i}I_{Lmax}$，将此式写成等式，计入一个可靠系数 K_{rel}，由此得到过电流保护动作整定公式：

$$I_{op}=\frac{K_{rel}K_W}{K_{re}K_i}I_{L.max} \tag{7-23}$$

式中 K_{rel}——保护装置的可靠系数，对 DL 型继电器可取 1.2，对 GL 型继电器可取 1.3；

K_W——保护装置的接线系数，按三相短路来考虑，对两相两继电器接线(相电流接线)为 1，对两相一继电器接线(两相电流差接线)为$\sqrt{3}$。

(2)动作时间的整定

定时限过电流保护装置的动作时限按照时限阶梯原则进行整定，即从线路最末端被保护设备开始，每一级的动作时限比前一级保护的动作时限高一个是机时间级差 Δt，从而保证动作的选择性，如图 7-18 所示。一般 Δt 的取值范围在 0.5～0.7s 之间，一般取 0.5s。当然 Δt 的时间在保证保护选择性的前提下应尽可能小，以利于快速切除故障，提高保护的速动性。

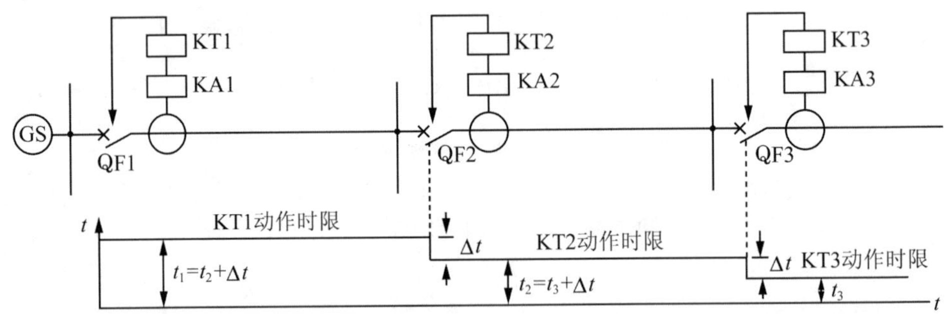

图 7-18 定时限过电流保护时间整定

2. 反时限过电流保护装置

(1)反时限过电流保护装置的组成

如图 7-19 所示，交流操作的反时限过电流保护装置原理图和展开图。图中 KA1、KA2 为 GL 型感应式反时限过电流继电器，继电器本身动作带有时限，并有动作指示掉牌信号，所以回路不需接时间继电器和信号继电器。当线路故障时，继电器 KA1、KA2 动作，经过一定时限后，其动合触点闭合，动断触点断开，这时断路器的交流操作跳闸线圈 YR1、YR2 除去短接分流支路而通电动作，断路器跳闸，切除故障。在继

电器去分流的同时，其信号牌自动掉下，指示保护装置已经动作。故障切除后，继电器返回，但其信号牌需手动复归。

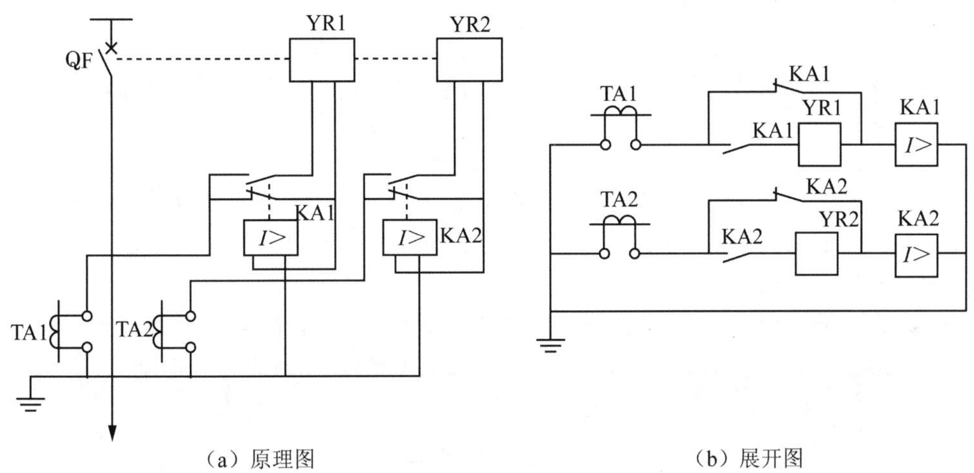

（a）原理图　　（b）展开图

图 7-19　反时限过电流保护的原理接线图

(2)反时限过电流保护动作电流和动作时间的整定

反时限过电流保护动作电流的整定与定时限过电流保护完全一样，动作时间的整定也必须遵循时限阶梯性原则。但是，由于具有反时限特性的过电流继电器动作时间不是固定的，它随电流的增大而减小，因而动作时间的整定比较复杂一些。因为 GL 型电流继电器的时限调整机构是按 10 倍动作电流的动作时间标度的，因此，反时限过电流保护的动作时间是按 10 倍动作电流曲线整定的，如图 7-20 所示。

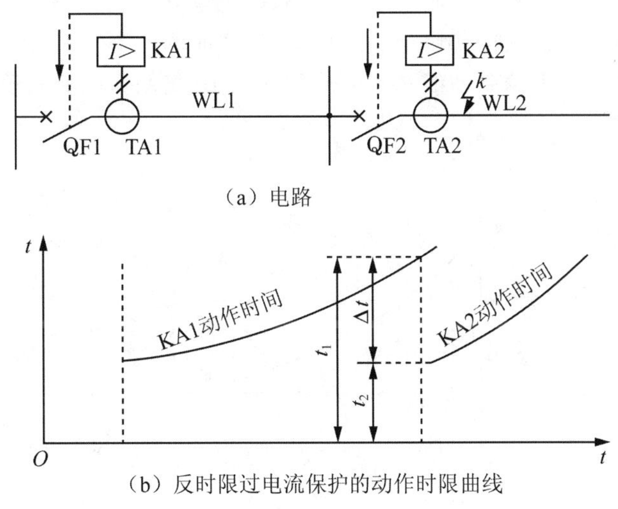

（a）电路

（b）反时限过电流保护的动作时限曲线

图 7-20　反时限过电流保护的整定

假设：后一级保护 KA2 的 10 倍动作电流动作时间已经整定为 t_2，现要求整定前一级保护 KA1 的 10 倍动作电流动作时间 t_1，整定计算步骤如下。

①计算 WL2 首端(WL1 末端)三相短路电流 I_K 反应到 KA2 中的电流值

$$I'_{K(2)}=\frac{K_{W(2)}}{K_{I(2)}}I_K \tag{7-24}$$

式中　$K_{W(2)}$——KA2 与 TA2 的接线系数；

$K_{i(2)}$——TA2 的变流比。

②计算 $I'_{K(2)}$ 对 KA2 的动作电流 $I_{op(2)}$ 的倍数，即

$$n_2=\frac{I'_{K(2)}}{I_{op(2)}} \tag{7-25}$$

③确定 KA2 的实际动作时间。在如图 7-21 所示 KA2 的动作特性曲线的横坐标轴上，找出 n_2，然后向上找到该曲线上 b 点，该点所对应的动作时间 t'_2 就是 KA2 在通过 $I'_{K(2)}$ 时的实际动作时间。

④计算 KA1 的实际动作时间。根据保护选择性的要求，KA1 的实际动作时间 $t'_1=t'_2+\Delta t$。取 $\Delta t=0.7\text{s}$，故 $t'_1=t'_2+0.7\text{s}$。即为 KA_1 的动作时间的整定值。

⑤计算 WL2 首端三相短路电流 I_K 反应到 KA1 中的电流值，即

$$I'_{K(1)}=\frac{K_{W(1)}}{K_{i(1)}}I_K \tag{7-26}$$

式中　$K_{W(1)}$——KA1 与 TA1 的接线系数；

$K_{i(1)}$——TA1 的变流比。

⑥计算 $I'_{K(1)}$ 对 KA1 的动作电流 $I_{op(1)}$ 的倍数，即

$$n_1=\frac{I'_{K(1)}}{I_{op(1)}} \tag{7-27}$$

式中　$I_{op(1)}$——KA1 的动作电流(已整定)。

⑦确定 KA1 的 10 倍动作电流的动作时间

根据 n_1 与 KA1 的实际动作时间 t'_1，从 KA1 的动作特性曲线的坐标图上找到其坐标点 a 点，则此点所在曲线的 10 倍动作电流的动作时间 t_1 即为所求。如果 a 点在两条曲线之间，则只能从上下两条曲线来粗略地估计其 10 倍动作电流的动作时间。

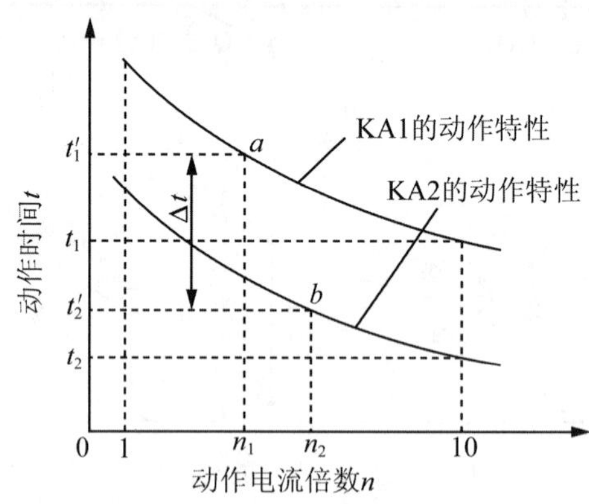

图 7-21　反时限过电流保护的动作时间整定

与定时限过电流保护装置相比，反时限过电流保护装置简单、经济，可用于交流操作，且能同时实现速断保护。缺点是动作时间的误差较大。

3. 过电流保护装置灵敏度校验及提高灵敏度的措施

(1)过电流保护装置灵敏度校验

过电流保护整定时，要求在线路出现最大负荷时，该装置不会误动作；当线路发生短路故障时，则必须能够准确地起动，这就要求流过保护装置的最小短路电流值必须大于其动作电流值，通常需要对保护装置进行灵敏度校验。

对于线路过电流保护，$I_{K.min}$应取被保护线路末端在系统最小运行方式下的两相短路电流 $I_{Kmin}^{(2)}$。而 $I_{op(1)}=(K_i/K_W)I_{op}$。因此按规定过电流保护的灵敏系数必须满足的条件为

$$S_p=\frac{K_W I_{K.min}^{(2)}}{K_i I_{op}}\geqslant 1.5 \tag{7-28}$$

当过电流保护作后备保护时，如满足上式有困难，可以取 $S_p\geqslant 1.2$。

当过电流保护灵敏系数达不到上述要求时，可采用下述的低电压闭锁保护来提高灵敏度。

(2)低电压闭锁的过电流保护

如图7-22所示保护电路，低电压继电器KV通过电压互感器TV接在母线上，而KV的常闭触点则串入电流继电器KA的常开触点与中间继电器KM的线圈回路中。

在供电系统正常运行时，母线电压接近于额定电压，因此低电压继电器KV的常闭触点是断开的。由于KV的常闭触点与KA的常开触点串联，所以这时KA即使由于线路过负荷而动作，其常开触点闭合，也不致造成断路器误跳闸。正因为如此，凡有低电压闭锁的过电流保护装置的动作电流就不必按躲过线路最大负荷电流 $I_{L.max}$来整定，而只需按躲过线路的计算电流 I_{30}来整定，当然保护装置的返回电流也应躲过计算电流 I_{30}。故此时过电流保护的动作电流的整定计算公式为

$$I_{op}=\frac{K_{rel}K_W}{K_{re}K_i}I_{30} \tag{7-29}$$

式中　各系数的取值与式(7-23)相同。

由于其 I_{op}减小，从式(7-28)可知，能提高保护的灵敏度 S_p。

上述低电压继电器的动作电压按躲过母线正常最低工作电压 U_{min}来整定，当然，其返回电压也应躲过U_{min}，也就是说，低电压继电器在U_{min}时不动作，只有在母线电压低于U_{min}时才动作。因此低电压继电器动作电压的整定计算公式为

$$U_{op}=\frac{U_{min}}{K_{rel}K_{re}K_u}\approx(0.57\sim0.63)\frac{U_N}{K_u} \tag{7-30}$$

式中　U_{min}——母线最低工作电压，取$(0.85\sim0.95)U_N$；

U_N——线路额定电压；

K_{rel}——保护装置的可靠系数，可取1.2；

K_{re}——低电压继电器的返回系数，可取1.25；

K_u——电压互感器的变压比。

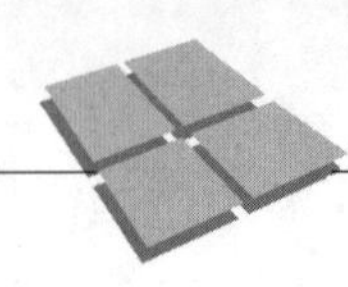

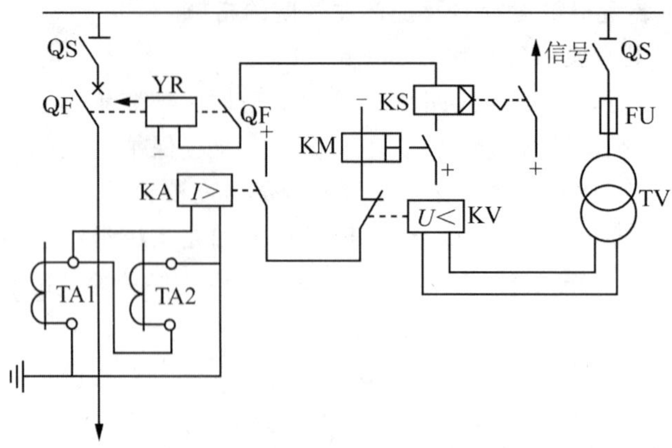

图 7-22 低电压闭锁的过电流保护电路

QF—高压断路器 TA—电流互感器 TV—电压互感器 KA—电流继电器 KM—中间继电器 KS—信号继电器 kV—低电压继电器 YR—断路器

7.3.5 中性点不接地系统的单相接地保护

1. 绝缘监察装置

在工厂变电所中常装设三组单相电压互感器或者一台三相五柱式电压互感器组成绝缘监察装置，如图 7-23 所示。在二次侧星形联结的绕组上接有三只电压表，以测量各相对地电压，另一个二次绕组接成开口三角形，接入电压继电器。正常运行时，三相电压对称，没有零序电压，过电压继电器不动作，不发出信号，三只电压表读数均为相电压。当三相系统任一相发生完全接地时，接地相对地电压为零，其他两相对地电压升高$\sqrt{3}$倍，同时在开口三角上出现 100V 的零序电压，使电压继电器动作，发出故障信号。此时，运行人员根据三只电压表上的电压指示判断故障相，但还不能判断是哪一条线路，可逐一短时断开线路来寻找。这种方法只适用于引出线不多，又允许短时停电的中小型变电所。

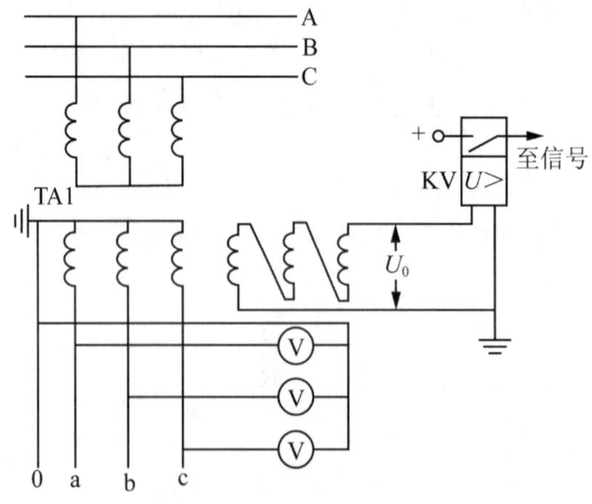

图 7-23 绝缘监视接线图

2. 单相接地保护

(1)单相接地保护装置的组成

单相接地保护是利用系统发生单相接地时所产生的零序电流来实现的。如图 7-24 所示，架空线路的单相接地保护，一般采用由三个单相电流互感器同极性并联构成的零序电流互感器来实现。对于电缆，为了减少正常运行时的不平衡电流，都采用专门的零序电流互感器，套在电缆头处。当三相对称时，由于三相电流之和为零，零序电流互感器二次侧不会感应出电流，继电器不动作。当出现单相接地时，产生零序电流，从电缆头接地线流经电流互感器。在互感器二次侧产生感应电势及电流，使继电器 KA 动作，发出信号。电缆头的接地线在装设时，必须穿过零序电流互感器铁心后接地，否则保护不起作用。

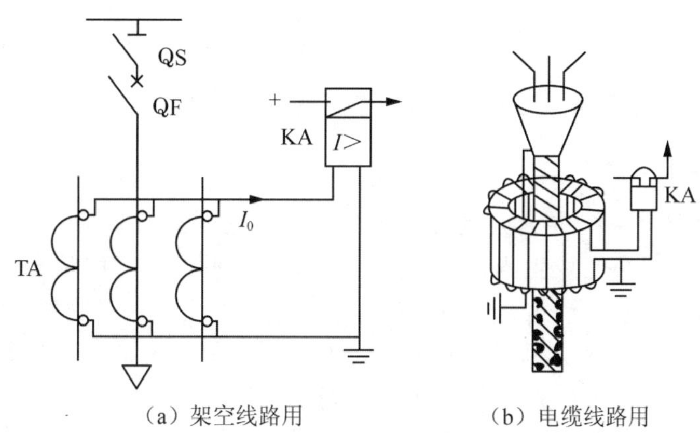

(a) 架空线路用　　(b) 电缆线路用

图 7-24　单相接地保护的零序电流互感器的结构和接线

(2)单相接地保护动作电流的整定

对于架空线路，采用图 7-24(a)的电路，电流继电器的整定值需要躲过正常负荷电流下产生的不平衡电流 I_{dql} 和其他线路接地时在本线路上引起的电容电流 I_c，即

$$I_{op(E)}=K_{rel}(I_{dql.K}+\frac{I_c}{k_i}) \tag{7-31}$$

式中 K_{rel}——可靠系统，其值与动作时间有关。保护装置不带时限时，其值取 4～5，以躲过本身线路发生两相短路时所出现的不平衡电流；保护装置带时限时，其值取 1.5～2，这时接地保护装置的动作时间应比相间短路的过电流保护的动作时间大一个 Δt，以保证选择性；

$I_{dql.K}$——正常运行负荷电流不平衡时在零序电流互感器输出端出现的不平衡电流；

I_c——其他线路接地时，在本线路的电容电流，如果是架空电路，$I_c\approx\frac{U_N l}{350}$(A)，若是电缆线路 $I_c\approx\frac{U_N l}{10}$(A)，其中 U_N 线路的额定电压(kV)，l 为线路长度(km)；

k_i——零序电流互感器的变流比。

对于电缆电路，则采用图 7-24(b)的电路，整定动作电流只需躲过本线路的电容电

流 I_c 即可，因此

$$I_{op(E)} = K_{rel} I_c \tag{7-32}$$

式中　$I_c \approx \frac{U_N l}{10}$(A)。

(3)单相接地保护的灵敏度

无论是架空或电缆线路，单相接地保护的灵敏度，应按被保护线路末端发生单相接地故障时流过接地线的不平衡电容电流来检验，灵敏度必须满足的条件为

$$S_p = \frac{I_{c\Sigma} - I_c}{K_i I_{op}} \geqslant 1.2 \tag{7-33}$$

式中　$I_{c\Sigma}$——单相接地总电容电流；

K_i——零序电流互感器的变流比。

7.4　工厂电力变压器的保护配置

7.4.1　概述

变压器是变配电系统中十分重要的设备，一般它的运行较为可靠，故障率较低。但在运行中，它还是可能发生内部故障、外部故障及不正常工作状态。它的故障将对供电系统的正常运行带来严重的影响。变压器故障分为油箱内部故障和外部故障两种。内部故障指变压器油箱内绕组的相间短路、匝间短路和单相接地短路等。变压器油箱内部故障短路电流产生的电弧不仅破坏绕组绝缘，烧坏铁心，而且由于绝缘材料和变压器油的分解产生大量气体，压力增大，可能使油箱爆炸，产生严重的后果。外部故障指引出线上及绝缘套管的相间短路和接地短路等。变压器不正常工作状态主要有外部短路和过负荷引起的过电流，油箱内油面降低和油温升高超过规定值以及过电压或频率降低引起的过励磁等。考虑到变压器在电力系统中的重要地位及其故障和不正常工作状态可能造成的严重后果，电力变压器应按照其容量和重要程度装设相应的继电保护装置。

针对上述各种故障与不正常工作状态，变压器应根据情况装设下列保护。

1)瓦斯保护。它能反应(油浸式)变压器油箱内部故障和油面降低，瞬时动作于信号或跳闸。容量在 320kV·A 以上的户内安装的油浸式变压器和 800kV·A 以上的户外油浸式变压器都应装设瓦斯保护。

2)差动保护或电流速断保护。它能反应变压器内部故障和引出线的相间短路、接地短路，瞬时动作于跳闸。

3)过电流保护。它能反应变压器外部短路而引起的过电流，带时限动作于跳闸，可作为上述保护的后备保护。

4)过负荷保护。它能反应过载而引起的过电流，一般作用于信号。

7.4.2　变压器瓦斯保护

1. 瓦斯继电器

瓦斯保护是反映油浸式变压器油箱内部气体状态和油位变化的保护。它将瓦斯继电器安装在油箱与油枕之间充满油的联通管内构成。在油浸式变压器油箱内绕组发生

短路时，在短路点产生电弧，电弧的高温使变压器油分解产生瓦斯气体。瓦斯气体经联通管冲向油枕，使瓦斯继电器机械触点在压力的作用下动作。瓦斯继电器动作分轻瓦斯和重瓦斯两种，轻瓦斯动作于信号，而重瓦斯动作于跳闸。

瓦斯保护的测量元件是气体继电器。为便于气流顺利通过气体继电器，变压器的顶盖与水平面间应有 1%～1.5%的坡度，连接管道应有 2%～4%的坡度。气体继电器的型式较多，FJ_3—80 型瓦斯继电器结构如图 7-25 所示。变压器正常运行时，油杯侧产生的力矩与平衡锤所产生的力矩相平衡。挡板处于垂直位置，干簧触点断开。若油箱内发生轻微故障，产生的瓦斯气体较少，气体慢慢上升，并聚积在瓦斯继电器内。当气体积聚到一定程度时，气体的压力使油面下降，油杯侧的力矩大大超过平衡锤所产生的力矩，因此油杯绕支点转动，使上部干簧触点闭合，发出轻瓦斯动作信号。若油箱内发生严重的故障，会产生大量的瓦斯气体，再加上油膨胀，使油箱内压力增大，迫使变压器油迅猛地从油箱冲向油枕。在油流的冲击下，继电器下部挡板被掀起，带动下部干簧触点闭合，接通跳闸回路，使断路器跳闸。

如果变压器油箱漏油，使瓦斯继电器的上油杯油面下降，先发出报警信号，随着继电器的下油杯油面下降使断路器跳闸回路接通并发出跳闸信号。

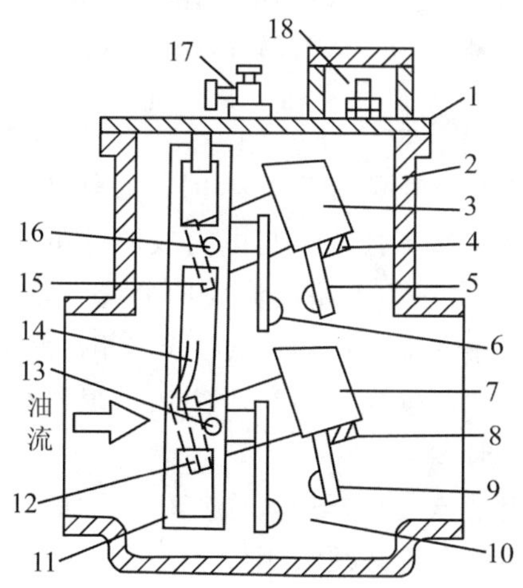

图 7-25　FJ_3—80 型气体继电器的结构示意图

1—盖　2—容器　3—上油杯　4—永久磁铁　5—上动触点　6—上静触点　7—下油杯　8—永久磁铁　9—下动触点　10—下静触点　11—支架　12—下油杯平衡锤　13—下油杯转轴　14—挡板　15—上油杯平衡锤　16—上油杯转轴　17—放气阀　18—接线盒

2. 瓦斯保护的接线

瓦斯保护的接线如图 7-26 所示。由于瓦斯继电器的下部触点在发生重瓦斯时有可能接触不稳定，影响断路器可靠跳闸，故利用中间继电器 KM 的一对常开触点构成“自保持”动作状态，而另一对常开触点接通跳闸回路。当跳闸完毕时，中间继电器失电返回。

瓦斯继电器可以反映变压器油箱内部一切故障，包括漏油、漏气、油内有气、匝间故障、绕组相间短路等。其动作迅速、灵敏而且结构简单、价格便宜。但是它不能反映油箱外部电路的故障，所以不能作为变压器唯一的保护装置。另外瓦斯继电器也

易在一些外界因素的干扰下误动作，必须认真安装、精心维护，尽可能消除误动作。

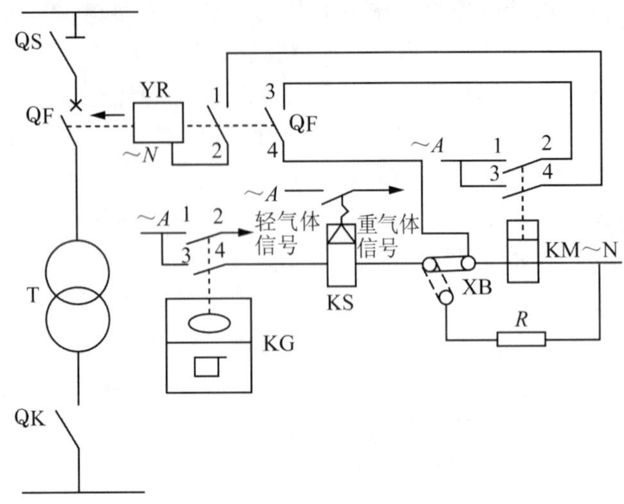

图 7-26　变压器瓦斯保护原理接线图

KS—信号继电器　KM—中间继电器　QF—断路器

YR—跳闸线圈　XB—连接片　T—电力变压器

7.4.3　变压器电流速断保护

当变压器的过电流保护动作时限大于 0.5s 时，必须装设电流速断保护。变压器电流速断保护的速断电流的整定计算公式，与电力线路的电流速断保护基本相同，只是式(7-20)的 $I_{K.max}$ 应取低压母线三相短路电流周期分量有效值换算到高压侧的电流值，即变压器电流速断保护的动作电流按躲过低压母线三相短路电流来整定。

变压器速断保护的灵敏度，按变压器高压侧在系统最小运行方式时发生两相短路的短路电流 $I_K^{(2)}$ 来校验，要求 $S_p \geqslant 1.5$。

当变压器空载投入或突然恢复电压时，会产生很大的励磁涌流。为防止变压器速断保护误动作，速断保护动作电流必须大于(2～3)倍一次侧的额定电流，从而使变压器的电流速断保护范围向变压器绕组内缩小，产生部分绕组的保护“死区”，即不能保护变压器的全部绕组。为了弥补“死区”，必须与过电流保护配合使用。

7.4.4　变压器的过电流保护

变压器的过电流保护无论定时限还是反时限保护，其电路组成和原理都与线路过电流保护完全相同，变压器过电流保护的动作电流整定计算公式，也与电力线路过电流保护基本相同，只是式(7-23)$I_{L.max}$ 应取为(1.5～3)$I_{1N.T}$，这里的 $I_{1N.T}$ 为变压器的额定一次电流。

变压器过电流保护的动作时限也按“时限阶梯性原则”整定，要求与线路保护一样。但对于(6～20)/0.4kV 配电变压器，属于供电系统终端，其过电流保护的动作时限可整定为 0.5s 或与变压器二次侧的速断保护或其他保护相配合，取一个时限阶梯 0.5s。

变压器过电流保护的灵敏度，按变压器低压侧母线在系统最小运行方式时发生两相短路(换算到高压侧的电流值来校验。其灵敏度的要求也与线路过电流保护相同，即

$S_p \geqslant 1.5$；当作为后备保护时可以取 $S_p \geqslant 1.2$。

7.4.5 变压器过负荷保护

变压器的过负荷保护反应变压器对称过负荷引起的过电流。保护用一个电流继电器接于一相电流，经延时动作于信号。过负荷保护的安装侧，应根据保护能反映变压器各侧绕组可能过负荷的情况来选择。

1)对双绕组升压变压器，装于发电机电压侧(主要用于电力系统)。

2)对一侧无电源的三绕组升压变压器，装于发电机电压侧和无电源侧，主要用于电力系统。

3)对三侧有电源的三绕组升压变压器，三侧均应装设，主要用于电力系统。

4)对于双绕组降压变压器，装于高压侧，主要用于供配电系统。

5)仅一侧有电源的三绕组降压变压器，若三侧绕组的容量相等，只装于电源侧；若三侧绕组的容量不等，则装于电源侧及绕组容量较小侧，主要用于供配电系统。

6)对两侧有电源的三绕组降压变压器，三侧均应装设，主要用于供配电系统。

装于各侧的过负荷保护，均经过同一时间继电器作用于信号。

过负荷保护的动作电流，应按躲开变压器的额定一次电流整定，即

$$I_{op.2}=\frac{(1.2-1.3)I_{nt.1}}{K_i} \tag{7-34}$$

为了防止过负荷保护在外部短路时误动作，其时限应比变压器的后备保护动作时限大一个 Δt 或稍大一点，一般取 10～15s。

如图 7-27 所示，变压器电流速断保护、过电流保护及过负荷保护的综合原理图。其中，KA1、KA2 构成过电流保护，KA3、KA4 构成电流速断保护，KA5 构成过负荷保护。

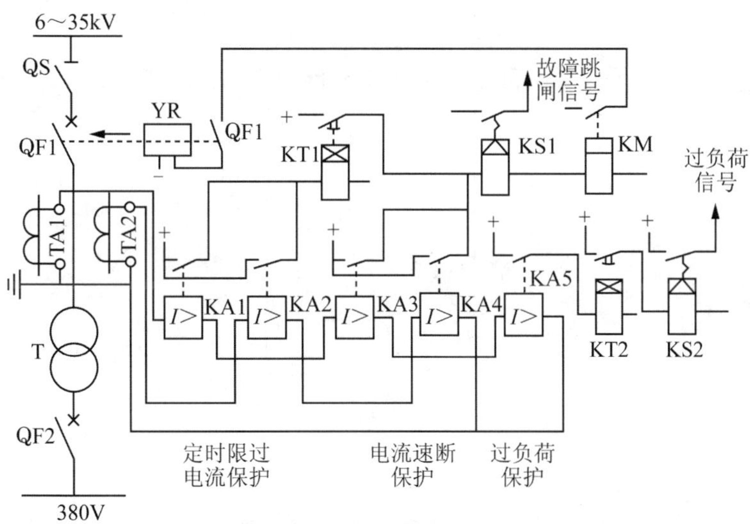

图 7-27 变压器的电流速断保护、过电流保护和过负荷保护综合原理

7.4.6 变压器低压侧单相接地保护

变压器低压侧的单相短路保护，可采取下列措施。

1. 低压侧装设三相均带过电流脱扣器的低压断路器

这种低压断路器，既作低压侧的主开关，操作方便，便于自动投入，提高供电可靠性，又可用来保护低压侧的相间短路和单相短路。这种措施在低压配电保护电路中得到广泛的应用。

2. 低压侧三相装设熔断器保护

这种措施既可以保护变压器低压侧的相间短路也可以保护单相短路，但由于熔断器熔断后更换熔体需要一定的时间，所以它主要适用于供电要求不太重要负荷的小容量变压器。

3. 在变压器中性点引出线上装设零序过电流保护

如图 7-28 所示，变压器的零序过电流保护原理接线图。这种零序过电流保护的动作电流，按躲过变压器低压侧最大不平衡电流来整定，其整定计算公式为

$$I_{op(0)}=\frac{K_{rel}K_{dsq}}{K_i}I_{2N.T} \tag{7-35}$$

式中 $I_{2N.T}$——变压器的额定二次电流；

K_{dsq}——不平衡系数，一般取 0.25；

K_{rel}——可靠系数，一般取 1.2～1.3；

K_i——零序电流互感器的变流比。

零序过电流保护的动作时间一般取 0.5～0.7s。

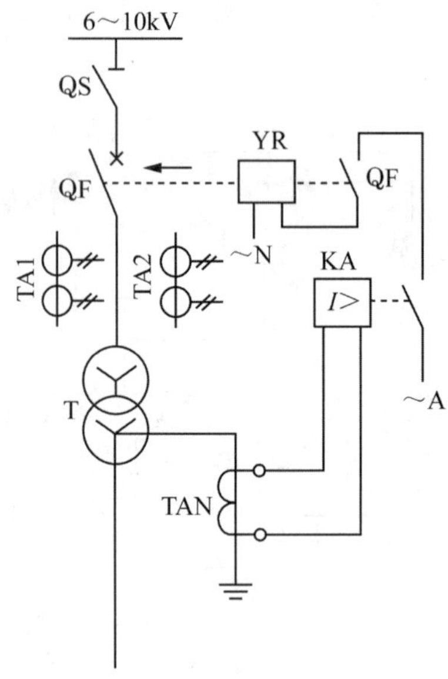

图 7-28 变压器的零序过电流保护原理接线图

QF—高压断路器 TNA—零序电流互感器 KA—电流继电器 YR—断路跳闸线圈

零序过电流保护的灵敏度，按低压侧干线末端发生单相短路来校验，即

$$S_p = \frac{I_{K.min}^{(1)}}{I_{op.2} K_i} \geqslant 1.25 - 1.5 \tag{7-36}$$

式中　$I_{K.min}^{(1)}$——低压干线末端最小单相短路电流(kA)。

对架空线 $S_p \geqslant 1.5$，对电缆线 $S_p \geqslant 1.2$，该保护灵敏度较高，但不经济，一般较少采用。

4. 采用两相三继电器接线或三相三继电器接线的过电流保护

如图 7-29 所示接线，这两种接线既能实现相间短路保护，又能实现对变压器低压侧的单相短路保护，且保护灵敏度比较高。

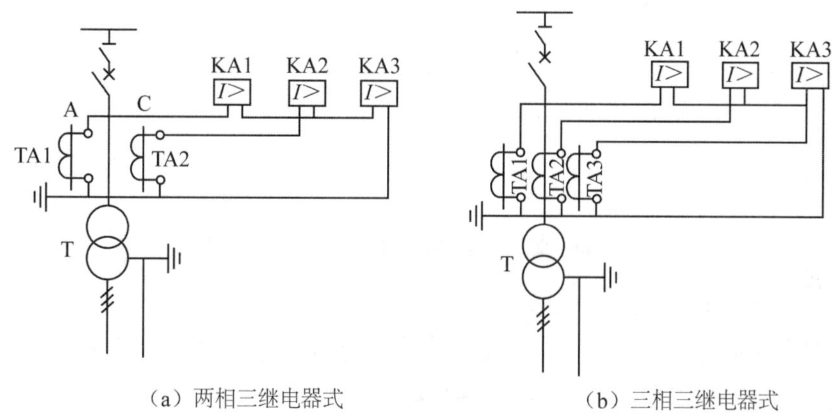

（a）两相三继电器式　　（b）三相三继电器式

图 7-29　适用于变压器低压侧单相短路保护的两种接线方式

这里必须指出，通常作为变压器保护的两相两继电器接线和两相一继电器接线均不宜作为低压单相短路保护。

7.4.7　变压器的差动保护

变压器的纵差动保护是变压器的主保护，用来反映变压器绕组、引出线及套管上两侧电流的差值而动作的保护装置，其保护区在变压器一、二次侧所装电流互感器之间。变压器速断保护可瞬时切除变压器故障，但因动作电流整定值较大，往往不够灵敏，并且有"死区"，虽然过电流保护可以弥补"死区"，但动作时限又较长。为此，对于容量较大、所处位置又很重要的变压器，应采用纵差动保护以代替电流速断保护。差动保护分纵联差动和横联差动两种形式，纵联差动保护用于单回路，横联差动保护用于双回路。这里讲的变压器差动保护是纵联差动保护。

1. 变压器差动保护的基本原理

如图 7-30 所示，变压器纵联差动保护单相原理图。在变压器正常运行及差动保护区外部故障，如 K－1 点短路时，由于流入继电器线圈里的电流为零，继电器 KA 不动作。而在差动保护区内发生短路，如 K－2 点短路时，对于单侧供电的变压器 $I''_2 = 0$，则流入继电器线圈的电流 $I_{KA} = I''_1$，当超过继电器动作电流整定值时，KA 瞬时动作，并通过中间继电器 KM 使两侧断路器跳闸，由信号继电器 KS1 和 KS2 发出信号。

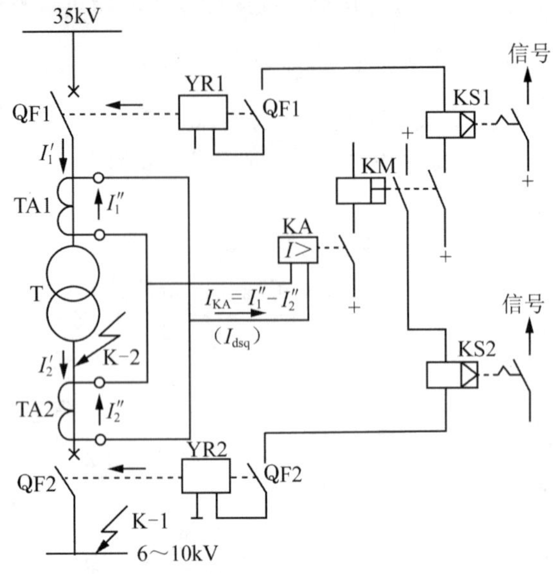

图 7-30　变压器差动保护的单相原理电路图

2. 不平衡电流的产生及防止或减少措施

通过对变压器差动保护工作原理分析可知，为了防止保护误动作，必须使差动保护的动作电流大于最大的不平衡电流，而为了提高差动保护的灵敏度，又必须设法减小不平衡电流。因此，分析变压器差动保护中不平衡电流产生的原因及其减小或消除的措施是十分必要的。

(1)不平衡电流产生的原因

①两侧电流互感器的型号不同，特性不一致。

②两侧电流互感器的变比不同。

③在运行中改变变压器的变比。

④变压器的励磁涌流。

⑤变压器各绕组接线方式不同。

(2)防止或减少不平衡电流的措施

①保护延时 1s 动作，躲过激磁涌流峰值。

②提高保护整定值躲过激磁涌流。

经验证明在继电器动作时间内涌流已衰减到额定电流的 3.5～4.5 倍以下，保护的动作电流整定为额定电流的 3.5～4.5 倍即可。它的缺点是灵敏度往往受到限制。

③利用励磁涌流中的非周期分量助磁，使铁心饱和，以躲过励磁涌流的影响，如采用 FB—1 型速饱和变流器和 BCH 型差动继电器等。

④利用鉴别励磁涌流间断角和涌流二次谐波制动或直流分量制动的原理组成能躲过励磁涌流的半导体差动继电器。

⑤对于 Yd11 接线的变压器，因两侧电流存在 30°的相位差，而产生差电流流入继电器，对此可采用相位补偿的方法来消除这种不平衡电流的影响。通常采用将变压器星形侧的电流互感器接成三角形，而将变压器三角形侧的电流互感器接成星形，在考

虑联结方式后可将相位修正过来，其补偿原理接线图如图 7-31 所示。

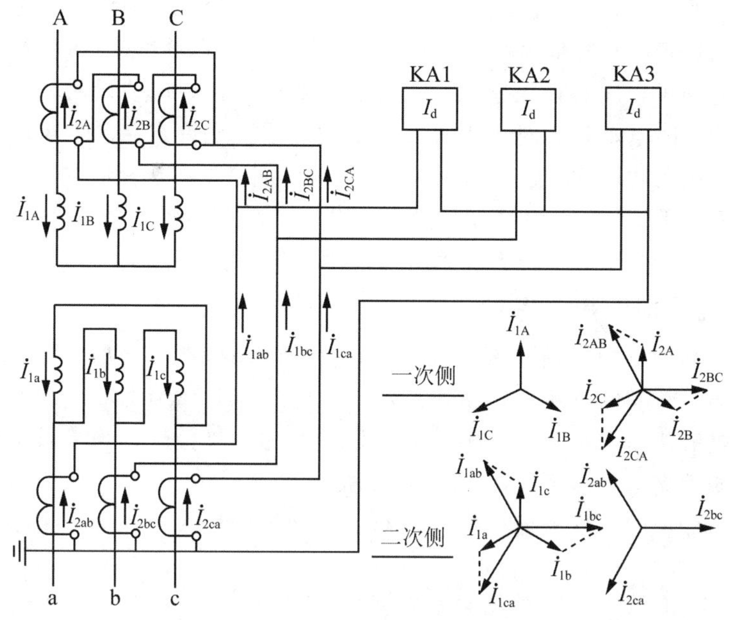

（a）两侧电流互感器的结线　（b）电流相量分析(设变压器和互感器的匝数比均为1)

图 7-31　Yd11 联结变压器的纵联差动保护结线

3. 变压器差动保护动作电流的整定

变压器差动保护的动作电流 $I_{op(d)}$ 应满足以下三个条件。

1)应躲过变压器差动保护区外短路时出现的最大不平衡电流 $I_{dsq.max}$。即

$$I_{op(d)}=K_{rel}I_{dsq.max} \tag{7-37}$$

式中　K_{rel}——可靠系数，可取 1.3。

2)应躲过变压器励磁涌流，即

$$I_{op(d)}=K_{rel}I_{1N.T} \tag{7-38}$$

式中　$I_{1N.T}$——变压器额定一次电流；

K_{rel}——可靠系数，可取 1.3～1.5。

3)动作电流应大于变压器最大负荷电流，防止在电流互感器二次回路断线且变压器处于最大负荷时，差动保护误动作，因此有

$$I_{op(d)}=K_{rel}I_{L.max} \tag{7-39}$$

式中　$I_{L.max}$——最大负荷电流，取(1.2～1.3)$I_{1N.T}$；

K_{rel}——可靠系数，取 1.3。

7.5　工厂高压电动机的保护配置

7.5.1　概述

高压电动机在运行过程中，可能会出现各种故障或不正常运行状态。如定子绕组相间短路，单相接地故障，电动机过负荷，同步电动机失磁、失步以及供配系统电压

和频率降低而使电动机转速下降等，这些故障或不正常运行状态，若不及时发现和处理，将会引起电动机的损坏，并使供电回路电压进一步显著降低，因此，必须装设相应的保护装置。规程规定，对容量为2000kW以上的电动机或容量小于2000kW，但有六个引出线的重要电动机，应装设纵差保护。对于一般电动机，应装设两相电流速断保护，以便尽快切除故障电动机。对于不重要的电动机或不允许自启动的电动机，应装设低电压保护。高压电动机单相接地电流大于5A时，应装设有选择性的单相接地保护；当单相接地电流小于5A时，可装设接地监视装置；单相接地电流为10A及以上时保护装置动作于跳闸；而10A以下时可动作于跳闸可信号。

7.5.2 电动机的相间短路保护

电动机的相间短路是电动机最严重的故障，它会使电动机严重烧损，因此应迅速切除故障。容量在2000kW以下的电动机，广泛采用电流速断作为电动机相间短路的主保护。电动机的电流速断保护常采用电流互感器的两相差接接线，当灵敏系数要求较高时，可采用两相不完全星形接线，如图7-32所示。

电动机电流速断保护的动作电流应按躲过高压电动机的最大起动电流来整定，其整定值应满足下式：

$$I_{qb}=\frac{K_{rel}K_{W}}{K_{i}}I_{st.max} \tag{7-40}$$

式中 K_{rel}——保护装置的可靠系数，采用DL型电流继电器时取1.4～1.6，采用GL型电流继电器时取1.8～2。

电动机电流速断保护的灵敏度可按下式校验：

$$S_{p}=\frac{I''^{(2)}_{K.min}}{I_{op}}=\frac{\frac{\sqrt{3}}{2}I''^{(3)}_{K.min}}{I_{op}}\geqslant 2 \tag{7-41}$$

式中 $I''^{(3)}_{K.min}$——系统在最小运行方式下，电动机端子上最小三相短路电流次暂态值。

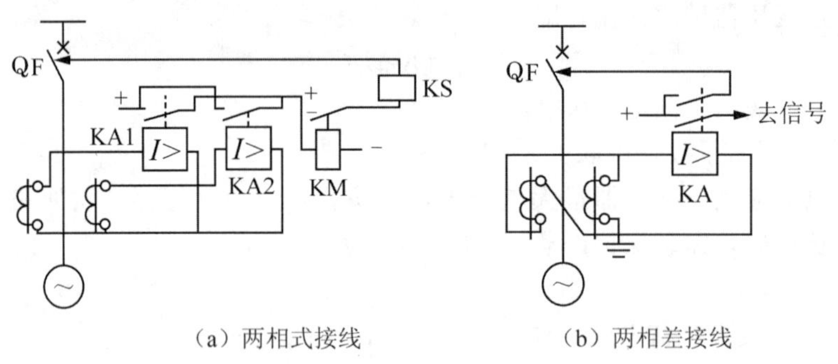

(a) 两相式接线 (b) 两相差接线

图7-32 电动机电流速断保护原理接线图

7.5.3 电动机的过负荷保护

对于容易发生过载的电动机以及在机械负载情况下不允许起动或不允许自起动的电动机上均应装设过负荷保护。据电动机允许的过热条件，电动机的过负荷保护应当具有反时限特性，过负荷倍数越大，允许过负荷的时间越短。当出现过负荷时，经整定延时保护装置发出预告信号，以便运行人员及时减负荷或者将电动机从电源中切除。

其动作电流的整定方法公式为

$$I_{op(ol)}=\frac{K_{rel}K_{W}}{K_{re}K_{i}}I_{N.M} \tag{7-42}$$

式中 K_{rel}——保护装置的可靠系数，对GL型继电器，取1.3；

K_{re}——继电器的返回系数，一般为0.8。

电动机过负荷保护动作时间应大于被保护电动机的起动与自起动时间 t_{st}。但不应超过电动机过负荷允许持续时间，一般可取10～15s。

7.5.4 高压电动机的纵差保护

高压电动机的纵差保护大多采用电流互感器的两相不完全星形接线，由两个BCH—2型差动继电器或两个DL—11型电流继电器组成。当电动机容量在5000kW以上时，采用电流互感器的三相完全星形接线，如图7-33所示。电动机在起动时也会有励磁涌流产生，并产生不平衡电流。对于采用DL—11型继电器构成的纵差保护，可用0.1s的延时来躲过起动时励磁涌流的影响；对于由BCH—2型差动继电器构成的差动保护可利用速饱和变流器及短路线圈的作用来消除电动机起动时产生的励磁涌流影响。

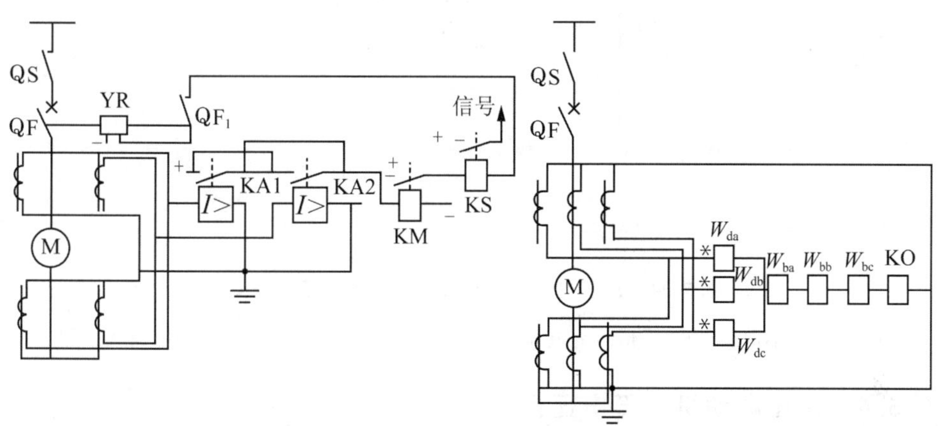

（a）采用DL型电流继电器两相式接线　（b）采用BCH—2型差动继电器三相式接线

图7-33　电动机纵差保护原理接线图

差动保护的动作电流 $I_{op(d)}$，应按躲过电动机额定电流 $I_{N.M}$ 来整定，整定计算的公式为

$$I_{op(d)}=\frac{K_{rel}}{K_{i}}I_{N.M} \tag{7-43}$$

式中 K_{rel}——保护装置的可靠系数，对BCH—2型继电器取1.3，对DL型电流继电器，取1.5～2。

保护装置灵敏度系数按下式校验：

$$S_{P}=\frac{I_{K.min}^{(2)}}{\frac{K_{i}I_{op.2}}{K_{rel}}}\geqslant 2 \tag{7-44}$$

7.5.5 高压电动机的单相接地保护

如图7-34所示，单相接地保护的动作电流 $I_{op(E)}$，按躲过保护区外(即TAN以前)

发生单相接地故障时流过TAN的电动机本身及其配电电缆的电容电流 $I_{C.M}$ 计算，即整定计算的公式为

$$I_{op(E)} = K_{rel} I_{C.M} / K_i \tag{7-45}$$

式中 K_{rel}——保护装置的可靠系数，取4～5；

K_i——TAN的变流比。

也可按保护的灵敏系数 S_p(一般取1.5)来近似地整定，即

$$I_{op(E)} = \frac{I_C - I_{C.M}}{K_i S_p} \tag{7-46}$$

式中 I_C——与高压电动机定子绕组有电联系的整个电网的单相接地电容电流；

$I_{C.M}$——被保护电动机及其配电电缆的电容电流，在此可略去不计。

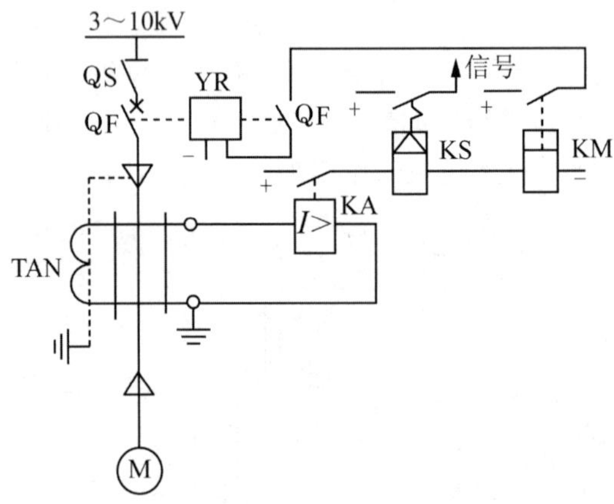

图7-34 高压电动机的单相接地保护原理接线图

KA—电流继电器 KS—信号继电器 KM—中间继电器 TAN—零序电流互感器

7.5.6 高压电动机的低电压保护

1. 低电压保护装设的原则

电动机低电压保护是电动机的一种辅助保护，其目的是保证重要电动机顺利自起动和保护不允许自起动的电动机不再自起动。

1)在电源电压暂时下降后又恢复时，为了保证重要电动机此时能顺利自起动，对不重要的电动机和不允许自起动的电动机，应装设起动电压为(60%～70%)U_N，且时限为0.5～1.5s的低电压保护，保护动作于跳闸。

2)由于生产工艺、技术或安全要求，不允许失电后又自起动的电动机，应装设起动电压为(40%～50%)U_N且时限为5～10s的低电压保护，保护动作于跳闸。

2. 低电压保护装置应满足的基本要求

1)母线三相电压均下降到保护整定值时，保护装置应可靠起动，并闭锁电压回路断线信号装置，以免误发信号。

2)当电压互感器二次侧熔断器一相、两相或三相同时熔断时，低电压保护不应误动作。

3)母线三相电压均下降到(60%～70%)U_N时，保护装置应可靠起动，以0.5～1.5s

的延时切除不重要的或不允许自起动的电动机；当电压继续下降到(40％～50％)U_N时，保护装置以5～10s的延时切除重要电动机或不允许失电后又自起动的电动机。

4)电压互感器一次侧隔离开关断开时，低电压保护应予闭锁，以免保护装置误动作。

3. 低电压保护动作值的整定

低电压保护动作值按下式整定：

$$U_{op}=\frac{U_N}{K_V}\sqrt{\frac{M_{max}/M_N}{M_{N.max}/M_N}} \tag{7-47}$$

式中 M_{max}——电压为U_{op}时，电动机最大转矩；

M_N——额定电压U_N时，电动机的额定转矩；

$M_{N.max}$——额定电压U_N时，电动机的最大转矩；

M_{max}/M_N——电动机最大转矩倍数，一般为1.8～2.2；

K_V——电压互感器的变比。

保护装置的动作时限为：当上级变电所馈出线装有电抗器时，应比本变电所其他馈出线短路保护大一个时限阶段；当上级变电所馈出线未装电抗器时，一般比上级变电所馈出线短路保护大一个时限阶段。一般低电压保护动作时限，取0.5～1.5s。

对于需要自起动，但根据保安条件在电源电压长时间消失后，需从电网自动断开的电动机。其低电压保护装置的整定电压，一般为额定电压的50％。时限一般为5～10s。

>>> 本章小结

供电系统中常见断线、短路、接地及过载故障，需装设不同类型的保护装置，在发生故障时能迅速、及时地将故障区域从供电系统中切除，当系统处于不正常运行时能发出报警信号。保护装置必须满足选择性、快速性、可靠性和灵敏性的要求。

工厂常用保护有继电器保护、熔断器保护和低压断路器保护等。在要求供电可靠性较高的高压供电系统中，过电流保护和速断保护是保护线路相间短路的简单、可靠的继电保护装置。熔断器保护装置简单经济，但断流能力较小，选择性差，熔体熔断后更换不方便，不能迅速恢复供电，在要求供电可靠性较高的场所不宜使用。低压断路器带有多种脱扣器，能够进行过电流、过载、失压和欠压保护等，而且可作为控制开关进行操作，在对供电可靠性要求较高且频繁操作的低压供电系统中广泛应用。继电保护装置中的电流是通过电流互感器与电流继电器的连接来实现的，它们之间的接线方式有三相三继电器式完全星形接线、两相两继电器式不完全星形接线、两相三继电器式不完全星形接线和两相一继电器电流差式接线等四种。

过电流保护装置分定时限过电流保护和反时限过电流保护。定时限过电流保护动作时间准确，容易整定，但继电器数目较多，接线比较复杂，在靠近电源处短路时，过电流保护装置的动作时间太长。反时限过电流保护可以采用交流操作，接线简单，所用保护设备数量少，但整定、配合较麻烦，继电器动作时限误差较大，当距离保护装置安装处较远的地方发生短路时，其动作时间较长，延长了故障持续时间。电流速断保护装置可以克服过电流保护的缺陷，但其保护装置不能保护全线路，出现一段“死区”。在装设电流速断保护的线路上，必须配备过电流保护。电力变压器的继电保护与工厂高压线路的继电保护基本相同。另外变压器还有其特殊的瓦斯保护。瓦斯保护只能反映变压器的内部故障，而不能反映变压器套管和引出线的故障。变压器的差动保护动作迅速，选择性好，在工厂企业的大、中变电所中应用较广，也可用于线路和高压电动机的保护。工厂低压供电线路主要采用熔断器保护和低压断路器保护。

>>> 复习思考题

7.1 继电保护装置的功能和作用是什么?

7.2 工厂继电保护装置有哪些特点?

7.3 继电保护装置由哪几部分组成?各部分的作用是什么?

7.4 简述电磁型继电器的工作原理。

7.5 保护的接线方式有哪几种?每种接线方式的主要应用范围是什么?

7.6 什么是过电流保护和电流速断保护?

7.7 瓦斯保护主要保护什么电气设备?它的动作原理是什么?使用中应注意哪些事项?

7.8 工厂供电线路继电保护装置的形式有哪几种?

7.9 什么是继电保护的选择性?

7.10 什么是速断保护的“死区”?如何弥补?

7.11 过电流保护和速断保护各有何优缺点?

7.12 为什么有的配电线路只装过电流保护，不装速断保护?

7.13 什么是瓦斯保护?它有几种动作类型?

7.14 简要说明定时限过电流保护的工作原理。

7.15 定时限过电流保护的动作电流和动作时限是怎样整定的?

7.16 简要说明电流速断保护的工作原理。

7.17 简述电流速断保护动作电流的整定原则。

7.18 变压器有哪些故障和不正常的工作状态?

7.19 试说明瓦斯保护的工作原理。

7.20 变压器一般应配置哪些保护?

7.21 对变压器低压侧的单相短路保护有几种方式?

>>> 习 题

7.1 某厂 10kV 供电线路设有瞬时动作的速断保护装置(两相差式接线)和定时限的过电流保护装置(两相式接线)。每一种保护装置回路中都设有信号继电器，以区别断路器跳闸的原因。已知数据：线路最大负荷电流为 180A，电流互感器变比为 200/5，在线路首端短路时的三相短路电流有效值为 2800A，线路末端短路时的三相短路电流有效值为 1000A，下一级过电流保护装置的动作时限为 1.5s，试画出原理接线图，并对保护装置进行整定计算。

7.2 某 380V 架空线，$I_0=280A$，最大工作电流达 600A，线路首端三相短路电流 $I_K^{(3)}=1.7kA$，末端单相短路的 $I_{K2}^{(1)}=1.4kA<I_{K2}^{(2)}$，选择首端装设 DW10 型自动开关，整定其动作电流，并校验其灵敏度。

7.3 工厂车间的动力配电图参数如图7-35选择短路保护的熔断器。

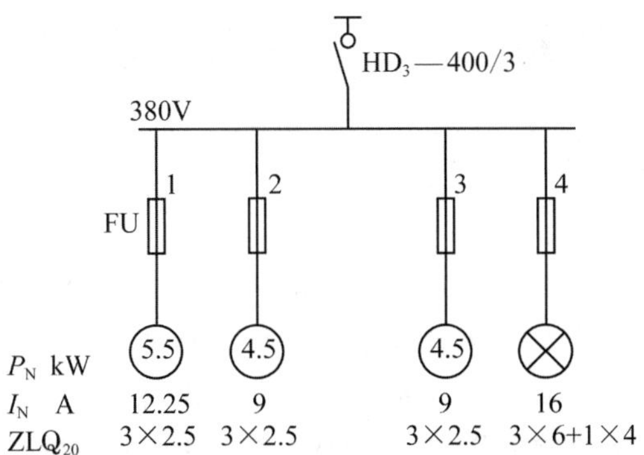

图7-35 习题7.3图

7.4 线路的计算电流为90A，线路末端的三相短路电流为1300A。现采用GL—15型电流继电器，组成两相电流差接线的相间短路保护，电流互感器变流比为315/5。试整定此继电器的动作电流。

7.5 现有前后两级反时限过电流保护，均采用GL—25型过电流继电器，前一级按两相两继电器结线，后一级按两相一继电器结线，后一级过电流保护动作时间(10倍动作电流)整定为0.5s，动作电流为8A，前一级继电器的动作电流已整定为4A，前一级电流互感器的电流比为300/5，后一级电流互感器的电流比为200/5。后一级线路首端的三相短路电流有效值为1kA。试整定前一级继电器的工作时间。

第 8 章　工厂供电二次系统

>>> **本章要点**

本章主要介绍工厂供配电系统中二次回路的功能和不同二次回路的应用。首先讲述工厂供电系统的二次接线及二次接线图，其次分析了二次回路中断路器的控制回路和信号回路，并介绍了二次回路中的测量仪表，然后讲述了提高供电可靠性的备用电源自动投入装置(APD)和自动重合闸(ARD)装置以及远动系统。

8.1　二次回路的基本知识

8.1.1　变、配电所的二次回路的基本知识

1. 二次回路定义

在变电所中通常将电气设备分为一次设备和二次设备两大类。一次设备是指直接生产、输送和分配电能的设备，主接线中的变压器、高压断路器、隔离开关、电抗器、并联补偿电力电容器、电力电缆、输电线路以及母线等设备都属于一次设备。对一次设备的工作状态进行监视、测量、控制和保护的辅助电气设备称为二次设备。变电所的二次设备包括测量仪表、控制与信号回路、继电保护装置以及远动装置等。这些设备通常由电流互感器、电压互感器、蓄电池等组成，采用低压电源供电，它们相互间所连接的电路称为二次回路或二次接线。二次回路按照功能可分为控制回路、合闸回路、信号回路、测量回路、保护回路以及远动装置回路等；按照电路类别分为直流回路、交流回路。

反映二次接线之间关系的图形称为二次回路图。二次回路的接线图按用途可分为原理接线图、展开接线图和安装接线图三种形式。

2. 二次回路接线图的种类和作用

二次回路与一次回路相比，设备众多，相互之间连接的导线成百上千。要了解二次回路，首先要掌握二次接线图。绘制二次接线图的基本原则是将所有的二次设备元件用国家统一规定的图形、文字或符号表示出来，接线按照实际连接顺序绘出。在供配电系统中，用来表示继电保护、监视和测量仪表以及自动装置的工作原理的电路图叫做原理接线图，原理接线图可按归总式和展开式两种方式绘制。

(1)归总式接线图

它是体现二次回路工作原理最基本的图纸，也是绘制展开接线图和安装接线图的基础。在归总式接线图中，断路器和继电器的触点都是按照它们正常状态表示的。所谓正常状态是指断路器在断开位置和继电器线圈中没有电流的状态。它以元件的整体形式表示各二次设备间的电气连接关系。通常在二次回路接线的归总图上，还将相应的一次设备画出，其相互连接的电流回路、电压回路和直流回路也是综合在一起的，

因而可以直观地表明继电保护、信号装置、控制和操作等回路的接线和动作原理。整个回路，便于了解各设备间的相互工作关系和工作原理。如图 8-1(a)所示，6～10kV 线路过电流保护回路的原理接线图。

从图中可以看出，原理图概括地反映了过电流保护装置、测量仪表的接线原理及相互关系，但不注明设备内部接线和具体的外部接线，对于复杂的回路难以分析和找出问题。因而仅有原理图难以对二次回路进行检查维修和安装配线。

(2)展开式接线图

展开式接线图按二次接线使用的电源分别画出各自的交流电流回路、交流电压回路、操作电源回路中各元件的线圈和触点。所以，属于同一个设备或元件的电流线圈、电压线圈、控制触点分别画在不同的回路里。为了避免混淆，对同一设备的不同线圈和触点应用相同的文字标号，但各支路需要标上不同的数字回路标号。二次接线展开图中所有开关电器和继电器触头都是按开关断开时的位置和继电器线圈中无电流时的状态绘制的。

如图 8-1(b)所示，6～10kV 线路定时限过电流保护展开图。该图由交流回路、直流回路和信号回路三部分组成，每一回路的右侧都用文字说明了该回路的作用。

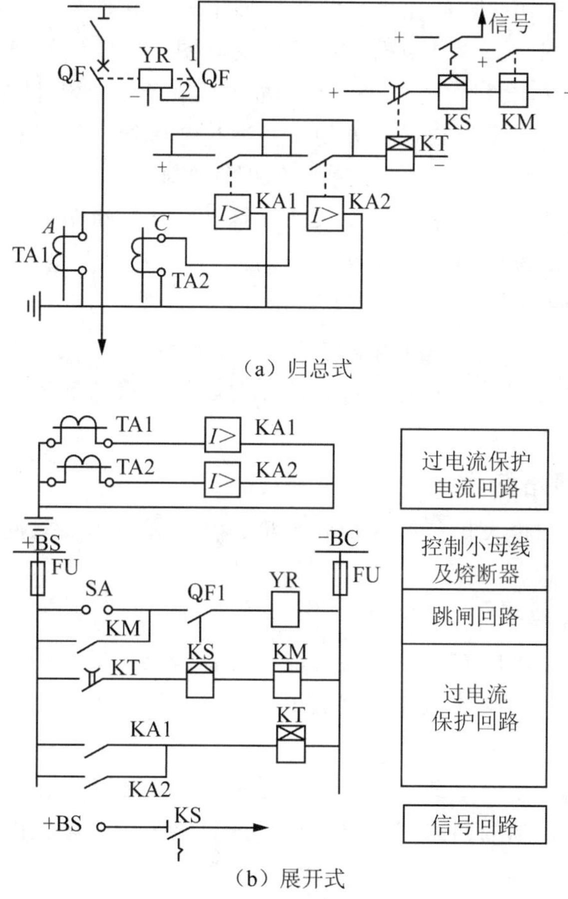

图 8-1　6～10kV 线路定时限过电流保护原理展开图

阅读展开接线图的顺序如下。

①先读交流回路，后读直流回路。

②直流电流的流动方向从左到右，即从正电源经触点到线圈，再回到负电源。

③元件的动作顺序是从上到下、从左到右。

为便于了解整套保护装置的工作原理和动作程序，特别是对于复杂的二次回路，要画出展开接线图，展开接线图比原理接线图应用更广泛。展开图接线清晰，回路次序明显，易于阅读，便于了解整套装置的动作程序和工作原理，对于复杂线路工作原理的分析更为方便。它不但便于安装施工时接线使用，而且在正常运行中，查线、维护和检修时也很方便。

(3)安装接线图

由于二次设备布置分散，需要用控制电缆把它们互相连接起来，因此单凭原理接线图和展开接线图来安装是有困难的。为此在二次线路安装时，还应再绘制安装接线图。安装接线图反映的是二次回路中各电气元件的安装位置、内部接线及元件间的线路关系。安装接线图包括屏面布置图、屏背面接线图和端子排图三个部分。安装接线图是进行现场施工不可缺少的图纸，是制作和向厂家加工订货的依据。

①屏面布置图是按照一定的比例尺寸将屏面上各个元件和仪表的排列位置及其相互间距离尺寸表示在图上。它是根据二次回路展开图，选定二次设备的型号后进行绘制的。屏面布置图是加工制作屏、台、盘和安装屏、台、盘上设备的依据。屏、台、盘上各个设备的位置应根据运行操作方便，并适当考虑便于维修和施工来确定。安装设备的尺寸和设备之间的距离应按一定的比例进行绘制。

②屏背面接线图是以屏面布置图为基础，并以原理接线图为依据绘制而成的接线图。它标明了屏上各个设备端子之间的连接情况，以及设备与端子排之间的连接情况，它是指导屏、台、盘上配线工作的图纸。

③端子排图是表示屏、台、盘内需要装设端子排的数目、形式、排列顺序、位置，以及它与屏、台、盘内的设备和屏、台、盘外的设备连接情况的图纸，也是二次线施工、接线必备的图纸。

8.1.2　二次回路标号

为便于安装施工和投入运行后的检修维护，在展开图中应对回路进行编号，在安装图中对设备进行标志。

1. 展开图中回路编号

对展开图进行编号可以方便维修人员进行检查以及正确地连接。根据展开图中回路的不同，如交流电流、交流电压、直流电流等，回路的编号也进行相应地分类。具体编号的原则如下。

1)回路的编号由 3 个或 3 个以内的数字构成。对交流回路要加注 A、B、C、N 符号区分相别，对不同用途的回路都规定了编号的数字范围，各回路的编号要在相应的数字范围内。

2)二次回路的编号应根据等电位原则进行。即在电气回路中，连接在一起的导线属于同一电位，应采用统一编号。如果回路经继电器线圈或开关触点等隔开，应视为两端不再是等电位，要进行不同的编号。

3)展开图中小母线用粗线条表示，并按规定标注文字符号或数字编号。

2. 安装图设备的标志编号

二次回路中的设备都是从属于某些一次设备或一次线路的，对不同回路的二次设备要加以区别，避免混淆，所有的二次设备必须标以规定的项目种类代号。例如，某高压线路的测量仪表，本身的种类代号为 P。现有有功功率表、无功功率表和电流表，它们的代号分别为 P_1、P_2、P_3。而这些仪表又从属于某一线路，线路的种类代号为 W_6，设无功功率表 P_3 是属于线路 W_6 上使用的，由此无功功率表的项目种类代号全称应为“$-W_6-P_3$”，这里的“$-$”是种类的前缀符号。又设这条线路 W_6 又是 8 号开关柜内的线路，而开关柜的种类代号规定为 A，因此该无功功率表的项目种类代号全称为“$=A-W_6-P_3$”。这里的“$=$”号是高层的前缀符号，高层是指系统或设备中较高层次的项目。

3. 接线端子的标志方法

端子排是由专门的接线端子板组合而成的，是连接配电柜内部设备之间或配电柜与外部设备用的。接线端子分为普通端子、连接端子、试验端子和终端端子等。

试验端子用来在不断开二次回路的情况下，对仪表、继电器进行试验。终端端子板则用来固定或分隔不同安装项目的端子排。

在接线图中，端子排中各种类型端子板的符号如图 8-2 所示。端子板的文字代号为 X，端子的前缀符号为“:”。按规定，接线图上端子的代号应与设备上端子标记一致。

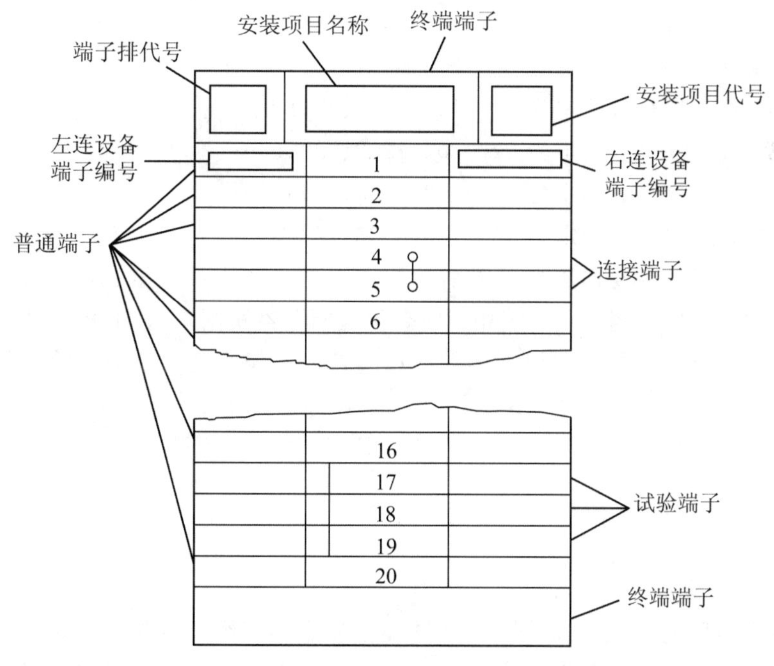

图 8-2　端子排标志图例

4. 连接导线的表示方法

安装接线图既要表示各设备的安装位置，又要表示各设备间的连接，如果直接绘出这些连接线，将使图纸上的线条难以辨认，因而一般在安装图上表示导线的连接关系时，只在各设备的端子处标明导线的去向。标志的方法是在两个设备连接的端子出线处互相标以对方的端子号，这种标注方法称为“相对标号法”，即甲编乙的号，乙编甲的号。如 P_1、P_2 两台设备，现 P_1 设备的 3 号端子要与 P_2 设备的 1 号端子相连，标志方法所图 8-3 所示。

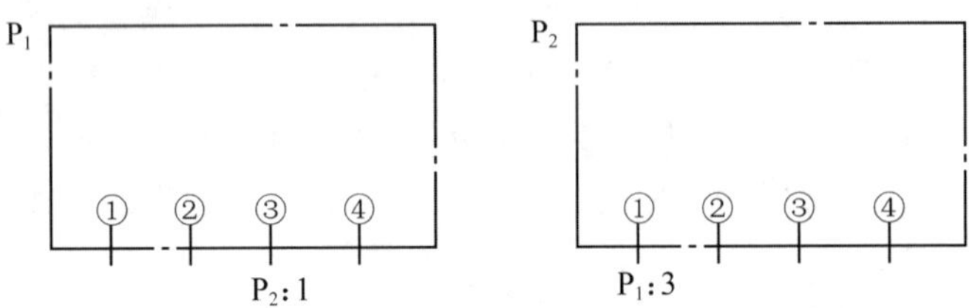

图 8-3 连接导线的表示方法

为了便于施工和运行维护，在二次回路的展开图中，根据回路的不同用途，对小母线和连接导线应进行标号。过去的做法是，在回路中的每一连接点的导线都用不同的标号来表示。这样标号比较复杂，不利于计算机辅助设计。为此，在 NDGJ 8—89《发电厂、变电所二次接线设计技术规定》中，对二次回路标号已作适当简化，并向国际上通用的方法靠拢。在 NDGJ 8—89 的技术规定中，推荐的二次回路标号方法是：对文字代号基本上不作规定，可以不要，也可以任意编号，可以用文字代号，而且尽可能与原习惯方法保持一致。

一般直流回路导线标号约定为以下四种。

1)正极导线：序号数约定为 01、101、201、301、…

2)负极导线：序号数约定为 02、102、202、302、…

3)合闸导线：序号数约定为 03、103、203、303、…

4)跳闸导线：序号数约定为 33、133、233、333、…

约定这些标号的主要作用是可以引起继电保护工作人员的重视，当 01 和 03 相碰时会引起断路器合闸；当 01 和 33 相碰时会引起断路器跳闸；当 01 和 02 相碰时，则会引起直流回路短路。如果有多根同样的导线时，如三绕组变压器有三个断路器跳闸回路，则可写成 133、233、333 等。

8.2 二次回路的操作电源

8.2.1 概述

工厂变配电所的二次回路中，为断路器控制回路、继电保护、自动装置和信号装置等二次系统供电的电源称为操作电源。操作电源不仅要求在正常及事故情况下都能可靠地供电，还要求有足够的合闸、跳闸容量。一般可分为直流操作和交流操作两种电源。

8.2.2 直流操作电源

直流操作电源通常可以分为蓄电池组直流电源和硅整流电容储能直流电源。

1. 蓄电池组直流电源

蓄电池是用来储蓄电能的，它能把电能转变为化学能储存起来，用电时再把化学能转变为电能释放出来，变换过程是可逆的。根据电极和电解液所用物质的不同，蓄电池一般分为酸性蓄电池和碱性蓄电池。酸性蓄电池一般有普通铅酸蓄电池和全密封免维护蓄电池，碱性蓄电池一般有铁镍电池和镉镍电池。

普通的铅酸蓄电池由于运行维护工作复杂、寿命短、占地面积大，现在新建的变配电所中一般不采用，取而代之的是全密封免维护蓄电池。全密封免维护蓄电池占地面积小，基本不需要维护，近年来得到了广泛的应用。

碱性蓄电池一般选用 GNG 型镉镍电池，这种蓄电池体积小，具有高倍率的放电能力，耐过充电、过放电，在变配电所的直流系统中用得较多。

如图 8-4 所示，蓄电池组直流系统接线图(免维护电池或镉镍电池)。正常运行时合上，隔离开关 QS1、QS2 和 QS3，充电机和蓄电池组 GB 并联运行，充电机向蓄电池浮充，蓄电池中流过很小的浮充电流。充电机的输出电压、电流可以调节，并可用电压表 PV1 和电流表 PA1 测量。控制母线负极和电池负极相连，其正极经过电压控制器 KD 和电池正极相连，控制母线电压由电压控制器自动调整(也可手动调整)，并可用电压表 PV3 测量。合闸母线和电池 GB 两端并联，当断路器合闸需要很大的合闸电流时，可由蓄电池供给。当交流电源停电时，充电机将停止运行，此时全部直流负荷都由蓄电池供给。

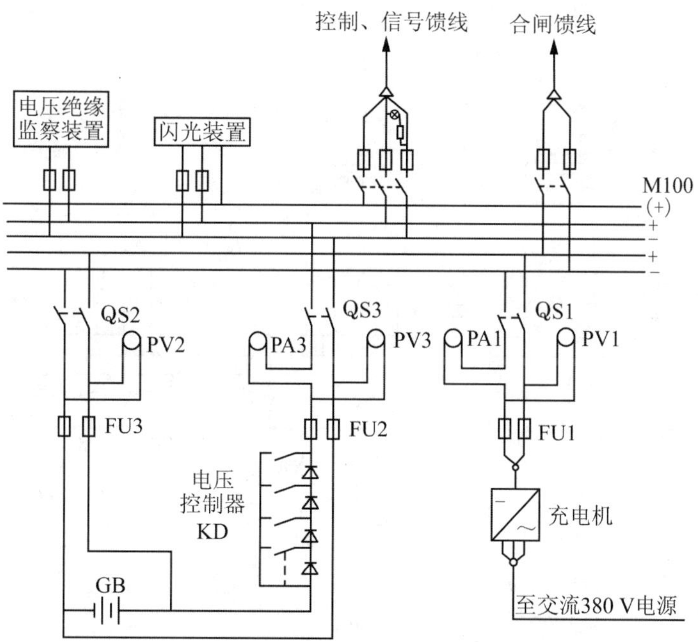

图 8-4　蓄电池组直流系统接线图

在正常运行时的注意事项如下。

1)应经常监视充电机的输出电压和电流，确保蓄电池正常浮充运行，容量充足。

2)应经常监视直流控制母线电压，确保直流母线电压合格。

3)对蓄电池应进行定期维护，保持蓄电池清洁。特别对普通铅酸电池和镉镍电池应该经常监视其液面，测量每个电池电压和电解液密度，并定期进行充放电。

4)当交流电源停电后，应该适当控制直流负荷，确保重要直流负荷能正常运行。

5)在任何情况下，都不允许有明火靠近充电的蓄电池。

2. 硅整流电容储能直流电源

一般都装有两组硅整流装置，其交流电源均取自交流低压母线。一组硅整流器供断路器合闸用，也兼向控制回路供电，其合闸功率较大；另一组硅整流器容量较小，仅用于向控制操作母线供电。如图 8-5 所示，带电容储能的硅整流装置。当电力系统发生故障 380V 交流电源下降时，直流 220V 母线电压也相应下降。此时利用并联在保护回路中的电容 C_{I} 和 C_{II} 的储能来动作继电保护装置，使断路器跳闸。正常情况下各断路器的直流控制系统中的信号灯及重合闸继电器由信号回路供电，使这些元件不消耗电容器的储能。在保护回路装设逆止元件 V4 和 V5 的目的也是为了使电容器仅用来维持保护回路的电源，而不向其他与保护无关的元件放电。

带电容储能装置的直流系统的优点是设备投资更少，并能减少运行维护工作量。缺点是电容器有漏电问题，且易损坏，可靠性不如蓄电池。

为了提高整流操作电源供电的可靠性，一般至少应有两个独立的交流电源给整流器供电，其中之一最好是与本变电所没有直接联系的电源。

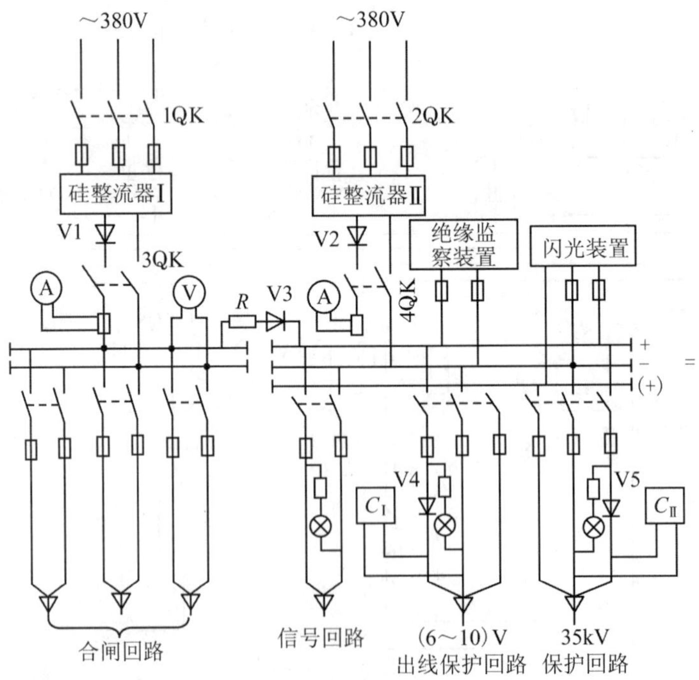

图 8-5　带电容储能的硅整流装置

8.2.3 交流操作电源

交流操作电源是直接取自于电压互感器或所用变压器或电流互感器的电源。交流操作的断路器操动机构，如弹簧机构、液压机构、手动机构所使用的电源有“电压源”和“电流源”两种。

1. 电压源

“电压源”主要来自所用的变压器、电压互感器。若电压互感器容量能满足控制、信号等负荷需求，也可以取自电压互感器二次绕组电压，并经 100/220V 变压器升压后作为电压源。对实行交流操作的工矿企业变、配电所，交流操作的“电压源”最好有两个，可以从上述几种“电压源”中具体选择。对于规模小而比较简单的不设专用变压器的配电所，也可以装设专用的电压互感器以取得“电压源”。用电压互感器作为操作电源，只能作为保护内部故障的气体继电器的操作电源。

2. 电流源

“电流源”主要来自电流互感器的二次回路，对于短路保护的保护装置，其交流操作电源可取自电流互感器，在短路时，短路电流本身可用来使断路器跳闸。

交流操作电源供电的继电保护装置，根据跳闸线圈供电方式的不同，分为“去分流跳闸”式和直接动作式两种，如图 8-6 和图 8-7 所示，下面分别予以介绍。

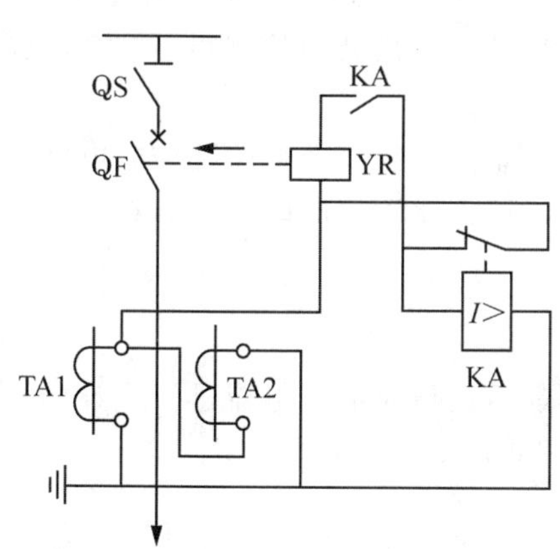

图 8-6 “去分流跳闸”的过电流保护电路

QF—断路器　TA—电流互感器

KA—GL 型电流继电器　YR—跳闸线圈

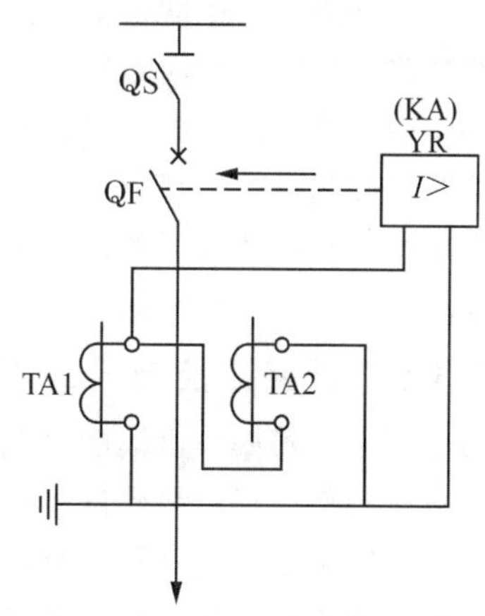

图 8-7 直接动作式过电流保护电路

QF—断路器　TA—电流互感器

YR—跳闸线圈(即直动式继电器 KA)

(1)“去分流跳闸”方式

在正常情况下，继电器 KA 的常闭触点将跳闸线圈 YR 短接(分流)，YR 不通电，断路器 QF 不会跳闸。当一次电路发生相间短路时，继电器动作，其常闭触点断开，使 YR 的短接分流支路被去掉(即“去分流”)，从而使电流互感器的二次电流完全流人跳闸线圈 YR，使断路器跳闸。这种接线方式简单经济，而且灵敏度较高。但继电器触点的容量要足够大，因为要用它来断开反应到电流互感器二次侧的短路电流，现在生产的 GL—$^{15\ 16}_{25\ 26}$型过电流继电器，其触点的短时分断电流可达 150A，完全可以满足去分流跳闸的要求。这种去分流跳闸的交流操作方式在工厂供电系统中应用相当广泛。

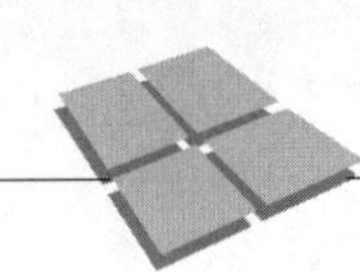

(2)直接动作式

利用高压断路器手力操动机构内的过电流脱扣器(跳闸线圈)YR 作过电流继电器 KA(直动式)，接成两相一继电器式或两相两继电器式接线。正常情况下，YR 通过正常的二次电流，远小于 YR 的动作电流，不动作；而在一次电路发生相间短路时，短路电流反应到互感器的二次侧，流过 YR，达到或超过 YR 的动作电流，从而使断路器跳闸。这种交流操作方式最为简单经济，但受脱扣器型号的限制，没有时限，且动作准确性差，保护灵敏度低，在实际工程中已很少应用。

8.3 断路器的控制回路

8.3.1 概述

变电所在运行时，由于负荷的变化或系统运行方式的改变，经常需要操作切换断路器和隔离开关等设备。断路器的操作是通过它的操作机构来完成的，而控制电路就是用来控制操作机构动作的电气回路。

控制电路按照控制地点的不同，可分为就地控制电路及控制室集中控制电路两种类型。车间变电所和容量较小的总降压变电所的 6～10kV 断路器的操作，一般多在配电装置旁手动进行，也就是就地控制。总降压变电所的主变压器和电压为 35kV 以上的进出线断路器以及出线回路较多的 6～10kV 断路器，采用就地控制很不安全，容易引起误操作，故可采用由控制室远方集中控制。

按照对控制电路监视方式的不同，分为灯光监视控制及音响监视控制电路。由控制室集中控制和就地控制的断路器，一般多采用灯光监视控制电路，只有在重要情况下才采用音响监视控制电路。

8.3.2 断路器控制电路的基本要求

1)由于断路器操作机构的合闸与跳闸线圈都是按短时通过电流进行设计的，因此控制电路在操作过程中只允许短时通电，操作停止后即自动断电。

2)能够准确指示断路器的分、合闸位置。

3)断路器不仅能用控制开关及控制电路进行跳闸及合闸操作，而且能由继电器保护及自动装置实现跳闸及合闸操作。

4)能够对控制电源及控制电路进行实时监视。

5)断路器操作机构的控制电路要有机械“防跳”装置或电气“防跳”措施。

上述五点基本要求是设计控制电路的基本依据。

8.3.3 断路器控制回路的动作原理

1. LW2—Z 型控制开关触点表

如表 8-1 所示，LW2—Z 型控制开关触点表。它有六个操作位置，即“跳闸后”、“预备合闸”、“合闸”、“合闸后”、“预备跳闸”、“跳闸”。对应这六个位置，可以分别从表中查出哪些触点是接通的，哪些触点是断开的。图表中“×”表示触点接通，“－”表示触点断开。

表 8-1　LW2—Z 型控制开关触点表

在“跳闸后”位置的手柄（正面）的样式和触点盒（背面）接线图			1 2 4 3		5 6 8 7		9 10 12 11			13 14 16 15			17 18 20 19			21 22 24 23		
手柄和触点盒形式		F_8	1a		4		6a			40			20			20		
触点号		—	1—3	2—4	5—8	6—7	9—10	9—12	10—11	13—14	14—15	13—16	17—19	17—18	18—20	21—23	21—22	22—24
位置	跳闸后		—	×	—	—	—	—	×	—	×	—	—	—	×	—	—	×
	预备合闸		×	—	—	—	×	—	—	×	—	—	—	×	—	—	×	—
	合闸		—	—	×	—	—	×	—	—	—	×	×	—	—	×	—	—
	合闸后		×	—	—	—	×	—	—	—	—	×	×	—	—	×	—	—
	预备跳闸		—	×	—	—	—	—	×	×	—	—	—	×	—	—	×	—
	跳闸		—	—	—	×	—	—	×	—	×	—	—	—	×	—	—	×

2. 常用断路器的控制回路和信号回路

如图 8-8 所示，常用断路器的控制回路和信号回路，其动作原理如下。

1)手动合闸。合闸前，断路器处于“跳闸后”的位置，断路器的辅助触点 QF2 闭合。由表 8-1 可知 SA10-11 闭合，绿灯 GN 回路接通发亮。但由于限流电阻 R1 限流，不足以使合闸接触器 K0 动作，绿灯亮表示断路器处于跳闸位置，而且控制电源和合闸回路完好。

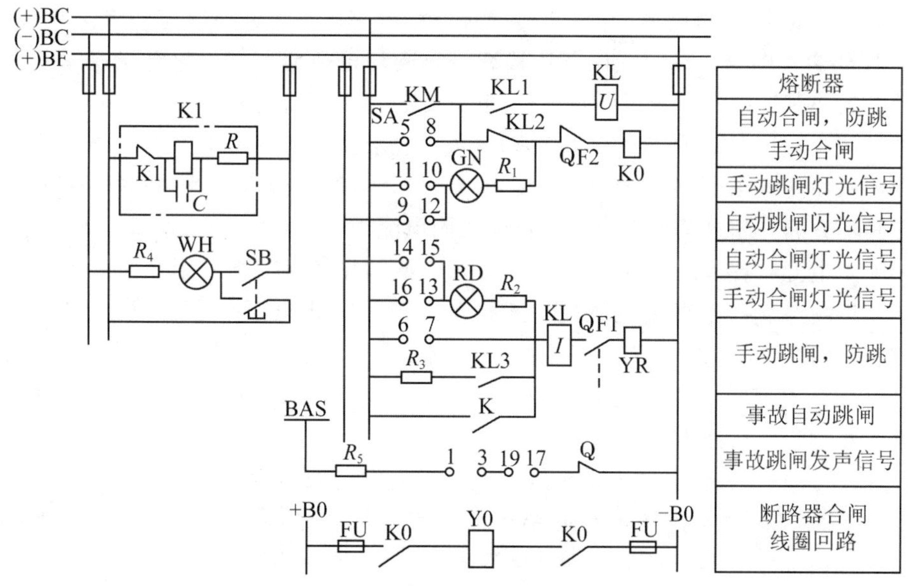

图 8-8　断路器的控制回路和信号回路

当控制开关扳到“预备合闸”位置时，触点 SA9-10 闭合，绿灯 GN 改接在 BF 母线上，发出绿灯闪光，说明情况正常，可以合闸。当开关再旋至“合闸”位置时，触点 SA5-8 接通，合闸接触器 K0 动作，使合闸线圈 Y0 通电，断路器合闸。合闸完成后，辅助触点 QF2 断开，切断合闸电源，同时 QF1 闭合。

当操作人员将手柄放开后，在弹簧的作用下，开关回到“合闸后”位置，触点 SA13-16 闭合，红灯 RD 电路接通。红灯亮表示断路器在合闸状态。

2)自动合闸。控制开关在“跳闸后”位置，若自动装置的中间继电器接点 KM 闭合，将使合闸接触器 K0 动作合闸。自动合闸后，信号回路控制开关中 SA14-15、红灯 RD、辅助触点 QF1，与闪光母线接通，RD 发出红色闪光，表示断路器是自动合闸的，只有当运行人员将手柄扳到“合闸后”位置，RD 才发出平光。

3)手动跳闸。首先将开关扳到“预备跳闸”位置，SA13-14 接通，RD 发出红色闪光。再将手柄扳到“跳闸”位置。SA6-7 接通，断路器跳闸线圈 YR 通电，使断路器跳闸。松手后，开关又自动弹回到“跳闸后”位置。跳闸完成后，辅助触点 QF1 断开，红灯熄灭，QF2 闭合，通过触点 SA10-11 使绿灯发出闪光。

4)自动跳闸。由于故障，继电保护装置动作，使触点 K 闭合，引起断路器跳闸。由于“合闸后”位置 SA9-10 已接通，于是绿灯发出闪光。在事故情况下，除用闪光信号显示外，控制电路还备有音响信号。在图 8-8 中，开关触点 SA1-3 和 SA19-17 与触点 QF 串联，接在事故音响母线 BAS 上，当断路器因事故跳闸而出现“不对应”关系时，音响信号回路的触点全部接通而发出声响，引起运行人员的注意。

5)防跳装置。断路器的所谓“跳跃”，是指运行人员在故障时手动合闸断路器，断路器又被继电保护动作跳闸，由于控制开关位于“合闸”位置，则会引起断路器重新合闸。为了防止这一现象，断路器控制回路设有防止跳跃的电气联锁装置。KL 为防跳锁闭继电器，它具有电流和电压两个线圈，电流线圈接在跳闸线圈 YR 之前，电压线圈则经过其本身的常开触点 KL1 与合闸接触器线圈 K0 并联。当继电器保护装置动作，即触点 K 闭合使断路器跳闸线圈 YR 接通时，同时也接通了 KL 的电流线圈并使之启动，于是，防跳继电器的常闭触点 KL2 断开，将 K0 回路断开，避免了断路器再次合闸，同时常开触点 KL1 闭合，通过 SA5-8 或自动装置触点 KM 使 KL 的电压线圈接通并自锁，从而防止了断路器的“跳跃”。触点 KL3 与继电器触点 K 并联，用来保护后者，使其不致断开超过其触点容量的跳闸线圈电流。

6)闪光电源装置。闪光电源装置由 DX—3 型闪光继电器 K，附加电阻 R 和电容 C 等组成。当断路器发生事故跳闸后，断路器处于跳闸状态，而控制开关仍留在“合闸后”位置，这种情况称为“不对应”关系。在此情况下，触点 SA9-10 与断路器辅助触点 QF2 仍接通，电容器 C 开始充电，电压升高，当电压升高到闪光继电器 K 的动作值时，继电器动作，从而断开通电回路，上述循环不断重复，继电器 K 的触点也不断地开闭，闪光母线(+)BF 上便出现断续正电压，使绿灯闪光。“预备合闸”、“预备跳闸”和自动投入时，也同样能启动闪光继电器，使相应的指示灯发出闪光。SB 为试验按钮，按下时白信号灯 WH 亮，表示本装置电源正常。

8.4 中央信号装置

8.4.1 概述

在工厂供配电系统中，每一供电线路或母线、变压器等都配有继电保护装置或监测装置，在保护装置或监测装置动作后都要发出相应的信号提醒或提示运行人员，这些信号都是通过装设在控制室内的同一个信号系统发出的，这个信号系统称为中央信号系统。

常用信号的类型有以下几种。

1. 事故信号

断路器发生事故跳闸时，启动蜂鸣器(或电笛)发出较强的声响，以引起运行人员注意，同时断路器的位置指示灯发出闪光及事故类型光字牌亮，指示故障的位置和类型。

2. 预告信号

当电气设备发生故障(不引起断路器跳闸)或出现不正常运行状态时，启动警铃发出声响信号，同时标有故障性质的光字牌亮，如变压器过负荷、控制回路断线等。

3. 位置信号

位置信号包括断路器位置(如灯光指示或操动机构分合闸位置指示器)和隔离开关位置信号等。

4. 指挥信号和联系信号

指挥信号和联系信号用于主控制室向其他控制室发出操作命令和控制室之间的联系。事故信号和预告信号统称为中央信号。

8.4.2 对中央信号回路的要求

1)中央事故信号装置应保证在任一断路器事故跳闸时，能即时发出音响信号和灯光信号或其他指示信号。

2)中央事故音响信号与预告音响信号应有区别。一般事故音响信号为电笛或蜂鸣器，预告音响信号为电铃。

3)中央预告信号装置应保证在任一电路发生故障时，能按要求(瞬时或延时)准确发出信号，并能显示故障性质和地点的指示信号。

4)中央信号装置在发出音响信号后，应能手动或自动复归音响，而灯光信号及其他指示信号应保持到消除故障为止。

5)接线应简单、可靠，对信号回路的完好性能进行监视。

6)对事故信号、预告信号及其光字牌能进行完好性试验。

7)企业变电所的中央信号一般采用能重复动作的信号装置，而变电所主接线比较简单或一般企业配电所可采用不能重复动作的中央信号装置。

8.4.3 中央事故信号回路

中央事故信号按操作电源分为交流和直流操作电源两类。按事故音响信号的动作特征分为不能重复动作和能重复动作两种。

1. 中央复归不重复动作的事故信号回路

如图8-9所示，不能重复动作的中央复归式事故信号回路。适用于高压出线较少的中小型变配电所。QF1和QF2分别代表两台断路器的常闭辅助触点，在正常工作时，断路器合上，控制开关的(1～3)和(17～19)触点是接通的，但QF1和QF2常闭辅助触点是断开的，若某一台断路器因事故跳闸，则QF1闭合，回路WS+—HA—KM(1～2)—SA1的(1～3)及(19～17)—QF1—WS—接通，蜂鸣器HA发出声响。按SB2复归按钮，KM线圈通电。KM常闭触点(1～2)打开，蜂鸣器HA断电。由于KM常开触点(3～4)闭合，松开SB2后，继电器KM已自锁。若此时又有一台断路器也发生了事故自动跳闸，蜂鸣器将不会发出声响，即“不能重复动作”。

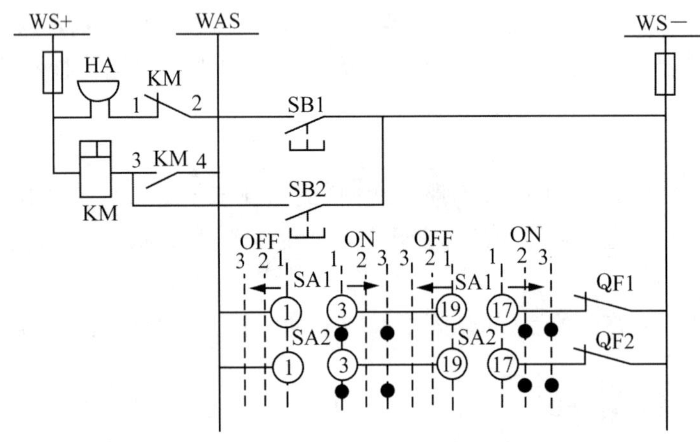

图8-9 不能重复动作的中央复归式事故信号回路

WS—信号小母线 WAS—事故音响信号小母线 SA1、SA2—控制开关
SB1—试验按钮 SB2—音响解除按钮 KM—中间继电器 HA—蜂鸣器

2. 中央复归重复动作的事故信号回路

如图8-10所示，重复动作的中央复归式事故音响信号回路，该信号装置采用信号冲击继电器又叫信号脉冲继电器KU，型号有ZC-23型。当某台继电器(如QF1)事故跳闸时，因其辅助触点与控制开关(SA1)不对应，而使事故音响信号小母线WAS与信号小母线WS(−)接通，从而使脉冲变流器TA的一次侧电流突增，其二次侧感应电动势使干簧继电器KR动作。KR的常开触点闭合，使中间继电器KM1动作，其常开触点KM1(1～2)闭合，使KM1自保持；其常开触点KM1(3～4)闭合，使蜂鸣器(电笛)发出音响信号；同时KM1(5～6)闭合，启动时间继电器KT，KT经整定的时限后，其触点闭合，接通中间继电器KM2，其常闭触点KM2断开，自动解除HA的音响信号。当另一台继电器(如QF2)又自动跳闸时，同时会使HA发出事故音响信号。

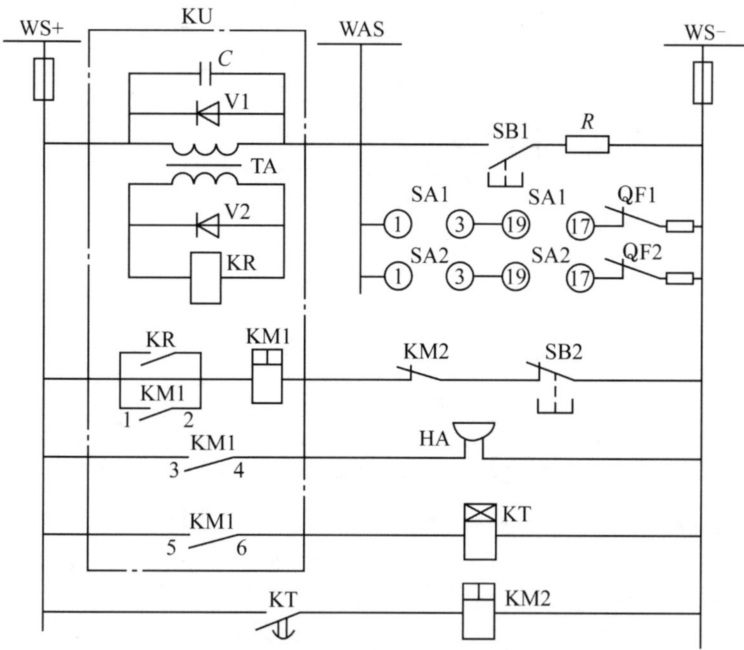

图 8-10　重复动作的中央复归式事故音响信号回路

WS—信号小母线　WAS—事故音响信号小母线　SA1、SA2—控制开关　SB1—试验按钮　SB2—音响解除按钮　KU—冲击继电器　KR—干簧继电器　KM—中间继电器　KT—时间继电器　TA—脉冲变流器

8.4.4　中央预告信号回路

中央预告信号是指在供电系统中，发生故障和不正常工作状态而不需跳闸的情况下发出预告音响信号。常采用电铃发出声响，并利用灯光和光字牌来显示故障的性质和地点。中央预告信号装置有直流和交流操作两种，按事故音响信号的动作特征也分不能重动作和能重复动作的两种电路结构。

1. 不能重复动作的中央复归式预告音响信号回路

如图 8-11 所示，不能重复动作的中央复归式预告音响信号回路。KS 为反映系统不正常状态的继电器常开触点，当系统发生不正常工作状态时，如变压器过负荷，经一定延时后，K 触点闭合，回路 WS＋—KA—HL—WFS—KM(1～2)—HA—WS—接通，电铃发出音响信号，同时 HL 光字牌亮，表示变压器过负荷。按下 SB2 时，KM 动作，KM(1～2)打开，电铃 HA 断电，音响被解除，KM(3～4)触点闭合自锁，在系统不正常工作状态未消除之前 KA、HL、KM(3～4)、KM 线圈一直是接通的，当另一个设备发生不正常工作状态时，不会发出音响信号，只有相应的光字牌亮，即“不能重复”动作。

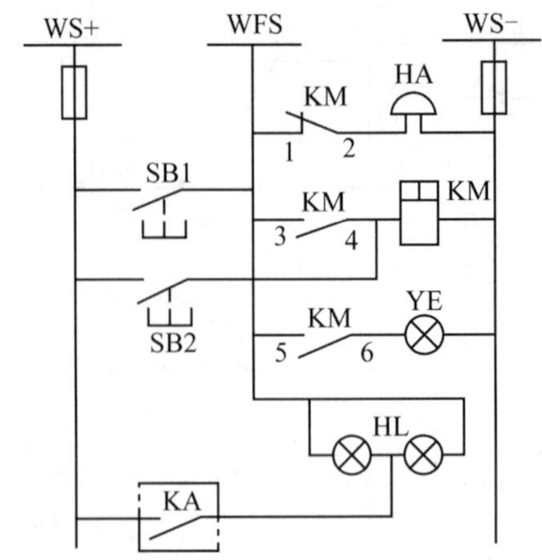

图 8-11　不能重复动作的中央复归式预告音响信号回路

WS—信号小母线　WFS—预告音响信号小母线　SB1—试验按钮　SB2—音响解除按钮　HA—电铃　YE—黄色信号灯　HL—光字牌指示灯　KA—(跳闸保护回路)信号继电器触点　KM—中间继电器

2. 能重复动作的中央复归式预告音响信号回路

如图 8-12 所示，能重复动作的中央复归式预告信号回路图，其电路结构与图 8-10 中央复归式能重复动作的事故音响信号回路基本相似。音响信号用电铃发出。图中预告信号小母线分为 1WFS 和 2WFS，转换开关 SA 有三个位置，中间为工作位置，左右(±45°)为试验位置，SA 在工作位置时(13～14)、(15～16)接通，其他断开。试验位置(左或右旋转 45°)则相反。当系统发生不正常工作状态时，如过负荷 K1 动作闭合，+WS 经 1K－HL1(两灯并联)－SA 的(13－14)－KI—WS，使冲击继电器 KI 的脉冲变流器一次绕组通电，发出音响信号，同时光字牌 HL1 亮。

为了检查光字牌中灯泡是否亮，而又不引起音响信号动作，将预告音响信号小母线分为 1WFS 和 2WFS，SA 在试验位置时，试验回路为＋WS—(12－11)—(9－10)—(8－7)—2WFS—HL 光字牌(两灯串联)—1WFS—(1～2)—(4～3)—(5～6)—WS，所有光字牌亮，如有不亮则应更换灯泡。

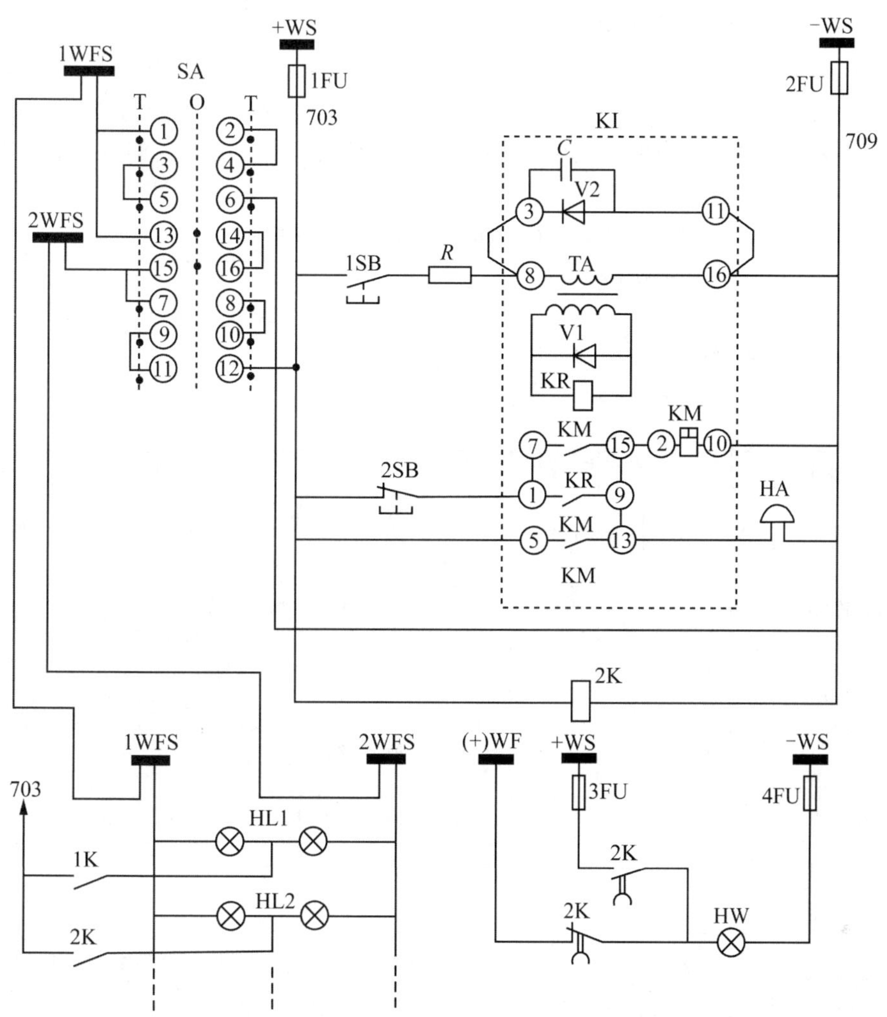

图 8-12　能重复动作中央复归式预告音响信号回路

SA—转换开关　1WFS、2WFS—预告信号小母线　1SB—试验按钮　2SB—解除按钮
1K—某信号继电器触点　2K—监察继电器　KI—冲击继电器　HL1、HL2—光字牌灯光信号
HW—白色信号灯

8.5　电气测量仪表

8.5.1　概述

变电所的测量仪表是保证供配电系统安全经济运行的重要工具之一，测量仪表的连接回路则是变电所二次接线的重要组成部分。电气测量与电能计量仪表的配置，要保证运行值班人员能方便地掌握设备运行情况，方便及时正确地处理事故。电气测量与计量仪表应尽量安装在被测量设备的控制平台或控制工具箱柜上，以便操作时易于观察。

8.5.2 电气测量仪表的配置

常用电气测量仪表有电流表、电压表、无功功率表、有功功率表、相位表及绝缘电阻表等。选择仪表的量程时应尽量使测量仪表的指针达到测量量限的 2/3 左右。

在 6～20kV 供电系统中，按照 JBJ6—1980 规程的规定，其电气测量仪表的配置如表 8-2 所示。

表 8-2 6～20kV 系统计量仪表配置

线路名称	装设计量仪表的数量						说明
	电流表	电压表	有功功率表	无功功率表	有功电度表	无功电度表	
6～10kV 进线	1	1			1		
6～10kV 出线	1				1	1	不单独经济核算的出线，不装无功电度表。线路负荷大于 5000kW 以上，装有功功率表
6～10kV 连接线	1		1		2		电度表只装在线路一侧，应有逆变器
双绕组配电变压器	一次侧	1			1	1	5000kV·A 以上，应装设有功功率表
	二次侧	1			1	1	需单独经济核算，应装无功电度表
同步电动机	1		1	1	1		另需装设功率因数表
异步电动机	1				1		
静电电容器	3						
母线(每段或每条)		4					其中一个通过转换开关检查三个相电压，其余三个作母线绝缘监察

8.5.3 对电气测量仪表的一般要求

电气测量仪表，要保证其测量范围和准确度满足变配电设备运行监视和计量的要求，并力求外形美观，便于观测，经济耐用等，具体要求如下。

1)准确度高，误差小，其数值应符合所属等级准确度的要求。

2)仪表本身消耗的功率应越小越好。

3)仪表应有足够的绝缘强度，耐压和短时过载能力，以保证安全运行。

4)应有良好的读数装置。

5)结构坚固，使用维护方便。

8.5.4 电气测量仪表接线举例

1. 220/380V 低压电气测量仪表接线

如图 8-13 所示，低压 220/380V 照明线路上装设的电测量仪表接线图。图中通过电流互感器装设有电流表三只，三相四线有功电度表一只。

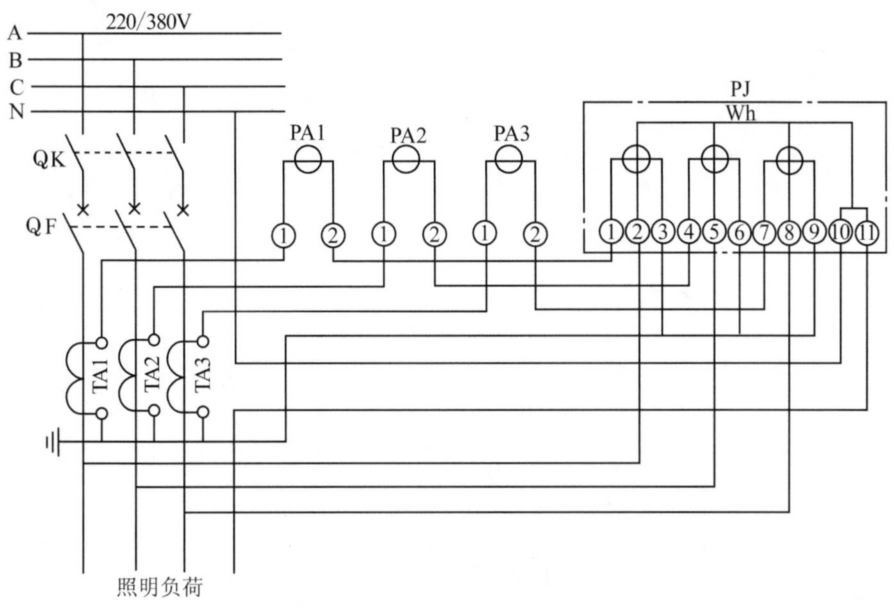

图 8-13　220/380V 低压线路电测量仪表电路图

2. 6～10kV 高压电气测量仪表接线

如图 8-14 所示，6～10kV 高压线路上装设的电气测量仪表接线例图。图中通过电压、电流互感器装设有电流表、三相三线有功电度表和无功电度表各一只。

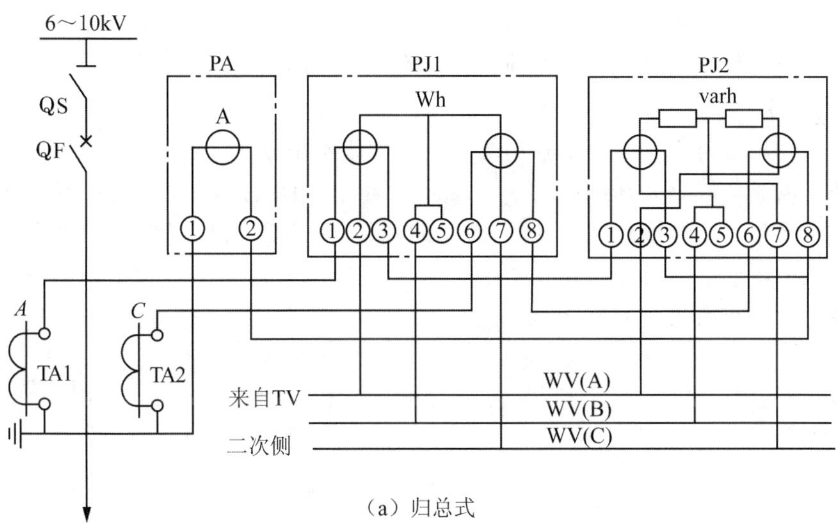

（a）归总式

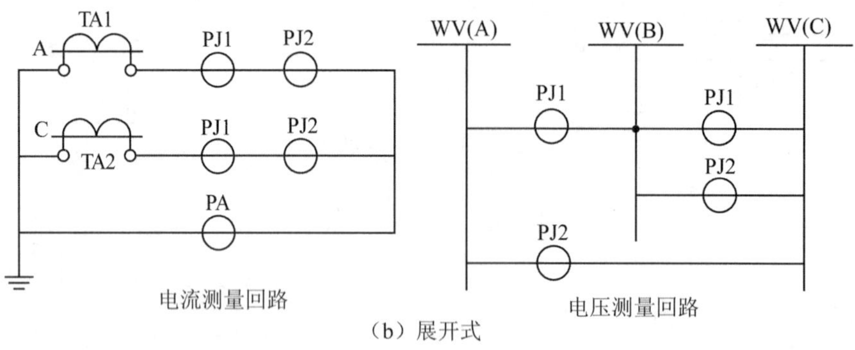

（b）展开式

图 8-14　6～10kV 高压线路电测量仪表电路图

8.6　备用电源自动投入装置

8.6.1　备用电源自动投入的基本形式

在工厂供电系统中，为了提高供电的可靠性，对于具有Ⅰ类负荷或重要的Ⅱ类负荷的变电所，常采用备用电源自动投入装置(APD)。备用电源自动投入的基本形式有明备用和暗备用两种。

1. 明备用

如图 8-15(a)所示，装设专用的备用变压器或备用线路，称为明备用方式。具有一条工作线路和一条备用线路的变电所，APD 装在备用进线断路器上，正常运行时备用电源断开；当工作线路因故障或其他原因切除后，备用线路自动投入。

2. 暗备用

不装设专用的备用变压器或备用线路，称为暗备用方式。如图 8-15(b)所示，对具有两条独立的工作线路分别供电的单母线分段运行的变电所，APD 装在母线分段断路器上。正常运行时，分段断路器断开，两路电源分别供给两段母线。两路电源中有一路电源发生故障而切除时，备用电源自动投入装置将分段断路器合上，由另一路电源继续供电给全部重要负荷。

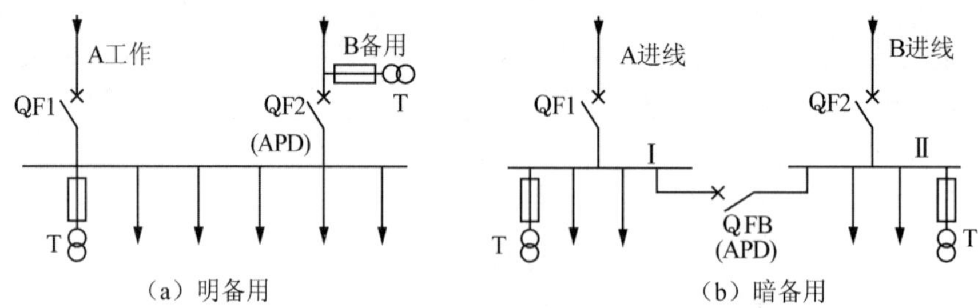

（a）明备用　（b）暗备用

图 8-15　备用电源自动投入示意图

8.6.2 对 APD 装置的基本要求

1)当一路电源失压或电压降得很低时，APD 应将此路电源切断，再合上备用电源开关。

2)工作电路断路器因继电保护动作跳闸，或备用电路电源无电时，APD 装置均不应动作。

3)APD 装置只应动作一次，它由备用电源跳闸后，将 APD 装置合闸回路闭锁来实现。

4)电压互感器回路断线时，APD 装置不应误动作。

5)正常操作时，应事先解除 APD 装置的压板，以防止 APD 装置动作。

8.6.3 APD 装置的接线

1. 备用线路 APD 装置的接线

如图 8-16 所示，备用线路 APD 装置的接线。本装置采用交流电源操作，分为三部分。

1)启动部分由低电压继电器 3KV、4KV 组成，用来监视工作电压，当工作电源电压消失，其常闭触点闭合，启动 APD 装置。

2)时间继电器 KT 用来保证 APD 装置动作的选择性。

3)保证 APD 装置只动作一次，由储能电动机回路完成。

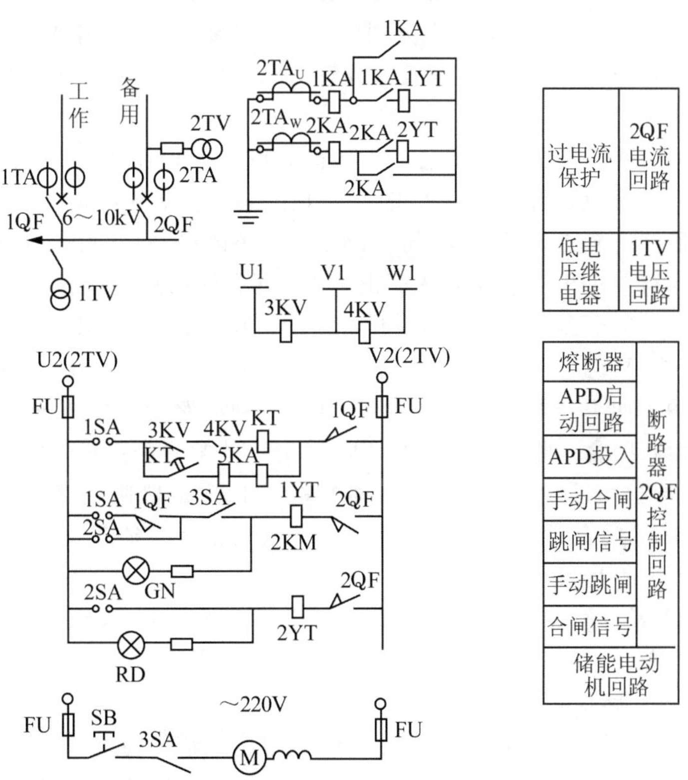

图 8-16 备用线路的 APD 装置接线图(交流操作)

1SA是用来投入或解除APD装置的选择开关。在APD投入时，1SA是闭合的。为了防止电压互感器或低压回路断线而引起APD误动作，启动元件采用两个低电压继电器，其常闭触点串联在APD启动回路。正常运行时，工作电源有电，低电压继电器3KV、4KV的常开触点被吸合，接通时间继电器KT。经一段延时后，常开延时触点KT闭合，接通断路器1QF的跳闸线圈1YT，使断路器1QF跳闸。1QF跳闸后，其辅助常闭触点1QF闭合，接通断路器2QF的合闸接触器2KM，利用弹簧的作用力将断路器2QF合上，完成APD的任务。

断路器2QF合闸后，控制开关3SA触点(1～2)断开，3SA触点(3～4)闭合，此时由于储能电动机不再接通，弹簧未储能，从而保证APD只能动作一次。

为了准备下一次动作，需由值班人员按动电钮SB，接通储能电动机，使弹簧重新储能，以恢复原位，使3SA触点(1～2)闭合，3SA触点(3～4)断开。

2. 母线分段断路器APD装置的接线

如图8-17所示，直流操作的单母线分段断路器APD装置的接线图。对于两个独立电源，单母线分段互为备用的接线，APD应装在分段断路器上。该图采用带时限的低电压启动方式，在一次接线中装设两个电压互感器1TV、2TV，在电压互感器二次回路中分别接入低电压继电器1KV、2KV和3KV、4KV，为防止互感器和继电器回路断线而引起APD误动作，将两个电压继电器1KV、2KV(或3KV、4KV)分别接到电压互感器不同的相间，它们的常闭触点串联后接到APD的启动回路中。2KV(或4KV)除具有上述常闭触点外，还有常开触点分别接至另一进线的APD启动回路中。控制开关用来操作断路器，选择开关SA用来投入或解除APD装置。用虚线连起来的触点表示从其控制回路中引出。

正常运行时，两段母线分别供电，断路器1QF、2QF合闸，其常闭触点断开，常开触点闭合，此时分段断路器3QF断开，所以在3QF的控制回路上，闭锁继电器5KT接通，其延时断开的触点5KT瞬时闭合，准备好APD的自动投入，只要1QF、2QF的常闭触点一闭合，APD就自动投人。由于正常运行时两路都有电，所以APD低电压启动回路中的电压继电器常闭触点均断开，此时1QF、2QF的APD启动回路中的电压继电器4KV及2KV的常开触点闭合，表示备用电源有电，准备好APD的启动。

当任一电源，如1号电源失电时，其APD启动回路中的电压继电器1KV、2KV失电，其常闭触点闭合。此时2号电源有电，4KV的常开触点仍是闭合的，所以时间继电器1KT接通。经过一段延时后，接通断路器1QF的跳闸线圈。1QF跳闸后，其辅助常闭触点1QF闭合，并经5KT延时断开常开触点，接通断路器3QF的合闸接触器3KM，将3QF合上，完成APD的任务。

由于5KT的常开触点延时返回，保证APD只动作一次。当断路器1QF跳闸后，其常开辅助触点断开，闭锁继电器5KT失电，经过一段延时后，其延时断开的常开触点将3QF的合闸回路切断，确保只动作一次。

当3QF合闸到稳定性故障上时，则3QF的过电流继电器6KA、7KA动作，立即将3QF断开，以免影响另一段母线的正常运行。当自投成功后，继电器5KT的另一个延时断开的常开触点将3QF的瞬时过电流保护解除，使两段母线连接。

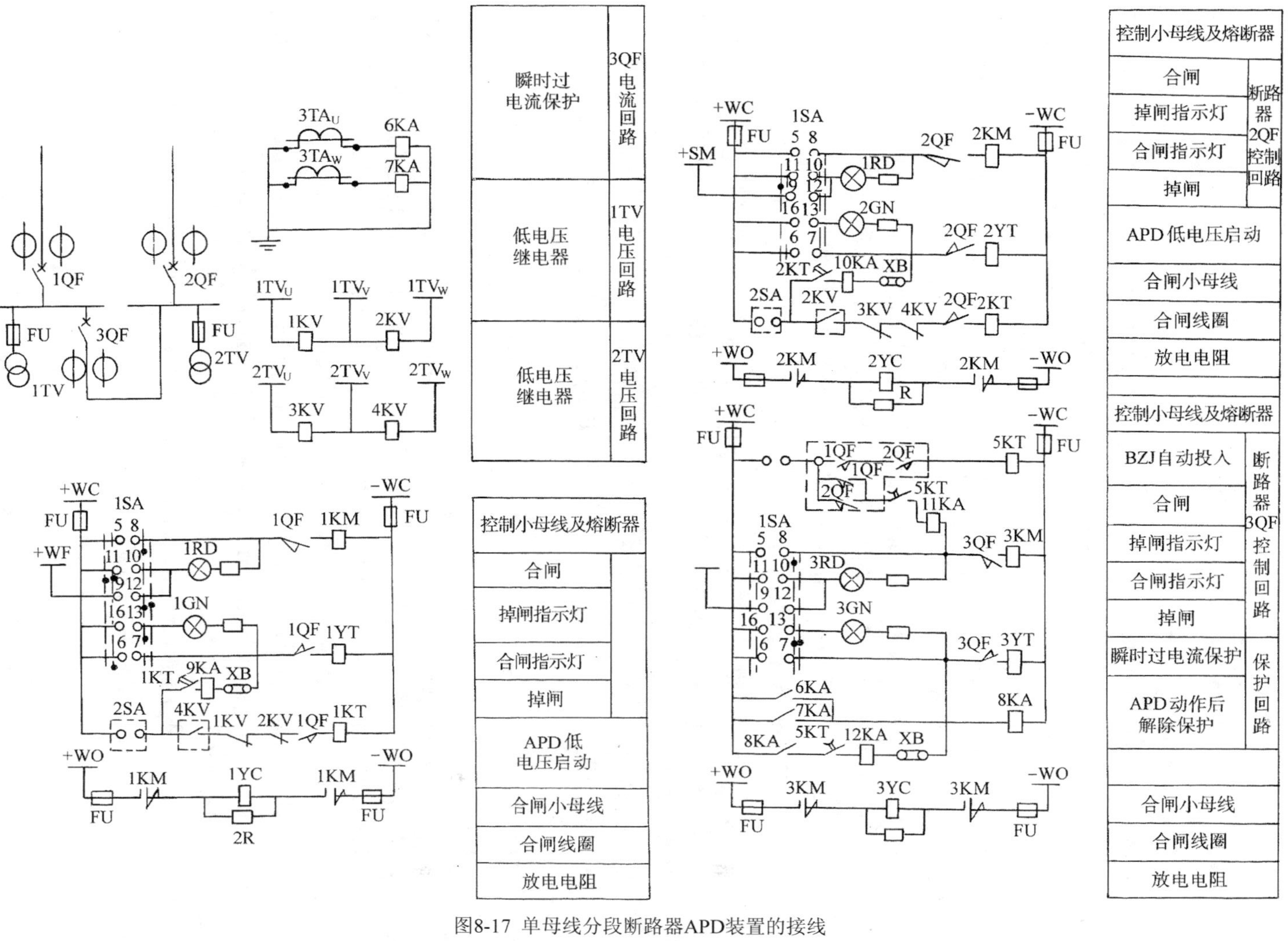

图8-17 单母线分段断路器APD装置的接线

8.7 电力线路自动重合闸装置

8.7.1 概述

供配系统的故障大多是暂时性短路，例如雷击或导线因风吹而接触等。这些故障点导致电网暂时失去绝缘性能，引起断路器跳闸。线路电压消失后，故障点的绝缘便自行恢复。此时若使断路器重新合闸，便可立即恢复供电，从而大大提高供电可靠性，避免因停电给经济带来巨大损失。

断路器因保护动作跳闸后能自动重新合闸的装置称为自动重合闸装置，简称 ARD 或 ZCH(原用代号)。ARD 装置本身所需设备少，投资省，可以减少停电损失，提高供电的可靠性。在工厂供电系统中得到了广泛应用。按照规程规定，电路在 1kV 以上的架空线路或电缆线路与架空混合的线路，当装有断路器时，一般均应装设自动重合闸装置；对于电力变压器和母线，必要时可以装设自动重合闸装置。

8.7.2 自动重合闸装置的分类

自动重合闸的种类很多，可以按照不同的特征来分，常用的有以下几种。

1)按照 ARD 的作用对象可分为线路、变压器和母线的重合闸，其中以线路的自动重合闸应用最广。

2)按照 ARD 的动作方法可分为机械式重合闸和电气式重合闸，前者多用在断路器采用弹簧式或重锤式操作机构的变电所中，后者多用在断路器采用电磁式操作机构的变电所中。

3)按照 ARD 的使用条件可分为单侧或双侧电源的重合闸，在工厂和农村电网中以前者应用最多。

4)按照 ARD 和继电器保护配合的方式可分为 ARD 前加速、ARD 后加速和不加速三种，究竟采用哪一种，应视电网的具体情况而定，但以 ARD 后加速应用较多。

5)按照 ARD 的动作次数可分为一次重合闸、二次重合闸或三次重合闸。

运行经验表明，ARD 的重合成功率随着重合次数的增加而显著降低。对于架空线路来说，一次重合成功率可达 60%～90%，而二次重合成功率只有 15%左右，三次重合成功率仅 3%左右。而多次重合闸的接线系统较一次重合闸复杂得多。因此工厂供电系统中采用的 ARD，一般都是一次重合式(机械式或电气式)，因为一次重合式 ARD 比较简单，而且基本上能满足供电可靠性的要求。

8.7.3 对自动重合闸装置的基本要求

对自动重合闸装置的基本要求如下。

1)当值班人员手动操作或由遥控装置将断路器断开时，ARD 装置不应动作。当手动投入断路器，由于线路上有故障随即由保护装置将其断开后，ARD 装置也不应动作。因为在这种情况下，故障多为永久性的，让断路器再重合一次也不会成功。

2)除上述情况外，当断路器因继电保护或其他原因而跳闸时，ARD 均应动作，使断路器重新合闸。

3)为了能够满足前两个要求，应优先从采用控制开关位置与断路器位置不对应原则来启动重合闸。

4)无特殊要求时对架空线路只重合闸一次，当重合于永久性故障而再次跳闸后，就不应再动作。对电缆线路不采用 ARD，因为电缆线路的临时性故障极少发生。

5)自动重合闸动作以后，应能自动复归准备好下一次再动作。

6)自动重合闸装置应能够在重合闸以前或重合闸以后加速继电保护动作，以便更好地和继电保护相配合，减少故障切除时间。

7)自动重合闸装置动作应尽量快，以便减少工厂的停电时间。一般重合闸时间为 0.7s 左右。

8.7.4 电气一次自动重合闸装置

如图 8-18 所示，采用 DH—2 型重合闸继电器的电气一次自动重合闸装置原理展开图。该电路采用 LW2—Z 型控制开关 SA1，选择开关 SA2 只有合闸(ON)和跳闸(OFF)两个位置，用来投入和解除自动重合闸装置。本装置是利用断路器和控制开关的位置“不对应”原则启动的。这样，除了值班人员用控制开关跳开断路器外，断路器不论因何种原因跳闸时都能重新合闸，这就提高了 ARD 启动的可靠性，这是它的最大优点。

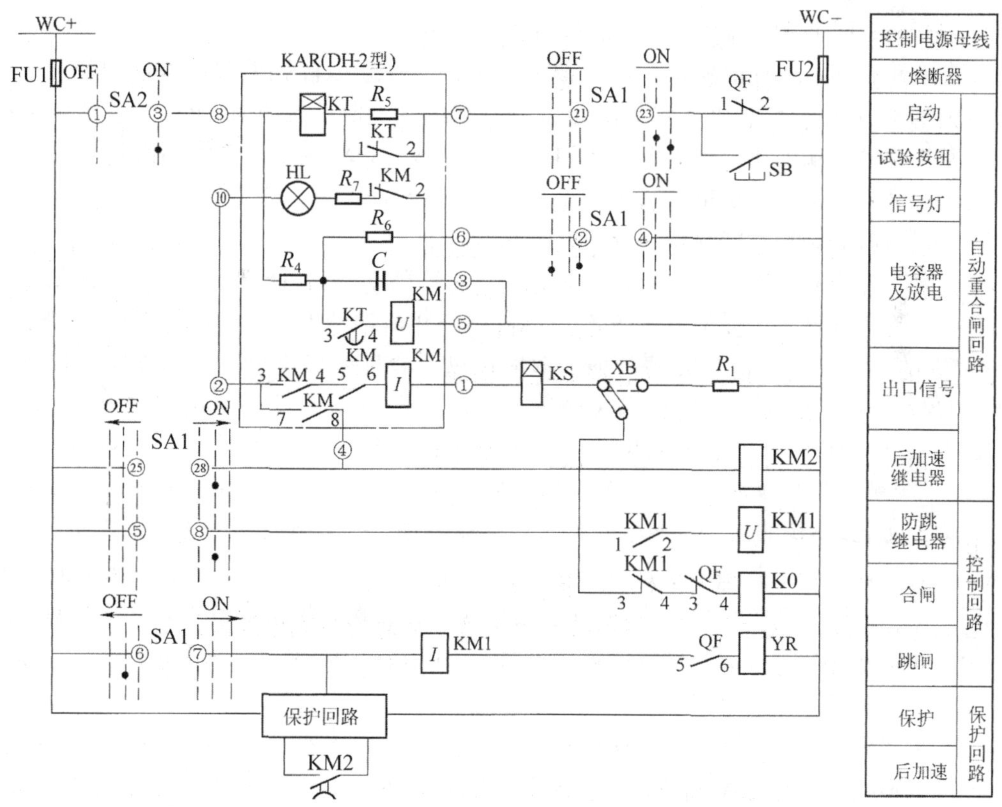

图 8-18 单侧电源供电的自动重合闸装置展开图

1. 基本原理

该装置在线路正常运行时，SA1 和 SA2 都扳到合闸(ON)位置。重合闸继电器

KAR中的电容器C经R_4充电，指示灯HL亮，表示控制母线WC的电压正常，C已在充电状态。当一次线路发生故障时，保护装置(图中未画出)发出跳闸信号，跳闸线圈YR得电，断路器跳闸。QF的辅助触点全部复位，而SA1仍在合闸位置。QF(1～2)闭合，通过SA1(21～23)触点给KAR发出重合闸信号。经KT延时(通常整定为0.8～1s)，出口继电器KM给出重合闸信号。其常闭触点KM(1～2)断开，使HL熄灭，表示KAR已经动作，其出口回路已经接通；合闸接触器KO由控制母线WC经SA2、KAR中的KM(3～4)、KM(5～6)两对触点及KM的电流绕组、KS线圈、连接片XB、触点KM1(3～4)和断路器辅助触点QF(3～4)而获得电源，从而使断路器重新合闸。若线路故障是暂时的，则合闸成功，QF(1～2)断开，解除重合闸启动信号，QF(3～4)断开合闸回路，亦使KAR的中间继电器KM复位，解除KM的自锁。

在KAR的出口回路中串联信号继电器KS，是为了记录KAR的动作，并为KAR动作发出灯光信号和音响信号。

要使ARD退出工作，可将SA2扳到断开(OFF)位置，同时将出口断路器的连接片XB断开。

2. 线路特点

线路特点如下。

(1)一次ARD只能重合闸一次

若线路存在永久性故障，ARD首次重合闸后，由于故障仍然存在，保护装置又使断路器跳闸，QF(1～2)再次给出了重合闸启动信号，但在这段时间内，KAR中正在充电的电容器两端电压没有上升到KM的工作电压，KM拒动，断路器就不可能被再次合闸，从而保证了一次重合闸。

(2)用控制开关断开断路器时，ARD不会动作

通常在停电操作时，先操作选择开关SA2，其触点SA2(1～3)断开，使KAR退出工作，再操作控制开关SA1，完成断路器分闸操作。即使SA2没有扳到分闸位置(使SA2退出的位置)，在用SA1操作时，断路器也不会自动重合闸。因为当SA1的手柄扳到“预备跳闸”和“跳闸后”位置时，触点SA1(2～4)闭合，已将电容C通过R_6放电，中间继电器KM失去了动作电源，所以ARD不会动作。

(3)线路设置了可靠的防跳措施

为了防止ARD的出口中间继电器KM的输出触点有粘连现象，设置了KM两对触点(3～4)、(5～6)串联输出，若有一对触点粘连，另一对也能正常工作。另外在控制线路上利用跳跃闭锁中间继电器KM1来克服断路器的跳跃现象。即使KM的两对触点都被粘连住或手动合闸于线路故障时，也能有效地防止断路器发生跳跃。

(4)采用了后加速保护装置动作的方案

一般线路都装有带时限过电流保护和电流速断保护。如果故障发生在线路末端的“死区”，则速断保护不会动作，过电流保护将延时动作于断路器跳闸。如果一次重合闸后，故障仍未消除，过电流保护继续延时使断路器跳闸。这将使故障持续时间延长，危害加剧。本电路中，KAR动作后，一次重合闸的同时，KM(7～8)闭合，接通加速继电器KM2，其延时断开的常开触点KM2立即闭合，短接保护装置的延时部分，为后加速保护装置动作做好准备。若一次重合闸后故障仍存在，保护装置将不经延时，

由触点 KM2 直接接通保护装置的出口元件，使断路器快速跳闸。ARD 与保护装置的这种配合方式，称为 ARD 后加速。

ARD 与继电保护的配合还有一种前加速的配合方式。不管哪一段线路发生故障，均由装设于首端的保护装置动作，瞬时切断全部供电线路，继而首端的 ARD 动作，使首端断路器立即重合闸。如为永久性故障，再由各级线路按其保护装置整定的动作时间有选择性地动作。

ARD 后加速动作能快速地切除永久性故障，但每段线路都需装设 ARD；前加速保护使用 ARD 设备少，但重合闸不成功会扩大事故范围。

8.8 工厂供电系统的远动装置

8.8.1 概述

电能是现代工业的动力心脏，供电的可靠性和电能质量的好坏直接关系到企业的切身利益。为了提高供电的可靠性和电能质量，电力系统中普遍采用了远动装置，用于集中监视和控制系统的运行状况。运动装置的发展经历了以下几个不同阶段。

在早期，调度中心没有办法及时地了解和监视各厂站设备的运行情况，更谈不上对各厂站的设备进行直接控制。各站供电系统的设备运行情况，各条线路的电流、电压、功率等情况调度中心都不能及时掌握，调度员和各个变电站的联系主要靠电话，每天由各变电站值班人员定时用电话向调度中心报告本站的电流、电压、功率等数据，调度员根据汇总的数据、情况进行分析，花费很长时间才能掌握全厂供电系统运行状态的有限信息。由于电力系统是实时变化的，就这些信息来说显得严重滞后。调度员只能事前通过大量人工计算得到的各种系统运行方式，结合这些有限的事前信息，加上个人的经验，选择某种运行方式，再用电话通知各个变电站值班人员进行调整控制。一旦发生事故，也不能及时了解事故现场情况，及时进行事故处理，需要较长的时间，才能恢复正常运行。显然，这种落后的“远动”方式直接影响供电企业的安全经济运行。

第二个发展阶段是远动技术的采用。安装于各个变电站的远动装置，采集各车间的负荷情况，各条线路电流、电压、功率等实时数据，以及各开关的实时状态，然后通过控制电缆向调度中心传输并直接显示在调度台的仪表和模拟屏上。调度员可以随时看到这些运行参数的变化和全系统的运行方式，还可以随时得到开关等设备的事故跳闸(模拟屏上相应的图形闪光)情况。调度中心可以有效地对全厂供电系统的运行状态进行实时的监控。调度员也可以在调度中心直接对某些开关进行投入和切除的操作。这种逻辑式布线远动装置的采用，使电力系统可以实现最基本的遥测、遥信、遥控的功能。

第三个发展阶段是电子计算机在工业控制系统中的应用。现代企业生产规模越来越大，对电能质量及供电可靠性的要求越来越高，人们对系统运行的经济性也越来越重视。全面解决这些问题，就需要对大量数据进行复杂的分析和计算。监控系统需要装备类似人的“大脑”的设备，这就是电子计算机。

随着工业生产的发展和科学技术的进步. 有些企业特别是大型企业供配电系统的

控制、信号和监测工作，已由一开始的人工管理、就地监控发展为远动控制，从而实现遥控、遥信、遥测、遥调，即所谓“四遥”。

供配电系统实现远动化控制以后，不仅可提高供配电系统管理的自动化水平，而且可以在一定程度上实现供配电系统的优化运行，能够及时处理事故，减少事故停电时间，更好地保证供配电系统的安全经济运行。

供配电系统的远动装置，现在多采用微型电子计算机来实现。

8.8.2 微机控制的供电系统远动装置简介

微机控制的供电系统远动装置，由调度端、执行端和联系端的信号通道等三部分组成，如图 8-19 所示。

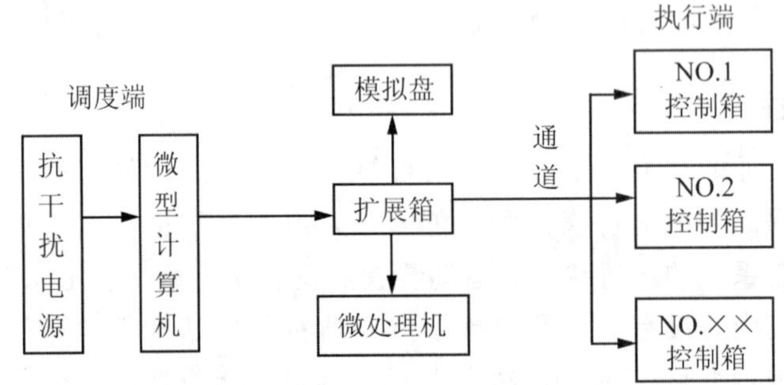

图 8-19 微机控制的供电系统远动装置框图

1. 调度端

调度端由操纵台和数据处理用微机组成。

(1)操纵台

操纵台包括内容如下：

①供电系统模拟盘，其上绘有供电系统主接线图，主接线图上每台断路器都装有跳、合闸状态指示灯。在事故跳闸时，相应的指示灯闪光，指出跳闸的具体位置，同时发出音响信号和灯光信号。

②数据采集和监控用计算机系统一套，包括：主机一台，用以直接发出各项指令进行操作；打印机一台，可根据指令随时打印出所需要的数据资料；彩色 CRT(显示器)一台，用以显示系统全部或局部工作状态和有关数据以及各操作命令和事故状态等。

③若干路就地常测入口，通过数字表，将信号输入计算机，并用以随时显示全厂电源进线的电压和功率。

④通信接口，用以完成与数据处理用微机之间的通信联络。

(2)数据处理用微机的作用

①根据所记录的全天半小时平均负荷绘出全厂用电负荷曲线。

②按全厂有功电能、功率因数及最大需量等计算每月总电费。

③统计全厂高峰负荷时间的用电量。

④根据需要，统计各配电线路的用电情况；统计和分析系统的运行情况及事故情况等。

2. 执行端

(1)执行端应满足的要求

要实现变电站的无人值班或少人值守，必须能及时准确地把变电站内各条线路的电压、电流、有功、无功、用电量、各个断路器及隔离开关的状态及各种继电保护动作信息传至调度中心，同时能接收调度中心下发的实时和遥控、遥调命令，并能对系统实时控制断路器的合分操作、调节变压器档位。所以执行端必须满足下列要求。

①实时性：电力系统的运行瞬息万变，每一个小的故障和误操作都可能造成严重后果，给国民经济和人民生活带来不可估量的损失，轻则损坏设备，重则危及人的生命，这就要求变电站的信息能以最快的速度传到调度中心。

②可靠性：可靠性主要是针对遥控、遥调功能而言，由于变电站已撤走值班人员，这就需要由调度中心对相应的开关进行合、分操作来完成送电和停电任务，如果不能可靠地控制相应开关，就可能造成对重要用户的停电，造成经济损失。

③多任务：变电站的远动中遥测、遥信是要由变电站发往调度中心的，统称为上行信息，遥控、遥调是由调度中心发往变电站的，统称为下行信息。“四遥”的实时性和可靠性就要求这两种信息同步传送，相互独立，不能因为下行信息影响遥测、遥信的实时性，更不能因上行信息影响遥控、遥调的可靠性。

(2)执行端的功能

执行端是用逻辑电路和继电保护装置组装而成的成套控制箱。每一被控点至少要装设一台。它的主要功能如下。

①遥控。对断路器进行远距离跳、合闸操作。

②遥信。一部分反应被控断路器的跳、合闸状态以及事故跳闸的报警；另一部分反应事故预告信号，可实现过负荷、过电压、变压器瓦斯保护及超温等的报警。

③遥测。包括电流、电压等的常测或选测及有功和无功电能的遥测。

④遥调。例如电力变压器的带载调压，调节变压器的分接头位置。

3. 联系端的信号通道

信号通道是用来传递调度端操纵台与执行端控制箱之间往返信号用的通道，一般采用带屏蔽的电话电缆，控制距离小于 1km 时，也可采用控制电缆或塑料绝缘导线。通道的敷设一般采用树干式，各车间变电所通过分线盒与之相联，如图 8-20 所示。

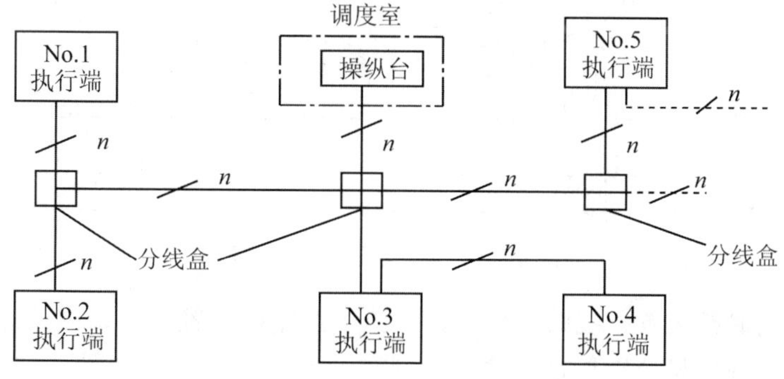

图 8-20　远动装置信号通道敷设示意图

8.8.3　电力系统实现无人值班必须具备的两个条件

1. 高速可靠的传输信道

电力系统传送的信息量非常大，包括遥测、遥信、电度、保护动作信息等。要满足其传输的实时性要求，就必须保证信息传送的速度，要保证遥控、遥调的可靠性就必须保证要有可靠的传输信道。传输信道主要有音频线路、载波信道、光纤信道、无线信道等。我国目前以电力线载波信道为主，但在载波信道中传输数据的速率较低，通常在 1200 波特以下，且只能传输模拟信号，抗干扰性较差。为了克服电力线载波信道的缺陷，在一些比较重要的远动系统中采用光纤信道传输数据，光纤信道具有可用频带宽、通信容量大、中继距离长、抗干扰性强、传输数据速率高、能直接传输数字信号等特点。保证传输信道的可靠性是实现远动功能的基本条件，它的故障将导致一个或数个远动终端单元(RTU)失效，因此，在一些重要的厂站中设置了双通道自动切换功能，用以保证传输信道的实时通畅。

2. 全面完善的传输规约

为了配合全国电力系统的两网改造，目前国内各种品牌的调度自动化系统和远动终端单元(RTU)如雨后春笋般地出现，让人目不暇接，而我国县局一般都管辖有十来个变电站而市局所管辖的变电站可多达几十个，所以其调度自动化系统和远动终端单元不可能只用一个厂家的设备，为了使不同厂家的调度自动化系统和远动终端单元顺利接口，这就要求有相对固定的数据传输规约，国内常用的规约主要有循环式和问答式。循环式规约主要指部颁 CDT 规约，适用于点对点的通道结构，以远动终端单元(RTU)为主动方循环向调度中心发送数据，是在我国广泛使用的一种数据传输规约；问答式规约主要有 u4f 规约、SC1801 规约、DNP3.0 规约、IEC870-5-101 规约等，特点是适用于多种通道结构。

8.8.4　系统“四遥”的实现

分层分布式综合自动化系统“四遥”一般集保护、测量、控制于一体，有完善的 SCADA 功能，其结构如图 8-21 所示。

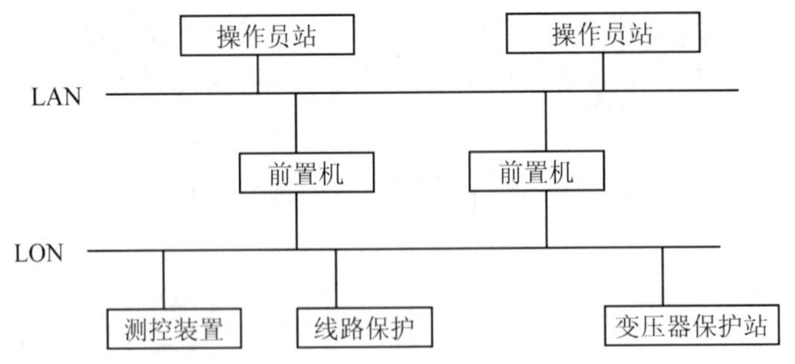

图 8-21　分布式系统结构示意图

本系统中由测控装置、线路保护装置、变压器保护装置采集站内信息，通过 LON 网送往前置机，前置机分别通过高速局域网和 RS—232 送往操作员站和调度中心，同时前置机又接收操作员站和调度中心下发的控制命令和实时命令。

由此可见，该系统是通过前置机与调度中心进行直接联系的，该前置机采用 AMX

实时多任务操作系统，它可以调度一切可利用的资源完成实时监视和控制任务，提高计算机系统的使用效率，满足对时间的限制和要求。

随着电力系统运行水平和管理水平的提高，越来越多的新建变电站和老站需要上微机综合自动化系统以达到无人值班的目的，远动控制在系统中的重要性越来越突出。随着现代通信技术的发展和在电力系统中的应用，远动技术将向着高速率、大容量的方向发展，工业电视监视技术和远动技术的结合，将使传统的“四遥”变为包括“遥视”在内的“五遥”，以便更好地为电力生产和经济建设服务。

>>> 本章小结

对一次设备的工作状态进行监视、测量、控制和保护的辅助电气设备称为二次设备。变电所的二次设备包括测量仪表、控制与信号回路、继电保护装置以及远动装置等。二次回路按照功用可分为控制回路、合闸回路、信号回路、测量回路、保护回路以及远动装置回路等。

二次回路的接线图按用途可分为原理接线图、展开接线图和安装接线图3种形式，具体如下。

①原理接线图能表示出电路测量计能表间的关系，对于复杂的回路看图会比较困难。

②展开接线图接线清晰，回路次序明显，易于阅读，便于了解整套装置的动作程序和工作原理，对于复杂线路的工作原理的分析更为方便。

③安装接线图是进行现场施工不可缺少的图纸，它反映的是二次回路中各电气元件的安装位置、内部接线及元件间的线路关系。

断路器的操作是通过它的操作机构来完成的，而控制回路就是用来控制操作机构动作的电气回路。

变电所装设的中央信号装置，主要用来示警和显示电气设备的工作状态，以便运行人员及时了解，采取措施。

变电所的测量仪表是保证电力系统安全经济运行的重要工具之一，测量仪表的连接回路则是变电所二次接线的重要组成部分。

为了提高供电的可靠性，缩短故障停电时间，减少经济损失，二次系统中设置备用电源自动投入装置(APD)和自动重合闸(ARD)装置。

计算机在工厂供电系统远动控制中的应用。

>>> 复习思考题

8.1　什么叫二次回路接线图？如何用“相对标号法”表示连接导线？

8.2　二次设备和二次回路的定义是什么？

8.3　二次回路接线图有哪些种类？

8.4　操作电源包括哪几种？

8.5　对断路器控制回路的要求是什么？

8.6　什么是断路器控制的“不对称”原则？

8.7　信号回路的作用是什么？它包括哪几种信号？

8.8　对常用测量仪表的选择有哪些要求？一般 6～10kV 高压线路上装设哪些测量仪表？

8.9　对备用电源自动投入装置的基本要求是什么？工厂企业中备用电源自动投入的基本形式有哪几种？

8.10　什么叫自动重合闸？对自动重合闸的基本要求是什么？

8.11　在 ARD 与继电保护的配合方式中，什么是前加速动作？什么是后加速动作？它们各有什么优缺点？

第 9 章　防雷与接地

>>> 本章要点

本章介绍雷电的基本知识、防雷装置的结构及工作原理、供配电系统的防雷设置、接地的基本概念、接地装置及其装设、接地电阻计算及测量等知识，重点是供配电系统的防雷措施、接地的类型及接地装置。

9.1　防雷的基本知识

9.1.1　过电压及其分类

过电压是指在电气线路或电气设备上出现的超过正常工作要求的电压。电气设备在运行中承受的过电压有来自外部的雷电过电压和由于系统参数发生变化时电磁能产生振荡，积聚而成的内部过电压两种类型。按其产生的原因，可分为内部过电压和外部过电压两类。

1. 内部过电压

内部过电压是由于电力系统本身的开关操作、发生故障或其他原因，使系统的工作状态突然改变，从而在系统内部出现电磁能量振荡而引起的过电压。内部过电压又分为操作过电压和谐振过电压等形式。操作过电压是由于系统的开关操作、负荷聚变或故障而出现断续性电弧而引起的过电压。如：开断空载变压器会出现过电压。谐振过电压是由于系统中的电路参数在不利组合时发生谐振而引起的过电压，包括电力变压器铁心饱和而引起的过电压。由此可见，内部过电压的能量来自电网本身，其幅值和电网的工频电压有一定的倍数关系。运行经验证明，内部过电压的幅值在多数情况下都不会超过电网工频电压的 3.5 倍，在 35kV 及以下供配电系统中，只要对电气设备绝缘强度合理选择，在运行期间加强定期检查，及时排除绝缘弱点，内部过电压造成的破坏是可以防止的。另外，由于各级变电所的高、低压母线上均装有阀型避雷器，它对幅值较高的内部过电压也兼有防护作用。因此对电力线路和电气设备的威胁不是很大。

2. 外部过电压

外部过电压又称为大气过电压或雷电过电压。它是由于大气中雷云放电，供配电系统的电气设备和地面构筑物遭受直接雷击或感应雷击时而产生的过电压，其能量来源于系统外部。雷电过电压产生的雷电冲击波，其电压幅值可达数十万伏，甚至数兆伏，其电流幅值可高达几十万安，因此对供电系统的危害极大，必须采取一定的措施加以防护。雷电过电压有以下三种基本形式。

(1)直接雷击过电压

直接雷击过电压是雷电直接击中电气设备、线路或建筑物，其过电压引起强大的雷电流通过这些物体放电入地，从而产生破坏性极大的热效应和机械效应，相伴的还

有电磁效应和闪络放电。

(2)感应雷过电压

感应雷过电压是雷电未直接击中电力系统中的任何部分，而由雷击对设备、线路或其他物体的静电感应或电磁感应所产生的过电压。

(3)雷电波侵入

雷电波侵入是由于架空线路遭受直接或间接雷击的过电压沿着架空线路侵入变配电所的高电位雷击波。

9.1.2 雷电的基本知识

1. 雷电的形成

雷电是带电云层(雷云)之间或雷云对大地、建筑物或防雷装置之间产生的急剧放电的一种自然现象。雷电形成的理论或学说较多，现象比较复杂。最常见的一种说法是：在闷热的天气里，地面湿气受热上升，或空气中不同冷、热气团相遇，凝成水滴或冰晶，形成积云。积云在运动中使电荷发生分离，形成积聚大量电荷的雷云。当雷云的电场强度达到足够大时将引起雷云中的内部放电，或雷云间的强烈放电，或雷云对大地、其他物体间放电，即所谓雷电。

2. 雷电的表现形式

大多数雷电发生在雷云之间，这对地面设施没有什么直接影响，人们所关心的主要是雷云对大地的放电以及由此形成的直击雷过电压、感应雷过电压及雷电侵入波。另外，偶然会出现所谓的球形雷，对地面设施也会造成危害。

(1)直击雷

直击雷是雷电直接击中电气设备、线路、建筑物或其他地面设施，实测表明，对大地放电的雷云大多数带负电荷(约占85%)，放电的基本过程如表9-1所示。

(2)感应雷和雷电侵入波

当雷云在架空线路(或其他物体)上方时，线路上由于静电感应而积聚大量异性的束缚电荷。雷云主放电时，先导通道中的电荷迅速中和，架空线路上的电荷被释放，形成自由电荷流向线路两端，形成电位很高的过电压，这就是感应雷过电压，如图9-1所示。高压线路上的感应雷过电压，它的幅值高达300～400kV，低压线路上的感应雷过电压也可达几万伏，对供电系统的危害很大。

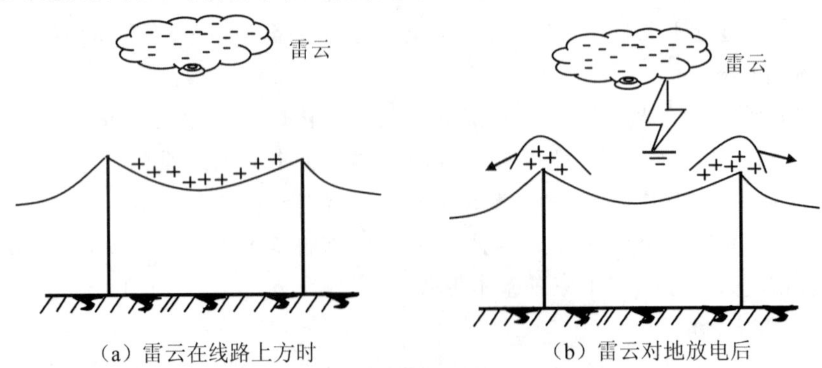

图9-1 架空线路上的感应雷过电压

由于架空线路遭受直击雷或感应雷而产生的雷电冲击波，沿架空线路侵入变电所或厂房等其他建筑物内将导致设备损坏。据统计，这种雷电冲击波引起的事故占电力系统雷害的 50%以上，因此对雷电冲击波的防护也应足够重视。

表 9-1　雷云对大地的放电的基本过程

放电过程	过程描述	示意图
先导放电阶段	当雷云靠近大地时，地面感应出与雷云的电荷极性相反的电荷，当雷云与大地之间某一方位的电场强度达到 25～30kV/cm 时，就开始有放电通道自雷云向这一方位发展	雷云 先导放电 迎面先导
迎面先导阶段	先导放电通道临近地面时，由于局部电场强度增加，常常形成一个上行的迎雷先导	
主放电阶段	当上、下先导相互接近时，正、负电荷强烈吸引中翻而产生强大的雷电流，并伴有雷鸣电闪，这就是直击雷的主放电阶段，这时间极短，一般约 50～100s	
余辉放电阶段	雷云中的剩余电荷继续沿主放电通道向大地放电形成断续的隆隆雷声。这就是直击雷的余辉放电阶段，时间约为 3～0.15s，电流较小，约几百安	

(3)球形雷

在雷电频繁的雷雨季节，偶然会发现殷红色、灰红色、紫色、蓝色的“火球”，直径一般十到几十厘米，甚至超过 1 米；有时从天而降，然后又在空中或沿地面水平移动，有时平移有时滚动，通过烟囱、开着的门窗和其他缝隙进入室内，或无声地消失，或发出丝丝的声音，或发生剧烈的爆炸，因而人们习惯称之为“球形雷”。采取防护的措施是最好在雷雨天不要打开门窗，并在烟囱、通风管道等空气流动处装上网眼不大于 4 平方厘米，粗约 2～2.5mm 的金属保护网，然后作良好接地。

3. 雷电活动及雷击的选择性

(1)雷电活动及雷暴日

雷电活动从季节来讲以夏季最活跃，冬季最少。从地区分布来讲热而潮湿的地区多，冷而干燥的地区少；山区多，平原少。评价某一地区雷电活动的强弱，通常习惯使用“雷暴日”，即以一年当中该地区有多少天发生耳朵能听到雷鸣来表示该地区的雷电活动强弱。年平均雷暴日数不超过 15 天的地区，称为少雷区，超过 40 天的地区，称为多雷区。雷暴日的天数越多，表示该地区雷电活动越强，因此防雷要求就越高，防雷措施越要加强。

(2)雷击选择性

年平均雷暴日这一数字只能提供一个概略的情况。事实上，即使在同一地区内，雷电活动也有所不同，有些局部地区，雷击要比邻近地区多得多。同一区域内雷击分布不均匀的现象，人们称之为“雷击选择性”。雷害事故统计资料和实验研究证明，雷击的地点以及遭受雷击的部位是有一定规律的，掌握这些规律对预防雷击有很重要的意义。同一区域容易遭受雷击的地点和部位如表 9-2 所示。

表 9-2　同一区域容易遭受雷击的地点和部位

类　别	特征及实例
易遭雷击的地点	土壤电阻率较小的地方：金属矿床的地区、河岸、地下水出口处、湖沼、低洼地区和地下水位高的地方； 不同电阻率土壤的交界地段：山坡与稻田接壤处、岩石与土壤的交界线
易遭受雷击的建(构)筑物	高耸突出、孤立的建筑物：水塔、电视塔、高楼、旷野的建(构)筑物； 排出导电尘埃、废气热气柱的厂房、管道等； 内部有大量金属设备的厂房； 地下水位高或有金属矿床等地区的建(构)筑物； 铁路线路和高压电线路
同一建(构)筑物易遭受雷击的部位	檐角、女儿墙和屋檐

4. 年预计雷击次数

年预计雷击次数是表征建筑物可能遭受雷击的一个频率参数。根据 GB　50057—2010《建筑物防雷设计规范》规定，应按下式计算：

$$N=0.024KT_a^{1.3}A_e \tag{9-1}$$

式中　N——建筑物的年预计雷击次数；

T_a——年平均雷暴次数，按当地气象站资料确定；

A——与建筑物截收雷击次数相同的等效面积(km)；

K——校正系数，一般情况取 1.0；位于旷野独立的建筑物取 2.0；金属屋面的砖木结构的建筑物取 1.7；位于河边、湖边、山坡下或山地中电阻率较小处、地下水露头处、土山顶部、山谷风口等处的建筑物以及特别潮湿的建筑物取 1.5。

9.1.3　防雷装置

1. 接闪器

接闪器是专门用来直接接受雷击的金属构件。它的功能是把接引来的雷电流，通过引下线和接地装置向大地中泄放，保护建筑物及其他设备免受直接雷害。常用接闪器有避雷针、避雷线、避雷带和避雷网，其作用及结构如表 9-3 所示。

表 9-3　接闪器作用及结构

接闪器	作用	结构及规格尺寸	示意图
避雷针	电力设施、建(构)筑物等直击雷防御	接闪器采用镀锌圆钢或钢管制成，其直径不应小于下列数值：针长 1m 以下时，圆钢为 12mm，钢管为 20mm；针长 1～2m 时，圆钢为 16mm 钢管为 25mm； 安装在电杆、构架或建筑物上	接闪器 引下线 构架 接地装置

续表

接闪器	作用	结构及规格尺寸	示意图
避雷线	架空线路等直击雷防御	一般采用截面积不小于 $35mm^2$ 的镀锌钢绞线，架设在架空电力线路上面	避雷线 架空线路
避雷带	房屋建筑雷电保护	避雷带采用圆钢或扁钢。圆钢直径不小于为 8mm；扁钢截面积不小于 $48mm^2$，其厚度不应小于 4mm； 避雷带装设在屋脊、屋檐、檐角、女儿墙上	避雷带 引下线
避雷网	房屋建筑雷电保护	避雷网有明网和暗网。明网是在屋顶上部明装金属网格作为接闪器；暗网是利用钢筋混凝土结构中的钢筋网作为防雷装置； 避雷网一般采用圆钢或扁钢，其尺寸不应小于下列数值：圆钢直径为 8mm；扁钢截面积为 $48mm^2$，厚度为 4mm	暗装避雷网

避雷针(线)的功能实质上是引雷作用，它能对雷电场产生一个附加电场，使雷电场畸变，从而将雷云放电的通道，由原来可能向被保护物体发展的方向，吸引到避雷针本身，然后经其引下线和接地装置将雷电流泄放到大地中去，使被保护物免受直接雷击。所以，避雷针实质是引雷针，它把雷电流引入地下，从而保护了电力设施及建筑物等。

避雷针(线)的保护范围，以它能防护直击雷的空间来表示。避雷针(线)的保护范围采用 IEC 推荐的“滚球法”来确定。所谓“滚球法”，就是选择一个半径为 h_r(滚球半径：第一类防雷建筑物 30m、第二类防雷建筑物 45m、第三类防雷建筑物 60m)的球体，沿需要防护直击雷的部位滚动，如果球体只接触到避雷针(线)或避雷针(线)与地面，而不触及需要保护的部位，则该部位就在避雷针(线)的保护范围之内。

单支避雷针(线)的保护范围计算方法如表 9-4 所示。

表 9-4　单支避雷针(线)的保护范围计算方法

装置	计算法	作图法
单支避雷针	$h \leqslant h_r$ 时，避雷针在被保护物高度 hx 的 xx' 平面上保护半径为 $r_x=\sqrt{h(2h_r-h)}-\sqrt{h_x(2h_r-h_x)}$ 避雷针在地面上的保护半径为 $r_0=\sqrt{h(2h_r-h)}$ h—避雷针高度 h_r—滚球半径 h_x—被保护物高度	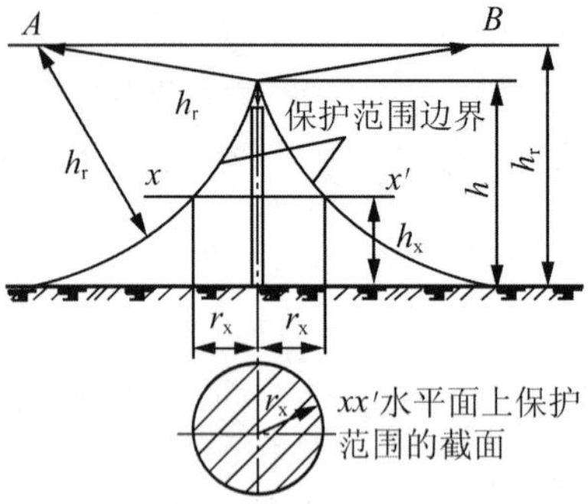 作 h_r 高度地面平行线；以避雷针针尖为圆心，h_r 为半径，做弧线交于平行线的 A、B 两点；以 A 或 B 为圆心，h_r 为半径做弧线，该弧线绕避雷针旋转一周形成的锥形空间，就是避雷针的保护范围。 当 $h>h_r$ 时，取避雷针 h_r 高度点代替避雷针针尖为圆心作图即可
单支避雷线	(1)避雷线在被保护物高度 hx 的 xx' 平面上保护宽度为 $b_x=\sqrt{h(2h_r-h)}-\sqrt{h_x(2h_r-h_x)}$ (2)当 $2h_r>h>h_r$ 时，保护范围最高点的高度为：$h_0=2h_r-h$ h—避雷针高度 h_r—滚球半径 h_x—被保护物高度	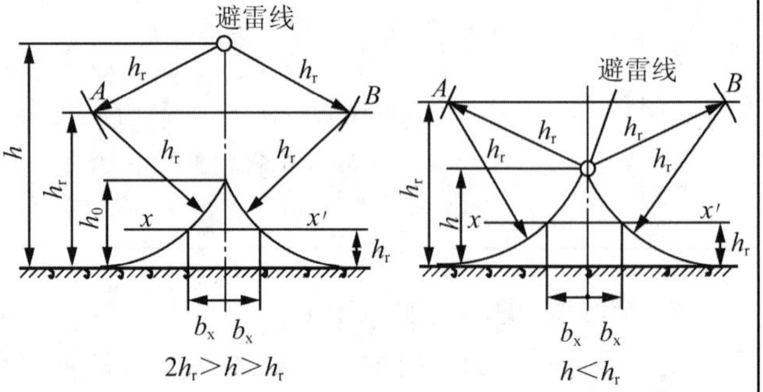 作 h_r 高度地面平行线；以避雷线为圆心，h_r 为半径，做弧线交于平行线的 A、B 两点；以 A、B 为圆心，h_r 为半径做弧线，该两弧相交或相切并与地面相切。从该弧线起到地面止就是保护范围

注：关于多支避雷针(线)的保护范围确定方法，可参看 GB50057—1994 或有关设计手册。

例 9-1　某座 30m 高的水塔有一水泵房(属于第三类防雷建筑物)，相关尺寸如图 9-2 所示。水塔上装有一支 2m 高的避雷针，是否能可靠地保护这座水泵房?

解：水泵房属于第三类防雷建筑物，滚球半径 h_r 取 60m。避雷针高 $h=30+2=32$(m)，避雷针在被保护的水泵房高度 $h_x=10$m 时的保护半径为

$$r_x=\sqrt{h(2h_r-h)}-\sqrt{h_x(2h_r-h_x)}$$
$$=\sqrt{32\times(2\times60-32)}-\sqrt{10\times(2\times60-10)}=19.9(\mathrm{m})$$

现水泵房在 $h_x=10$m 高度上最远一角距避雷针的水平距离为

$$r=\sqrt{(12+6)^2+10^2}=20.6(\mathrm{m})<r_x$$

由此可见，此水塔的避雷针不能保护这一水泵房，要实现保护必须提高避雷针高

度，使 $r<r_x$，因而避雷针须提高到 4m 以上才能保护这一水泵房。

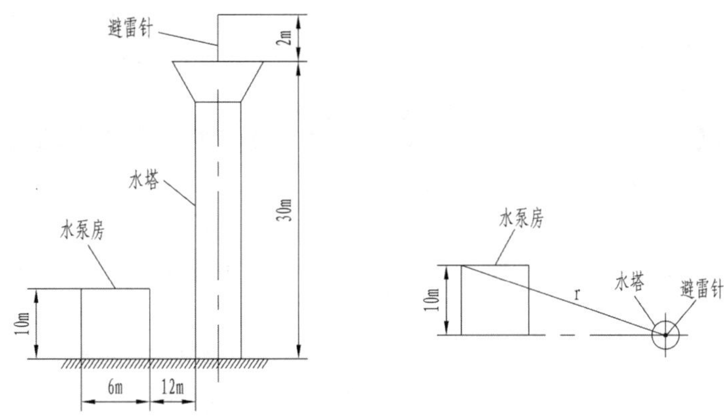

图 9-2　例 9-1 图

2. 避雷器

避雷器是用来防止雷电产生的过电压波沿线路侵入变配电所或其他建筑物内，以免危及被保护设备的绝缘。避雷器应与被保护设备并联，装在被保护设备的电源侧。避雷器的放电电压低于被保护设备绝缘的耐压值，当线路上出现危及设备绝缘的雷电过电压时，将首先使避雷器击穿对地放电，从而保护了设备的绝缘。

避雷器的形式主要有角型避雷器、管式避雷器、阀式避雷器和金属氧化物避雷器等类型。现将用于 35kV 及以下变电所的避雷器介绍如下。

(1)角型避雷器

又称为保护间隙。它是结构简单而又经济的防雷设备。常见的角型结构如图 9-3 所示。

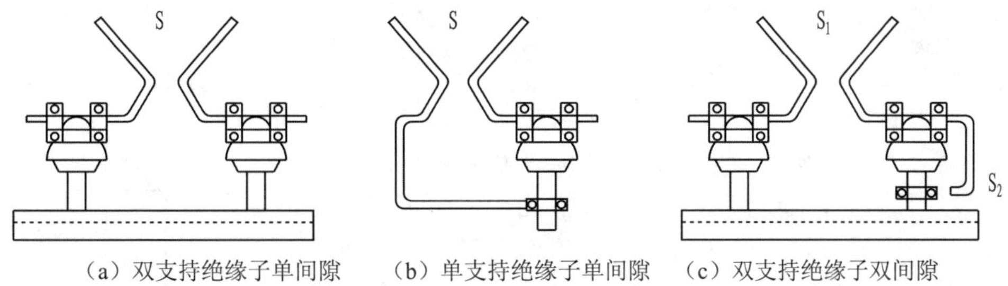

（a）双支持绝缘子单间隙　（b）单支持绝缘子单间隙　（c）双支持绝缘子双间隙

图 9-3　角型避雷器

S—保护间隙　S_1—主间隙　S_2—辅助间隙

安装时，其中一个电极接于线路，另一个电极接地。当线路出现过电压时，间隙击穿放电，将雷电流泄入大地。为了防止间隙被外物(如鼠、鸟等)短接而误动作，通常在其接地引下线中还串接一辅助间隙，以保证安全运行。

角型避雷器的缺点是保护性能差，灭弧能力小，只适用于室外且负荷不重要的线路上。当管型避雷器的灭弧性能不满足要求时，可选择角型避雷器，与自动重合闸装置或自重合熔断器配合使用，以提高供电的可靠性。

(2)管型避雷器

又称为排气式避雷器。它由产气管、内部间隙和外部间隙三部分组成，如图 9-4 所示。产气管由纤维、有机玻璃或塑料制成。内部间隙装在产气管内，一个电极为棒形，另一个电极为环形。

当线路上遭受雷击或发生感应雷时，雷电过电压使管型避雷器的内外间隙同时击穿，强大的雷电流通过接地装置流入大地。内部间隙的放电电弧使管内纤维材料分解出大量气体，气体压力升高，并由管口喷出，形成强烈的吹弧作用，当电流过零时电弧熄灭。这时外部间隙也迅速恢复了正常的绝缘，使避雷器与供电系统隔离，系统恢复正常运行。

管型避雷器的优点是简单经济，残压很小，但它动作时有电弧和气体从管中喷出，易引起火灾。它只适用于室外架空场所，主要是架空线路上。在选择时，开断电流的上限应不低于安装处短路电流的最大有效值(考虑非周期分量)；开断电流的下限不高于安装处短路电流可能的最小值(不考虑非周期分量)，以保证避雷器可靠工作。

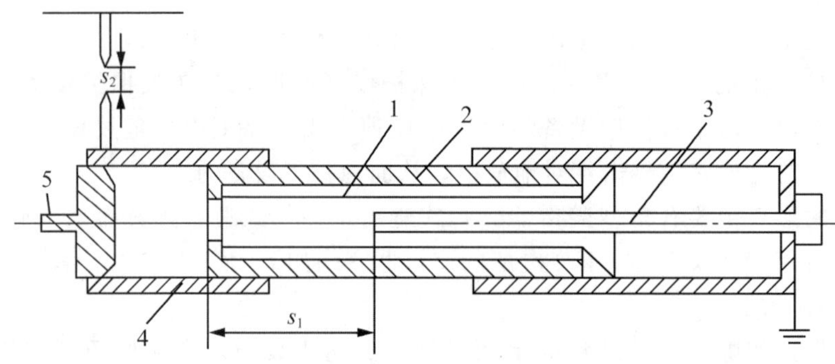

图 9-4　管型避雷器

1—产气管　2—胶木管　3—棒形电极　4—环形电极　5—动作指示器　s_1—内部间隙　s_2—外部间隙

(3)阀型避雷器

又称为阀式避雷器。它由火花间隙和阀片组成，装在密封的磁套管内，如图 9-5 所示。火花间隙由铜片冲制而成，每对间隙用云母垫圈隔开。正常情况下，火花间隙阻止线路工频电流通过，但在雷电过电压作用下，火花间隙被击穿放电。阀片是用陶瓷材料粘固起来的电工用金刚砂(碳化硅)颗粒组成的，它具有非线性特性。

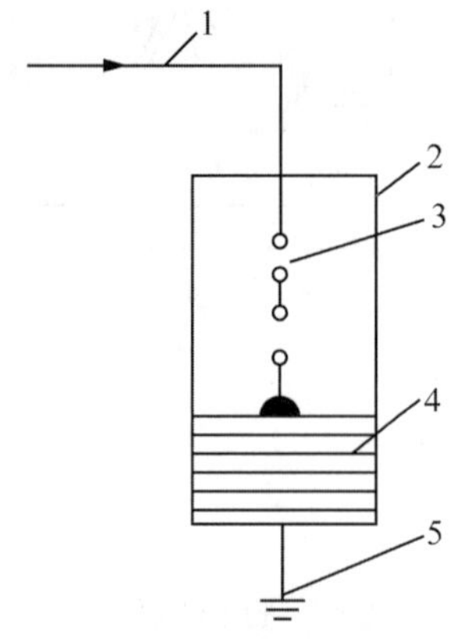

图 9-5　阀型避雷器

1—上接线端　2—磁套管
3—火花间隙　4—阀电阻片
5—下接线端

当电压正常时，阀片电阻很大；当过电压作用时，阀片则呈现很小的电阻。因此在线路上出现过电压时，阀型避雷器的火花间隙击穿，阀片使雷电畅通地泄入大地。当过电压消失后，线路又恢复工频电压时，阀片呈现很大的电阻，使火花间隙绝缘迅速恢复，并切断工频续流，从而线路恢复正常工作，保护了电气设备的绝缘。

阀型避雷器除上述普通型的外，还有一种磁吹型阀式避雷器，内部附有磁吹装置来加速火花间隙中电弧的熄灭。

阀型避雷器的优点是灭弧能力强，一般用于变配电所或用来保护重要的或绝缘薄弱的设备如电动机等。在选择时，用于中性点非直接接地的35kV及以下系统的阀型避雷器，其灭弧电压应不低于设备最高运行的线电压，额定电压应与系统额定电压一致；保护旋转电机中性点绝缘的磁吹型阀型避雷器，其额定电压不应低于电机运行时的最高相电压。

(4)金属氧化物(ZnO)避雷器

又称压敏避雷器。它是一种没有火花间隙，只有压敏电阻片的阀式避雷器。压敏电阻片是由金属氧化物(ZnO)烧结制成的多晶半导体陶瓷元件，具有理想的阀特性。在工频电压下，它呈现极大的电阻，能有效的阻断工频续流，因此无需火花间隙来熄灭由工频续流引起的电弧，而在雷击过电压作用下，其电阻又变得很小，能很好地泄放雷电流。

ZnO避雷器的优点是结构简单，体积小，通流容量大，保护特性优越等。因此广泛用于低压设备的防雷保护，如配电变压器低压侧、低压电机的防雷等。随着其制造成本的降低，它在高压系统中也开始应用。

9.2 供电系统防雷保护的设置

9.2.1 变配电所雷电过电压保护的设置

工厂变配电所是工厂电力供应的枢纽，一旦遭受雷击会使全厂停电，因此，需要有可靠的防雷保护。防雷保护的设置应从直击雷过电压和由线路侵入的雷电波过电压两个方面考虑。

1. 直击雷过电压保护的设置

变配电所的直击雷过电压保护可设置避雷针或避雷线，使变配电所中需要保护的设备和设施(如屋外配电装置)均处于其保护范围之中。在我国大部分变电所常采用避雷针保护，避雷针按安装方式分为独立避雷针和构架避雷针。独立避雷针具有专用的支座和接地装置；构架避雷针装设在配电装置的构架上。一般35kV及以下配电装置采用独立避雷针，110kV及以上则采用构架避雷针。

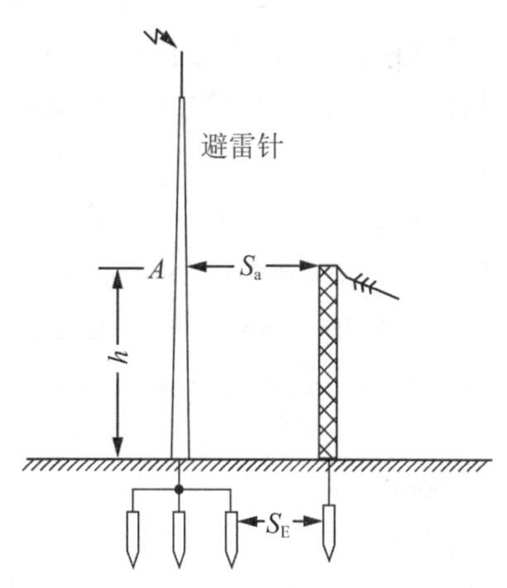

图9-6 避雷针与被保护物间允许距离

独立避雷针受到雷击时，强大的雷电流通过接闪器、引下线和接地体泄入大地，避雷针上会形成很高的电位，如果避雷针与附近设备或设施的距离较近时，它们之间便会产生放电现象，这种现象称为“反击”。“反击”可能引起电气设备的绝缘破坏，为防止“反击”，必须使避雷针和附近设备或设施有足够的距离，从而使绝缘介质的闪络电压大于反击电压。我国标准推荐用下面两个公式校核独立避雷针的空气间隙 S_a 和地中距离 S_E(如图9-6所示)：

$$S_a \geqslant 0.2R_{sh} + 0.1h \tag{9-2}$$

$$S_E \geqslant 0.3R_{sh} \tag{9-3}$$

式中　R_{sh}——独立避雷针的冲击接地电阻(Ω)；

h——相邻配电装置构架的高度(m)。

在一般情况下，S_a不应小于5m，S_E不应小于3m。

2. 侵入雷电波过电压保护的设置

当雷击于线路时，沿线路就有雷电冲击波流动，从而侵入变电所产生过电压。根据规程要求，在高压侧装设避雷器用来保护主变压器，这是最基本的防护措施。除装设避雷器外，对工厂降压变电所还应采取以下设置。

1)不沿全线架设避雷线的35kV架空线，应在距离变电所1～2km的进线段架设避雷线。当进线段以外遭雷击时，由于线路本身阻抗的限流作用，侵入雷电冲击波将大为降低。为更有效地防止雷害，在变电所进线段装设管型避雷器，如图9-7所示，35kV变电所的进线保护接线。

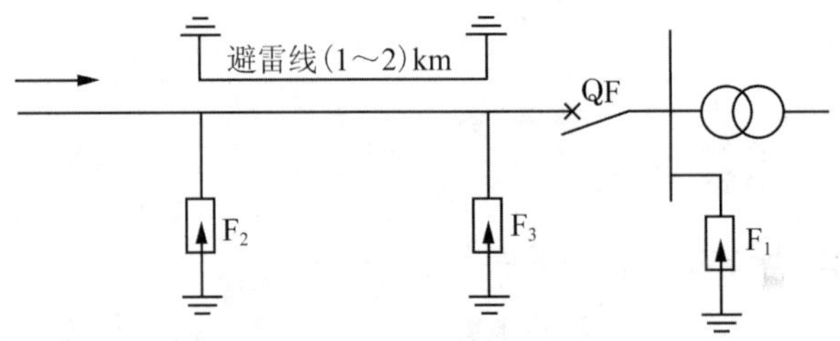

图9-7　35kV变电所的进线保护接线

图9-7中F_1为安装在母线上的一组或多组阀式避雷器，用来保护整个变电所的设备包括接在断路器外侧设备的绝缘。当线路进出线的断路器，在雷雨季节可能经常断开，而线路侧又带有电压时，为避免开路末端的电压上升为行波幅值的两倍，致使断路器的绝缘支座对地放电，在线路带电压下引起工频短路，烧坏支座，可装设管式避雷器F_3。对于一般线路来说，无须装设管式避雷器F_2。当线路的耐冲击绝缘水平特别高，致使变电所中阀式避雷器通过的雷电流可能超过5kA时，才装设管式避雷器F_2，并使F_2处的接地电阻尽量降低到10Ω以下。

当变电所35kV采用电缆进线时，在电缆与架空线路的连接处应装设阀型避雷器。其接线端与电缆金属外皮须连接。

2)35kV有变压器的变电所，每组母线应装设阀型避雷器。阀型避雷器与主变压器及其他被保护设备的电气距离应尽量缩短，若超过允许值时，应与主变压器附近装设一组阀型避雷器。阀型避雷器与主变压器及其他被保护设备的最大允许电气距离，当进线段避雷线长度为1km时，最大距离为26m；2km时，最大距离为52m。

对35kV及以下的变压器中性点，一般不装设保护装置。

3)对于35kV进线且容量较小用户变电所，可根据其重要性和雷暴日数采取简化的进线保护。对容量3150～5600kV·A的变电所35kV侧，变电所进线段的避雷线长度可减少到500～600m。容量在3150kV·A以下者，可不装设进线段保护。

4)对于3～10kV配电装置，每组母线和每一架空线路应装设阀型避雷器，但厂区内进线可只在每组母线上应装设阀型避雷器。有电缆进线段的架空线路，避雷器应装在电缆头附近。

9.2.2 架空线路防雷保护的设置

工厂供电系统架空线路的电压等级一般为35kV及以下，属中性点不接地系统，当雷击杆顶使一相导线放电时，工频接地电流很小，不会引起线路的跳闸。且对于重要负荷可采用双电源供电和自动重合闸装置，可减轻雷害事故的影响。根据以上特点，对35kV及以下架空线路常设置以下防雷保护。

1. 架设避雷线

架设避雷线是防雷的有效措施，但造价很高，所以在35kV及以下线路上仅在进出变电所的一段线路上架设避雷线。

2. 装设自动重合闸装置

线路因雷击放电而造成的短路具有瞬时性，在断路器跳闸后，电弧自行熄灭，短路故障消失。若采用自动重合闸装置，可使断路器经过一定时间后自动重合，即可恢复供电，提高了供电的可靠性。

3. 提高线路的绝缘水平

在架空线路上，可采用木横担、瓷横担或高一级的绝缘子，以提高线路的防雷水平。

4. 利用三角形排列的顶线兼作防雷保护线

3～10kV线路通常采用中性点不接地方式，因此在三角形排列的顶线绝缘子上装设保护间隙，当雷击顶线时，间隙击穿，对地泄放雷电流，从而保护了下面的两根导线，也不会引起线路断路器跳闸。如图9-8所示，顶线绝缘装设保护间隙。

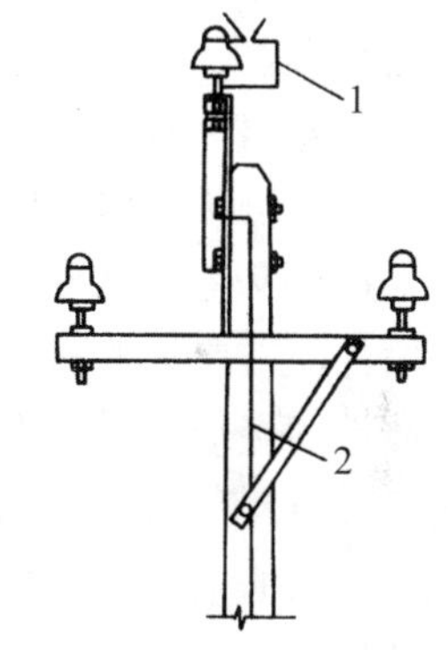

图9-8 顶线绝缘装设保护间隙

1—保护间隙 2—接地线

5. 装设避雷器和保护间隙

对架空线路上个别绝缘薄弱的地点，如跨越杆、转角杆等处，可装设管式避雷器或保护间隙。3～10kV线路上的柱上断路器、负荷开关或隔离开关，应装设阀型避雷器或保护间隙。

6. 采用电缆供电

对于6～10kV架空线路，一般比35kV线路高度低，不必装设避雷线，防雷方式可利用钢筋混凝土杆的自然接地，必要时可采用双电源供电或自动重合闸。

9.2.3 高压电动机的防雷保护设置

高压电动机的定子绕组是采用固体介质绝缘的，其冲击耐压试验值大约只有同电压等级的电力变压器的1/3左右。经过长期运行后，固体绝缘介质受潮、腐蚀和老化，会进一步降低耐压水平，因此高压电动机的防雷保护设置，不能采用普通的阀式避雷器，而要采用专用于保护旋转电机用的磁吹型阀式避雷器或具有串联保护间隙的金属氧化物避雷器。

对定子绕组中性点能引出的高压电动机，在中性点装设磁吹型阀式避雷器或金属氧化物避雷器。如图 9-9 高压电动机防雷保护接线示意图。对定子绕组中性点不能引出的高压电动机，可在电动机前面加一段 100～150m 的电缆，在电缆前的电缆头处装设一组排气式避雷器或阀式避雷器，在电动机入口处母线上装设一组并联有电容器的磁吹型阀式避雷器，以降低沿线路入侵的雷电波波头陡度，减轻对电动机绝缘的危害。

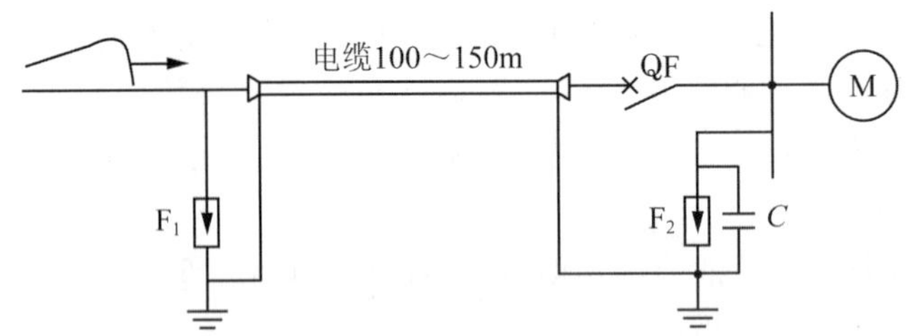

图 9-9　高压电动机防雷保护接线示意图

F_1—排气式避雷器或阀式避雷器　F_2—磁吹型阀式避雷器

9.3　接地的基本知识

9.3.1　接地的有关概念

在工厂供电系统中，为保证电气设备的正常工作和防止人身触电，而将电气设备的某部分与大地作良好的电气连接，称为接地。

1. 接地装置的组成

接地装置由接地体和接地线两部分组成。其中与土壤直接接触的金属导体称为接地体。接地体又可分为自然接地体和人工接地体。兼作接地用的直接与大地接触的各种金属构件、金属管道和建筑物的钢筋混凝土基础等，称为自然接地体。专门为接地而人为装设的接地体，称为人工接地体。接地体通常采用直径 50mm，长 2～2.5m 的钢管或 50mm×50mm×5mm，长 2.5m 的角钢，端部削尖，打入地中。为了减少投资，应在满足要求的条件下尽量采用自然接地体，而不采用上述人工接地体。但应注意易燃易爆的液体或气体管道不能做接地体。

连接于接地体和设备接地部分之间的导线，称为接地线。接地线又可分为接地干线和接地支线。接地线通常采用 25mm×4mm 或 40mm×4mm 扁钢或直径为 16mm 的圆钢。接地干线应采用不少于两根导体在不同地点与接地网连接。由若干接地体在大地中相互连接而组成的总体，称为接地网，接地网示意图，如图 9-10 所示。

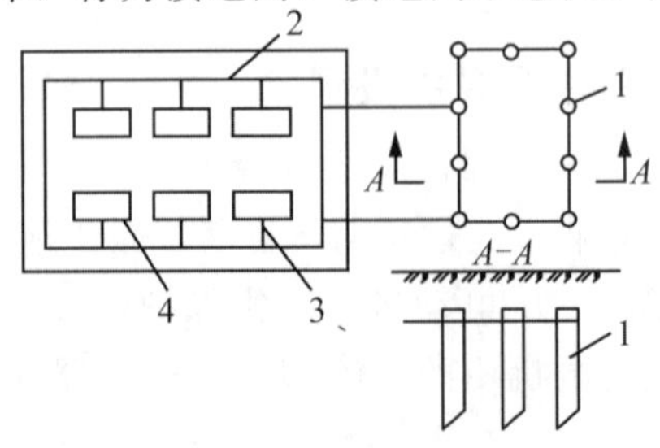

图 9-10　接地网示意图

1—接地体　2—接地干线　3—接地支线　4—电气设备

2. 接地装置的散流效应

(1)接地电流和对地电压

当电气设备发生接地故障时，电流通过接地装置向大地作半球形扩散，这种现象称为“散流效应”。这一电流称为接地电流，用 I_E 表示。由于半球形的球面，在距离接地体越远处其球面越大，散流的电流密度越小，所以距接地体越远的地方散流电阻越小。实验表明，在距长 2.5m 单根接地体 20m 以外的地方，实际上散流电阻已趋近于零。这里的电位也趋近于零，这个电位为零的地方，称为电气上的“地”。接地体或与接地体相连的电气设备的接地部分与零电位的“地”之间的电位差，称为接地部分的对地电压，用 U_E 表示，如图 9-11 所示。

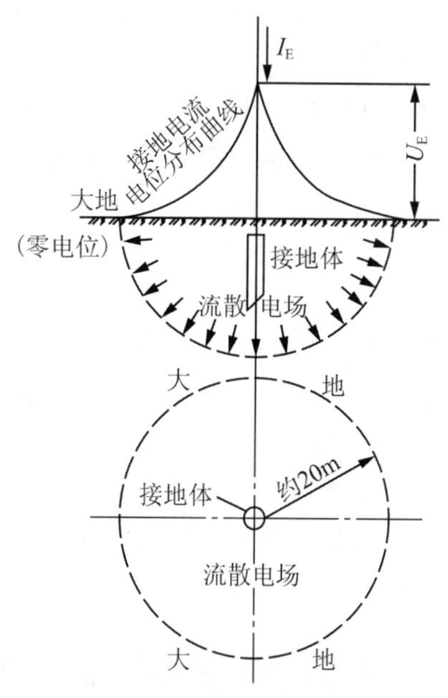

图 9-11 接地电流对地电压及接地电流电位分布曲线

(2)接触电压和跨步电压

在正常情况下，电气设备的外壳一般与接地体相连，和大地同为零电位。当电气设备发生接地故障时，接地电流流入大地，并在接地体周围形成对地电位分布，此时人触及设备外壳所接触的两点(如手和脚)之间的电位差，称为接触电压 U_{tou}；人在距接触体 20m 以内行走，两脚之间(约 0.8m 左右)所出现的电位差，称为跨步电压 U_{step}。跨步电压的大小与离接地点的远近及跨步的距离有关。距接地体越近，跨步电压越大，当距接地体 20m 以外时，跨步电压为零。为了将接触电压和跨步电压限制在安全范围内，通常采用降低接地电阻，打入接地均压网和埋设均压带等措施，以降低电压分布曲线的陡度，接触电压和跨步电压，如图 9-12 所示。

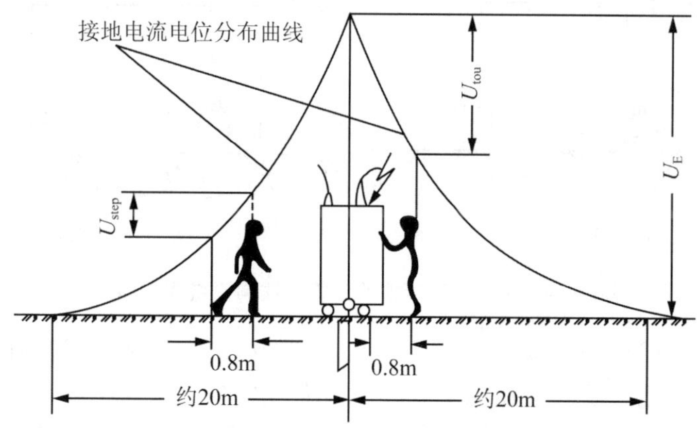

图 9-12 接触电压和跨步电压示意图

9.3.2 工厂供电系统的接地类型

工厂供电系统的接地类型按其作用的不同可分为：工作接地、保护接地和重复接地。

1. 工作接地

为了保证电力系统和电气设备达到正常工作要求而进行的接地，称为工作接地。各种工作接地有各自不同的功能，如：电源中性点直接接地，能在运行中维持三相系统中相线对地电压不变。电源中性点经消弧线圈接地，能在单相接地时消除接地点的断续电弧，防止系统出现过电压。防雷装置的接地，其功能为对地泄放雷电流，对设备进行雷电过电压保护。

2. 保护接地

为了保障人身安全，防止触电事故而将电气设备的金属外壳与大地进行良好的电气连接，称为保护接地。保护接地的形式有两种：一种是设备的金属外壳经各自的接地线(PE 线)直接接地，如 IT 和 TT 系统中；另一种是设备的金属外壳经公共的 PE 线(TN-S 系统中)或 PEN 线(TN-C 系统中)接地，这种接地型式习惯称为“保护接零”。应当注意：在同一低压系统中，不能既采用保护接地又采用保护接零，否则当采用保护接地的设备发生单相接地故障时，采用保护接零的设备外露可导电部分会出现危险的过电压，造成触电事故。

(1)IT 系统

在中性点不接地的三相三线制的供电系统中，将设备的金属外壳及其构架等，经各自的 PE 线分别直接接地，称为 IT 系统。在三相三线制系统中，当电气设备绝缘损坏系统发生一相碰壳故障时，设备外壳电位将上升为相电压，人接触设备时，故障电流将全部通过人体流入地中，如图 9-13(a)所示，从而造成触电危险。当采用 IT 系统后，故障电流将同时沿接地装置和人体两条通路流过，如图 9-13(b)所示。由于流经每条通路的电流与其电阻成反比，而通常人体电阻 R_b 比接地电阻 R_E 大数百倍，所以流经人体的电流很小，不会发生触电危险。

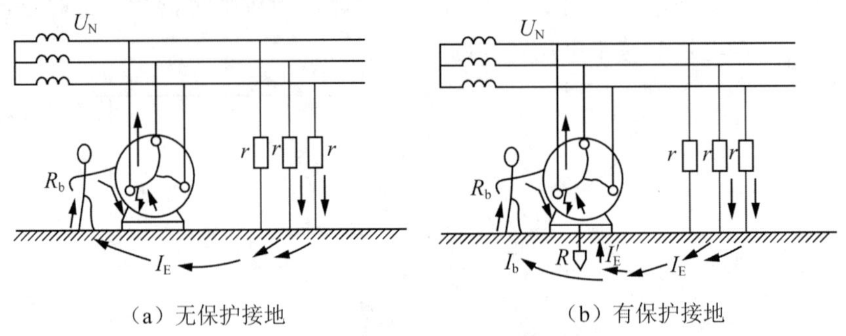

(a) 无保护接地　　(b) 有保护接地

图 9-13　中性点不接地的三相三线制系统保护接地

IT 系统的特点为：①电源中性点不接地，或经高阻抗接地；②没有 N 线，因此不适用于接额定电压为系统相电压的单相用电设备；③电力设备的外露可导电部分经各自的 PE 线分别接地；④由于各电气设备的 PE 线之间无电气联系，因此相互之间无电磁干扰；⑤当系统发生单相接地故障时，三相用电设备及接线电压的单相设备仍能继续正常运行；⑥应装设单相接地保护装置，以便在发生单相接地故障时给予报警信号。该系统一般适用于对连续供电要求较高及易燃易爆危险的场所。

(2)TN 系统

在电源中性点直接接地的低压三相四线制系统中，将设备金属外壳与中性线(N 线)相连接，称为 TN 系统。当设备发生单相碰壳接地故障时，短路电流经外壳和 PE 或 PEN 线而形成回路，此时短路电流较大，能使设备的过电流保护装置动作，迅速将故障设备从电源断开，从而减小触电的危险，保护人身和设备的安全。TN 系统按其 PE 线的形式可分为 TN—C 系统、TN—S 系统、TN—C—S 系统，具体如下。

1)TN—C 系统。如图 9-14(a)所示。该系统具有下列特点：①电源中性点直接接地；②整个系统的 PE 线与 N 线是合二为一的，称为 PEN 线；③电气设备的外露可导电部分均接 PEN 线(通常称为“接零”)；④PEN 线中可能有电流通过，因而可对某些接 PEN 线的电气设备产生电磁干扰；⑤如 PEN 线断线，可使接在 PEN 线的电气设备外露可导电部分带电，造成人身触电危险；⑥由于 PE 线与 N 线合二为一，因而可节约有色金属和节约投资；⑦在发生单相接地故障时，线路的过电流保护装置动作，将切除故障线路。该系统在我国低压供配电系统中应用最为广泛。

2)TN—S 系统。如图 9-14(b)所示。该系统具有下列特点：①电源中性点直接接地；②PE 线与 N 线分开，电力设备的外露可导电部分接在 PE 线；③由于 PE 线与 N 线分开，PE 线中无电流通过，因此对接在 PE 线的电气设备不会产生电磁干扰；④PE 线断开时，在正常情况下不会使接在 PE 线的电气设备外露可导电部分带电。但如有电气设备发生单相碰壳故障时，将使其他所有接 PE 线的电气设备外露可导电部分带电，造成人身触电危险；⑤在发生单相对地短路时，过电流保护装置动作，将切断线路，切除故障。该系统主要应用于：①对安全要求较高的场所，如潮湿易触电的浴池等地及居民生活住所；②对抗电磁干扰要求高的数据处理、精密检测等试验场所。

3)TN—C—S 系统。如图 9-14(c)所示。该系统具有下列特点：①电源中性点直接接地；②该系统的前面部分为 TN—C 系统，后面部分为 TN—S 系统；③电气设备的外露可导电部分接 PEN 线或 PE 线；④该系统综合了 TN—C 系统和 TN—S 系统的特点。其应用范围主要是在对安全要求和抗电磁干扰要求较高的场所采用 TN—S 系统，其他情况则采用 TN-C 系统供电。

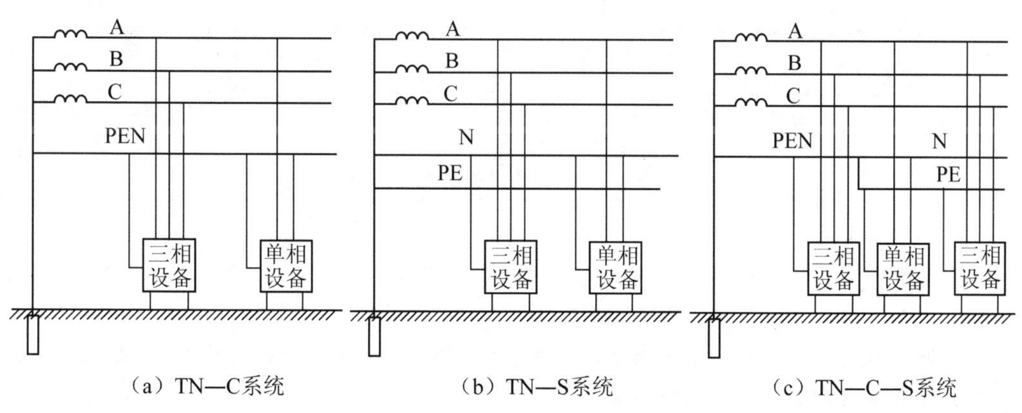

(a) TN—C系统　(b) TN—S系统　(c) TN—C—S系统

图 9-14　TN 型低压配电系统电路图

(3)TT 系统

在电源中性点直接接地的低压三相四线制系统中，将设备金属外壳经各自的 PE 线分别直接接地，称为 TT 系统。在此系统中，当设备发生单相接地时，由于接触不良而导致故障电流较小，不足以使过电流保护装置动作，此时如果人体触及设备外壳，则故障电流将全部通过人体，造成触电事故，如图 9-15(a)所示。

当采用 TT 系统后，设备与大地接触良好，发生故障时单相短路电流较大，足以使过电流保护动作迅速切除故障设备，大大减小触电危险。即使在故障未切除时人体触及设备外壳，由于人体电阻远大于接地电阻，故通过人体的电流很小，触电的危险性也不大，如图 9-15(b)所示。

值得注意的是，如果 TT 系统中设备只是绝缘不良而漏电，由于漏电电流较小而不足以使过电流保护动作，从而使设备外壳长期带电增加了触电危险，所以，TT 系统应考虑加装漏电保护器，以保障人身安全。

TT 系统的特点为：①电源中性点直接接地；②该系统中无公共 FE 线，电力设备的外露可导电部分经各自的 PE 线直接接地；③由于各电气设备的 PE 线之间无电气联系，因此相互之间无电磁干扰；④当系统发生单相接地故障时，则形成单相短路，过电流保护装置动作，切除故障电气设备；⑤当系统出现绝缘不良引起漏电时，因漏电电流较小，不足以使过电流保护装置动作，从而使电气设备的外露可导电部分长期带电、增加了人体触电的危险。因此为保障人身安全，该系统应装设灵敏的触电保护装置；⑥省去了公共 PE 线、较 TN 系统经济，但电气设备单独装设 PE 线，又增加了工作量。该系统主要适用于安全要求及对抗电磁干扰要求较高的场所。国外这种系统应用较普遍，我国也开始推广应用。

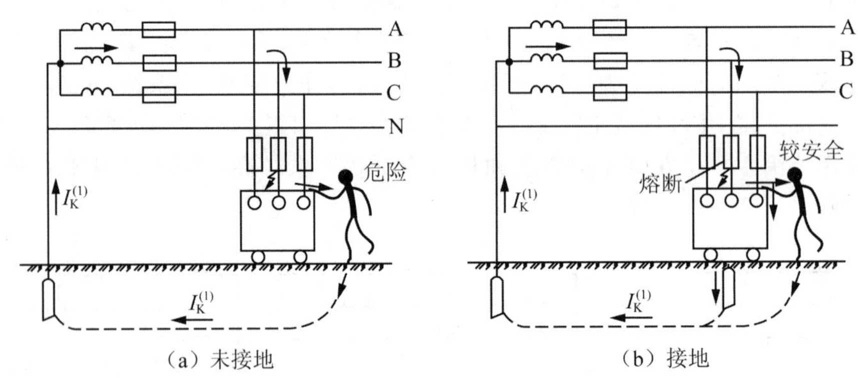

图 9-15　TT 系统保护接地示意图

3. 重复接地

在电源中性点直接接地 TN 系统中，为保证 PE 或 PEN 线安全可靠，除电源中性点进行工作接地外，还应在 PE 或 PEN 线上的一处或多处再次接地，称为重复接地。重复接地的地点可设置在：①在架空线路终端及沿线每 1km 处；②电缆和架空线引入车间或大型建筑物处。

在中性点直接接地的 TN 系统中，如不重复接地，当 PE 或 PEN 线断线，而且断线处之后有设备碰壳漏电时，在断线处之前设备外壳对地电压接近于零；而在断线处之后设备的外壳上，都存在着接近相电压的对地电压，即 $U_E \approx U_\varphi$，如图 9-16(a)所示，这是相当危险的。如进行重复接地后，在发生同样故障时，断线处后的设备外壳对地电压为 $U_E'=I_E R_E'$，而在断线处之前的设备外壳对地电压为 $U_E=I_E R_E$，如图 9-16(b)所示。当 $R_E=R_E'$时，断线前后设备外壳对地电压均为 $U_\varphi/2$，危险程度大大降低。但实际上由于 $R_E'>R_E$，所以断线处后设备外壳 $U_E'>U_\varphi/2$，对人仍构成危险，因此 PE 线或 PEN 线断线故障应尽量避免。

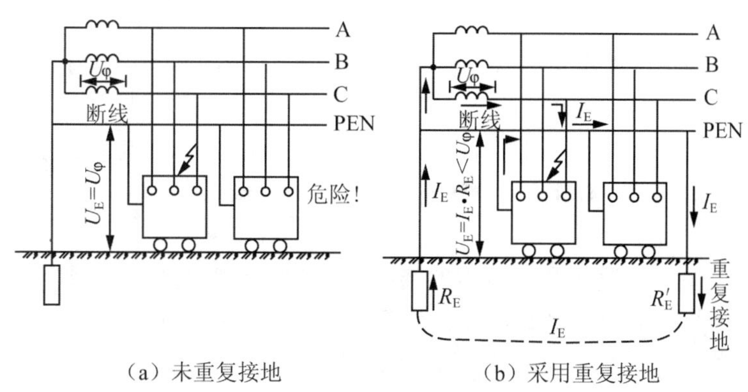

(a) 未重复接地　　(b) 采用重复接地

图 9-16　重复接地功能示意图

9.4　变电所接地装置及接地电阻的计算

9.4.1　变电所接地装置的设置

1. 自然接地体的设置

变电所设置接地装置时，首先考虑采用自然接地体，以节约钢材，节省投资。可作为自然接地体的有：与大地有可靠连接的建筑物的钢筋结构、行车的钢轨、埋地的非可燃可爆的金属管道及埋地敷设的不少于两根的电缆金属外皮等。对于变配电所，可利用其建筑物钢筋混凝土基础作为自然接地体。利用自然接地体时，一定要保证良好的电气连接，在建筑物结构的结合处，除已焊接外，凡采用螺栓连接或其他连接的，都要采用跨接焊接，而且跨接线不得小于规定值。

2. 人工接地网的装设

人工接地网有垂直埋设和水平埋设两种，最常用的垂直接地体为直径 50mm，长 2.5m 的钢管。人工接地网以水平埋设为主，接地网的外缘闭合，外缘各角应做成圆弧形。当不能满足接触电压和跨步电压的要求时，人工接地网内应敷设水平均压带，均压带距离一般为 4～5m。人工接地网埋设深度不宜小于 0.6m。

9.4.2　接地电阻的组成

接地电阻是指电气设备接地装置的对地电压与电流之比。接地装置是由接地体和接地线组成。由于接地线电阻一般很小，可忽略不计，故接地装置的接地电阻主要是指接地体的散流电阻。它的定义是接地体的对地电压与经接地体流入地中的接地电流之比。从原则上讲，接地电阻值越小则接触电压和跨步电压就越低，对人身越安全。

影响接地电阻大小的因素主要从以下几个方面考虑。

1. 土壤电阻

土壤电阻的大小用土壤电阻率表示。土壤电阻率就是 $1cm^3$ 的正立方体土壤的电阻值。影响土壤电阻的原因很多，如土质温度、湿度、化学成分、物理性质、季节等。因此，在设计接地装置前应进行测定。对于土壤电阻率偏高的地区可采取以下措施。

1)若附近有土壤电阻率较低的区域，可装设外引式接地体，但连接的接地干线不得小于2根。

2)若底下层的土壤电阻率较低，如有地下水等，可采用深井式接地体。

3)扩大接地网的占地面积。

4)极其特殊的土壤可进行土壤置换处理，换土壤电阻率较低的黏土或黑土，或者进行土壤化学处理，填充降阻剂，如食盐、炉渣、木炭、石灰等。

2. 接地线

接地线是连接电气设备和接地体的连接线。为了节约金属，减小施工费用，应尽量选择自然导体作接地线，当自然导体在运行中电气连接不可靠、阻抗较大，不能满足要求时，才考虑采用人工接地线或增设辅助接地线。

3. 接地体

接地体是决定接地电阻大小的关键因素。由于土壤的电阻率比较固定，接地线的电阻又往往忽略不计，因而在选用接地体时，优先考虑自然接地体。由于人工接地装置与自然接地体是并联关系，从而可使人工接地装置的接地电阻减小，使其工程投资降低。经测量后，如果不能够满足所要求的接地电阻值，则考虑敷设人工接地体。

通常，电力系统在不同情况下对接地电阻的要求是不同的。表9-5给出了电力系统不同接地装置所要求的接地电阻值。

表9-5　电力系统不同接地装置的接地电阻值

<table>
<tr><th>序号</th><th colspan="2">项　目</th><th>接地电阻/Ω</th><th>备　注</th></tr>
<tr><td>1</td><td colspan="2">1000V以上大接地电流系统</td><td>$R_E \leqslant 0.5$</td><td>使用于该系统接地</td></tr>
<tr><td>2</td><td rowspan="2">1000V以上小接地电流系统</td><td>与低压电气设备功用</td><td>$R_E \leqslant 120/I$</td><td rowspan="2">(1)对接有消弧线圈的变电所或电气设备接地装置，I为同一接地网消弧线圈总额定电流的125%
(2)对不接消弧线圈者按切断最大一台消弧线圈，电网中残余接地电流计算，但不应小于30A</td></tr>
<tr><td>3</td><td>仅用于高压电气设备</td><td>$R_E \leqslant 250/I$</td></tr>
<tr><td>4</td><td rowspan="3">1000V以下低压电气设备接地装备</td><td>一般情况</td><td>$R_E \leqslant 4$</td><td rowspan="3"></td></tr>
<tr><td>5</td><td>100kV·A及以下发电机和变压器中性点接地</td><td>$R_E \leqslant 10$</td></tr>
<tr><td>6</td><td>发电机与变压器并联工作但总容量不超过100kV·A</td><td>$R_E \leqslant 10$</td></tr>
<tr><td>7</td><td rowspan="2">重复接地</td><td>架空中性线</td><td>$R_E \leqslant 10$</td><td></td></tr>
<tr><td>8</td><td>序号5.6</td><td>$R_E \leqslant 30$</td><td></td></tr>
</table>

续表

序号	项　目		接地电阻/Ω	备　注
9	架空电力线（无避雷线）*	小接地电流系统钢筋混凝土杆，金属杆	$R_E \leqslant 30$	
10		小接地电流系统钢筋混凝土杆，金属杆，但为低压线路	$R_E \leqslant 30$	
11		低压进户线路绝缘子铁脚	$R_E \leqslant 30$	

注：* 有避雷线者未列入。

9.4.3 接地电阻计算

1. 人工接地装置工频接地电阻计算

工频接地电流流经接地装置所呈现的接地电阻，称为工频接地电阻，用 R_E 表示。不同类型的单个接地体的接地电阻计算公式，在设计手册中均有介绍，可根据需要参考设计手册。

在实际的供电系统中，往往单个接地体的接地电阻不能满足对接地电阻的要求，因此，必须将数根接地体并联成组，每根接地体之间距离一般取接地体长度的1～3倍。这样电流流入每根接地体时将由于相邻接地体互相之间的磁场作用而阻止电流的流散，相当于增加了每根接地体的电阻，这种影响电流散流的现象称为屏蔽作用。此时，接地体的合成电阻并不等于各个单根接地体电阻的并联值，而相差一个利用系数。即接地体总电阻为

$$R_{E\cdot g}=R_{g0}/n\eta_g \tag{9-4}$$

式中　R_{g0}——人体接地体单根电阻(Ω)；

n——接地体的根数；

η_g——接地体组的利用系数，与接地体的布置 \ 根数及其间距有关可查手册得到；

$R_{E.g}$——人工接地体的总阻值(Ω)。

人工接地装置的接地电阻 $R_{E.g}$ 和自然接地体电阻 $R_{E.zh}$ 并联，即为总的接地电阻允许值 R_E，R_E 可以从表9-5中查到，则

$$\frac{1}{R_E}=\frac{1}{R_{E.g}}+\frac{1}{R_{E.zh}} \tag{9-5}$$

所以

$$R_{E.g}=\frac{R_E \times R_{E.zh}}{R_{E\cdot zh}-R_E}$$

式中　$R_{E.zh}$——自然接地体的工频接地电阻，可查阅公式计算。

2. 冲击接地电阻的计算

雷电流流经接地装置泄放入地时的接地电阻，称为冲击接地电阻，用 R_{sh} 表示。它包括接地线电阻和地中散流电阻。冲击接地电阻得计算方法与工频接地电阻得计算方法相同，但两者阻值有差别。雷电流幅值很大，使接地装置周围土壤中产声强烈的火

花放电，散流电阻显著下降，因此，冲击接地电阻小于工频接地电阻，两者相差一冲击系数。冲击接地电阻 R_{sh} 可用下式计算：

$$R_{sh}=\alpha_{sh}\times R_E \tag{9-6}$$

式中 α_{sh}——冲击系数；

R_E——工频接地电阻。

冲击系数 α_{sh} 值与土壤电阻率及接地体长度等因素有关。由于 R_{sh} 不易测量，为了检查方便起见，工程上总是以工频接地电阻作为标准来衡量 R_{sh} 的值。

>>> 本章小结

过电压是指在电气线路或电气设备上出现的超过正常工作要求的电压。按其产生的原因，可分为内部过电压和外部过电压两类。内部过电压又分为操作过电压和谐振过电压等形式，对电力线路和电气设备的威胁不是很大。外部过电压有三种基本形式：直接雷击过电压、感应雷过电压、雷电波侵入。对电力线路和电气设备的威胁很大，常采用防雷装置进行防护。常用的防雷装置有接闪器和避雷器。接闪器有避雷针、避雷线、避雷带和避雷网四种类型。避雷器有角型避雷器、管型避雷器、阀型避雷器和金属氧化物避雷器四种类型。变配电所的直击雷过电压保护可设置避雷针或避雷线。雷电波过电压最基本的防护措施是在高压侧装设避雷器用来保护主变压器。

为保证电气设备的正常工作和防止人身触电，而将电气设备的某部分与大地作良好的电气连接，称为接地。接地装置由接地体和接地线两部分组成。其中与土壤直接接触的金属导体称为接地体，接地体又可分为自然接地体和人工接地体。接地类型按其作用的不同可分为：工作接地、保护接地和重复接地。接地电阻是指电气设备接地装置的对地电压与电流之比。接地电阻值越小，则接触电压和跨步电压就越低，对人身越安全。变电所设置接地装置时，首先考虑采用自然接地体，经测量后，如果不能够满足所要求的接地电阻值，则考虑敷设人工接地体。

>>> 复习思考题

9.1 何谓过电压？过电压分为几类？各自的定义是什么？雷电过电压有几种基本形式？

9.2 防雷装置有哪些？它们各自的结构特点及作用是什么？

9.3 变配电所防雷保护是如何设置的？

9.4 架空线路的防雷措施有哪些？

9.5 雷电击中独立避雷针时，为什么会对附近设施产生“反击”？如何防止？

9.6 高压电动机的防雷保护是如何设置的？

9.7 什么叫接地？电气上的“地”是什么意思？

9.8 何谓接地装置的散流效应？

9.9 什么叫保护接地？什么叫保护接零？各自适合于什么场合？

9.10 TN-C 系统、TN-S 系统、TN-C-S 系统、TT 系统和 IT 系统各有什么特点？

9.11 为什么 TN 配电系统的中性线上不得装设熔断器或开关？

9.12　常用的人工接地装置有哪些类型？

9.13　何谓接地电阻？由几部分组成？影响接地电阻的因素有哪些？

>>> 习题

某用户变电所高 10m，其最远处距离 60m 的烟囱高 50m，烟囱上装有一支 2.5m 高的避雷针，验算其防雷有效性。

第 10 章　工厂电气照明

>>> **本章要点**

本章简单介绍了照明技术中常用的基本概念以及工厂常用的电光源和灯具，重点讲述工厂照明器的布置与选择以及工厂照明系统的设计与选择。

10.1　电气照明的基本知识

10.1.1　照明方式和照明种类的划分

1. 照明方式

照明方式是指照明设备按其安装部位或使用功能构成的基本制式。照明可分为以下方式。

1)一般照明。不考虑特殊部位的需要，为照亮整个区域而设置的照明。

2)分区一般照明。根据需要，提高一般照明。

3)局部照明。为满足某些部位的特殊需要，通常在很小的范围，如工作台面而设置的照明。

4)混合照明。一般照明与局部照明组成的照明。

2. 照明种类

照明按光源方式分为自然照明(天然采光)和人工照明两大类。

照明按其特点分为以下几种。

1)正常照明。在正常情况下使用的固定安装的人工照明。

2)事故照明(应急照明)。在正常照明系统因电源发生故障熄灭的情况下，供人员疏散、保障安全或继续工作用的照明。

3)警卫照明。在警卫范围内设置的照明。

4)障碍照明。装设在与航空或交通部门有关的建筑物或构筑物上方作为障碍标志的照明。

电气照明是人工照明中应用最为广泛的一种照明方式，它具有灯光稳定、易于控制调节和安全经济等优点。电气照明设计是工厂供配电系统设计的一个组成部分。良好的照明是保证安全生产、提高劳动生产率和产品质量、保障职工视力健康的必要措施。因此电气照明的合理设计对企业生产具有十分重要的作用。

10.1.2　电气照明的基本概念

1. 光

光是物质的一种形态，是一种波长比毫米无线电波短而比 X 射线长的电磁波，而所有电磁波都具有辐射能。在电磁波的辐射谱中，光谱的大致范围包括。

1)紫外线，波长为 1～380nm。

2)可见光，波长为 380～780nm。

3)红外线，波长为 780～1mm。

可见光是一种能引起人眼视觉反应的辐射能，它以电磁波的形式在空间传播。可见光又分为：红（640～780nm）、橙（600～640nm）、黄（570～600nm）、绿（490～570nm）、青(450～490nm)、蓝(460～450nm)和紫(380～430nm)等 7 种单色光。人眼对可见光范围内各波长的电磁波会产生不同的明暗感觉。实验证明，正常人眼对于波长为 555nm 的黄绿色光最敏感，也就是说这种黄绿色光的辐射能引起人眼的最大视觉，波长偏离 555nm 越远，可见度越小。

2. 光通量

光源在单位时间内，向周围空间辐射出的使人眼产生光感觉的能量，称为光通量，简称光通，用符号 Φ 表示，单位为流明(lm)。

3. 发光强度

发光强度简称光强，又称为光通的空间密度，是指光源在给定方向上单位立体角内辐射的光通量，用符号 I 表示，单位为坎德拉(cd)。

对于向各个方向均匀辐射光通量的光源，其各个方向的发光强度均相等，其值为

$$I=\Phi/\omega \tag{10-1}$$

式中 Φ——光源在立体角 ω 内所辐射的总光通量(lm)；

ω——光源发光范围的立体角，$\omega=A/r^2$，r 为球的半径(m)，A 为与 ω 相对应的球表面积(m^2)。

4. 发光强度分布曲线

发光强度分布曲线简称配光曲线，是在通过光源对称轴的一个平面上绘出的灯具发光强度与对称轴之间的角度的函数曲线。对于一般照明灯具，配光曲线绘在极坐标，如图 10-1(a)所示，其光源采用 1000lm 光通量的假想光源。对于聚光很强的投光灯，由于其光强集中在一个很小的空间内，因此，配光曲线一般绘在直角坐标上，如图 10-1(b)所示。

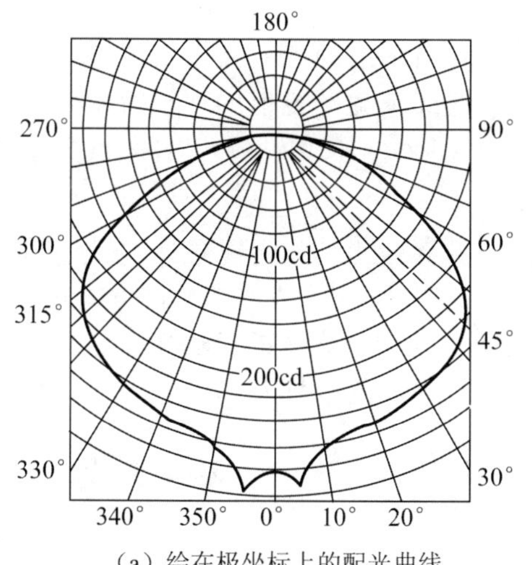

（a）绘在极坐标上的配光曲线

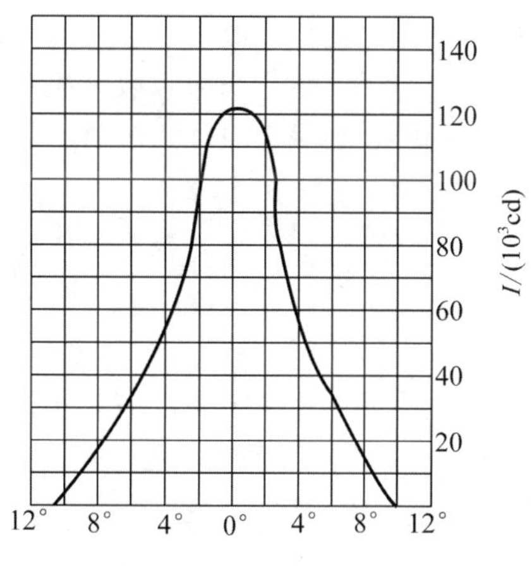

（b）绘在直角坐标上的配光曲线

图 10-1 灯具的配光曲线

5. 照度

受照物体表面单位面积投射的光通量称为照度，用符号 E 表示，单位为勒克斯(lx)。如果光通量 Φ 均匀地投射在面积为 A 的表面上，则该表面的照度值为

$$E=\Phi/A \tag{10-2}$$

式中 Φ——物体被照面上接收到的总光通量(lm)；

A——物体被照的表面积(m^2)。

6. 亮度

发光体(不只是光源，受照物体对人眼来说也可看做间接发光体)在视线方向单位投影面上的发光强度，称为亮度。亮度的符号为 L，单位为坎德拉每平方米(cd/m^2)。设发光体表面法线方向的发光强度为 I，而人眼视线与发光体表面法线成 θ 角，如图 10-2 所示。因此视线方向上 $I_\theta=I\cos\theta$，而视线方向的投影面积 $A_\theta=A\cos\theta$，由此可得发光体在视线方向上的亮度为

$$L=I_\theta/A_\theta=I\cos\theta/A\cos\theta=I/A \tag{10-3}$$

由上式可以看出，发光体的亮度值实际上与视线方向无关。

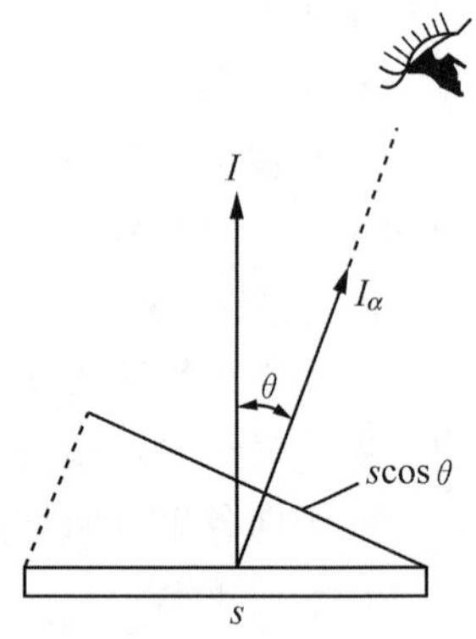

图 10-2 亮度的定义

7. 物体的光照性能

当光通量 Φ 投射到物体上时，一部分光通 Φ_ρ 从物体表面反射回去，一部分光通 Φ_α 被物体所吸收，而余下的一部分光通 Φ_τ 则透过物体。为表征物体的光照性能，特引入以下三个参数。

1)反射系数。反射光的光通量 Φ_ρ 与总投射光通量 Φ 之比($\rho=\Phi_\rho/\Phi$)。

2)吸收系数。吸收光的光通量 Φ_α 与总投射光通量 Φ 之比($\alpha=\Phi_\alpha/\Phi$)。

3)透射系数。透射光的光通量 Φ_τ 与总投射光通量 Φ 之比($\tau=\Phi_\alpha/\Phi$)。

在照明技术中应特别注重反射系数这一参数，因为它直接影响工作面上的照度。

8. 光源的色温和显色性能

光源的色温是指光源辐射的光的颜色与“黑体”所辐射的光的颜色相同或接近时黑体的温度。“黑体”是指全部吸收外来电磁辐射而毫无反射和投射的理想物体。色温的单位为 K(开尔文)。白炽灯的色温为 2400K(15W)～2920K(1000W)，日光色荧光灯的色温为 6500K。

光源的显色性能是指光源对物体照射后物体显现的颜色与物体在日光(标准光源)照射下显现的颜色的相符程度。为表征光源的显色性能，引入光源的显色指数 R_a(用百分数表示)来描述。被测光源的显色指数(R_a)越高，说明该光源的显色性能越好，物体颜色在该光源照明下的失真度就越小。一般白炽灯的显色指数为 97%～99%，荧光灯的为 75%～90%，后者的显色性能要差一些。

10.2 工厂常用的电光源和灯具

10.2.1 工厂常用电光源的类型及其特性与选择

1. 工厂常用电光源的类型

电光源按其发光原理分，有热辐射光源和气体放电光源两大类，具体如下。

(1)热辐射光源

热辐射光源是利用物体加热时辐射发光的原理所制成的光源，如白炽灯、卤钨灯(包括碘钨灯、溴钨灯)等。

1)白炽灯。它是利用装在真空或充有惰性气体的玻璃泡内的灯丝(钨丝)通过电流加热到白炽灯状态从而引起热辐射发光的。它的结构简单、价格低廉、使用方便、显色性好，因此无论工厂还是城乡，应用都极为广泛。但它的发光效率较低，使用寿命较短，且耐震性较差。

2)卤钨灯。最常见的卤钨灯为碘钨灯。它实质是在白炽灯泡内充入含有少量卤素或卤化物的气体，利用卤钨循环原理来提高灯的发光效率和使用寿命。当灯管工作时，灯丝温度很高，要蒸发出钨分子，使之移向玻璃灯管内壁。一般白炽灯泡之所以会逐渐发黑就是这一原因。而卤钨灯由于灯管内充有卤素(碘或溴)，因此钨分子在管壁附近与卤素作用，生成气态的卤化钨，卤化钨就由管壁向灯丝迁移。当卤化钨进入灯丝的高温(1600℃以上)区域后，又分解为钨分子和卤素，钨分子就沉积在灯丝上。当钨分子沉积的数量等于灯丝蒸发出去的钨分子的数量时，就形成相对平衡状态。这一过程就称为卤钨循环。由于存在卤钨循环，所以卤钨灯的玻璃管不易发黑，而且其发光效率比白炽灯高。卤钨灯的灯丝损耗极少，使用寿命较白炽灯大大延长。

为了使卤钨灯的卤钨循环顺利进行，对于直管型卤钨灯安装时必须保持灯管水平，倾斜角不得大于 4°。由于卤钨灯工作时管壁温度可高达 600℃，因此不允许采用人工冷却措施如使用电风扇等，同时注意灯不能与易燃物靠近。卤钨灯的耐震性很差，须注意防震。卤钨灯的显色性好，使用也方便，主要用于需高照度的工作场所。

(2)气体放电光源

气体放电光源是利用气体放电时发光的原理制成的光源，如荧光灯、高压汞灯、高压钠灯、金属卤化物灯和氙灯等。

1)荧光灯。俗称日光灯，它是利用汞蒸汽在外加电压作用下产生弧光放电，发出少许可见光和大量紫外线，紫外线又激励管内壁涂覆的荧光粉，使之再发出大量的可见光。荧光灯的发光效率比白炽灯高得多，使用寿命也比白炽灯长得多。但是荧光灯的显色性较差。

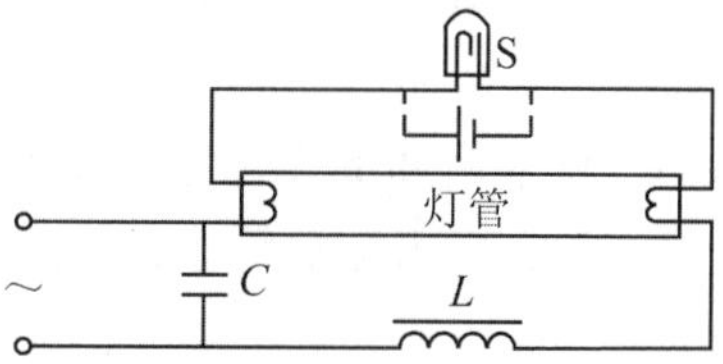

荧光灯的接线如图 10-3 所示。图中 S 是起辉器，它有两个电极，其中一个弯成 U 形的电极是双金属片。当荧光灯接上电压后，起辉器首先产生辉光放电，致使双金属片加热伸开，造成两极短接，从而使电流通过灯丝，灯丝加热后发射电子，并使管内的少量汞

图 10-3 荧光灯的接线

气化。图中 L 是镇流器，它实质上是铁心电感线圈。当起辉器两极短接使灯丝加热后，起辉器辉光放电停止，双金属片冷却收缩，从而突然断开灯丝加热回路，这就使镇流器两端产生很高的感应电动势，连同电源电压加在灯管两端，使充满汞蒸汽的灯管击穿，产生弧光放电。由于灯管起燃后，管内压降很小，因此又要借助镇流器来产生很大一部分压降，来维持灯管稳定的电流。图中 C 是电容，它是用来提高功率因数的。未接 C 时，功率因数只有 0.5 左右；接上 C 以后，功率因数可提高到 0.95 以上。

荧光灯在工作时，其灯光将随着加在灯管两端电压的周期性交变而频繁闪烁，这就是“频闪效应”。频闪效应可使人眼发生错觉，将一些由电动机驱动的旋转物体误认为不动的物体，这当然是安全生产不能允许的，因此在有旋转机械的车间里不宜使用荧光灯。如要使用，则必须设法消除其频闪效应。消除频闪效应的方法很多，最简便的方法是在一个灯具内安装两根或三根灯管，而各根灯管分别接到不同相的线路上。

2)高压汞灯。又称高压水银荧光灯。它是上述荧光灯的改进产品，属于高气压(压强可达 10^5 Pa 以上)的汞蒸汽放电光源。高压汞灯不需要起辉器来预热灯丝，但它必须与相应功率的镇流器 L 串联使用，其接线如图 10-4 所示。工作时，第一主电极与辅助电极(触发极)间首先击穿放电，使管内的汞蒸发，导致第一主电极与第二主电极间击穿，发生弧光放电，使管壁的荧光粉受激，产生大量的可见光。高压汞灯的光效高，寿命长，但启动时间较长，显色性较差。

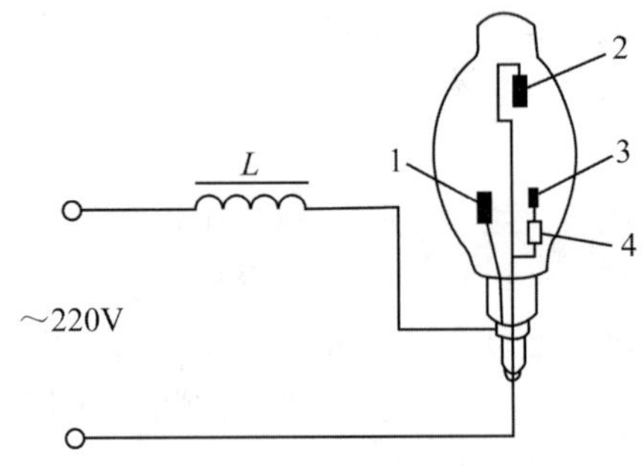

图 10-4 高压汞灯的接线

1—第一主极 2—第二主极
3—辅助电极 4—限流电阻

3)高压钠灯。它是利用高气压(压强可达 10^5 Pa)的钠蒸汽放电发光，其光谱集中在人眼较为敏感的区间，因此其光效比高压汞灯高一倍，寿命长，但显色性较差，启动时间较长，其接线与高压汞灯(图 10-4)相同。

4)金属卤化物灯。它是在高压汞灯的基础上为改善光色而发展起来的新型光源，不仅光色好，而且光效高。它的发光原理是在高压汞灯内添加某些金属卤化物，靠金属卤化物的循环作用，不断向电弧提供相应的金属蒸汽，金属原子在电弧中受电弧激发而辐射该金属的特征光谱线。选择适当的金属卤化物并控制它们的比例，可制成各种不同光色的金属卤化物灯。该类型灯可用于商场、大型的广场、体育场等。电压一般采用 380V，电压波动不宜大于±5%。

5)管形氙灯。它是一种充有高气压氙气的高功率(可达 100kW)气体放电灯，放电时能产生很强的白光近于连续光谱，和太阳光十分相似，俗称“人造小太阳”，特别适合于广场照明。

2. 各种电光源的主要技术特性

下表列出了常用电光源的主要技术特性，供对照比较。

表 10-1　常用电光源的主要技术特性比较

特性参数	白炽灯（PZ 型）	卤钨灯（LZ 型）	荧光灯（YZ 型）	高压汞灯（GGY 型）	高压钠灯（NG 型）	金属卤化物灯	管形氙灯
额定功率/W	15～1000	500～2000	6～125	50～1000	35～1000	125～3500	1500～100000
发光效率/(lm/W)	10～15	20～25	40～90	30～50	70～100	60～90	20～40
使用寿命/h	1000	1000～1500	1500～5000	2500～6000	6000～12000	1000	1000
色　温/K	2400～2920	3000～3200	3000～6500	5500	2000～4000	4500～7000	5000～6000
一般显色指数(%)	97～99	95～99	75～90	30～50	20～25	65～90	95～97
启动稳定时间	瞬时	瞬时	1～3s	4～8min	4～8min	4～8min	瞬时
再启动时间	瞬时	瞬时	瞬时	5～10min	10～15min	10～15min	瞬时
功率因数	1	1	0.33～0.52	0.44～0.67	0.44	0.4～06	0.4～09
频闪效应	无	无	有	有	有	有	有
表面亮度	大	大	小	较大	较大	大	大
电压对光通量影响	大	大	较大	较大	大	较大	较大
温度对光通量影响	小	小	大	较小	较小	较小	小
耐震性能	较差	差	较好	好	较好	好	好
所需附件	无	无	镇流器 启辉器	镇流器	镇流器	镇流器 触发器	镇流器 触发器

3. 工厂电光源类型的选择

1)照明光源宜采用荧光灯、白炽灯、高强气体放电灯(高压钠灯、荧光高压汞灯、金属卤化物灯)等，不宜采用卤钨灯、管形氙灯等。道路照明和室外照明的光源，宜优先选用高压钠灯。

2)为了节约电能，当灯具悬挂高度在 4m 及以下时，宜采用荧光灯；在 4m 及以上时，宜采用高强气体放电灯；当不宜采用高强气体放电灯时，也可采用白炽灯。

3)应急照明应采用能瞬时可靠点燃的白炽灯或荧光灯。当应急照明作为正常照明的一部分经常点燃且不需要切换电源时，可采用其他光源。

4)在下列工作场所，宜采用白炽灯照明。

①局部照明场所。因局部照明一般需经常开关、移动和调节，白炽灯比较合适。

②防止电磁波干扰的场所。气体放电灯因有高次波辐射，会产生电磁干扰。

③因频闪效应影响视觉效果场所。气体放电灯均有明显的频闪效应，故不宜采用气体放电灯。

④灯的开关频繁及需要及时点亮或需要调光的场所。气体放电灯启动较慢，不好调光，频繁开关会影响寿命。

⑤照度不高，且照明时间较短的场所。采用气体放电灯在低照度时效果不好。

10.2.2 工厂常用灯具的类型及其选择与布置

1. 常用灯具的类型

(1)按灯具的配光特性分类

按灯具的配光特性分类，有两种分类方法：一种是国际照明委员会(CIE)提出的分类法，另一种是传统的分类法。

1)CIE 分类法。根据灯具向下和向上投射光通量的百分比，将灯具分为以下五种类型。

直接照明型：灯具向下投射的光通量占总光通量的 90%～100%，向上投射的光极少。

半直接照明型：灯具向下投射的光通量

占总光通量的 60%～90%，向上投射的光通量只有 10%～40%。

均匀漫射型：灯具向下投射的光通量与向上投射的光通量差不多相等，各为 40%～60%。

半间接照明型：灯具向上投射的光通量占总光通量的 60%～90%，向下投射的光通量只有 10%～40%。

间接照明型：灯具向上投射的光通量占总光通量的 90%～100%，而向下投射的光通量极少。

2)传统分类法：根据灯具的配光曲线形状，将灯具分为以下五种类型，如图 10-5 所示。

正弦分布型：发光强度是角度的正弦函数，并且在 θ=90°时发光强度量大。

广照型：最大发光强度分布在较大角度上，可在较广的面积上形成均匀的照度。

漫射型：各个角度的发光强度基本一致。

配照型：发光强度是角度的余弦函数，并且在 θ=0°时发光强度最大。

深照型：光能量和最大发光强度值集中在 0°～30°的狭小立体角内。

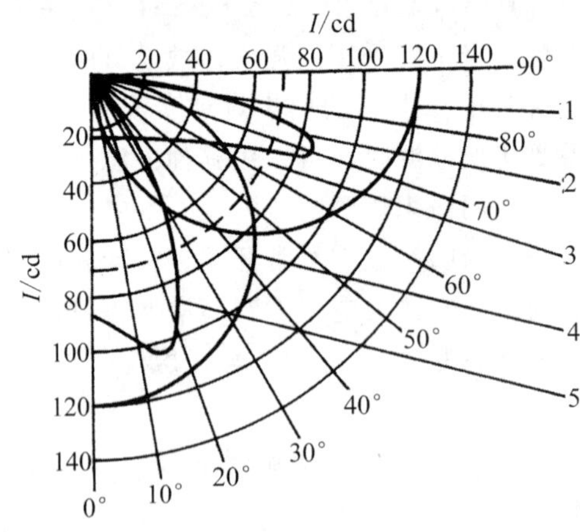

图 10-5 灯具的五类配光曲线

1—正弦分布型 2—广照型 3—漫射型 4—配照型 5—深照型

(2)按灯具的结构特点分类

1)开启型：其光源与灯具外界的空间相通。如一般的配照灯、广照灯和深照灯等。

2)闭合型：其光源被透罩包合，但内外空气仍能流通，如圆球灯、双罩型(即万能型)灯及吸顶灯等。

3)密闭型：其光源被透明罩密封，内外空气不能对流，如防潮灯、防水防尘灯等。

4)增安型：其光源被高强度透明罩密封，且灯具能承受足够的压力，能安全地应用在有爆炸危险介质的场所。

5)隔爆型：其光源被高强透明罩封闭，但不是靠其密封性来防爆，而是在灯座的法兰与灯罩的法兰之间有一隔爆间隙。当气体在灯罩内部爆炸时，高温气体经过隔爆间隙被充分冷却，从而不致引起外部爆炸性混合气体爆炸，因此隔爆型灯也能安全地应用在有爆炸危险介质的场所。

2. 工厂常用灯具类型的选择

按 GB　50034-2013　《建筑照明设计标准》规定，灯具的选择一般应遵循下列原则。

①潮湿场所，应采用相应防护等级的防水灯具，并应满足相关 IP 等级要求；

②有腐蚀性气体或蒸汽场所，应采用防腐蚀密闭式的灯具；

③高温场所，宜采用散热性能好、耐高温的灯具；

④多尘埃的场所，应采用防护等级不低于 IP5X 的灯具；

⑤装有锻锤、大型桥式吊车等震动、摆动较大场所使用的灯具，应有防震和防脱落措施；

⑥易受机械损伤、光源自行脱落可能造成人员伤害或财务损失的场所使用的灯具，应有防护措施；

⑦在有爆炸或火灾危险场所使用的灯具，应符合国家现行相关标准和规范的有关规定；

⑧在有洁净度要求的场所，应采用不易积尘、易于擦拭的洁净灯具，并应满足洁净场所的相关要求；

⑨在需防止紫外线照射的场所，应采用隔紫灯具或低紫光源。

3. 照明器的布置

1)对照明器布置的要求。通常在布置照明器时，应综合考虑以下各项要求。

①应保证规定的照度，并使工作面的照度均匀。按 GB　50034—2013　《建筑照明设计标准》规定：作业区域的一般照明度均匀度不宜小于 0.7。

②根据作业类型满足眩光限制的要求，光线的射向应适当，无眩光、阴影等现象。

③安装容量要小，检修维护方便、安全可靠。

④布置既要实用、经济，又要尽可能协调、美观。

2)一般照明灯具的布置方案。一般照明灯具，通常有以下两种布置方案。

①均匀布置：灯具在整个车间内均匀分布，其布置与设备位置无关。

②选择布置：灯具的布置与生产设备的位置有关。大多按工作面对称布置，力求使工作面获得最有利的光照并消除阴影。

均匀布置比选择布置更为美观，且使整个车间照度较为均匀，在既有一般照明又

有局部照明的场所，其一般照明宜采用均匀布置。均匀布置的灯具可排列成正方形或矩形，如图 10-6(a)所示。矩形布置时，也应尽量使灯距 l 和 l' 相接近。为了使照度更为均匀，可将灯具排列成菱形，如图 10-6(b)所示。等边三角形的菱形布置，即 $l'=\sqrt{3}l$ 时，照度分布最为均匀。

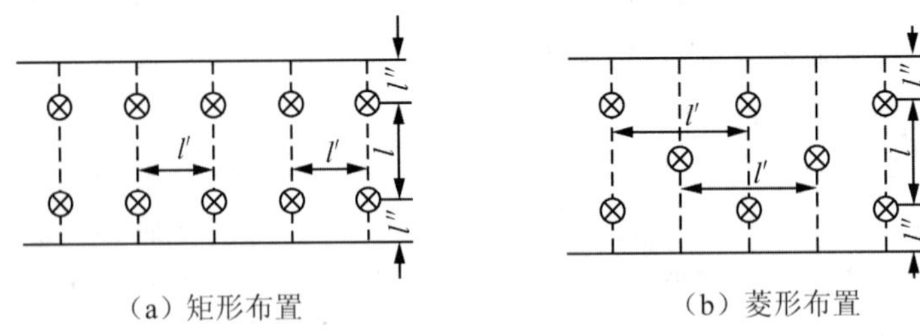

图 10-6　灯具的均匀布置

灯具间的距离，应按灯具的光强分布、悬挂高度、房屋结构及照度要求等多种因素而定。为了使工作面上获得较均匀的照度，一般不要超过各类灯具所规定的最大距高比。距高比是指灯间距离 L 与灯在工作面上的悬挂高度 H 的比值，如表 10-2 所示，灯具较合理布置的距高比 L/H 值。矩形布置时，灯间距离 L 等于纵向和横向灯距的均方根值。即 $L=\sqrt{ll'}$。

从整个房间获得较均匀的照度考虑，最边缘一列灯具离墙的距离 l'' 为：靠墙有工作面时，可取 $l''=(0.25\sim0.3)L$；靠墙为通道时，可取 $l''=(0.4\sim0.6)L$，其中 L 为灯间距离。

表 10-2　灯具较合理布置的距高比 L/H 值

灯具类型	L/H		单行布置时房间最大宽度
	多行布置	单行布置	
配照型、广照型工厂灯及双罩型工厂灯	1.8～2.5	1.8～2.0	1.2h
深照型工厂灯及乳白玻璃罩吊灯	1.6～1.8	1.5～1.8	1.0h
防爆灯、圆球灯、吸顶灯、防水防尘灯	2.3～3.2	1.9～2.5	1.3h
荧光灯	1.4～1.5		

备注：第一个数字为最适宜值，第二个数字为允许值

10.3　照度标准和照度计算

10.3.1　工厂照明的照度标准

为了创造良好的工作条件，提高劳动生产率和产品质量，保障人身安全，工作场所及其他活动环境的照明必须有足够的照度。

表 10-3 列出了部分生产车间和工作场所工作面上的最低照度标准参考值。这里的照度标准，为平均照度值。一般情况下，应取照度范围的中间值。

1. 部分生产车间工作面上的最低照度参考值

表 10-3

车间名称及工作内容	工作面上的最低照度值/lx			车间名称及工作内容	工作面上的最低照度值/lx		
	混合照明	混合照明中的一般照明	单独使用一般照明		混合照明	混合照明中的一般照明	单独使用一般照明
机械加工				铸工车间			
一般加工	500	30	—	熔化、浇铸	—	—	30
精密加工	1000	70	—	造型	—	—	50
机电装配				木工车间			
大件装配	500	50	—	机床区	300	30	—
小件装配	1000	75	—	木模区	300	30	—
焊接车间				电修车间			
弧焊、接触焊	—	—	50	一般	300	30	—
一般划线	—	—	75	精密	500	50	—

2. 部分生产和工作场所的最低照度参考值

场所名称	单独一般照明工作面上的最低照度/lx	工作面离地高度/m	场所名称	单独一般照明工作面上的最低照度/lx	工作面离地高度/m
高低压配电室	30	0	工具室	30	0.8
变压器室	20	0	阅览室	70	0.8
一般控制室	57	0.8	办公室、会议室	50	0.8
主控制室	150	0.8	宿舍、食堂	30	0.8
试验室	100	0.8	主要道路	0.5	0
设计室	100	0.8	次要道路	0.2	0

10.3.2 照度计算

工厂电气照明是否满足照度标准的要求，就需要进行照度计算。照度计算的途径可以是在灯具的型式、悬挂高度及布置方案初步确定之后，根据初步拟定的照明方案计算工作面上的照度，并检验是否符合照度标准的要求；也可以根据工作面上的照度标准值来计算灯具数目，然后确定布置方案。

照度的计算方法有：利用系数法、概算曲线法、比功率法和逐点计算法等。前三种用于计算水平工作面上的照度，其中概算曲线法实质是利用系数法的实用简化；而后一种则可用于计算任一斜面包括垂直面上的照度。限于篇幅，这里只介绍应用最广的利用系数法。

1. 利用系数的物理意义

照明光源的利用系数是指投射到工作面上的光通量(包括直射光通量和多方反射到工作面上的光通量)与全部光源发出的光通量之比，它是表征照明光源的光通量有效利用程度的一个参数，即

$$u=\frac{\Phi_e}{n\Phi} \tag{10-4}$$

式中　Φ_e——投射到工作面上的光通量(有效光通)；

Φ——每盏灯发出的光通量；

N——灯数。

由式(10-4)可知，利用系数 u 与下列因素有关。

①与灯具的型式、光效和配光曲线有关。灯具的光效越高，光通量越集中，利用系数也越高。

②与灯具的悬挂高度有关。悬挂越高，反射光通量越多，利用系数也越高。

③与房间的面积及形状有关。房间的面积越大，越接近正方形，则由于直射光通量越多，利用系数也越高。

④与墙壁、顶棚及地面的颜色和洁污情况有关。颜色越浅、越洁净，反射光通量越多，因此利用系数也越高。

表 10-4 为各种情况下墙壁、顶棚及地面的反射比近似值。

表 10-4　墙壁、顶棚及地面的反射比近似值

反　射　面　情　况	反射比 p
明白的墙壁、顶棚、窗子装有白色窗帘	70%
刷白的墙壁，但窗子未挂窗帘，或挂深色窗帘；刷白的顶棚，但房间潮湿；墙壁和顶棚虽未刷白，但洁净光亮	50%
有窗子的水泥墙壁、水泥顶棚；木墙壁，木顶棚；糊有浅色纸的墙壁、顶棚；水泥地面	30%
有大量深色灰生的墙壁、顶棚；无窗帘遮蔽的玻璃窗；未粉刷的砖墙；糊有深色纸的墙壁、顶棚；较脏污的水泥地面，广漆、沥青等地面	10%

2. 利用系数的确定

由上述分析可知；利用系数应按墙壁、顶棚的反射比及房间的受照空间特征来确定。房间的受照空间特征用一个“室空间比”*RCR* 参数来表征。如图 10-7 所示，计算室空间比的说明图。一个房间按受照情况不同可分为三个空间：上面为顶棚空间，即从顶棚至悬挂的灯具开口平面的空间；中间为室空间，即从灯具开口平面至工作面的空间；下面为地板空间，即工作面以下至地板的空间。对于装设吸顶或嵌入式灯具的房间，则无顶棚空间。而工作面对地面的房间，则无地板空间。室空间比 *RCR* 按下式计算：

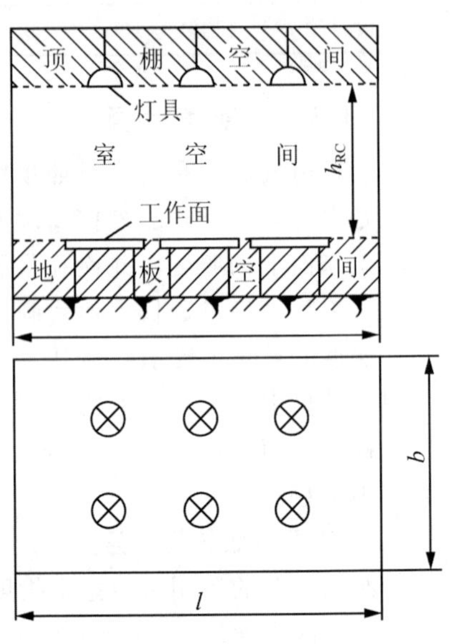

图 10-7　室空间比的计算说明

$$RCR=\frac{5h_{RC}(l+b)}{lb} \tag{10-5}$$

式中　h_{RC}——室空间高度；

l——房间的长度；

b——房间的宽度。

3. 采用利用系数法计算工作面上的平均照度

由于灯具在使用期间，光源（灯泡）本身的光效要逐渐降低，灯具也要陈旧脏污，场所的墙壁、顶棚也有污损的可能，从而使工作面上的光通量有所减少，因此在计算工作面上的实际平均照度时，应计入一个小于 1 的“减光系数”，所以工作面上的实际平均照度为

$$E_{av}=\frac{uKn\Phi}{A} \tag{10-6}$$

式中 K——减光系数，又称维护系数，如表 10-5 所示（据 GB 50034—2013）；

u——利用系数；

n——灯数，Φ 为每盏灯发出的光通量；

A——受照房间面积，矩形房间即 lb。

表 10-5 减光系数（维护系数）值

环境污染特征	类别	灯具每年擦洗次数	减光系数
清洁	仪器、仪表的装配车间，电子元器件的装配车间，实验室、办公室、设计室	2	0.8
一般	机械加工车间，机械装配车间，织布车间	2	0.7
污垢严重	锻工车间、铸工车间、碳化车间、水泥厂球磨车间	3	0.6
室外	道路和广场	2	0.7

假设已知工作面上的平均照度标准，并已确定灯具型式和光源功率时，则可由下式确定灯具光源数：

$$n=\frac{E_{av}A}{uK\Phi} \tag{10-7}$$

10.4 工厂电气照明系统设计

10.4.1 概述

工厂电气照明系统是工厂供配电系统的一部分。当照明器的型式、功率、数量和布置方式确定并经照度计算满足照度标准后，要进一步进行工厂电气照明系统设计。它包括供电电压的选择、工作照明和事故照明供电方式的确定、照明负荷的计算以及配电导线截面的选择等内容。

照明系统一般由接户线、进户线、总配电箱、干线、分配电箱、支线和用电设备（灯具插座等）组成，如图 10-8 所示。

照明系统的接线方式有放射式、树干式和混合式等接线方式。放射式接线可靠性较高，但耗用材料和设备较多，投资较大；树干式接线耗用的材料和设备较少，比较

经济，但可靠性较差；混合式接线的优缺点介于前两者之间，在实际使用中应用最为广泛。

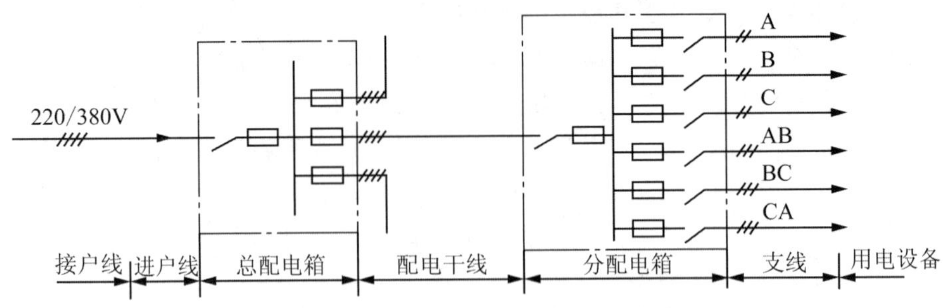

图 10-8　照明系统的组成

10.4.2　供电电压的选择

1)普通照明一般采用额定电压 220V，由 220/380V 三相四线制系统供电。

2)在触电危险性较大的场所，所采用的局部照明和手提式照明，应采用 36V 及以下的安全电压。

3)在生产工作房间内的照明器，当安装高度低于 2.5m 时，应有防止容易触及灯泡而致触电的措施，或采用 36V 以下供电电压。

4)照明系统电压损耗值。

工厂照明系统，一般配电线路较长，线路电压损耗较大，照明器两端电压过低，工作面上照度显著降低。因此规定照明系统电压损失不得低于下列允许值。

①对于工作照明，最远一只照明器的电压不小于额定电压的 97.5%。事故照明和屋外照明不小于额定电压的 96%。当不能满足上述要求时灯端电压可允许为额定电压的 94%，但此时应按该电压水平的实际光通量进行照度计算。

②在供电电压为 12～36V 照明系统中，由低压出线算起，其线路电压损耗不得大于额定电压的 10%。

10.4.3　供电方式的确定

1. 工作照明的供电方式

工厂企业变电所及各车间的正常工作照明，一般由动力变压器供电，如有特殊需要可考虑采用照明专用变压器供电。动力和照明合用变压器时，其供电原理接线如图 10-9 所示。

手提式照明灯，一般以 220/12～36V 移动式降压变压器临时接于各处的 220V 插座上供电。

2. 事故照明的供电方式

事故照明一般与常用照明同时投入，以提高照明器的利用率。但事故照明应有独立的备用电源，当工作电源发生故障时，备用电源自投装置自动地将事故照明切换到备用电源供电。

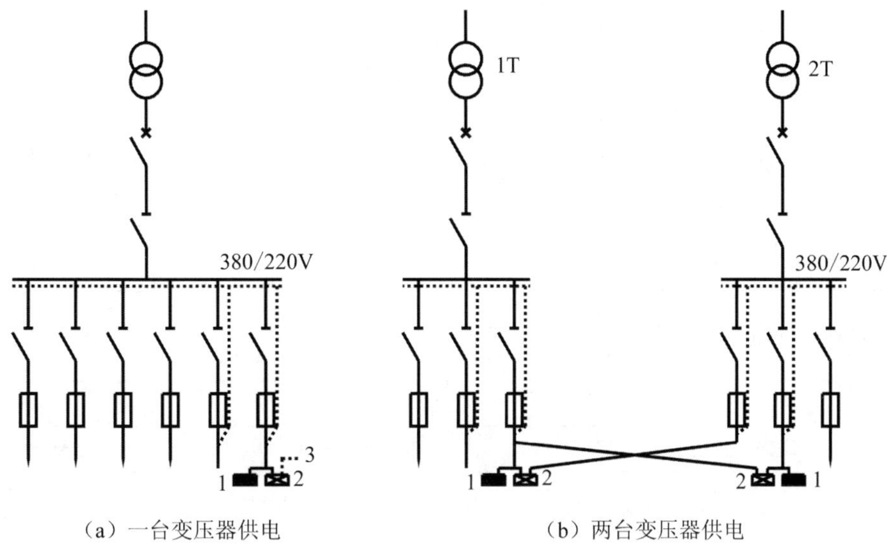

（a）一台变压器供电　　（b）两台变压器供电

图10-9　动力和照明合并供电原理接线示意图

1—工作电源　2—事故电源　3—备用电源

10.4.4　照明负荷计算

1. 照明专用变压器

在采用照明专用变压器供电时，照明计算负荷是根据建筑物和工作场所装设的照明器容量乘以车间同时系数所得的数值，并按此数值选择照明变压器的容量，计算公式如下：

$$P_Z = K_1 \sum P_1 + K_2 \sum P_2 \tag{10-8}$$

式中　P_Z——照明专用变压器的照明计算负荷(kV·A)；

K_1——工作照明同时系数，可取0.6～0.8；

P_1——各车间工作照明器安装容量(kW)；

K_2——事故照明同时系数，可取0.8～1.0；

P_2——各车间事故照明器安装容量(kW)。

2. 照明和动力合用变压器

当照明和动力合用一台变压器时，照明计算负荷是由公式(10-8)算出的P_Z乘以换算系数所得的数值，并按此数值选择合用变压器的容量。计算公式如下：

$$P_{Zd}=K_X P_Z \tag{10-9}$$

式中　P_{Zd}——照明合用变压器的照明计算负荷(kV·A)；

K_x——换算系数，可取0.8～1.0。

10.4.5　照明系统导线截面的选择

对照明系统进行负荷计算之后就可进行导线截面的选择。一般照明线路按电压损耗进行导线截面的计算，然后再选取相近偏大的标准截面，并按机械强度和发热条件进行校验。

1. 均一无感($\cos\varphi=1$)照明线路导线截面的选择

按允许电压损耗进行导线截面的计算，计算公式如下：

$$A=\frac{\sum M}{C\Delta U_{al}\%} \tag{10-10}$$

式中 C——计算系数，可查表10-6；

$\sum M$——线路中负荷功率矩之和(kW·m)。

表10-6 计算系数C值

线路额定电压/V	线路接线及电流类别	C式的计算	C值	
			铜线	铝线
380/220	三相四线	$r.U_e^2/100$	77×10^3	46.3×10^3
	两相三线	$r.U_e^2/225$	34×10^3	20.5×10^3
220	单相及直流	$r.U_e^2/200$	12.8×10^3	7.75×10^3
110			3.2×10^3	1.9×10^3

2. 有分支照明线路导线截面的选择

工厂照明系统中，有分支的线路是很普遍的。对这类有分支的线路，一般认为最合理的选择导线截面的原则是：在技术上满足允许电压降、机械强度及发热的要求，在经济上又符合有色金属消耗量最小的条件。

按允许电压降选择有分支照明线路干线截面的近似公式为

$$A=\frac{\sum M+\sum \alpha M'}{C\Delta U_{al}\%} \tag{10-11}$$

式中 $\sum M$——计算线段及其后面各段(指具有与计算线段相同导线根数的线段)的功率矩($M=Pl$)之和；

$\sum \alpha M'$——由计算线段供电而导线根数与计算线段不同的所有分支线的功率矩($M'=Pl$)之和，这些功率矩应分别乘以对应的功率矩换算系数(见表10-7)后再相加；

$\Delta U_{al}\%$——从计算线段的首端起至整个线路末端上的允许电压降对线路额定电压的百分值。

应用上述近似公式进行计算时，应从靠近电源的第一段干线开始，依次往后选择计算各线段的导线截面。计算出截面后，应选取相近而偏大的标准截面，以弥补上述公式简化而带来的误差。每段导线截面均应按机械强度和发热条件进行校验。

表10-7 功率矩换算系数α值

干线	分支线	换算系数	
		代号	数值
三相四线	单相	a_{4-1}	1.83
三相四线	两相三线	a_{4-2}	1.37

续表

干线	分支线	换算系数	
		代号	数值
两相三线	单相	a_{3-1}	1.33
三相三线	两相三线	a_{3-2}	1.15

在某线路的导线截面选定后，就可按下式计算该段的实际电压降：

$$\Delta U\% = \sum M/CA \tag{10-12}$$

在计算下一段线路的导线截面时，后面线路总的允许电压降应为

$$\Delta U'_{\mathrm{al}}\% = \Delta U_{\mathrm{al}}\% - \Delta U\% \tag{10-13}$$

其余依类推，直至将所有分支导线截面选出为止。

10.4.6 工厂照明系统保护装置的设置

工厂照明系统保护装置的设置可采用熔断器或低压断路器进行短路和过负荷保护。采用熔断器保护照明线路时，熔断器应安装在不接地的相线上，而在公共 PE 线和 PEN 线上不能安装熔断器。采用低压断路器保护照明线路时，其过电流脱扣器应安装在不接地的相线上。

>>> 本章小结

照明方式是指照明设备按其安装部位或使用功能构成的基本制式。照明可分为一般照明、分区一般照明、局部照明、混合照明四种方式。照明按其特点分为正常照明、事故照明、警卫照明、障碍照明四种类型。照明按光源方式分为自然照明和人工照明两大类。电气照明是人工照明中应用最为广泛的一种照明方式，它具有灯光稳定、易于控制调节和安全经济等优点。工厂常用的电光源按其发光原理分为热辐射光源和气体放电光源两大类。热辐射光源是利用物体加热时辐射发光的原理所制成的光源，如白炽灯，碘钨灯、溴钨灯等。气体放电光源是利用气体放电时发光的原理制成的光源，如荧光灯、高压汞灯、高压钠灯、金属卤化物灯和氙灯等。工厂电光源类型的选择以及工厂常用灯具的类型及其选择与布置应遵循 GB 50034—2013 的规定。工厂电气照明是否满足照度标准的要求，就需要进行照度计算。照度计算最常用方法是利用系数法。照度计算的途径可以是在灯具的型式、悬挂高度及布置方案初步确定之后，根据初步拟定的照明方案计算工作面上的照度，并检验是否符合照度标准的要求；也可以根据工作面上的照度标准值来计算灯具数目，然后确定布置方案。当照明器的型式、功率、数量和布置方式确定并经照度计算满足照度标准后，要进一步进行工厂电气照明系统设计。它包括供电电压的选择、工作照明和事故照明供电方式的确定、照明负荷的计算以及配电导线截面的选择等内容。

>>> 复习思考题

10.1 可见光有哪些颜色？哪种颜色光的波长最长？哪种颜色的波长最短？哪种波长的光可引起人眼最大的视觉？

10.2　什么叫发光强度、照度和亮度？常用单位各是什么？什么叫配光曲线？

10.3　什么叫反射比？反射比与照明有什么关系？

10.4　试述荧光灯电路中的启辉器、镇流器和电容器的功能。

10.5　在哪些场所宜采用白炽灯照明？又在哪些场所宜采用荧光灯照明？

10.6　什么叫照明光源的利用系数？它与哪些因素有关？

10.7　照明供电系统的组成有哪些？其接线方式又有哪些？

>>> 习 题

10.1　某 380/220V 照明系统，如图 10-10 所示。全线允许电压降为 3%。线路采用 BLV 型铝芯塑料线明敷。试选择线路 AB 段、BC 段、BD 段和 DE 段的导线截面。

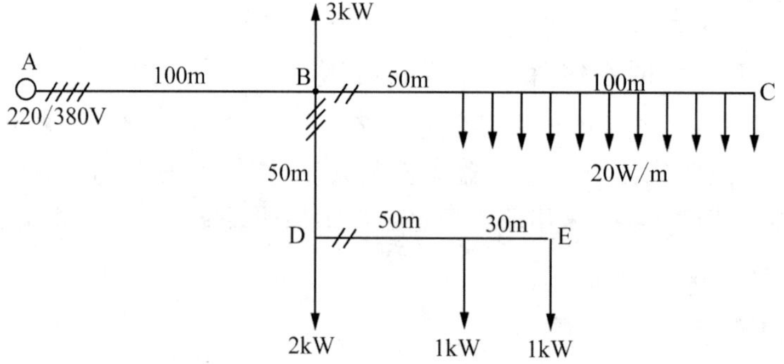

图 10-10　习题 10-1 的照明线路图

第 11 章　电气安全与运行维护

>>> 本章要点

本章根据《电业安全工作规程》中的规定简要介绍了电气安全的有关概念及措施、触电事故的有关概念及急救处理的措施，其次介绍了工厂变、配电所及其一次系统的运行维护和工厂电力线路的运行维护及并联电容器的运行维护等。

11.1　工厂变配电所的电气安全

11.1.1　电气安全的概念

在工厂供电系统中，“安全第一，预防为主”是企业的一贯方针。电气安全是一项复杂的系统工程，既要遵循国家的法律、法规，又要执行行业的标准、规范和规程要求。电气安全应包括电力生产、运行和使用过程中人身和设备的安全以及相应的防范和防护措施。

1. 安全距离

安全距离是指人与带电体、带电体与带电体、带电体与地面、带电体与其他设施之间需保持的最小距离。安全距离分为线路安全距离、变配电设备安全距离和检修安全距离。线路安全距离指导线与地面、杆塔构件和跨越物之间的最小允许距离。变配电设备安全距离指带电体与其他带电体、接地体和各种遮拦等设施之间的最小允许距离。检修安全距离指工作人员进行设备维护和检修时与设备带电部分之间的最小允许距离。安全距离应保证在各种可能的最大工作电压或过电压的作用下，不发生闪络放电，还应保证工作人员对电气设备巡视、操作、维护和检修时的绝对安全。当实际距离大于安全距离时，人体和设备才会安全。

2. 接触电压和跨步电压

接触电压是指电气设备发生单相绝缘损坏时，人手触及电气设备与站立点之间的电位差。一般取地面到设备水平距离为 0.8m 处与设备外壳离地面垂直距离为 1.8m 处两点之间的电位差。接触电压主要产生于接地短路电流，也可能来自雷电流。当人体站立在距电流入地点 2m 以外，与带电设备外壳接触时，接触电压达到最大值。降低接触电压的措施有：①在架设设备外壳周围约 1m 的地中，埋设 20～30cm 的辅助接地线，并与主接线相连接；②铺砂砾或浇混凝土或敷沥青地面以提高地表面电阻；③敷设水平均压带。

跨步电压是指人活动在具有分布电位的地面，人的两脚之间所承受的电位差。人的跨步一般按 0.8m 考虑。跨步电压主要产生于接地短路电流，也可能来自雷电流。人体距离电流入地点越远，跨步电压越小。当离开电流入地点 20m 以外时，跨步电压接近于零。降低跨步电压的措施有：①深埋接地极；②采用网状接地装置，并缩小接地网的间隔；③敷设水平均压带。

3. 电气安全用具

电气安全用具是电气工作人员进行电气操作或检修是发生触电、电弧灼伤、高空坠落等事故而使用的工具。电气安全用具分为绝缘安全用具和一般防护安全用具。绝缘安全用具指有一定绝缘强度，用以保证电气工作人员与带电体绝缘的工具。它又分为基本安全用具和辅助安全用具。基本安全用具的绝缘强度能长期耐受电气设备工作电压，可直接接触带电体。这类工具有绝缘棒、绝缘夹钳、验电器等。辅助安全用具的绝缘强度不能耐受电气设备的工作电压，只能用来加强基本安全用具的防护，不能直接接触带电体。这类工具有绝缘手套、防护目镜、橡胶绝缘靴、绝缘垫、绝缘站台、绝缘毯等。一般防护安全用具本身没有绝缘强度，只用于保护工作人员避免发生人身伤亡事故的工具。这类用具主要用来防止停电检修设备的突然来电、工作人员走错间隔、误蹬带电设备以及灼伤、高空坠落等。这类用具有携带型接地线、临时遮拦、标示牌、警告牌、防护目镜、安全帽和安全带等。电气安全用具必须加强日常的保养和维护，防止受潮、损坏和脏污，应定期进行检查和电气试验。

11.1.2 触电事故及其急救措施

1. 作用于人体的电压

从安全技术方面考虑，通常将电气设备分为高压和低压两种。凡对地电压在250V以上者为高压，对地电压在250V及以下者为低压。而36V及以下的电压称为安全电压。在潮湿环境和特别危险的局部照明和携带式电动工具等，如无特殊安全装置和安全措施，均应采用36V的安全电压。凡在工作场所潮湿或在金属容器内、隧道内、矿井内的手提电动用具或照明灯，均应采用12V的安全电压。当人体电阻一定时，电压越高，则流过人体的电流越大，其危害性也越大。因此，我国根据不同的环境条件，规定安全电压为：在无高度危险的环境为50V，有高度危险为36V，特别危险的环境为12V。在安全电压下一般情况对人身无伤害。

2. 流过人体的电流及其对人体的危害程度

人体触电时，流经人体的电流对肌体组织产生复杂的作用，使人体受到伤害，可导致功能失常甚至危及生命。危害程度与通过人体电流的大小、频率、持续时间、途径以及人体电阻的大小等多种因素有关。

(1)人体的危害程度与电流大小的关系

这是决定触电危害程度的根本因素。通过人体的电流越大，人体的生理反应越明显，感觉越强烈，引起心室颤动所需要的时间越短，致命的危险就越大。对于工频交流电，电流通过人体所呈现的不同状态分为以下三种。

1)感觉电流。使人有触电感觉的最小电流称为感觉电流。实验表明，成年男性的平均感觉电流约为1.1mA，成年女性的平均感觉电流约为0.7mA。

2)摆脱电流。人体触电后能自主摆脱电源的最大电流称为摆脱电流。实验表明，成年男性的平均摆脱电流约为16mA，成年女性的平均摆脱电流约为10mA。从安全角度考虑，男性最小摆脱电流为9mA，女性为6mA，儿童的摆脱电流比成人的要小。安全电流为人体触电后最大的摆脱电流，与通过电流的时间有关，我国规定一般为30mA·s。

3)致命电流。在较短时间内危及人体生命的最小电流或引起人体心室颤动的最小电流称为致命电流。实验表明，当通过人体的电流达到 30mA·s～50mA·s 时就会使人神经系统受损而难以自主摆脱带电物体，而当电流达到 100mA·s 时，就会危及生命。

(2)人体的危害程度与电流频率的关系

一般认为 50～60Hz 为最危险。大于或小于工频，危险性将降低。直流电流比交流电流更易于摆脱。

(3)人体的危害程度与通电时间的关系

1)通电时间越长，人体电阻因出汗等原因而降低，导致通过人体的电流增加，触电的危险性增加。

2)通电时间越长，越容易引起心室颤动，触电的危险性愈大。引起心室颤动的工频电流与通电时间的关系表示为

$$I=\frac{165}{\sqrt{t}}$$

式中 I——引起心室颤动的工频电(mA)；

t——通电时间(s)。

由上式可知，通电时间越长，由于能量累积增加，引起引起心室颤动的电流将减小，危险性也就增大。

(4)人体的危害程度与电流途径的关系

电流对人体危害程度主要取决于心脏受损程度。电流通过人体的途径以经过人体的心脏为最危险。通过心脏会引起心室颤动，较大的电流会使血液循环中断，心脏停止跳动导致死亡。当电流路径为左手至脚时，心脏直接处于电流通路内，因而是最危险的。当电流路径为脚至脚时，危险性较小。

(5)人体的危害程度与人体电阻的关系

人体触电时，流过人体的电流在接触电压一定时由人体电阻决定。人体电阻越小，流过的电流则越大，人体所遭受的危害也越大。人体电阻由体内电阻和表皮电阻组成，主要由表皮角层电阻大小而定，与皮肤状况、触电接触情况等多种因素有关。在一般情况下，人体电阻可按 1000～2000Ω 计算。

触电时间。电流对人体的伤害与触电时间有着密切的关系，触电时间越长，即使是安全电流，也会使人发热出汗，人体电阻下降，相应的电流增大而造成伤亡。

3. 触电急救措施

触电者的现场急救是抢救过程中关键的一步，抢救的要点是首先使触电者脱离电源，再根据触电情况紧急救护。

(1)脱离电源的方法

1)断开与触电者有关的电源开关。

2)用相应的绝缘物如绝缘夹钳、干燥的木棒、橡胶等使触电者脱离电源。

3)救护人员要站立在绝缘垫或干木板上，用一只手进行救护。若触电者处于高空，应采取相应的安全措施，以防触电者摔伤或致死。

(2)紧急救护的方法

当触电人员脱离电源后，应根据具体情况，立即进行抢救。抢救的有效措施应以人工呼吸和心脏按压为主。若触电者呼吸停止，心脏不跳动，可认为是“假死”，这主要是由于中断了靠心脏跳动而造成的血液循环和由于呼吸而形成的氧气和废气的交换过程所致。因此，可采用人工的方法来暂时代替已经中断的这种作用，以求过渡到正常功能的恢复。通常采用的方法有：仰卧压胸法、俯卧压背法、口对口吹气法、胸外心脏按压法等。在进行人工抢救时，应注意以下几点。

1)应将触电者身上妨碍呼吸的衣服包括领子、上衣、裤带等全部解开，使胸部能自由扩张。

2)迅速将口中的义齿或食物取出。

3)如果牙关紧闭，须使触电者的口张开，可将其下颌骨抬起，用两手四指托下颌骨后角处，用力慢慢往前移动，使下牙移到上牙前即可。

4)不得注射强心剂。当发现触电者有苏醒征象，如眼皮闪动或嘴唇微动，就应中止操作几秒钟，以让触电者自行呼吸和心跳。

11.1.3 电气安全的一般措施

在供用电工作中，应特别注意电气安全。如果稍有麻痹或疏忽，就可能造成严重的人身触电事故，给国家和人民生命财产带来极大的损失。保证电气安全的措施如下。

1. 加强电气安全教育

无数电气事故告诉人们：电气人员缺乏安全意识，往往是造成人身事故的重要因素。因此必须加强电气安全教育，使所有人员懂得安全生产的重要性，人人树立“安全第一”的观念，保证供电系统无事故运行。

2. 严格执行安全技术措施和用电组织措施

在变电所工作，必须严格执行《电业安全工作规程》有关规定，完成保证工作人员安全的技术措施和组织措施。保证安全的技术措施有：停电、验电、装设接地线、悬挂标志牌和装设遮栏等。保证安全的组织措施有：工作票制度，工作许可制度，工作监护制度，工作间断、转移、和终结制度等。

3. 加强运行维护和检修试验工作

加强供电设备日常的运行维护和定期的检修试验工作，对于供用电系统的安全运行，具有很重要的作用。

4. 采用电气安全用具

电气安全用具按绝缘程度又分为基本安全用具和辅助安全用具。基本安全用具的绝缘足以承受电气设备的工作电压，操作人员必须使用它，才允许操作带电设备。例如操作隔离开关的绝缘钩棒。辅助安全用具的绝缘不足以完全承受电气设备工作电压，但操作人员使用它，可使人身安全有进一步的保障。如绝缘手套、绝缘靴等。

5. 普及安全用电知识

供用电系统是密切相联的一个整体，用电设备发生事故，必然影响到供电系统的安全运行，因此在注意安全供电的同时，也必须注意安全用电。供电人员时时刻刻要向用户反复宣传安全用电的重要性，大力普及安全用电知识，以保证供用电系统的安全运行。

6. 采用漏电保护装置

在用电设备中安装漏电保护装置是防止触电事故发生的主要保护措施。在某些情况下，将电气设备外壳进行保护接地或保护接零会受到限制或起不到保护作用，例如远距离的单个设备或不便敷设零线的场所，以及土壤电阻率太高的地方，都将使接地、接零保护难以实现。此外，当人体与带电导体直接接触时，接地和接零也难以起保护作用。所以在供电系统中采用漏电保护装置(亦称漏电开关或漏电保护器)，是行之有效的后备保护措施。

漏电保护装置按其工作原理分为电压动作型和电流动作型。目前，广泛采用电流动作型漏电保护器。电流动作型漏电保护器由零序电流互感器、半导体放大器和低压断路器(含脱扣器)等三部分组成，其工作原理如图 11-1 所示。在正常情况下，通过零序电流互感器 TAN 的电流矢量和为零，故互感器铁心中没有磁通，其二次侧也没有输出信号，断路器 QF 不动作。当设备碰壳漏电或接地时，接地电流经大地回到变压器中性点，此时三相电流矢量和不为零，零序电流互感器 TAN 铁心中产生磁通，其二次侧有输出电流，经放大器 A 放大后，流入脱扣器 YR 中，使断路器 QF 跳闸，从而切除故障设备。整个过程的动作时间不超过 0.1s，可有效地起到触电保护作用，并可防止火灾、爆炸事故的发生。

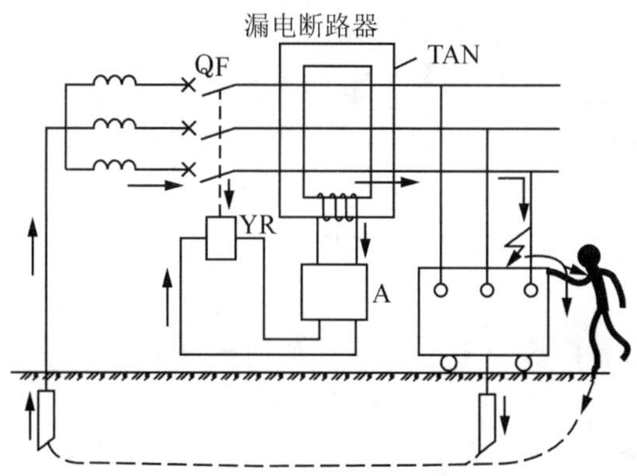

图 11-1　电流动作型漏电保护器工作原理示意图

TAN—零序电流互感器　A—放大器　YR—脱扣器　QF—低压断路器

保证电气安全，除采取上述措施外，还应加强防火意识和掌握带电灭火的措施等。

11.2　工厂变配电所的运行维护

11.2.1　变配电所的值班制度和值班员职责

1. 变配电所的值班制度

工厂变配电所的值班制度，有轮班制、在家值班制和无人值班制等。采用在家值班制和无人值班制，可以节约人力，减少运行费用，但需要有一定的物质条件，如有较完善的监测信号系统或自动装置等，才能确保变配电所的安全运行。从发展方向来

说，工厂变配电所肯定要逐步进行技术改造，向自动化和无人值班的方向发展。但在当前，我国一般工厂变配电所仍以三班轮换的值班制度为主，即全天分为早、中、晚三班，而值班人员则分为若干组，轮流值班，全年都不间断。这种值班制度对于确保变配电所的安全运行有很大的好处，但人力耗用较多。一些小型工厂的变配电所和大中工厂的车间变电所，则往往采用无人值班制，仅由工厂的维修电工或工厂总变配电所的值班电工每天定期巡视检查。

有高压设备的变配电所，为保证安全，一般应不少于两人值班。但按电力行业标准 DL408—91《电业安全工作规程》(发电厂和变电所电气部分)规定，当室内高压设备的隔离室设有遮拦，遮拦的高度在 1.7m 以上，安装牢固并加锁者，且室内高压开关的操作用墙或金属板与该开关隔离或装有远方操作机构者，可由单人值班。单人值班时，不得单独从事修理工作。

2. 变配电所值班员职责

1)遵守变配电所值班工作制度，坚守工作岗位，做好安全保卫工作，确保变配电所的安全运行。

2)积极钻研本职工作，认真学习和贯彻有关规程包括 DL408—91《电业安全工作规程》，熟悉变配电所的设备和结线及其运行维护方法和倒闸操作要求，掌握安全用具和消防器材的使用方法及触电急救法，了解变配电所现在的运行方式、负荷情况及负荷调整、电压调节等措施。

3)监视所内各种设备的运行情况，定期巡视检查，按照规定抄报各种运行数据，记录运行日志。发现设备缺陷和运行不正常时，及时处理，并做好有关记录，以备查考。

4)按上级调度命令进行操作，发生事故时进行紧急处理，并做好有关记录，以备查考。

5)保管所内各种资料图表、工具仪器和消防器材等，并做好和保持所内设备和环境的清洁卫生。

6)按规定进行交接班。值班员未办好交接手续时，不得擅离岗位。在处理事故时，一般不得交接班。接班的值班员可在当班的值班员要求和主持下，协助处理事故。如事故一时难于处理完毕，在征得接班的值班员同意或上级同意后，可进行交接班。

这里必须指出：①不论高压设备带电与否，值班员不得单独移开或越过遮拦进行工作；如有必要移开遮拦时，必须有监护人在场，并符合 DL408—91《电业安全工作规程》规定的设备不停电时的安全距离，10kV 及以下，安全距离为 0.7m，20～35kV 为 1m；②雷雨天气巡视露天高压设备时，应穿绝缘靴，并不得靠近避雷器和避雷针；③高压设备发生接地时，室内不得接近故障点 4m 以内，室外不得接近故障点 8m 以内。进入上述范围的人员必须穿绝缘靴，接触设备的外壳和构架时，应戴绝缘手套。

11.2.2 变配电所的送电和停电操作

1. 操作的一般要求

为了确保运行安全，防止误操作，按 DL408—91《电业安全工作规程》规定：倒闸操作必须根据值班调度员或值班负责人命令，受令人复诵无误后执行。倒闸操作由操作人填写操作票。单人值班时，操作票由发令人用电话向值班员传达，值班员应根据传达，填写操作票，复诵无误，并在监护人签名处填入发令人姓名。

操作票内应填入下列项目：应拉合的断路器和隔离开关，检查断路器和隔离开关的位置，检查接地线是否拆除，检查负荷分配，装拆接地线，安装或拆除控制回路或电压互感器回路的熔断器，切换保护回路以及检验是否确无电压等。

操作票应填写设备的双重名称，即设备名称和编号。

操作票应该用钢笔或圆珠笔填写，票面应清楚整洁，不得任意涂改。操作人和监护人应根据模拟图板或结线图核对所填写的操作项目，并分别签名，然后经值班负责人审核签名。特别重要和复杂的操作还应由值长审核签名。

开始操作前，应先在模拟图板上进行核对性模拟预演，无误后，再实地进行设备操作。操作前应该对设备名称、编号和位置。操作中应认真执行监护复诵制。发布操作命令和复诵操作命令都应严肃认真，声音应洪亮清晰。必须按操作票填写的顺序逐项操作。每操作完一项，应检查无误后在操作票该项前画一“√”记号。全部操作完毕后进行复查。

倒闸操作一般应由两人执行，其中一个对设备较为熟悉者作监护人。单人值班的变配电所，倒闸操作可由一人执行。特别重要和复杂的倒闸操作，由熟练的值班员操作，值班负责人或值长监护。

操作中发生疑问时，应立即停止操作，并向值班调度员或值班负责人报告，弄清问题后，再进行操作。不准擅自更改操作票。

用绝缘棒拉合隔离开关或经传动机构拉合隔离开关和断路器，均应戴绝缘手套。雨天操作露天高压设备时，绝缘棒应有防雨罩，并应穿绝缘靴。接地网电阻不符合要求的，晴天也应穿绝缘靴。雷电时，禁止进行倒闸操作。

在发生人身触电事故时，为了解救触电人，可以不经许可，即行断开有关设备的电源，但事后必须立即报告上级。其他事故处理，拉合断路器的单一操作及拉开接地刀闸等，也可不用操作票，但应记入操作记录本内。

2. 变配电所的送电操作

变配电所送电时，一般应从电源侧的开关合起，依次合到负荷侧开关。按这种程序操作，可使开关的闭合电流减至最小，比较安全，万一某部分存在故障，也容易发现。但是在高压断路器—隔离开关电路及低压断路器—刀开关电路中，送电时一定要按照：①母线侧隔离开关或刀开关；②线路侧隔离开关或刀开关；③高低压断路器的顺序依次操作。

如果变配电所是事故停电后恢复送电的操作，则视开关类型的不同而有不同的操作程序。如果电源进线是装设的高压断路器，则高压母线发生短路故障时，断路器自动跳闸。在故障消除后，直接合上断路器即可恢复送电。如果电源进线是装设的高压负荷开关，则在故障消除、更换了熔断器的熔管后，可合上负荷开关来恢复送电。如果电源进线装设的是高压隔离开关—熔断器，则在故障消除、更换了熔断器的熔管后，先断开所有出线开关，然后合隔离开关，最后合上所有出线开关才能恢复送电。如果电源进线是装设的跌开式熔断器(不是负荷型的)，其操作程序也是先断开所有出线开关，如上所述。

3. 变配电所的停电操作

变配电所停电时，一般应从负荷侧的开关拉起，依次拉到电源侧开关。按这种程序操作，可使开关的开断电流减至最小，也比较安全。但是在高压断路器—隔离开关电路及低压断路器—刀开关电路中，停电时，一定要按照①高低压断路器；②线路侧隔离开关或刀开关；③母线侧隔离开关的顺序依次操作。

线路或设备停电以后，为了安全，一般规定要在主开关的操作手柄上悬挂“禁止合闸，有人工作”之类的标示牌。如有线路或设备检修时，应在电源侧(如可能两侧来电时，应在其两侧)安装临时接地线。安装接地线时，应先接接地端，后接线路端，而拆除接地线时，操作顺序恰好相反。

11.2.3 电力变压器的运行维护

1. 一般要求

电力变压器是变电所内最关键的设备，做好变压器的运行维护工作是十分重要的。

在有人值班的变电所内，应根据控制盘或开关柜上的仪表信号来监视变压器的运行情况，并每小时抄表一次。如果变压器在过负荷下运行，则至少每半小时抄表一次。安装在变压器上的温度计，应于巡视时检视和记录。

无人值班的变电所，应于每次定期巡视时，记录变压器的电压、电流和上层油温。

变压器应定期进行外部检查/有人值班的变电所，每天至少检查一次，每周进行一次夜间检查。无人值班的变电所，变压器容量大于315kV·A的，每月至少检查一次，容量在315kV·A及以下的，可两月检查一次。根据现场的具体情况，特别是在气候骤变时，应适当增加检查次数。

2. 巡视项目

1)检查变压器的音响是否正常。变压器的正常音响应是均匀的嗡嗡声。如果音响较平常正常时沉重，说明变压器过负荷。如果音响尖锐，说明电源电压过高。

2)检查油温是否超过允许值，油浸变压器上层油温一般不应超过85℃，最高不应超过95℃。油温过高，可能是变压器过负荷引起，也可能是变压器内部故障。

3)检查油枕及瓦斯继电器的油位和油色，检查各密封处有无渗油和度漏油现象。油面过高，可能是冷却装置运行不正常或变压器内部故障等所引起。油面过低，可能有渗油漏油现象。变压器油正常时应为透明略带浅黄色。如油色变深变暗，则说明油质变坏。

4)检查瓷套管是否清洁，有无破损裂纹和放电痕迹；检查高低压接头的螺栓是否紧固，有无接触不良和发热现象。

5)检查防爆膜是否完整无损；检查吸湿器是否畅通，硅胶是否吸湿饱和。

6)检查接地装置是否完好。

7)检查冷却、通风装置是否正常。

8)检查变压器及其周围有无其他影响其安全的异物(如易燃易爆物等)和异常现象。

在巡视中发现的异常情况，应计入专用记录本内，重要情况应及时汇报上级，请示处理。

11.2.4 配电装置的运行维护

1. 一般要求

配电装置应定期进行巡视检查，以便及时发现运行中出现的设备缺陷和故障，如导体连接的接头部分发热、绝缘瓷瓶闪络或破损、油断路器漏油等，并设法采取措施予以消除。

在有人值班的变电所内，配电装置应每班或每天进行一次外部检查。在无人值班的变电所内，配电装置应至少每月检查一次。如遇短路引起开关跳闸或其他特殊情况(如雷击时)，应对设备进行特别检查。

2. 巡视项目

1)由母线及接头的外观或其温度指示装置(如变色漆、示温蜡)的指示，检查母线及接头的发热温度是否超过允许值。

2)开关电器中所装的绝缘油颜色和油位是否正常，有无漏油现象，油位指示器有无破损。

3)绝缘瓷瓶是否脏污、破损，有无放电痕迹。

4)电缆及其接头有无漏油及其他异常现象。

5)熔断器的熔体是否熔断，熔断器有无破损和放电痕迹。

6)二次系统的设备如仪表、继电器等的工作是否正常。

7)接地装置及PE线、PEN线的连接处有无松脱、断线的情况。

8)整个配电装置的运行状态是否符合当时的运行要求。停电检修部分有没有在其电源侧断开的开关操作手柄处悬挂“禁止合闸，有人工作”之类的标示牌，有没有装设必要的临时接地线。

9)高低压配电室的通风、照明及安全防火装置是否正常。

10)配电装置本身和周围有无影响安全运行的异物(如易燃、易爆物体等)和异常现象。

在巡视中发现的异常情况，应记入专用记录本内，重要情况应及时汇报上级，请示处理。

11.2.5 工厂电力线路的运行维护

1. 架空线路的运行维护

(1)一般要求

对厂区架空线路，一般要求每月进行一次巡视检查。如遇大风大雨及发生故障等特殊情况时，需临时增加巡视次数。

(2)巡视项目

1)电杆有无倾斜、变形、腐朽、损坏及基础下沉等现象，如有，应设法修理。

2)沿线路的地面是否堆有易燃、易爆和强腐蚀性物体，如有，应立即设法移开。

3)沿线路周围，有无危险建筑物，应尽可能保证在雷雨季节和大风季节里，这些建筑物不致对线路造成损坏。

4)线路上有无树枝、风筝等杂物悬挂，如有，应设法消除。

5)拉线和扳桩是否完好，绑扎线是否紧固可靠，如有缺陷，应设法修理或更换。

6)导线的接头是否接触良好，有无过热发红、严重氧化、腐蚀或断脱现象，绝缘子有无破损和放电现象，如有，应设法修理或更换。

7)避雷装置的接地是否良好，接地线有无锈断情况，在雷电季节到来之前，应重点检查，以确保防雷安全。

8)其他危及线路安全运行的异常情况。

在巡视中发现的异常情况，应记入专用记录本内，重要情况应及时汇报上级，请示处理。

2. 电缆线路的运行维护

(1)一般要求

电缆线路大多是敷设在地下的，要做好电缆的运行维护工作，就要全面了解电缆的敷设方式、结构布置、线路走向及电缆头位置等。对电缆线路，一般要求每季进行一次巡视检查，并应经常监视其负荷大小和发热情况。如遇大雨、洪水及地震等特殊情况及发生故障时，得临时增加巡视次数。

(2)巡视项目

1)电缆头及瓷套管有无破损和放电痕迹；对填充有电缆胶(油)的电缆头，还应检查无漏油溢胶现象。

2)对明敷电缆，还须检查电缆外皮有无锈蚀、损伤，沿线支架或挂钩有无脱落，线路上及附近有无堆放易燃易爆及强腐蚀性物体。

3)对暗敷及埋地电缆，应检查沿线的盖板和其他保护物是否完好，有无挖掘痕迹，路线标桩是否完整无缺。

4)电缆沟内有无积水或渗水现象，是否堆有杂物及易燃易爆危险品。

5)线路上各种接地是否良好，有无松脱、断股和腐蚀现象。

6)其他危及电缆安全运行的异常情况。

在巡视中发现的异常情况，应记入专用记录本内，重要情况应及时汇报上级，请示处理。

3. 车间配电线路的运行维护

(1)一般要求

要搞好车间配电线路的运行维护工作，必须全面了解车间配电线路的布线情况、结构型式、导线型号规格及配电箱和开关、保护装置的位置等，并了解车间负荷的要求、大小及车间变电所的有关情况。对车间配电线路，有专门的维护电工时，一般要求每周进行一次巡视检查。

(2)巡视项目

1)检查导线的发热情况。例如裸母线在正常运行时的最高允许温度一般为70℃。如果温度过高时，将使母线接头处氧化加剧，接触电阻增大，运行情况迅速恶化，最后可能引起接触不良或断线。所以一般要在母线接头处涂以变色漆或示温蜡，以检查其发热情况。

2)检查线路的负荷情况。线路的负荷电流不得超过导线的允许载流量，否则导线要过热。对于绝缘导线，导线过热还可能引起火灾。因此运行维护人员要经常注意线路的负荷情况，一般用钳形电流表来测量线路的负荷电流。

3)检查配电箱、分线盒、开关、熔断器、母线槽及接地保护装置等的运行情况，着重检查母线接头有无氧化、过热变色和腐蚀等情况，接线有无松脱、放电和烧毛的现象，螺栓是否紧固。

4)检查线路上和线路周围有无影响线路安全的异常情况。绝对禁止在绝缘导线上悬挂物体，禁止在线路近旁堆放易燃易爆危险品。

5)对敷设在潮湿、有腐蚀性物质的场所的线路和设备，要作定期的绝缘检查，绝缘电阻一般不得低于0.5MΩ。

在巡视中发现的异常情况，应记入专用记录本内，重要情况应及时汇报上级，请示处理。

4. 线路运行中突然停电的处理

电力线路在运行中，如突然停电时，可按不同情况分别处理。

1)当进线没有电压时，说明是电力系统方面暂时停电。这时总开关不必拉开，但出线开关应全部拉开，以免突然来电时，用电设备同时起动，造成过负荷和电压骤降，影响供电系统的正常运行。

2)当双回路进线中的一回进线停电时，应立即进行切换操作(又称倒闸操作)，将负荷特别是其中重要负荷转移给另一回路进线供电。

3)厂内架空线路发生故障使开关跳闸时，如开关的断流容量允许，可以试合一次，争取尽快恢复供电。由于架空线路的多数故障是暂时性的，所以多数情况下可能试合成功。如果试合失败，开关再次跳闸，说明架空线路上的故障尚未消除，这时应该对线路故障进行停电隔离检修。

4)对放射式线路中某一分支线上的故障检查，可采用“分路合闸检查”的方法如图11-2所示的供电系统，设故障出现在线路WL8上，由于保护装置失灵或选择配合不当，致使线路WL1的开关越级跳闸。分路合闸检查故障的步骤如下：①将出线WL2～WL6的开关全部断开，然后合上WL1的开关，由于母线WB1正常，因此合闸成功；②依次试合WL2～WL6的开关结果除WL5的开关因其分支线WL8存在故障又跳开外，其余出线开关均试合成功，恢复供电；③将分支线WL7～WL9的开关全部断开，然后合上WL5的开关；④依次试合WL7～WL9的开关，结果只WL8的开关因线路上存在着故障又自动跳开外，其余线路均恢复供电。这种分路合闸检查故障的方法，可将故障范围逐步缩小，迅速找出故障线路，并迅速恢复其他完好线路的供电。

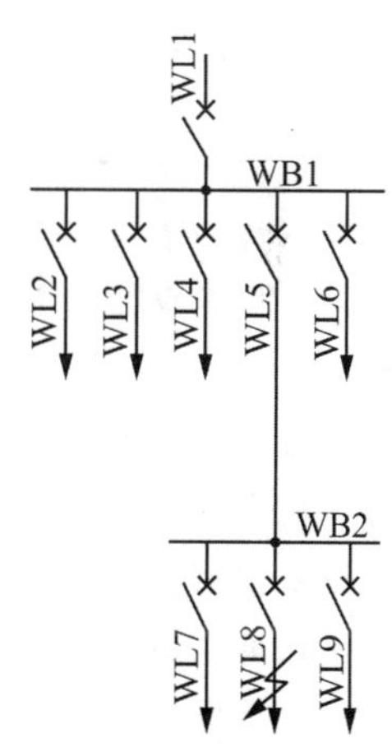

图11-2 供电系统分路合闸检查故障说明图

11.2.6 并联电容器的运行维护

1. 并联电容器的投入和切除

并联电容器在供电系统正常运行时是否投入，主要视供电系统的功率因数或电压是否符合要求而定。如果功率因数过低，或者电压过低时，则应投入电容器，或增加电容器的投入量。

并联电容器是否切除或部分切除，也主要视系统的功率因数或电压情况而定。如变配电所母线电压偏高(如超过电容器额定电压 10%)时，则应将电容器切除或部分切除。

当发生下列情况之一时，应立即切除电容器。

①电容器爆炸。

②接头严重过热。

③套管闪络放电。

④电容器喷油或燃烧。

⑤环境温度超过 40℃。

如果变配电所停电，电容器也应切除，以免突然来电时，母线电压过高，击穿电容器。

在切除电容器时，须从外观(如仪表指示或指示灯)检查其放电回路是否完好。电容器从电网切除后，应立即通过放电回路放电。高压电容器放电时间应不短于 5min，低压电容器放电时间应不短于 1min。为确保人身安全，人体接触电容器之前，还应该用短接导线将所有电容器两端直接短接放电。

2. 并联电容器的维护

并联电容器在正常运行中，值班员应定期检视其电压、电流和室温等，并检查其外部，看看有无漏油、喷油、外壳膨胀等现象，有无放电声响和放电痕迹，接头有无发热现象，放电回路是否完好，指示灯是否指示正常等。对装有通风装置的电容器室，还应检查通风装置各部分是否完好。

>>> 本章小结

安全距离是指人与带电体、带电体与带电体、带电体与地面、带电体与其他设施之间需保持的最小距离。安全距离分为线路安全距离、变配电设备安全距离和检修安全距离。接触电压是指电气设备发生单相绝缘损坏时，人手触及电气设备与站立点之间的电位差。跨步电压是指人活动在具有分布电位的地面，人的两脚之间所承受的电位差。为防止触电事故的发生要采取相应的措施降低接触电压和跨步电压。人体触电受到的危害程度与通过人体电流的大小、频率、持续时间、途径以及人体电阻的大小等多种因素有关。触电者的现场急救是抢救过程中关键的一步。抢救的要点是首先使触电者脱离电源，再根据触电情况紧急救护。因此，在供用电工作中，应特别注意电气安全，要掌握保证电气安全的措施。如果稍有麻痹或疏忽，就可能造成严重的人身触电事故，给国家和人民生命财产带来极大的损失。

为保证工厂供电系统的安全，应严格执行变配电所的值班制度，遵守变配电所值班员职责，掌握变配电所的送电和停电操作，掌握电力变压器、配电装置、电力线路以及并联电容器运行维护的一般要求和巡视项目等。

>>> 复习思考题

11.1　何谓安全距离？安全距离分为几类？各自的定义是什么？

11.2　何谓接触电压和跨步电压？降低接触电压和跨步电压的措施有哪些？

11.3 何谓电气安全用具？电气安全用具分为几类？各自的定义是什么？

11.4 试述电流对人体的危害及其影响因素。

11.5 对触电者应如何抢救？

11.6 电气安全的措施有哪些？

11.7 变配电所值班员有哪些主要职责？在交接班时发生事故，值班员应如何处理？

11.8 在采用高压隔离开关—断路器的电路中，送电和停电各如何进行操作？

11.9 电力变压器的巡视项目有哪些？

11.10 配电装置的巡视项目有哪些？

11.11 架空线路和电缆线路的巡视项目有哪些？

11.12 什么情况下应立即投入或切除电容器？

>>> 习 题

11.1 电气安全事故的发生与否，很大程度取决于(　　)。

A. 组织措施　　B. 技术措施　　C. 资料管理　　D. 组织管理

11.2 在有电容器、电缆的线路上做试验时，应先充分(　　)后试验。

A. 清扫干净　　B. 充电　　C. 放电

11.3 戴绝缘手套进行操作时，应将外衣袖口(　　)。

A. 装入绝缘手套中　　B. 卷上去　　C. 套在手套外面

11.4 在变压器中性点接地系统中，电气设备严禁采用(　　)。

A. 接地保护　　B. 接零保护　　C. 接地与接零保护　　D. 都不对

11.5 值班人员巡视高压设备(　　)。

A. 一般由二人进行　　B. 值班员可以干其他工作

C. 若发现问题可以随时处理

11.6 倒闸操作票执行后，必须(　　)。

A. 保存至交接班　　B. 保存三个月　　C. 长时间保存

11.7 电流通过人体的途径，从外部来看，(　　)的触电最危险。

A. 左手至脚　　B. 右手至脚　　C. 左手至右手　　D. 脚至脚

11.8 使用绝缘棒操作时应戴(　　)穿(　　)或站在绝缘垫上。

11.9 并联电阻越多，其等效电阻(　　)，而且(　　)任一并联支路的电阻。

11.10 国家规定的安全色有(　　)(　　)(　　)(　　)四种颜色。

11.11 保证电气设备安全检修的技术措施有：(　　)、(　　)、(　　)、(　　)和(　　)。

11.12 变压器油具有良好的绝缘性能，在变压器中起(　　)和(　　)作用。

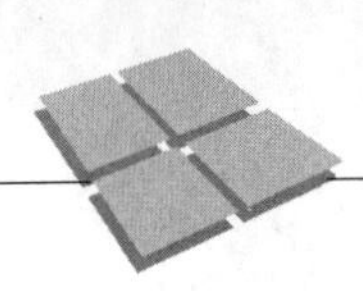

附　录

附表1　用电设备组的需要系数、二项式系数及功率因数值

用电设备组名称	需要系数 K_d	二项式系数		最大容量设备台数 x①	cos φ	tan φ
		b	c			
小批生产的金属冷加工机床电动机	0.16～0.2	0.14	0.4	5	0.5	1.73
大批生产的金属冷加工机床电动机	0.18～0.25	0.14	0.5	5	0.5	1.73
小批生产的金属热加工机床电动机	0.25～0.3	0.24	0.4	5	0.6	1.33
大批生产的金属热加工机床电动机	0.3～0.35	0.26	0.5	5	0.65	1.17
通风机、水泵、空压机及电动发电机组电动机	0.7～0.8	0.65	0.25	5	0.8	0.75
非连锁的连续运输机械及铸造车间整砂机械	0.5～0.6	0.4	0.4	5	0.75	0.88
连锁的连续运输机械及铸造车间整砂机械	0.65～0.7	0.6	0.2	5	0.75	0.88
锅炉房和机加、机修、装配等类车间的吊车(ε=25%)	0.1～0.15	0.06	0.2	3	0.5	1.73
铸造车间的吊车(t=25%)	0.15～0.25	0.09	0.3	3	0.5	1.73
自动连续装料的电阻炉设备	0.75～0.8	0.7	0.3	2	0.95	0.33
实验室用的小型电热设备(电阻炉、干燥箱等)	0.7	0.7	0	—	1.0	0
工频感应电炉(未带无功补偿装置)	0.8	—	—	—	0.35	2.68
高频感应电炉(未带无功补偿装置)	0.8	—	—	—	0.6	1.33
电弧熔炉	0.9	—	—	—	0.87	0.57
点焊机、缝焊机	0.35	—	—	—	0.6	1.33
对焊机、铆钉加热机	0.35	—	—	—	0.7	1.02
自动弧焊变压器	0.5	—	—	—	0.4	2.29
单头手动弧焊变压器	0.35	—	—	—	0.35	2.68
多头手动弧焊变压器	0.4	—	—	—	0.35	2.68
单头弧焊电动发电机组	0.35	—	—	—	0.6	1.33
多头弧焊电动发电机组	0.7	—	—	—	0.75	0.88
生产厂房及办公室、阅览室、实验室照明②	0.8～1	—	—	—	1.0	0
变配电所、仓库照明②	0.5～0.7	—	—	—	1.0	0

续表

用电设备组名称	需要系数 K_d	二项式系数		最大容量设备台数 x①	$\cos\varphi$	$\tan\varphi$
		b	c			
宿舍(生活区)照明②	0.6～0.8	—	—	—	1.0	0
室外照明、应急照明②	1	—	—	—	1.0	0

注：①—如果用电设备组的设备总台数 $n<2x$ 时，则最大容量设备台数取 $x=n/2$，且按“四舍五入”修约规则取整数。

②—这里的 $\cos\varphi$ 和 $\tan\varphi$ 值均为白炽灯照明数据，如为荧光灯照明，则 $\cos\varphi=0.9$，$\tan\varphi=0.48$；如为高压汞灯、钠灯，则 $\cos\varphi=0.5$，$\tan\varphi=1.73$。

附表 2　LJ 型铝绞线的主要技术数据

额定截面/mm^2	16	25	35	50	70	95	120	150	185	240
50℃的电阻 $R_0/(\Omega\cdot km^{-1})$	2.07	1.33	0.96	0.66	0.48	0.36	0.28	0.23	0.18	0.14
线间几何均距/mm	线路电抗 $X_0/(\Omega\cdot km^{-1})$									
600	0.36	0.35	0.34	0.33	0.32	0.31	0.30	0.29	0.28	0.28
800	0.38	0.37	0.36	0.35	0.34	0.33	0.32	0.31	0.30	0.30
1000	0.40	0.38	0.37	0.36	0.35	0.34	0.33	0.32	0.31	0.31
1250	0.41	0.40	0.39	0.37	0.36	0.35	0.34	0.34	0.33	0.33
1500	0.42	0.41	0.40	0.38	0.37	0.36	0.35	0.35	0.34	0.33
2000	0.44	0.43	0.41	0.40	0.40	0.39	0.37	0.37	0.36	0.35
室外气温 25℃导线最高温度 70℃时的允许载流量/A	105	135	170	215	265	325	375	440	500	610

注：1. TJ 型铜绞线的允许载流量约为同截面的 LJ 型铝绞线允许载流量的 1.29 倍。

2. 如当地环境温度不是 25℃，则导体的允许载流量应按以下附表 2a 所列系数进行校正。

附表 2a　LJ 型铝绞线允许载流量的温度校正系数(导体最高允许温度为 70℃)

实际环境温度/℃	5	10	15	20	25	30	35	40	45
允许载流量校正系数	1.20	1.15	1.11	1.05	1.00	0.94	0.89	0.82	0.75

附表 3　SL7 系列低损耗配电变压器的主要技术数据

额定容量 S_N/(kV·A)	空载损耗 ΔP_0/(W)	短路损耗 ΔP_K/(W)	阻抗电压 U_z%	空载电流 I_0%	额定容量 S_N/(kV·A)	空载损耗 ΔP_0/(W)	短路损耗 ΔP_K/(W)	阻抗电压 U_z%	空载电流 I_0%
100	320	2000	4	2.6	500	1080	6900	4	2.1
125	370	2450	4	2.5	630	1300	8100	4.5	2.0
160	460	2850	4	2.4	800	1540	9900	4.5	1.7
200	540	3400	4	2.4	1000	1800	11600	4.5	1.4
250	640	4000	4	2.3	1250	2200	13800	4.5	1.4
315	760	4800	4	2.3	1600	2650	16500	4.5	1.3
400	920	5800	4	2.1	2000	3100	19800	5.5	1.2

注：本表所示变压器的额定一次电压为 6～10kV，额定二次电压为 230/400V，联结组为 Yyn0。

附表4　部分工厂的全厂需要系数、功率因数及年最大有功负荷利用小时参考值

工厂类别	需要系数	功率因数	年最大有功负荷利用小时数	工厂类别	需要系数	功率因数	年最大有功负荷利用小时数
汽轮机制造厂	0.38	0.88	5000	量具刃具制造厂	0.26	0.60	3800
锅炉制造厂	0.27	0.73	4500	工具制造厂	0.34	0.65	3800
柴油机制造厂	0.32	0.74	4500	电机制造厂	0.33	0.65	3000
重型机械制造厂	0.35	0.79	3700	电器开关制造厂	0.35	0.75	3400
重型机床制造厂	0.32	0.71	3700	导线电缆制造厂	0.35	0.73	3500
机床制造厂	0.2	0.65	3200	仪器仪表制造厂	0.37	0.81	3500
石油机械制造厂	0.45	0.78	3500	滚珠轴承制造厂	0.28	0.70	5800

附表5　并联电容器的无功补偿率

补偿前的功率因数	补偿后的功率因数				补偿前的功率因数	补偿后的功率因数			
	0.85	0.90	0.95	1.00		0.85	0.90	0.95	1.00
0.60	0.713	0.849	1.004	1.333	0.76	0.235	0.371	0.526	0.85
0.62	0.646	0.782	0.937	1.266	0.78	0.182	0.318	0.473	0.80
0.64	0.581	0.717	0.872	1.206	0.80	0.130	0.266	0.421	0.75
0.66	0.518	0.654	0.809	1.138	0.82	0.078	0.214	0.369	0.69
0.68	0.458	0.594	0.749	1.078	0.84	0.026	0.162	0.137	0.64
0.70	0.400	0.536	0.691	1.020	0.86	—	0.109	0.264	0.59
0.72	0.344	0.480	0.635	0.964	0.88	—	0.056	0.211	0.54
0.74	0.289	0.425	0.580	0.909	0.90	—	0.000	0.155	0.48

附表6　BW型并联电容器的主要技术数据

型　号	额定容量/kvar	额定电容/μF	型　号	额定容量/kvar	额定电容/μF
BW0.4—12—1	12	240	BWF6.3—30—1W	30	2.4
BW0.4—12—3	12	240	BWF6.3—40—1W	40	3.2
BW0.4—13—1	13	259	BWF6.3—50—1W	50	4.0
BW0.4—13—3	13	259	BWF6.3—100—1W	100	8.0
BW0.4—14—1	14	280	BWF6.3—120—1W	120	9.63
BW0.4—14—3	14	280	BWF10.5—22—1W	22	0.64
BW6.3—12—1TH	12	0.96	BWF10.5—25—1W	25	0.72
BW6.3—12—1W	12	0.96	BWF10.5—30—1W	30	0.87
BW6.3—16—1W	16	1.28	BWF10.5—40—1W	40	1.15
BW10.5—12—1W	12	0.35	BWF10.5—50—1W	50	1.44
BW10.5—16—1W	16	0.46	BWF10.5—100—1W	100	2.89
BWF6.3—22—1W	22	1.76	BWF10.5—120—1W	120	3.47
BW6.3—25—1W	25	2.0			

注：1. 额定频率均为50Hz。

2. 并联电容器全型号表示和含义如下。

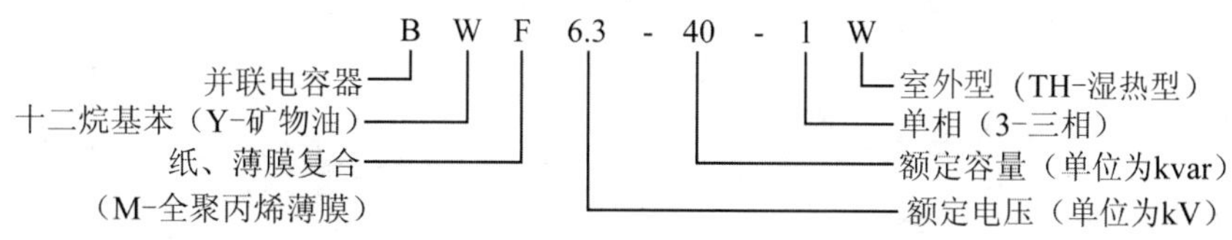

附表 7　导体在正常和短路时的最高允许温度及热稳定系数

导体种类和材料			最高允许温度/℃		热稳定系数 C/（A·$s^{\frac{1}{2}}$·mm^{-2}）
			额定负荷时	短路时	
母　线	铜		70	300	171
	铝		70	200	87
油浸纸绝缘电缆	铜　芯	1～3kV	80	250	148
		6kV	65(80)	250	150
		10kV	60(65)	250	153
		35kV	50(65)	175	
	铝　芯	1～3kV	80	200	84
		6kV	65(80)	200	87
		10kV	60(65)	200	88
		35kV	50(65)	175	
橡皮绝缘导线和电缆		铜　芯	65	150	131
		铝　芯	65	150	87
聚氯乙烯绝缘导线和电缆		铜　芯	70	160	115
		铝　芯	70	160	76
交联聚乙烯绝缘电缆		铜　芯	90(80)	250	137
		铝　芯	90(80)	200	77
含有锡焊中间接头的电缆		铜　芯		160	
		铝　芯		160	

注：1. 表中电缆(除橡皮绝缘电缆外)的最高允许温度是根据 GB　50217—2007 《电力工程电缆设计规范》编制；表中热稳定系数是参照(工业与民用配电设计手册)编制。

2. 表中“油浸纸绝缘电缆”中加括号的数字，适于“不滴流纸绝缘电缆”。

3. 表中“交联聚乙烯绝缘电缆”中加括号的数字，适于 10kV 以上电压。

附表8　常用高压断路器的主要技术数据

类别	型　　号	额定电压/kV	额定电流/A	开断电流/kA	断流容量/(MV·A)	动稳定电流峰值/kA	热稳定电流/kA	固有分闸时间/s≤	合闸时间/s≤	配用操动机构型号
少油户外	SW2—35/1000	35	1000	16.5	1000	45	16.5(4s)	0.06	0.4	CT2—XG
	SW2—35/1500		1500	24.8	1500	63.4	24.8(4s)			
少油户内	SN10—35 Ⅰ	35	1000	16	1000	45	16(4s)	0.06	0.2	CT10
	SN10—35 Ⅱ		1250	20		50	20(4s)		0.25	CT10Ⅳ
	SN10—10 Ⅰ	10	630	16	300	40	16(2s)	0.06	0.15	CT8
			1000	16	300	40	16(2s)		0.2	CD10 Ⅰ
	SN10—10 Ⅱ		1000	31.5	500	80	31.5(2s)	0.06	0.2	CD10 Ⅰ、Ⅱ
	SN10—10 Ⅲ		1250	40	750	125	40(2s)	0.07	0.2	CD10 Ⅱ
			2000	40	750	125	40(4s)			
			3000	40	750	125	40(4s)			
真空户内	ZN23—35	35	1600	25		63	25(4s)	0.06	0.075	CT12
	ZN3—10 Ⅰ	10	630	8		20	8(4s)	0.07	0.15	CD10 等
	ZN3—10 Ⅱ		1000	20		50	20(20s)	0.05	0.10	
	ZN4—10/1000		1000	17.3		44	17.3(4s)	0.05	0.2	CD10 等
	ZN4—10/1250		1250	20		50	20(4s)			
	ZN5—10/630		630	20		50	20(2s)	0.05	0.1	专用 CD 型
	ZN5—10/1000		1000	20		50	20(2s)			
	ZN5—10/1250		1250	25		63	25(2s)			
	ZN12—10/$\frac{1250}{2000}$—25		1250 2000	25		63	25(4s)			

续表

类别	型号	额定电压/kV	额定电流/A	开断电流/kA	断流容量/(MV·A)	动稳定电流峰值/kA	热稳定电流/kA	固有分闸时间/s≤	合闸时间/s≤	配用操动机构型号
真空户内	ZN12—10/1250～1350—$\frac{31.5}{40}$	10	1250 2000 2500 3150	31.5 40		80， 100	31.5(4s) 40(4s)	0.06	0.1	CT8 等
	ZN24—10/1250—20		1250	20		50	20(4s)	0.06	0.1	CT8 等
	ZN24—10/$\frac{1250}{2000}$—31.5		1250 2000	31.5		80	31.5(4s)			
六氟化硫(SF_6)户内	LN2—35 Ⅰ	35	1250	16		40	16(4s)	0.06	0.15	CT12 Ⅱ
	LN2—35 Ⅱ		1250	25		63	25(4s)			
	LN2—35 Ⅲ		1600	25		63	25(4s)			
	LN2—10	10	1250	25		63	25(4s)	0.06	0.15	CT12 Ⅰ CT8 Ⅰ

附表 9　LQJ—10 型电流互感器的主要技术数据

1. 额定二次负荷						
铁心代号	额定二次负荷					
	0.5 级		1 级		3 级	
	Ω	V·A	Ω	V·A	Ω	V·A
0.5	0.4	10	0.6	15	—	—
3	—	—	—	—	1.2	30

2. 热稳定度和动稳定度		
额定一次电流/A	1s 热稳定倍数	动稳定倍数
5，10，15，20，30，40，50，60，75，100	90	225
160(150)，200，315(300)，400	75	160

注：括号内数据，仅限老产品。

附表 10　RM10 型低压熔断器的主要技术数据和保护特性曲线

1. 主要技术数据					
型　号	熔管额定电压/V	额定电流/A		最大分断能力	
		熔管	熔体	电流/kA	cos φ
RM10-15	交流 220，380，500 直流 220，440	15	6，10，15	1.2	0.8
RM10-60		60	15，20，25，35，45，60	3.5	0.7
RM10-100		100	60，80，100	10	0.35
RM10-200		200	100，125，160，200	10	0.35
RM10-350		350	200，225，260，300，350	10	0.35
RM10-600		600	350，430，500，600	10	0.35

2. 保护特性曲线

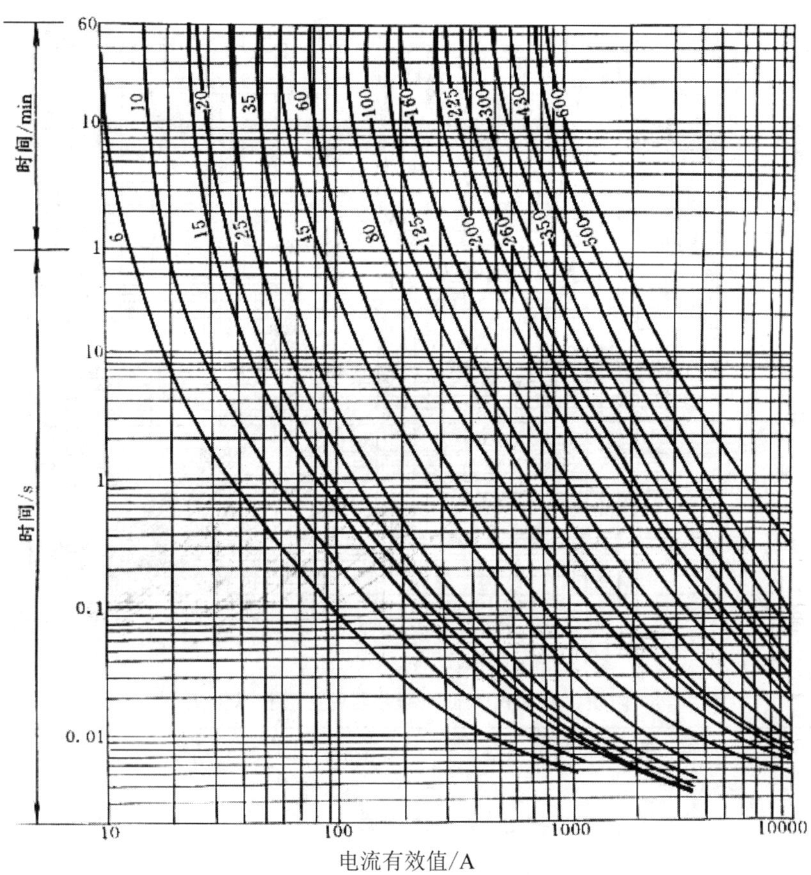

附表 11　RTO 型低压熔断器的主要技术数据和保护特性曲线

1. 主要技术数据				
型　号	熔管额定电压/V	额定电流/A		最大分断电流/kA
		熔管	熔体	
RT0—100	交流 380 直流 440	100	30，40，50，60，80，100	50 (cos φ=0.1～0.2)
RT0—200		200	(80，100)，120，150，200	
RT0—400		400	(150，200)，250，300，350，400	
RT0—600		600	(350，400)，450，500，550，600	
RT0—1000		1000	700，800，900，1000	

2. 保护特性曲线

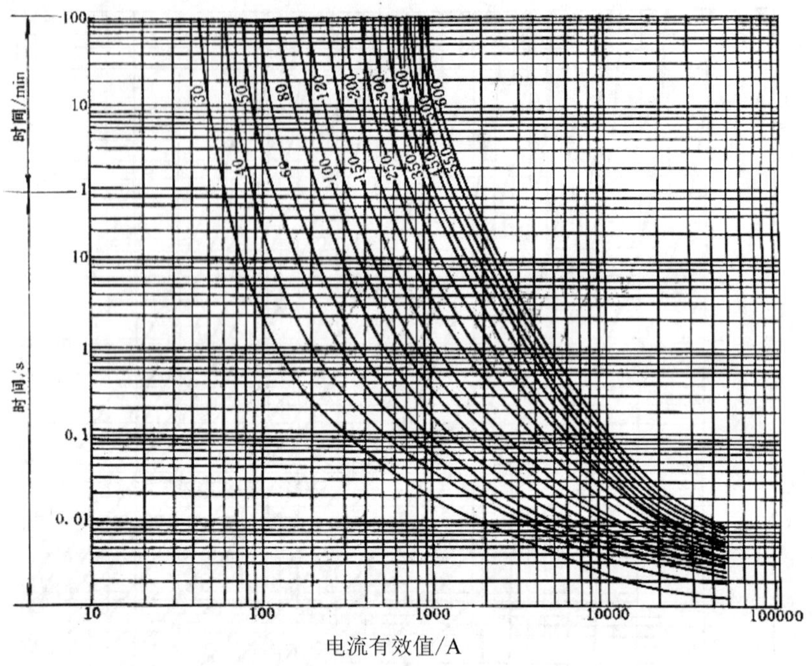

附表 12　DW16 低压断路器的主要技术数据

型　号	壳架等级电流/A	脱扣器额定电流 $I_{N.OR}$/A	长延时动作整定电流	瞬时动作整定电流	单相接地短路动作电流	极限分断能力/kA
DW16—630	630	100，160，200，250，315，400，630	(0.64～1)$I_{N.OR}$	(3～6)$I_{N.OR}$	0.5$I_{N.OR}$	30(380V) 20(660V)
DW16—2000	2000	800，1000，1600，2000				50
DW16—4000	4000	2500，3200，4000				80

注：1. 低压断路器全型号的表示和含义如下。

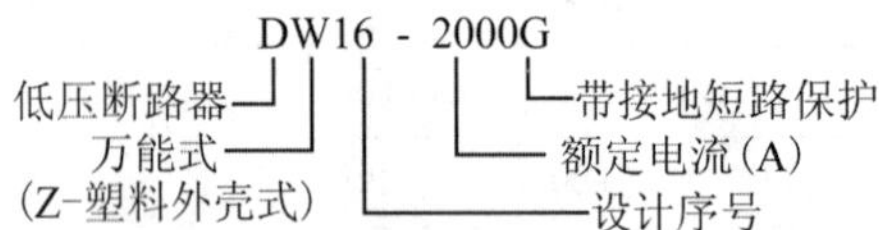

2. DW16 型低压断路器可用于 380V 和 660V 两个电压等级。

附表 13　低压绝缘导线(电缆)的常用型号及其规格

型号	名称	额定电压 U_0/U(V/V)	芯数	标称截面/mm²
BV	铜芯聚氯乙烯绝缘导线	300/500	1	0.5～1
BLV	铝芯聚氯乙烯绝缘导线	450/750	1	1.5～400
BVR	铜芯聚氯乙烯绝缘软导线	450/750	1	2.5～400
BVV	铜芯聚氯乙烯绝缘聚氯乙烯护套圆型电缆(导线)	450/750	1	2.5～70

续表

型号	名称	额定电压 U_0/U(V/V)	芯数	标称截面 /mm^2
BLVV	铝芯聚氯乙烯绝缘聚氯乙烯护套平型电缆	300/500	1 2，3，4，5	0.75～10 1.5～35
BLVVB	铜芯聚氯乙烯绝缘聚氯乙烯护套平型电缆	300/500	2，3	2.5～10
BV-105	铜芯耐热 105 聚氯乙烯绝缘导线	300/500	2，3	0.75～10
JkV(JKY，JKYL)	铜芯聚氯乙烯(聚乙烯，交联聚乙烯)绝缘架空电缆	450/750	1 2.4	16～240 10～120
JKLV (JKLY，JKLYJ)	铝芯聚氯乙烯(聚乙烯，交联聚乙烯)绝缘架空电缆	600/1000	1 2.4 3+1	16～240 10～120 10～120

附表 14 各种电力电缆的使用特性

电力电缆品种	额定电压 U_0/U(KV/KV) 和护套型式		长期允许工作温度/℃	短路允许温度/℃	最低环境温度/℃	允许敷设位差/m
黏性油浸纸绝缘	0.6/1 6/6 8.7/10 26/35		80 65 60 50	220	0	无铠装 20，有铠装 25 15 15 5
不滴流油浸纸绝缘	0.6/1～6/6 8.7/10 26/35		80 65 65	220	0	无限制，可垂敷设
聚氯乙烯绝缘	0.6/1～6/10		70	160	0	无限制，可垂直敷设
交联聚乙烯绝缘	0.6/1～26/35		90	250	0	无限制，可垂直敷设
橡皮绝缘	300V/300V～450V/750V	裸铅套 橡套 聚氯乙烯套 有外护层的电缆	65	150	−20 −15 −15 −7	无限制，可垂直敷设

附表 15　常用电力电缆和外护层类型和主要适用范围

类型	名称	适用保护对象	主要适用设场所												
			敷设方式							特殊环境条件					
			架空	室内	道路	电缆沟	管道	埋地 一般土址	埋地 多砾石	竖井	水下	易燃	强电干扰	严重腐蚀	大拉力
20	裸钢带铠装	铅套		△	△	△						△			
22	钢带铠装聚氯乙烯套	铅套		△	△	△		△	△			△	△	△	
		铅套		△	△	△			△			△		△	
23	钢带铠装聚乙烯套	铅套		△	△	△			△			△		△	
		铅套		△		△		△	△				△	△	
30	裸细圆钢丝装	各种金属套和非金属套		△		△			△	△					
32	细圆钢丝铠装聚氯乙烯套	各种金属套和非金属套		△		△			△	△	△	△		△	
33	细圆钢丝铠装聚氯乙烯套	各种金属套和非金属套								△	△	△		△	
41	粗圆钢丝铠装纤维外被	铅套和非金属套铅套	△	△		△	△	△		△	△	△		▲ △	△

注：△表示适用，▲表示当采用涂塑钢丝等具有良好非金属防蚀层的钢丝时适用。

附表 16　架空裸导线的最小截面

线路类别		导线最小截面/mm²		
		铝及铝合金线	钢芯铝线	铜绞线
35kV 及以上线路		35	35	35
3～10kV 线路	居民区	35	25	25
	非居民区	25	16	16
低压线路	一般	16	16	16
	与铁路交叉跨越档	35	16	16

附表 17 绝缘导线芯线的最小截面

线路类别			芯线最小截面/mm²		
			钢芯软线	铜 线	铝 线
照明用灯头引下线	室内		0.5	1.0	2.5
	室外		1.0	1.0	2.5
移动式设备线路	生活用		0.75	—	—
	生产用		1.0	—	—
敷设在绝缘支持件上的绝缘导线，(L 为支持点间距)	室内	L≤2m	—	1.0	2.5
	室外	L≤2m	—	1.5	2.5
	室内外	2m<L≤6m	—	2.5	4
		6m<L≤15m	—	4	6
		15m<L≤25m	—	6	10
穿管敷设的绝缘导线			1.0	1.0	2.5
沿墙明敷的塑料护套线			—	1.0	2.5
板孔穿线敷设的绝缘导线			—	1.0(0.75)	2.5
PE 线和 PEN 线	有机械保护时		—	1.5	2.5
	无机械保护时	多芯线	—	2.5	4
		单芯干线	—	10	16

附表 18 绝缘导线明敷、穿钢管和穿塑料管时的允许载流量

1. BLX 和 BLV 型铝芯绝缘线明敷时的允许载流量(导线正常最高允许温度为 65℃) (A)

芯线截面/mm²	BLX 型铝芯橡皮线				BLV 型铝芯塑料线			
	环 境 温 度							
	25℃	30℃	35℃	40℃	25℃	30℃	35℃	40℃
2.5	27	25	23	21	25	23	21	19
4	35	32	30	27	32	29	27	25
6	45	42	38	35	42	39	36	33
10	65	60	56	51	59	55	51	46
16	85	79	73	67	80	74	69	63
25	110	102	95	87	105	98	90	83
35	138	129	119	109	130	121	112	102
50	175	163	151	138	165	154	142	130
70	220	206	190	174	205	191	177	162
95	265	247	229	209	250	233	216	197
120	310	280	268	245	283	266	246	225
150	360	336	311	284	325	303	281	257
185	420	392	363	332	380	355	328	300
240	510	476	441	403	—	—	—	—

续表

2. BLX和BLV型铝芯绝缘线穿钢管时的允许载流量(导线正常最高允许温度为65℃)　(A)

导线型号	芯线截面/mm²	2根单芯线 环境温度				2根穿管管径/mm		3根单芯线 环境温度				3根穿管管径/mm		4～5根单芯线 环境温度				4根穿管管径/mm		5根穿管管径/mm	
		25℃	30℃	35℃	40℃	G	DG	25℃	30℃	35℃	40℃	G	DG	25℃	30℃	35℃	40℃	G	DG	G	DG
BLX	2.5	21	19	18	16	15	20	19	17	16	15	15	20	16	14	13	12	20	25	20	25
	4	28	26	24	22	20	25	25	23	21	19	20	25	23	21	19	18	20	25	20	25
	6	37	34	32	29	20	25	34	31	29	26	20	25	30	28	25	23	20	25	25	32
	10	52	48	44	41	25	32	46	43	39	36	25	32	40	37	34	31	25	32	32	40
	16	66	61	57	52	25	32	59	55	51	46	32	32	52	48	44	41	32	40	40	(50)
	25	86	80	74	68	32	40	76	71	65	60	32	40	68	63	58	53	40	(50)	40	—
	35	106	99	91	83	32	40	94	87	81	74	32	(50)	83	77	71	65	40	(50)	50	—
	50	133	124	115	105	40	(50)	118	110	102	93	50	(50)	105	98	90	83	50	—	70	—
	70	164	154	142	130	50	(50)	150	140	129	118	50	(50)	133	124	115	105	70	—	70	—
	95	200	187	173	158	70	—	180	168	155	142	70	—	160	149	138	126	70	—	80	—
	120	230	215	198	181	70	—	210	196	181	166	70	—	190	177	164	150	70	—	80	—
BLV	2.5	20	18	17	15	15	15	18	16	15	14	15	15	15	14	12	11	15	15	15	20
	4	27	25	23	21	15	15	24	22	20	18	15	15	22	20	19	17	15	20	20	20
	6	35	32	30	27	15	20	32	29	27	25	15	20	28	26	24	22	20	25	25	25
	10	49	45	42	38	20	25	44	41	38	34	20	25	38	35	32	30	25	25	25	32
	16	63	58	54	49	25	25	56	52	48	44	25	32	50	46	43	39	25	32	32	40
	25	80	74	69	63	25	32	70	65	60	55	32	32	65	60	56	51	32	40	32	(50)
	35	100	93	86	79	32	40	90	84	77	71	32	40	80	74	69	63	40	(50)	40	—
	50	125	116	108	98	40	50	110	102	95	87	40	(50)	100	93	86	79	50	(50)	50	—
	70	155	144	134	122	50	50	143	133	123	113	40	(50)	127	118	109	100	50	—	70	—
	95	190	177	164	150	50	(50)	170	158	147	134	50	—	152	142	131	120	70	—	70	—
	120	220	205	190	174	50	(50)	195	182	168	154	50	—	172	160	148	136	70	—	80	—
	150	250	233	216	197	70	(50)	225	210	194	177	70	—	200	187	173	158	70	—	80	—
	185	285	266	246	225	70	—	255	238	220	201	70	—	230	215	198	181	80	—	100	—

续表

3. BLX 和 BLV 型铝芯绝缘线穿硬塑料管时的允许载流量(导线正常最高允许温度为 65℃)(A)																
导线型号	芯线截面/mm²	2 根单芯线 环境温度				2 根穿管管径	3 根单芯线 环境温度				3 根穿管管径	4～5 根单芯线 环境温度				4 根穿管管径	5 根穿管管径
		25℃	30℃	35℃	40℃	mm	25℃	30℃	35℃	40℃	mm	25℃	30℃	35℃	40℃	mm	mm
BLX	2.5	19	17	16	15	15	17	15	14	13	15	15	14	12	11	20	25
	4	25	23	21	19	20	23	21	19	18	20	20	18	17	15	20	25
	6	33	30	28	26	20	29	27	25	22	20	26	24	22	20	25	32
	10	44	41	38	34	25	40	37	34	31	25	35	32	30	27	32	32
	16	58	54	50	45	32	52	48	44	41	32	46	43	39	36	32	40
	25	77	71	66	60	32	68	63	58	53	32	60	56	51	47	40	40
	35	95	88	82	75	40	84	78	72	66	40	74	69	64	58	40	50
	50	120	112	103	94	40	108	100	93	86	50	95	88	82	75	50	50
	70	153	143	132	121	50	135	126	116	106	50	120	112	103	94	50	65
	95	184	172	159	145	50	165	154	142	130	65	150	140	129	118	65	80
	120	210	196	181	166	65	190	177	164	150	65	170	158	147	134	80	80
	150	250	233	215	197	65	227	212	196	179	75	205	191	177	162	80	90
	185	282	263	243	223	80	255	238	220	201	80	232	216	200	183	100	100
BLV	2.5	18	16	15	14	15	16	14	13	12	15	14	13	12	11	20	25
	4	24	22	20	18	20	22	20	19	17	20	19	17	16	15	20	25
	6	31	28	26	24	20	27	25	23	21	20	25	23	21	19	25	32
	10	42	39	36	33	25	38	35	32	30	25	33	30	28	26	32	32
	16	55	51	47	43	32	49	45	42	38	32	44	41	38	34	32	40
	25	73	68	63	57	32	65	60	56	51	40	57	53	49	45	40	50
	35	90	84	77	71	40	80	74	69	63	40	70	65	60	55	50	65
	50	114	106	98	90	50	102	95	88	80	50	90	84	77	71	65	65
	70	145	135	125	114	50	130	121	112	102	50	115	107	99	90	65	75
	95	175	163	151	138	65	158	147	136	124	65	140	130	121	110	75	75
	120	206	187	173	158	65	180	168	155	142	65	160	149	138	126	75	80
	150	230	215	198	181	75	207	193	179	163	75	185	172	160	146	80	90
	185	265	247	229	209	75	235	219	203	185	75	212	198	183	167	90	100

注：1. BX 和 BV 型铜芯绝缘导线的允许载流量约为同截面的 BLX 和 BLV 型铝芯绝缘导线允许载流量的 1.29 倍。

2. 表 2 中的钢管 G——焊接钢管，管径按内径计；DG——导线管，管径按外径计。

3. 表 2 和表 3 中 4～5 根单芯线穿管的载流量，是指三相四线制的 TN-C 系统、TN-S 系统和 TN-C-S 系统中的相线载流量。其中性线(N)或保护中性线(PEN)中可有不平衡电流通过。如果线路是供电给平衡的三相负荷，第四根导线为单纯的保护线(PE)，则虽有四根导线穿管，但其载流量仍应按三根线穿管的载流量考虑，而管径则应按四根线穿管选择。

4. 管径在工程中常用英制尺寸(英寸 in)表示。管径的国际单位制(SI 制)与英制的近似对照如下面附表 17a 所示。

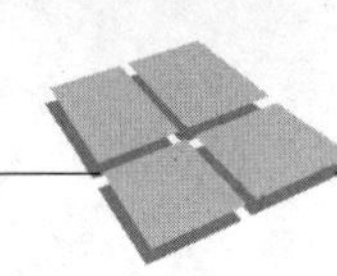

参考文献

[1]刘介才. 工厂供电[M]. 6版. 北京：机械工业出版社，2017.

[2]刘介才. 供配电技术[M]. 4版. 北京：机械工业出版社，2017.

[3]刘介才. 工厂供电设计指导[M]. 3版. 北京：机械工业出版社，2017.

[4]苏文成. 工厂供电[M]. 2版. 北京：机械工业出版社，2012.

[5]张莹. 工厂供配电技术[M]. 4版. 北京：电子工业出版社，2015.

[6]万千云，等. 电力系统运行实用技术问答[M]. 2版. 北京：中国电力出版社，2009.

[7]许建安，路文梅. 电力系统继电保护技术[M]. 北京：机械工业出版社，2011.